普通高等教育"十一五"国家级规划教材
普通高等教育电子科学与技术特色专业系列教材

微电子器件与 IC 设计基础
（第二版）

刘　刚　雷鑑铭
高俊雄　陈　涛　编著

科学出版社
北京

内 容 简 介

本书主要讲述微电子器件和集成电路的基础理论。内容包括：微电子器件物理基础；PN结；双极晶体管及MOSFET结构、工作原理和特性；JFET及MESFET概要；集成电路基本概念及集成电路设计方法。共计7章。

本书可作为高等院校通信、计算机、自动化、光电等专业本科生学习微电子及IC方面知识的技术基础课教材。由于采用"积木式"结构，也可作为电子科学与技术及相关专业的本、专科高年级学生及研究生的专业课教材，又可作为从事微电子科学、电子器件、集成电路等工程研究和应用的有关人员的自学教材与参考书。

图书在版编目(CIP)数据

微电子器件与IC设计基础／刘刚等编著．—2版．—北京：科学出版社，2009.8
普通高等教育"十一五"国家级规划教材·普通高等教育电子科学与技术特色专业系列教材

ISBN 978-7-03-025377-4

Ⅰ．微… Ⅱ．刘… Ⅲ．①微电子技术-电子元件-高等学校-教材②集成电路-电路设计-高等学校-教材 Ⅳ．TN4

中国版本图书馆CIP数据核字(2009)第149853号

责任编辑：潘斯斯／责任校对：钟 洋
责任印制：张 伟／封面设计：耕者设计工作室

科学出版社 出版
北京东黄城根北街16号
邮政编码：100717
http://www.sciencep.com

北京盛通商印快线网络科技有限公司 印刷
科学出版社发行 各地新华书店经销
*

2005年3月第 一 版 开本：787×1092 1/16
2009年8月第 二 版 印张：20 1/2
2023年1月第十六次印刷 字数：453 000
定价：69.00元
（如有印装质量问题，我社负责调换）

《普通高等教育电子科学与技术特色专业系列教材》
编 委 会

顾　问：姚建铨　　中国科学院院士　　天津大学
　　　　　蔡惟铮　　国家级教学名师　　哈尔滨工业大学

主　任：吕志伟　　教授　　哈尔滨工业大学

副主任：金亚秋　　教授　　复旦大学
　　　　　郝　跃　　教授　　西安电子科技大学
　　　　　严晓浪　　教授　　浙江大学
　　　　　胡华强　　编审　　科学出版社

委　员：（按姓氏笔画为序）

文玉梅	教授	重庆大学	杨冬晓	教授	浙江大学
毛军发	教授	上海交通大学	杨瑞霞	教授	河北工业大学
王卫东	教授	中国科学技术大学	邸　旭	教授	长春理工大学
王志华	教授	清华大学	邹雪城	教授	华中科技大学
仲顺安	教授	北京理工大学	陈弟虎	教授	中山大学
任晓敏	教授	北京邮电大学	陈徐宗	教授	北京大学
刘纯亮	教授	西安交通大学	陈鹤鸣	教授	南京邮电大学
匡　敏	副编审	科学出版社	欧阳征标	教授	深圳大学
何伟明	教授	哈尔滨工业大学	郭树旭	教授	吉林大学
余　江	教授	云南大学	都思丹	教授	南京大学
宋　梅	教授	北京邮电大学	高　勇	教授	西安理工大学
应质峰	教授	复旦大学	崔一平	教授	东南大学
张　兴	教授	北京大学	逯贵祯	教授	中国传媒大学
张怀武	教授	电子科技大学	黄卡玛	教授	四川大学
张贵忠	教授	天津大学	曾　云	教授	湖南大学
张雪英	教授	太原理工大学	谢　泉	教授	贵州大学
时龙兴	教授	东南大学	蔡　敏	教授	华南理工大学

第二版前言

《微电子器件与 IC 设计》一书自 2003 年出版发行以来，得到了广大读者的大力支持和广泛使用，在此表示衷心感谢！随着时光的推移，微电子领域的新技术、新理论硕果累累，应对飞速发展的形势，根据教学实践需要，修改并更新该教材一些较为陈旧的内容已势在必行。为此，我们编写了《微电子器件与 IC 设计基础》第一新教材，作为原书的第二版，奉献给广大读者。

本书的内容主要包括：微电子器件物理基础；PN 结；双极晶体管及 MOSFET 结构、工作原理和特性；JFET 及 MESFET 概要；集成电路的含义、类型、结构及工艺等基本概念，并重点论述了集成电路设计的软件、硬件及设计的方法与流程。共计 7 章。

本书主要供计算机、通信、自动化及光电等 IT 类专业的本科生及研究生使用。由于他们缺乏固体物理及半导体物理等理论物理基础，也不具备微电子器件方面的必要知识，我们特将有关的物理、器件及集成电路的理论、技术综合贯通，融为一体，使学生们在不多的学时内能较为全面系统地掌握 IC 设计的理论基础与方法，以满足他们对 IC 及其设计知识日益迫切的渴求。

微电子与集成电路是一门理论性和实践性都很强的学科，要完全掌握 IC 设计的技术需要多学科知识的综合运用。为了使读者对微电子器件的理论有一个初步的理解，我们较为系统地论述了微电子器件理论基础，并尽可能简化其繁杂的数学推导。在众多的电路设计软件与方法中，打破了双极、MOS 或模拟、数字的分类范畴，而以应用最为广泛的 CMOS 电路为对象，讲述了现代最新 EDA 软件的应用及版图设计，以期使本书具有"简明、易读、新颖、实用"的特点。事实证明，在笔者所了解的非微电子专业的学生中，由于学习了本书的课程，毕业后同样能较好地从事他们所喜爱的 IC 设计工作。

本书第 1 章由高俊雄老师编写；第 2 章由陈涛副教授编写；第 3、4、5 章及符号表等由刘刚教授编写；第 6、7 章由雷鑑铭副教授编写。本书由刘刚教授任主编，负责编写大纲的制定，全书结构、风格的协调及统稿、审阅等工作。

在编写过程中，我们参考了大量国内有关电子器件、晶体管原理、集成电路等方面的传统教材，同时也参考了国际上在该领域内的许多新教材，其中主要的文献资料已详细列于书后，但难免会有未顾及到的，在此一并表示衷心感谢。

在本书成书过程中，得到了多位同行、学生及家人的大力支持，限于篇幅，不能将他们的名字一一列举，谨此表示深深的谢意。

迫于时间仓促，书中疏漏及不妥之处在所难免，敬请广大读者一如既往地给予支持、鼓励和指正。

刘　刚
2009 年 7 月 12 日

第一版前言

21世纪初,大学本科教育逐渐呈现"厚基础、宽口径"的新特点。电子信息科学技术也由昔日那种元器件与电路系统互相分割的局面走向相互融合的态势,特别是大规模、超大规模集成电路的飞速发展与广泛应用,使电子、通信及计算机等领域在小型化、多功能化及智能化方面获得了全面推进,导致FPGA,ASIC等IC设计技术成了IT专业人才的必备知识及新的追求。顺应这一新趋势,我们向通信、自动化、光电子、计算机及电子科学与技术等专业的本科生开设了"微电子器件与IC设计"这一课程,以拓宽IT类学生在集成电路方面的基础理论知识,并且在多年教学实践的基础上,编写了这本《微电子器件与IC设计》教材。

该教材涵盖了半导体物理、双极晶体管、场效应晶体管、异质结器件、双极与MOS集成电路,以及微电子工艺等方面的基础理论。要真正掌握IC设计技术,必须对微电子器件的结构、工作原理及其特性有一定理解。本书不像微电子概论那么简约,也不像晶体管原理一类专业书那么深入;而是较为系统地论述了电子器件的物理基础,基本器件的结构原理、特性,以及集成电路的单元电路结构,IC设计的方法、步骤,版图设计规则等知识;重在基本原理与方法的分析,同时兼顾传统与现代的不同理念,具有"简明、适中、新颖、实用"的特点。学生只要具有普通物理和电子电路基础,通过本书的学习,就能较为全面地了解与掌握集成电路设计的基本理论与方法。考虑到各专业学生知识背景不尽相同,学习能力与兴趣也相差甚远,教师在使用本书时可依据具体要求做出适当安排。对微电子学、电子科学与技术等专业学生,可主要讲授第2~7章有关器件方面的内容;对通信、光电子、自动化及计算机等专业学生,可重点讲授第1、2、3、6与第8、9章的基础内容。对于所有有志于IC设计的本科生及研究生,本书能为他们提供该领域内系统而广泛的基础理论与技术方面的知识。

本书由刘刚教授任主编,负责大纲的制订及全书的协调、统稿、审阅等工作,并编写了第3、4、5、6、7章及附录等内容;第1、2章由陈涛副教授编写,第8、9章由何笑明副教授编写。

在编写的过程中,我们参考了大量国内有关电子器件、晶体管原理、集成电路等方面的传统教材,同时也参考了国际上在该领域内的许多新教材,其中主要的文献资料已详细列于书后,但难免会有未顾及到的,在此一并表示衷心感谢。

在该教材成书过程中,得到了多位同行、学生及家人的大力支持,限于篇幅,不能将他们的名字一一列举,谨此表示深深的谢意。

迫于教务繁忙,时间仓促,书中疏漏乃至谬误之处在所难免,敬请广大读者不吝赐教。

刘　刚

2005年2月1日于喻家山

符 号 表

A	PN结面积	D_{pb}	基区空穴扩散系数
A_e	发射结面积	D_{nc}	集电区电子扩散系数
A_c	集电结面积	D_{pc}	集电区空穴扩散系数
a	线性缓变结杂质浓度梯度;冶金沟道半厚度;晶格常数	E	电场强度
		E_b	基区内建电场
BV_{EBO}	集电极开路时,发射极-基极击穿电压	E_e	发射区内建电场
		E_{bn}	大注入基区内建电场
BV_{CBO}	发射极开路时,集电极-基极击穿电压	E_m	PN结空间电荷区最高场强
		E_F	费米能级
BV_{CEO}	基极开路时,集电极-发射极击穿电压	E_{Fn}	电子准费米能级
		E_{Fp}	空穴准费米能级
BV_{DS}	漏源击穿电压	E_i	本征能级
BV_{GS}	栅源击穿电压	E_C	导带底能量
b	沟道半厚度	E_V	价带顶能量
C_T	PN结势垒电容	E_g	禁带宽度
$C_T(0)$	零偏PN结势垒电容	E_S	半导体表面电场强度
C_D	PN结扩散电容	E_{SW}	功率-延迟积
C_{TE}	发射结势垒电容	f_T	特征频率
C_{TC}	集电结势垒电容	f_β	共发射极正向电流增益截止频率
C_{DE}	发射极扩散电容	f_α	共基极正向电流增益截止频率
C_{DC}	集电极扩散电容	f_{gm}	跨导截止频率
C_{ox}	单位面积栅氧化层电容	f_M	最高振荡频率
C_{GS}	栅源总电容	G_p	功率增益
C_G	栅极总电容	G_v	电压增益
C_{ds}	漏源寄生电容	G_{pm}	最大功率增益
C_{gs}	小信号栅源电容	G_0	冶金沟道电导
C_{gd}	小信号栅漏电容	g_D	PN结二极管电导
C_{LT}	MOS输出端对地总电容	g_i	输入电导
D_n	电子扩散系数	g_o	输出电导
D_p	空穴扩散系数	g_μ	反馈电导
D_{ne}	发射区电子扩散系数	g_m	跨导
D_{pe}	发射区空穴扩散系数	g_{ms}	饱和区跨导
D_{nb}	基区电子扩散系数	g_{ml}	线性区跨导

g_{mb}	衬底跨导	i_d	PN 结二极管小信号电流；漏极小信号电流
g_d	漏源电导		
g_{ds}	饱和区漏源电导	i_{ds}	漏源小信号电流
h_{FE}	共发射极正向电流增益	i_E	发射极瞬态电流
h	栅耗尽区厚度	i_e	发射极小信号电流
I_n	电子电流	i_B	基极瞬态电流
I_p	空穴电流	i_b	基极小信号电流
I_D	PN 结二极管电流；漏极电流	i_C	集电极瞬态电流
I_{DS}	MOSFET 漏源电流	i_c	集电极小信号电流
I_0	PN 结二极管饱和电流	J_n	电子电流密度
I_F	PN 结二极管正向电流	J_p	空穴电流密度
I_R	PN 结二极管反向电流	J_{pe}	发射区空穴电流密度
I_E	发射极电流	J_{nb}	基区电子电流密度
I_B	基极电流	J_{pc}	集电区空穴电流密度
I_b	瞬态基极电流	J_{pb}	基区空穴电流密度
I_C	集电极电流	K	绝对温度；I-V 特性系数
I_{nb}	基区电子电流	K_V	MOSFET 电压放大系数
I_{nc}	集电结电子电流	k	玻尔兹曼常量；同比缩小系数
I_{ne}	发射区电子电流	L_{Di}	本征德拜长度
I_{pe}	发射区空穴电流	L_{De}	非本征德拜长度
I_{pc}	集电区空穴电流	L_n	电子扩散长度
I_{rb}	基区复合电流	L_p	空穴扩散长度
I_{re}	发射结势垒复合电流	L_{pe}	发射区空穴扩散长度
I_{rg}	势垒反向产生电流	L_{pc}	集电区空穴扩散长度
I_{rd}	反向扩散电流	L_{nb}	基区电子扩散长度
I_s	双极晶体管表面漏电流	L_E	发射极总周长
I_{sb}	基区表面漏电流	l_e	发射极条长
I_{EBO}	集电极开路时，发射极-基极反向电流	l_{eff}	发射极有效条长
		L_e	发射极引线电感
I_{CBO}	发射极开路时，集电极-基极反向电流	L_b	基极引线电感
		L	沟道长度
I_{CEO}	基极开路时，集电极-发射极反向电流	L_{eff}	有效沟道长度
		M	倍增系数
I_{CM}	集电极最大电流	N	N 型区
I_{CS}	集电极饱和电流	N_C	导带底有效态密度，集电区杂质浓度
I_{BS}	临界饱和基极电流		
I_{BX}	过驱动基极电流	N_V	价带顶有效态密度
I_G	栅极电流	N_D	施主杂质浓度
I_{DSat}	饱和漏极电流	N_A	受主杂质浓度
I_{DSS}	最大饱和漏极电流	N_B	基区杂质浓度
I_{DSub}	亚阈值电流	N_{BC}	衬底杂质浓度
i_D	PN 结二极管瞬态电流；漏极瞬态电流		

N_E	发射区杂质浓度	Q_n	单位面积表面反型层电子电荷
N_S	扩散杂质表面浓度	Q_{nT}	沟道总电子电荷
N_{ES}	发射区扩散杂质表面浓度	Q_C	JFET 沟道载流子电荷
N_{BS}	基区扩散杂质表面浓度	q	电子电量
n	电子密度	$R_{\Box b}$	内基区方块电阻
n_i	本征载流子密度	$R_{\Box B}$	外基区方块电阻
n_{ie}	有效本征载流子密度	$R_{\Box e}$	发射区方块电阻
n_{e0}	发射区热平衡电子密度	r_b	基极电阻
n_{n0}	N 型区热平衡电子密度	r_{b1}	内基区电阻
n_{p0}	P 型区热平衡电子密度	r_{b2}	外基区电阻
n_{b0}	基区热平衡电子密度	r_{bc}	基极接触电阻
n_{c0}	集电区热平衡电子密度	r_{cs}	集电极串联电阻
n_p	P 型区非平衡电子密度	r_e	发射结结电阻
n_e	发射区非平衡电子密度	r_{es}	发射极串联电阻
n_b	基区非平衡电子密度	R_D	漏极串联电阻
n_c	集电区非平衡电子密度	R_G	栅极串联电阻
P	P 型区	R_{on}	沟道导通电阻
p	空穴密度	R_S	源极串联电阻
p_{p0}	P 型区热平衡空穴密度	S	表面复合速率；饱和深度；栅电压摆幅
p_{e0}	发射区热平衡空穴密度	S_e	发射极条宽
p_e	发射区非平衡空穴密度	S_b	基极接触条宽
p_{b0}	基区热平衡空穴密度	S_{eb}	发射结边缘-基极接触边缘距离
p_b	基区非平衡空穴密度	t_d	延迟时间
p_c	集电区非平衡空穴密度	t_{dn}	MOSFET 导通延迟时间
p_{c0}	集电区热平衡空穴密度	t_{df}	MOSFET 关断延迟时间
Q_N	PN 结中性 N 区过剩载流子电荷	t_r	上升时间
Q_P	PN 结中性 P 区过剩载流子电荷	t_s	储存时间
Q_D	PN 结中性扩散区过剩载流子电荷；JFET 栅 PN 结 N 区耗尽层离化施主电荷	t_f	下降时间
		t_{on}	开启时间
		t_{off}	关断时间
Q_E	发射区非平衡载流子总电荷	t_{ox}	二氧化硅层厚度
Q_B	基区非平衡载流子总电荷，MOS 单位面积表面耗尽区电荷	t_{ch}	MOST 沟道渡越时间
		t_{tr}	MOST 总渡越时间
Q_{BS}	基区超量储存电荷	U	电子-空穴净复合率
Q_{CS}	集电压超量储存电荷	V_D	PN 结内建电势或接触电势差
Q_X	超量储存电荷	V_{DE}	发射结内建电势
Q_G	单位面积栅电荷	V_{DC}	集电结内建电势
Q_{GT}	栅极总电荷	V_A	PN 结二极管外加电压
Q_{BM}	单位面积最大表面耗尽区电荷	V_{EA}	Early 电压
Q_{ox}	单位面积二氧化硅层电荷	V_F	PN 结二极管正向电压

符号	含义	符号	含义
V_R	PN 结二极管反向电压	W_N	PN 结二极管中性 N 区宽度
V_{Dn}	异质结空间电荷区净掺杂 N 型部分内建电势差	W_P	PN 结二极管中性 P 区宽度
V_n	外加电压在异质结空间电荷区 N 型部分压降	x_m	PN 结空间电荷区宽度
		x_j	结深
		x_{je}	发射结深度
V_{Dp}	异质结空间电荷区净掺杂 P 型部分内建电势差	x_{jc}	集电结深度
		α_0	共基极直流及低频电流增益
V_p	外加电压在异质结空间电荷区 P 型部分压降	α	共基极高频电流增益
		α_F	共基极正向电流增益
V_J	外加在 PN 结空间电荷区上的电压	α_R	共基极反向电流增益
V_t	热电势	α_n	电子电离率
V_B	PN 结雪崩击穿电压	α_p	空穴电离率
V_{BE}	基极-发射极电压	β_0	共发射极直流及低频电流增益
V_{CB}	集电极-基极电压	β	共发射极高频电流增益
V_{CE}	集电极-发射极电压		MOSFET 增益因子
V_E	发射结外加电压	β_0^*	基区输运系数
V_C	集电结外加电压	β_F	共发射极正向电流增益
V_{PT}	穿通电压	β_R	共发射极反向电流增益
V_{CES}	饱和压降	β_S	临界饱和共发射极电流增益
V_{GS}	栅源电压	γ_0	发射结直流发射效率
V_{DS}	漏源电压	γ	发射结交流发射效率
V_{BS}	衬源电压		MOSFET 衬偏调制系数
V_T	阈电压	Δp_n	N 区过剩空穴密度
V_{TN}	N 沟道阈电压	Δn_p	P 区过剩电子密度
V_{TP}	P 沟道阈电压	ΔE_g	禁带变窄量
V_{DSat}	饱和漏源电压	ε_0	绝对介电常数
V_S	表面势	ε_s	硅相对介电常数
V_{FB}	平带电压	ε_{ox}	二氧化硅相对介电常数
V_{OX}	二氧化硅层电压降	η	基区电场因子
V_{on}	导通电压	λ	沟道长度调制系数
V_P	夹断电压	μ_n	电子迁移率
v_{sl}	载流子极限漂移速度	μ_p	空穴迁移率
W	沟道宽度	μ_{ne}	发射区电子迁移率
W_b	有效基区宽度	μ_{pe}	发射区空穴迁移率
W_{b0}	冶金基区宽度	μ_{nb}	基区电子迁移率
W_c	集电区宽度	μ_{pb}	基区空穴迁移率
W_{cib}	电流感应基区宽度	μ_{nc}	集电区电子迁移率
W_{eff}	有效沟道宽度	μ_{pc}	集电区空穴迁移率
W_e	中性发射区宽度	μ_{eff}	有效迁移率
W_{epi}	外延层厚度	μ_s	低场表面迁移率

ρ	电阻率	τ_E	发射极时间常数
σ_n	电子电导率	τ_e	发射极延迟时间
σ_p	空穴电导率	τ_C	集电极时间常数
τ_n	电子寿命	τ_c	集电结延迟时间
τ_p	空穴寿命	τ_d	集电结空间电荷区渡越时间
τ_{nb}	基区电子寿命	τ_t	JFET 小信号延迟时间
τ_{pe}	发射区空穴寿命	$q\phi_{ms}$	金属半导体功函数差
τ_{pc}	集电区空穴寿命	$q\phi_m$	金属功函数
τ_{ne}	发射区电子寿命	$q\phi_s$	半导体功函数
τ_s	晶体管饱和时间常数	ϕ_{sb}	肖特基势垒接触势
τ_S	SHR 寿命	χ	电子亲和势
τ_A	Auger 寿命	φ_F	费米势
τ_B	基极时间常数	φ_{FP}	P 型材料费米势
τ_b	基区渡越时间	φ_{FN}	N 型材料费米势

目 录

第二版前言
第一版前言
符号表

第1章 半导体物理基础 ·· 1
  1.1 半导体材料 ·· 1
    1.1.1 半导体材料的原子构成 ·· 1
    1.1.2 半导体材料的晶体结构 ·· 2
  1.2 半导体中的电子 ·· 3
    1.2.1 量子力学简介 ·· 4
    1.2.2 半导体中电子的特性与能带 ·· 7
    1.2.3 载流子 ·· 10
  1.3 热平衡状态下载流子的浓度 ·· 12
    1.3.1 电子的统计分布规律 ·· 13
    1.3.2 载流子浓度与费米能级的关系 ······································ 14
    1.3.3 本征半导体与杂质半导体 ·· 15
  1.4 载流子的输运 ·· 20
    1.4.1 载流子的散射 ·· 20
    1.4.2 载流子的漂移运动与迁移率 ·· 20
    1.4.3 漂移电流与电导率 ·· 23
    1.4.4 扩散运动与扩散系数 ·· 24
    1.4.5 电流密度方程与爱因斯坦关系式 ··································· 25
  1.5 非平衡载流子 ·· 26
    1.5.1 非平衡载流子的复合与寿命 ·· 26
    1.5.2 准费米能级 ·· 28
  1.6 连续性方程与扩散方程 ·· 29
    1.6.1 连续性方程 ·· 29
    1.6.2 扩散方程 ·· 29
  思考题1 ·· 31
  习题1 ·· 31

第2章 PN结 ··· 33
  2.1 平衡PN结能带图及空间电荷区 ·· 33
    2.1.1 平衡PN结能带图 ·· 33
    2.1.2 PN结的形成过程 ·· 36
    2.1.3 平衡PN结的载流子浓度分布 ······································ 36
  2.2 理想PN结的伏安特性 ·· 38

· xi ·

  2.2.1 PN结的正向特性 ………………………………………………………… 38
  2.2.2 PN结的反向特性 ………………………………………………………… 40
  2.2.3 理想PN结的伏安特性 …………………………………………………… 41
 2.3 实际PN结的特性 ……………………………………………………………… 44
  2.3.1 PN结空间电荷区中的复合电流 ………………………………………… 44
  2.3.2 PN结空间电荷区中的产生电流 ………………………………………… 47
  2.3.3 PN结表面漏电流与表面复合、产生电流 ……………………………… 48
  2.3.4 PN结的温度特性 ………………………………………………………… 50
 2.4 PN结的击穿 …………………………………………………………………… 51
  2.4.1 PN结空间电荷区中的电场 ……………………………………………… 51
  2.4.2 PN结的雪崩击穿和隧道击穿 …………………………………………… 53
 2.5 PN结的电容 …………………………………………………………………… 55
  2.5.1 PN结的势垒电容 ………………………………………………………… 55
  2.5.2 PN结的扩散电容 ………………………………………………………… 56
思考题2 ……………………………………………………………………………… 58
习题2 ………………………………………………………………………………… 58

第3章 双极晶体管 …………………………………………………………………… 60
 3.1 双极晶体管的结构 …………………………………………………………… 60
  3.1.1 基本结构 ………………………………………………………………… 60
  3.1.2 晶体管的杂质分布 ……………………………………………………… 61
  3.1.3 晶体管的实际结构 ……………………………………………………… 62
  3.1.4 晶体管的结构特点 ……………………………………………………… 63
  3.1.5 集成电路中的晶体管 …………………………………………………… 64
 3.2 双极晶体管的放大原理 ……………………………………………………… 65
  3.2.1 晶体管直流短路电流放大系数 ………………………………………… 65
  3.2.2 晶体管内载流子的传输 ………………………………………………… 66
  3.2.3 发射效率和基区输运系数 ……………………………………………… 67
  3.2.4 共基极直流电流放大系数 α_0 ……………………………………………… 68
  3.2.5 共射极直流电流放大系数 β_0 ……………………………………………… 69
 3.3 双极晶体管电流增益 ………………………………………………………… 69
  3.3.1 均匀基区晶体管直流电流增益 ………………………………………… 69
  3.3.2 缓变基区晶体管直流电流增益 ………………………………………… 76
  3.3.3 影响电流放大系数的因素 ……………………………………………… 80
  3.3.4 大电流下晶体管放大系数的下降 ……………………………………… 86
 3.4 双极晶体管常用直流参数 …………………………………………………… 90
  3.4.1 反向截止电流 …………………………………………………………… 91
  3.4.2 击穿电压 ………………………………………………………………… 92
  3.4.3 集电极最大电流 ………………………………………………………… 94
  3.4.4 基极电阻 ………………………………………………………………… 94
 3.5 双极晶体管直流伏安特性 …………………………………………………… 96

3.5.1　均匀基区晶体管直流伏安特性 ………………………………… 96
　　3.5.2　双极晶体管的特性曲线 …………………………………………… 98
　　3.5.3　Ebers-Moll 模型 …………………………………………………… 101
3.6　交流小信号电流增益及频率特性参数 ………………………………… 104
　　3.6.1　交流小信号电流传输 ……………………………………………… 104
　　3.6.2　BJT 交流小信号模型 ……………………………………………… 105
　　3.6.3　交流小信号传输延迟时间 ………………………………………… 108
　　3.6.4　交流小信号电流增益 ……………………………………………… 111
　　3.6.5　频率特性参数 ……………………………………………………… 113
3.7　双极晶体管的开关特性 ………………………………………………… 116
　　3.7.1　晶体管的开关作用 ………………………………………………… 117
　　3.7.2　正向压降和饱和压降 ……………………………………………… 119
　　3.7.3　晶体管的开关过程 ………………………………………………… 119
　　3.7.4　双极晶体管的开关时间 …………………………………………… 121
思考题 3 ……………………………………………………………………… 128
习题 3 ………………………………………………………………………… 128

第 4 章　结型场效应晶体管 ………………………………………………… 130
4.1　JFET 结构与工作原理 ………………………………………………… 131
　　4.1.1　PNJFET 基本结构 ………………………………………………… 131
　　4.1.2　JFET 工作原理 …………………………………………………… 132
　　4.1.3　JFET 特性曲线 …………………………………………………… 134
　　4.1.4　夹断电压及饱和漏源电压 ………………………………………… 135
4.2　MESFET ………………………………………………………………… 136
　　4.2.1　金属与半导体接触 ………………………………………………… 136
　　4.2.2　MESFET 基本结构 ………………………………………………… 138
　　4.2.3　MESFET 工作原理 ………………………………………………… 138
4.3　JFET 直流特性 ………………………………………………………… 139
4.4　直流特性的非理想效应 ………………………………………………… 141
　　4.4.1　沟道长度调制效应 ………………………………………………… 141
　　4.4.2　速度饱和效应 ……………………………………………………… 142
　　4.4.3　亚阈值电流 ………………………………………………………… 143
4.5　JFET 的交流小信号特性 ……………………………………………… 143
　　4.5.1　JFET 的低频交流小信号参数 …………………………………… 143
　　4.5.2　JFET 本征电容 …………………………………………………… 145
　　4.5.3　交流小信号等效电路 ……………………………………………… 146
　　4.5.4　JFET 的频率参数 ………………………………………………… 147
思考题 4 ……………………………………………………………………… 149
习题 4 ………………………………………………………………………… 149

第 5 章　MOSFET …………………………………………………………… 150
5.1　MOS 结构及其特性 …………………………………………………… 150

5.2 MOSFET 的结构及工作原理 ... 153
5.2.1 MOSFET 基本结构 ... 153
5.2.2 MOSFET 基本类型 ... 154
5.2.3 MOSFET 基本工作原理 ... 155
5.2.4 MOSFET 转移特性 ... 156
5.2.5 MOSFET 输出特性 ... 157
5.3 MOSFET 的阈值电压 ... 158
5.3.1 阈值电压的含义 ... 158
5.3.2 平带电压 ... 158
5.3.3 实际 MOS 结构的电荷分布 ... 159
5.3.4 阈值电压表示式 ... 160
5.3.5 $V_{BS} \neq 0$ 时的阈值电压 ... 160
5.3.6 影响阈值电压的因素 ... 161
5.4 MOSFET 直流特性 ... 164
5.4.1 萨支唐方程 ... 164
5.4.2 影响直流特性的因素 ... 168
5.4.3 击穿特性 ... 172
5.4.4 亚阈特性 ... 176
5.5 MOSFET 小信号特性 ... 178
5.5.1 交流小信号参数 ... 178
5.5.2 本征电容 ... 180
5.5.3 交流小信号等效电路 ... 182
5.5.4 截止频率 ... 183
5.6 MOSFET 开关特性 ... 185
5.6.1 开关原理 ... 185
5.6.2 开关时间 ... 187
5.7 短沟道效应及按比例缩小规则 ... 188
5.7.1 短沟道效应的含义 ... 188
5.7.2 短沟道对阈值电压的影响 ... 189
5.7.3 窄沟道对阈值电压的影响 ... 191
5.7.4 按比例缩小规则 ... 192

思考题 5 ... 194

习题 5 ... 195

第 6 章 集成电路概论 ... 196
6.1 什么是集成电路 ... 196
6.2 集成电路的发展历史 ... 196
6.3 集成电路相关产业及发展概况 ... 197
6.4 集成电路分类 ... 198
6.5 集成电路工艺概述 ... 199
6.5.1 外延生长 ... 199

6.5.2	氧化	200
6.5.3	掺杂	200
6.5.4	光刻	200
6.5.5	刻蚀	201
6.5.6	淀积	201
6.5.7	钝化	201

6.6 CMOS工艺中的无源器件及版图 ………………………………………………… 201
  6.6.1 电阻 …………………………………………………………………… 202
  6.6.2 电容 …………………………………………………………………… 203
  6.6.3 电感 …………………………………………………………………… 205

6.7 CMOS工艺中的有源器件及版图 ………………………………………………… 207
  6.7.1 NMOS ………………………………………………………………… 207
  6.7.2 PMOS ………………………………………………………………… 208
  6.7.3 NPN …………………………………………………………………… 209
  6.7.4 PNP …………………………………………………………………… 210

6.8 CMOS反相器 …………………………………………………………………… 212
  6.8.1 CMOS反相器的直流特性 …………………………………………… 212
  6.8.2 CMOS反相器的瞬态特性 …………………………………………… 216
  6.8.3 CMOS反相器的功耗与设计 ………………………………………… 220
  6.8.4 CMOS反相器的制作工艺及版图 …………………………………… 221

6.9 CMOS传输门 …………………………………………………………………… 223
  6.9.1 NMOS传输门的特性 ………………………………………………… 224
  6.9.2 PMOS传输门的特性 ………………………………………………… 225
  6.9.3 CMOS传输门的特性 ………………………………………………… 225

6.10 CMOS放大器 ………………………………………………………………… 228
  6.10.1 共源放大器 ………………………………………………………… 228
  6.10.2 源极跟随器 ………………………………………………………… 235
  6.10.3 共栅放大器 ………………………………………………………… 237

思考题 6 ……………………………………………………………………………… 239
习题 6 ………………………………………………………………………………… 239

第7章 集成电路设计基础 …………………………………………………………… 241

7.1 模拟集成电路设计概述 ………………………………………………………… 241
7.2 模拟集成电路的设计流程及EDA ……………………………………………… 242
  7.2.1 模拟集成电路设计一般流程 ………………………………………… 242
  7.2.2 模拟集成电路设计相关EDA ………………………………………… 245
  7.2.3 模拟集成电路设计实例 ……………………………………………… 246

7.3 数字集成电路设计流程及EDA ………………………………………………… 265
  7.3.1 数字集成电路设计一般流程 ………………………………………… 266
  7.3.2 数字集成电路设计相关EDA ………………………………………… 267
  7.3.3 Veriog HDL及数字电路设计 ………………………………………… 267

  7.4 集成电路版图设计 ………………………………………………………………… 279
    7.4.1 集成电路版图设计基本理论 ……………………………………………… 280
    7.4.2 版图设计的方式 …………………………………………………………… 280
    7.4.3 半定制数字集成电路版图设计 …………………………………………… 283
    7.4.4 全定制模拟集成电路版图设计 …………………………………………… 287
 思考题 7 ………………………………………………………………………………… 297
 习题 7 …………………………………………………………………………………… 297
参考文献 ………………………………………………………………………………… 299
附录 ……………………………………………………………………………………… 301
 附录 A 硅电阻率与杂质浓度关系 ……………………………………………… 301
 附录 B 硅中载流子迁移率与杂质浓度关系 …………………………………… 301
 附录 C Si 和 GaAs 在 300K 的性质 ……………………………………………… 302
 附录 D 常用元素、二元及三元半导体性质 ……………………………………… 303
 附录 E 常用物理常数 …………………………………………………………… 304
 附录 F 国际单位制(SI 单位) ……………………………………………………… 305
 附录 G 单位词头 ……………………………………………………………………… 305

第1章 半导体物理基础

半导体材料是现代电子系统的基础。包括集成电路在内的电子器件,绝大多数是用半导体材料制作的。要了解半导体器件的结构和工作原理,首先要了解半导体材料的各种知识。本章主要讲述半导体的基本物理性质,首先介绍半导体单晶材料的典型结构以及半导体材料中电子的特性,然后讲述半导体中载流子的浓度以及输运现象,最后介绍器件研究中的基本方程。

1.1 半导体材料

根据电阻率的不同,我们通常把固体材料分为三类:导体、半导体和绝缘体。通常把电阻率小于 $10^{-2}\Omega\cdot cm$ 的材料称为导体,大于 $10^9\Omega\cdot cm$ 的材料称为绝缘体,介于两者之间的材料称为半导体。材料的电学特性与它的化学成分和原子的排列方式有密切的关系,本节主要介绍典型的半导体材料及其结构。

1.1.1 半导体材料的原子构成

半导体材料的种类很多,表 1.1.1 列出了常见的几种半导体材料,表 1.1.2 列出了与半导体材料有关的常见元素。

表 1.1.1 常见的半导体材料

分类	符号	名称
元素半导体	Si	硅
	Ge	锗
化合物半导体	AlP	磷化铝
	AlAs	砷化铝
	GaP	磷化镓
	GaAs	砷化镓
	InP	磷化铟
	GaN	氮化镓
	SiC	碳化硅

表 1.1.2 半导体材料中的常见元素

周期	III	IV	V
2	B	C	N
3	Al	Si	P
4	Ga	Ge	As
5	In		Sb

根据成分的不同,半导体材料可以分为两类:元素半导体和化合物半导体。元素半导体由单一元素组成,如 Si 和 Ge。Si 因其在地球上的丰富含量以及成熟的工艺而成为制作电子器件和集成电路的主要原料。化合物半导体由两种或两种以上的元素组成,如 GaAs 和 InP。GaAs 是一种应用非常广泛的化合物半导体,它具有良好的光学特性,常用来制作光学器件和高速器件。本书所讨论的内容仅限于元素半导体。

1.1.2 半导体材料的晶体结构

1. 晶体结构

固体材料中,原子的排列方式与材料特性密切相关。根据原子、分子或分子团在三维空间中排列的有序程度的不同,固体材料可分为无定形、多晶和单晶三种基本类型。图1.1.1是这三种材料中原子或分子排列的二维示意图。

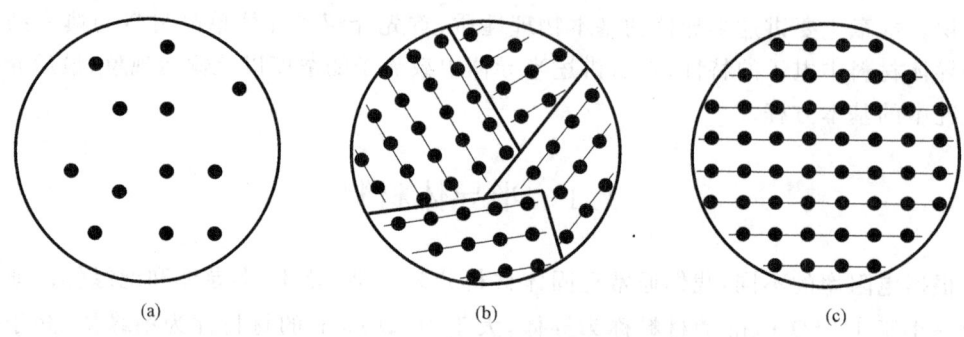

图 1.1.1 固体材料的三种基本类型示意图
(a) 无定形;(b) 多晶;(c) 单晶

无定形材料中的原子或分子只在几个原子或分子尺度内有序。多晶材料中存在许多小区域,每个小区域中的原子或分子排列有序。单晶体中的原子或分子在整个晶体中排列有序。

上述三种类型的材料在器件和集成电路中都有广泛的应用。例如,无定形硅薄膜可以用来加工液晶显示器(LCD);多晶硅可用于制作太阳能电池。目前,电子器件和集成电路的制造中使用最多的是单晶硅。

单晶体中的原子或分子在三维空间中有序排列,具有几何周期重复性。我们可以认为单晶体是由大量相同的基本单元在三维空间中堆砌而成。通常,我们把单晶体中的原子或分子抽象成数学上的几何点,这些点的集合被称为晶格(lattice)。晶体中的原子或分子位于晶格点上。当晶体具有一定温度时,原子或分子会以此为中心做微振动,这一现象称为晶格振动。

2. 硅和锗的晶体结构

硅和锗是Ⅳ族元素,它们形成的单晶中,原子的排列方式与金刚石相同,称为金刚石结构。金刚石结构由图1.1.2(a)中所示的立方体结构重复堆砌而成,立方体的每个顶点、每个面的中心以及体对角线的1/4处各有一个原子。

从图1.1.2(a)中我们可以看出:在硅单晶中,以任意硅原子为中心,以其周围最临近的4个硅原子为顶点,构成了一个正四面体,如图1.1.2(b)。由于硅是Ⅳ价的,硅原子最外层有4个价电子,因此,位于正四面体中心的硅原子与每一个顶角处的硅原子各贡献出一个价电子为这两个原子所共有。共有的电子在两个原子核之间形成较大的电子云密度,通过电子云对原子核的吸引力把两个原子结合在一起,形成共价键。硅单晶中,键与

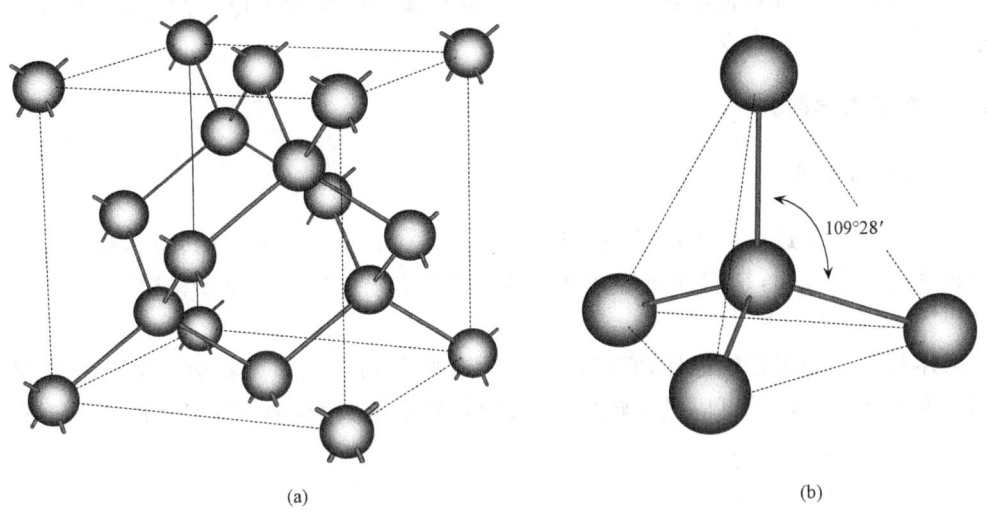

图 1.1.2 硅和锗的晶体结构
(a) 金刚石结构；(b) 硅单晶的正四面体结构

键之间的夹角为 $109°28'$。图 1.1.3 在二维平面图中,示意地画出了硅原子间的这种结合方式,图中用连接在硅原子间的直线表示共价键。

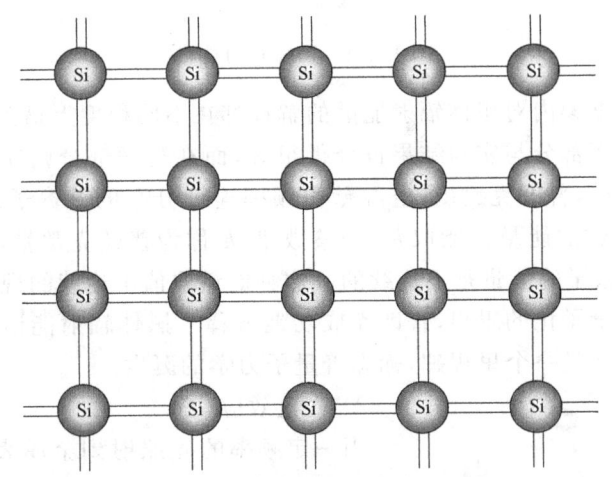

图 1.1.3 硅单晶中的共价键二维结构简图

1.2 半导体中的电子

经典物理学包括两个基本领域：研究粒子的力学和热学,以及研究场和波动现象的电磁学和光学。力学和热力学中,粒子的运动规律由牛顿方程描述；电磁学和光学中,场和波动现象由麦克斯韦方程描述。在经典物理中,波和粒子总是被明确地区分开来,然而,像光子和电子这样的微观粒子,它们既表现出粒子的特性,同时也表现出波的特性,即具有波粒二象性,因此经典力学无法给出正确的微观系统的物理图像。这些现象只有通过量子力学才能够被真正地解释和预言。为了更好地理解器件中电子的行为,本节将介绍量子力学的一些基本概念。

1.2.1 量子力学简介

1. 波粒二象性

像电子和光子这类微观粒子,它们的特性与经典粒子有着明显的差别,我们可以通过三个物理现象来说明,它们分别是"黑体辐射"、"光电效应"以及"电子衍射"。

1) 黑体辐射现象

黑体是一个理想化的物体,它可以吸收所有照射到它上面的辐射。空腔表面的小孔可以视为黑体。黑体既可以吸收辐射,又会向外辐射电磁波,辐射能谱如图1.2.1所示。

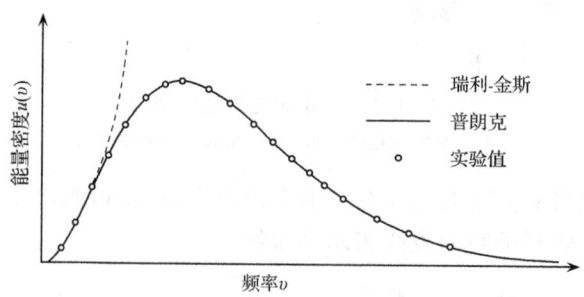

图 1.2.1 黑体辐射能谱

在经典物理的框架内对黑体辐射能谱的解释都在不同程度上遭到失败。例如,瑞利-金斯辐射公式在低频部分与实验结果符合得很好,而在高频部分则完全不符合。为了准确描述黑体辐射能谱,普朗克提出:空腔壁由频率连续分布的谐振子组成,而且频率为 ν 的谐振子发射或吸收的能量只能取 $h\nu$ 的整数倍(h 称为普朗克常量,$h = 6.6256 \times 10^{-34}$ J·s),也就是说谐振子的能量是不连续的。这种能量取值不连续的现象称为能量的量子化。通过引入能量量子化的思想,普朗克成功地解释了黑体辐射能谱现象。普朗克公式的提出在物理学史上是一个里程碑,标志着量子力学的诞生。

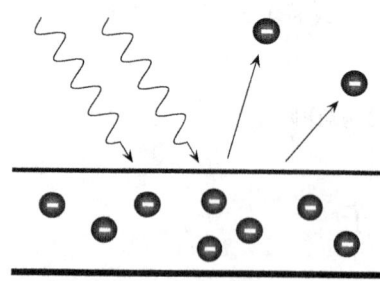

图 1.2.2 光电效应

2) 光电效应

当一定频率的光照射到金属表面时,金属中的电子会溢出金属表面,这种现象称为光电效应,如图1.2.2所示。按照经典物理的观点,光是一种电磁波,电磁波使金属原子中的电子做受迫振动从而被释放。所以,只要用足够强的光照射金属表面或照射的时间足够长,金属就应该释放出电子。但实验事实表明,只有当光的频率大于某临界值时才有电子溢出,临界值取决于材料成分和结构。而且,溢出的电子的动能取决于光的频率而非光的强度。爱因斯坦为了说明光电效应现象提出了光量子的理论:频率为 ν 的光是由能量为 $h\nu$ 的光量子(即光子)组成,当光照射到金属表面时,能量为 $h\nu$ 的光子被电子吸收,吸收的能量一部分用来克服金属表面对它的限制,另一部分提供

它溢出后的动能,即

$$hv = W + \frac{1}{2}mv^2 \quad (1.2.1)$$

式中,m 是电子的质量,v 是它的速度,W 是功函数,即电子摆脱固体表面而溢出所必须获得的最小能量。根据光量子理论,如果入射光的频率过低,光子的能量 $hv<W$ 时,电子获得的能量不足以使其溢出金属表面。这时不论光强有多大、照射时间有多长都不会有光电子发射。然而,当入射光的频率足够高,光子的能量 $hv>W$ 时,即使光不够强也可以观察到光电子发射。光电效应说明:光除了具有波的特性外同样具有粒子的特性,即波粒二象性。光的波动性表现在光子能够表现出经典波的折射、干涉、衍射等性质;光子的粒子性表现为和物质相互作用时,光子只能传递量子化的能量而不像经典的波那样可以传递任意大小的能量。

3)电子双缝实验

假设有一个能够发射电子的电子枪,在电子枪的前面放置一块能够阻挡电子的挡板,挡板上开有两条足够窄的狭缝,挡板的后面放置一块能够侦测电子的侦测屏,如图 1.2.3(a)所示。电子枪发射一个电子,电子通过挡板上的狭缝打在侦测屏上,侦测屏上就会显示出一个点的痕迹。发射足够数量的电子后,如果电子是经典力学中的单纯的粒子,电子就应该只达到两条狭缝的投影位置。事实上随着电子发射数量的增多,侦测屏上会逐渐显现出明暗相间的干涉条纹,如图 1.2.3(b)所示。这一现象说明:电子同样可以表现出波的干涉和衍射行为,即像电子这样的实物粒子同样具有波的性质。

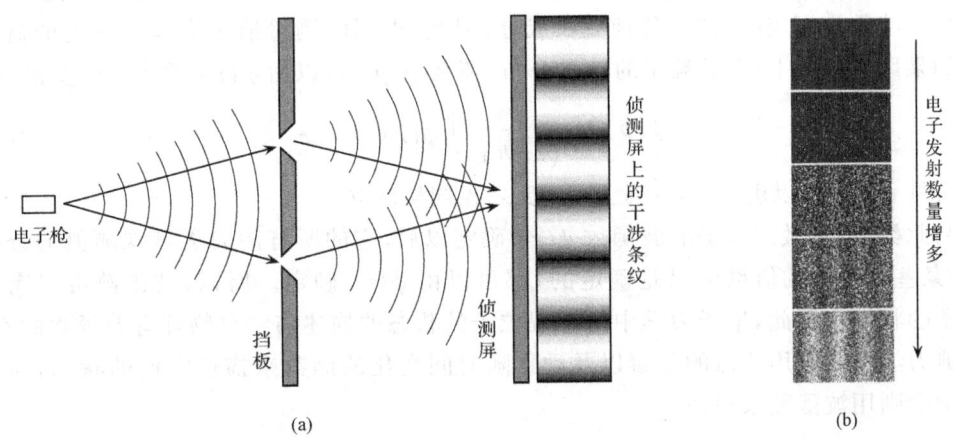

图 1.2.3 电子双缝实验
(a) 电子双缝实验示意图;(b) 干涉条纹

黑体辐射实验体现了物理量的量子化特性。而光电效应和电子双狭缝实验反映出波可以具有粒子的特性,粒子也可以表现出波动性。有很多实验已经证明了微观粒子具有波粒二象性。波粒二象性是量子力学的一个重要概念。

实物粒子除了具有粒子的特性外还具有波的特性,这种波称为"物质波"或"德布罗意波"。物质波的波长 λ 与粒子的动量 p 有关,而频率 v 与总能量 E 有关,即

$$p = \frac{h}{\lambda} = \hbar \frac{2\pi}{\lambda} = \hbar k \quad (1.2.2)$$

$$E = h\nu = \hbar \cdot 2\pi\nu = \hbar\omega \tag{1.2.3}$$

宏观物体同样具有波动性,只不过波长太短无法观测。例如,一个质量为 0.15kg 的物体,以 40m/s 的速度运动,它的物质波的波长为

$$\lambda = \frac{h}{p} = \frac{h}{mv} = \frac{6.626 \times 10^{-34}}{0.15 \times 40} = 1.10 \times 10^{-34} (\text{m})$$

这个波长太短,现代的任何仪器都无法观察到。

2. 波函数

在经典物理中,粒子的位置和动量可以同时被精确测量和预测。例如,对一辆直线行驶中的汽车,我们可以测量出它的位置、速度和加速度,由此可以推算出一定时间之后的位置及速度。而在量子物理中,由于粒子具有波粒二象性,微观粒子的位置和动量存在测不准关系。因此,我们无法按照经典物理的方式描述粒子的状态,取而代之的是用波函数来描述。

波函数通常是空间和时间的复函数,即 $\psi(\boldsymbol{r},t)$。与经典物理不同,波函数描绘的不是实在的物理量的波动,它刻画的是粒子在空间的概率分布,是一种概率波。如果用波函数 $\psi(\boldsymbol{r},t)$ 表示粒子的德布罗意波的振幅,而以 $|\psi(\boldsymbol{r},t)|^2 = \psi^*(\boldsymbol{r},t)\psi(\boldsymbol{r},t)$ 表示波的强度(其中 $\psi^*(\boldsymbol{r},t)$ 是 $\psi(\boldsymbol{r},t)$ 的复共轭函数)。那么,t 时刻在 $\boldsymbol{r}$ 附近的小体积单元 $\Delta x \Delta y \Delta z$ 中检测到粒子的概率正比于 $|\psi(\boldsymbol{r},t)|^2 \Delta x \Delta y \Delta z$。

如果测量一个用波函数 $\psi(\boldsymbol{r})$ 描述的微观粒子的动量,由于一般情况下的 $\psi(\boldsymbol{r})$ 是由许多单色波叠加而成的,含有各种波长成分,因此,得到的测量值也应该有一定的概率分布。如果用 $|\psi(\boldsymbol{p})|^2$ 表示粒子的动量分布,那么 $\psi(\boldsymbol{p})$ 可以由 $\psi(\boldsymbol{r})$ 的傅里叶变换得到

$$\psi(\boldsymbol{p}) = \frac{1}{(2\pi\hbar)^{\frac{3}{2}}} \int \psi(\boldsymbol{r}) e^{-\frac{i\boldsymbol{p}\cdot\boldsymbol{r}}{\hbar}} d\boldsymbol{r} \tag{1.2.4}$$

由此可见 $\psi(\boldsymbol{p})$ 可以由 $\psi(\boldsymbol{r})$ 完全确定,反之也同样成立。

与此类似,当微观粒子的波函数 $\psi(\boldsymbol{r})$ 确定以后,它的所有的力学量观测值的分布概率(在某些状态下的值也可以是确定的)都可以由 $\psi(\boldsymbol{r})$ 确定。所以,波函数可以完全确定粒子的状态。因此,量子力学中对微观粒子的状态的描述与经典物理有着根本的不同,在经典力学中我们用质点的位置以及动量随时间变化的函数来描述它们的状态,而在量子力学中则用波函数来描述。

3. 薛定谔方程

微观粒子的状态需要用波函数来描述,那么应该有一个描述波函数如何随时间演化以及在各种情况下求出波函数的方法,这就是 1926 年薛定谔提出的波动方程(即薛定谔方程)。薛定谔方程为

$$i\hbar \frac{\partial}{\partial t}\psi(\boldsymbol{r},t) = \left[-\frac{\hbar^2}{2m}\nabla^2 + V(\boldsymbol{r})\right]\psi(\boldsymbol{r},t) \tag{1.2.5}$$

式中,$V(\boldsymbol{r})$ 是粒子所处的势场,m 是粒子的质量。薛定谔方程是量子力学的基本方程,它揭示了微观世界物质运动的基本规律,就像牛顿定律在经典力学中所起的作用一样,是量子力学的基本假设之一。

4. 隧道效应

微观粒子还有一个与经典粒子不同的重要特性,即微观粒子可以按一定概率穿越大于它本身能量的势垒。如果有一个高度为 V_0,宽度为 a 的势垒

$$V(x) = \begin{cases} 0, & x < 0, x > a \\ V_0, & 0 \leqslant x \leqslant a \end{cases}$$

在势垒左侧区域有一个能量为 E 的粒子,而且 $E < V_0$。如果这个粒子是一个经典粒子,它是不可能越过势垒达到右侧区域的。但是,如果这个粒子是电子或其他微观粒子,那么它的物质波会延伸到势垒区中并在势垒区中衰减。如果势垒的高度不是很高而且宽度不是很大时,它还会延伸到势垒的另一侧区域,如图 1.2.4。

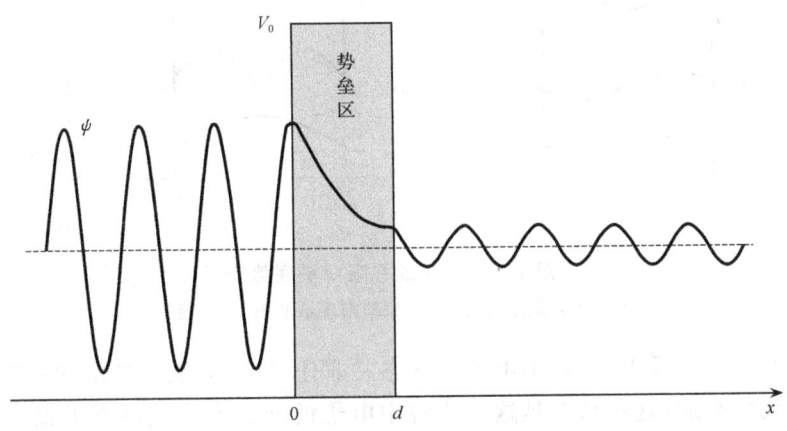

图 1.2.4　隧道效应示意图

由于势垒右侧区域中粒子的概率密度 $\psi^*\psi$ 不为零,说明这个粒子能以一定概率贯穿势垒,出现在势垒的另一侧,这种现象称为隧道效应。可以证明,势垒宽度越小、高度越低,贯穿势垒的概率越大。隧道效应常被用于器件设计中,如隧道二极管的工作原理就是利用了电子的隧穿特性。而且,随着电子器件尺寸的不断减小,隧道效应在器件研究中也变得越来越重要。

1.2.2　半导体中电子的特性与能带

1. 一维有限深平底势阱中电子的状态和能量

原子中的电子被束缚在电子与原子核相互作用所产生的势阱中,也就是说它被束缚在了空间的某个区域内,而且这个电子仅可能处于一系列特定的状态,这些状态称为该势阱中电子的允许态。那么,这些允许态以及它们对应的能量有哪些特征？一维有限深平底势阱是此类问题中最简单的一种,因此我们先利用薛定谔方程来讨论其中的电子的允许态。

假设有一个宽度为 $2a$ 的一维势阱 $V(x)$

$$V(x) = \begin{cases} -V_0, & |x| < a \\ 0, & |x| \geqslant a \end{cases}$$

可以证明,当势能 V 与时间无关时,能量为 E 的波函数可以表示为

$$\psi_E(x,t) = \psi_E(x) e^{-\frac{iEt}{\hbar}}$$

我们把上式中与时间无关的因子 $\psi_E(x)$ 称为定态解。把上式代入薛定谔方程可以得到与时间无关的薛定谔方程,即定态薛定谔方程

$$\frac{d^2}{dx^2}\psi_E(x) + \frac{2m}{\hbar^2}E\psi_E(x) = 0$$

定态薛定谔方程有多个解,因此需要根据实际物理过程附加上边界条件。加上边界条件后会发现,只有当能量 E 取某些特定值时解才存在,图1.2.5画出了这些波函数的示意图。

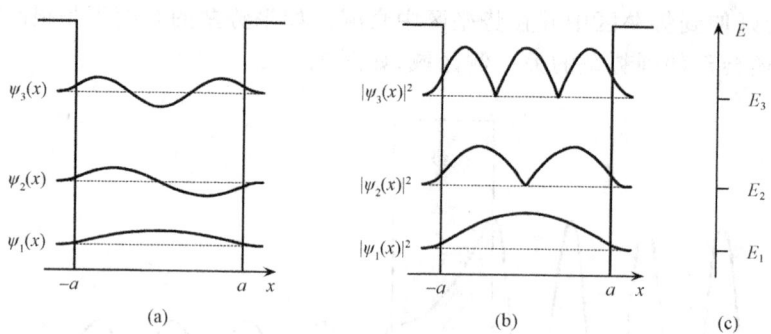

图1.2.5　一维有限深平底势阱
(a)波函数示意图;(b)概率密度示意图;(c)能量

从图1.2.5可以看出,势阱中电子的状态并非任意的,只能是特定的一组波函数或这些波函数的线性叠加,这些状态是这个势阱中电子的允许态。允许态的概率密度大部分集中在势阱内,但是也有一部分延伸到势阱外,由此可见电子并没有被完全限制在阱内,在势阱外缘附近也可以检测到电子。允许态对应的能量是不连续的,也就是说势阱中电子的能量是量子化的。这些量子化的能量称为能级,势阱中的电子能量只允许分布在这些能级上。

如果把多个势阱等间距排列,理论上我们同样可以利用薛定谔方程得到一系列波函数。图1.2.6(a)是双势阱中电子的波函数与能级示意图。双势阱是由两个相同的单势阱按一定间距排列所形成的势场。从图1.2.6(a)中可以看出,允许态对应的能级两两构成一组,每组中的能级具有近似的能量值,而相邻两组能级间的能量差别较大。如果将 N 个势阱等间距排列,每 N 个能量较接近的波函数成为一组,当 N 很大时,每组能级中相邻能级间的能量间隔非常小,构成一种准连续的带状结构,如图1.2.6(b)。

从图1.2.6中还可以看出,波函数的强度在每个势阱中的形式与单势阱中的情况很类似,这说明了电子不会被局限在某个势阱中,而是分布在整个势场范围内。可以证明,在周期性势场中每个波函数的强度是周期重复的。

2. 能带

晶体由大量周期排列的原子构成,这些原子会形成三维的周期性势场。所以,电子的允许态与一维周期排列的势阱中的情况类似,允许的能量也呈现出一系列带状结构,我们把这些能量的带状结构称为能带。能带中包含的能级(或量子态)的数量与组成晶体的原

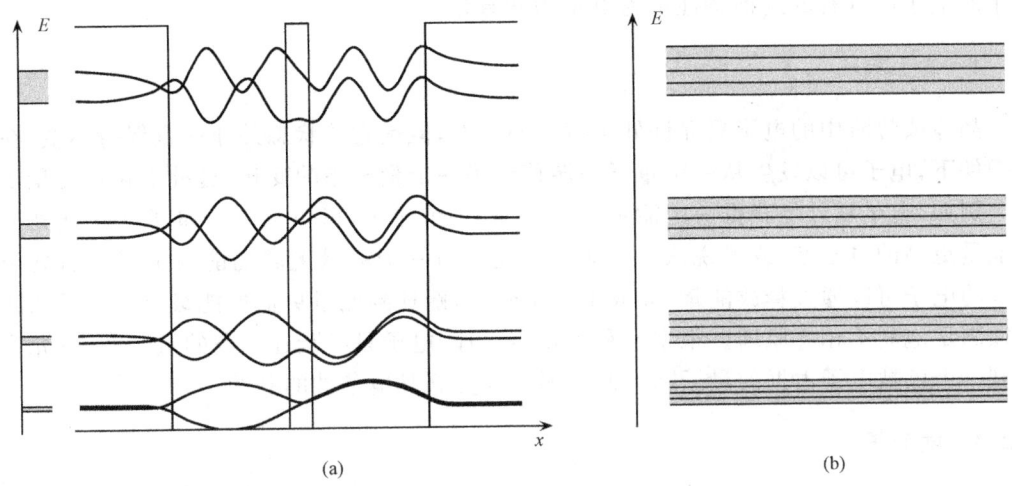

图 1.2.6 多势阱中的波函数与能级
(a) 双势阱中的波函数与能级；(b) 等间距排列的多个势阱中的能级

子数量成正比。晶体中包含的原子非常多，因此能带中包含了大量能级，相邻能级间的能量间隔非常小，可以认为能带是准连续的，而相邻的两个能带间有一个能量禁区，这个能量禁区称为禁带。图 1.2.7 示意地画出了硅单晶的能带结构。

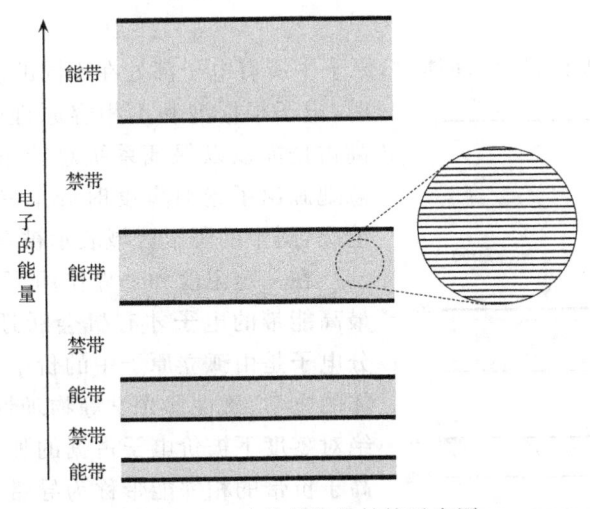

图 1.2.7 硅单晶能带结构示意图

晶体材料种类繁多，每种晶体材料都有其特定的能带结构。能带结构以及电子在能带中的分布情况与材料的物理性质密切相关。导体、半导体和绝缘体导电能力的差异就是由于它们的能带结构以及电子占据能带的状况不同所致。能带结构还应该包括量子态的动量与能量间的关系，但在本书中不讨论这方面的问题。

3. 电子的共有化运动

与一维周期排列的势阱类似，晶体中电子的波函数并非局限于某个原子周围，而是分布在整个晶体当中。因此，电子可以在整个晶体中运动，而不是局限在某个原子周围。晶体中的电子所具有的这种特性称为电子的共有化。

4. 量子跃迁

晶体或势阱中的电子只允许处于特定的状态,但是它的状态并非一直保持不变,在一定条件下,电子可以发生从一个量子态转移到另一个量子态的变化,这种变化称为量子跃迁。例如,电子从外界获得一定能量时,如吸收一个光子,可以从一个量子态跃迁到另一个能量更高的量子态,或者说从一个能级跃迁到另一个能量更高的能级上;反之,处于高能级的电子可以通过释放能量,如放出一个光子,跃迁到能量更低的能级上。电子的跃迁必须满足泡利不相容原理。根据泡利不相容原理,电子只能跃迁到空的量子态,不允许跃迁到一个已被电子占据的量子态。此外还需要受到其他条件的制约。

1.2.3 载流子

我们已经知道了晶体中的电子允许具有哪些状态,这些量子态就像电影院中的座位,电子会遵循什么规则来分配这些座位,或者说晶体中的电子是如何占据这些量子态的?规则之一是泡利不相容原理。泡利不相容原理规定,在一个系统中不能有两个电子处于同一个量子态。规则之二是多电子系统中总能量最低的状态是最稳定的,电子按照能量由低到高的顺序占据量子态或能级,使系统的能量最低。

1. 导带、价带

按照固体能带理论,形成固体时,原子中所有电子都处在不同的能带上。在绝对零度时,电子根据泡利不相容原理的限制,能量由低向高占据能级以保证系统总能量最低。图1.2.8示意地画出了绝对零度时硅单晶中电子填充能带的情况,图中的阴影区域表示被电子占据的能级。

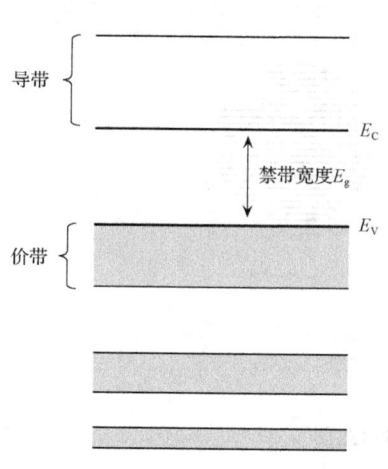

图 1.2.8 硅单晶 0K 时电子填充能带的示意图

在一定温度和外界作用下,一般只有那些占据最高能带的电子才有机会跃迁到新的能级。这部分电子是由孤立原子中的价电子构成的,它们对固体的电学、磁性和光学等物理性质的影响最大。在绝对零度下被价电子占据的那个能带称为价带,而高于价带的相邻能带称为导带。通常,我们把价带的上边界称为价带顶,用 E_V 表示;导带的下边界称为导带底,用 E_C 表示。导带底和价带顶的能量差 $(E_C - E_V)$ 称为禁带宽度,用 E_g 表示。禁带宽度是半导体材料的一个重要性质,很多特性都与它有关。

2. 满带、部分占满的能带和空带

根据电子对能带的填充的不同,可以把能带分为满带、部分占满的能带和空带。如果某个能带中所有的量子态都被电子占据了,这个能带称为满带;如果只有部分量子态被电子占据,称为部分占满的能带;如果所有量子态都没有被电子占据,则称为空带。

我们知道一个自由电子在电场的作用下将沿电场力的方向运动形成电流,在这个过程中电子会从电场中获得能量,使其状态发生变化。如果这个电子是满带当中的电子,由于能带中所有的量子态都被电子占据了,根据泡利不相容原理,它无法跃迁到另一个量子态上,因此满带当中的电子不能够传导电流,只有部分占满的能带中的电子可以传导电流。可以证明,对于满带中的任意电子,必然存在另一个运动速度相等方向相反的电子,它们对电流的贡献相互抵消。

我们之所以把单晶硅等材料称为半导体材料是因为它们的导电性比绝缘体好,但又比金属差。我们可以从它们的能带结构和电子填充状况出发,找到造成这种差异的主要原因。图1.2.9是金属、半导体和绝缘体的能带示意图。

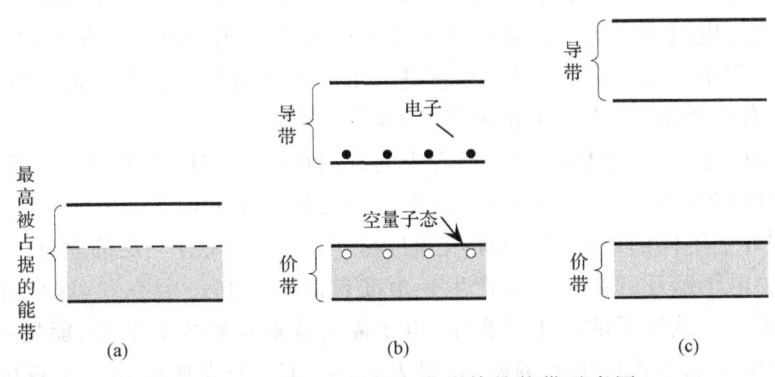

图 1.2.9　金属、半导体和绝缘体的能带示意图
(a) 金属; (b) 半导体; (c) 绝缘体

金属的能带与半导体和绝缘体有本质的区别。金属中最高被占据的能带是部分占满的(有两种可能性,一种是价带部分被占满,另一种是导带与价带重叠),如图1.2.9(a),因此,即使温度很低时也有良好的导电性。

半导体和绝缘体在绝对零度时,导带和导带以上的能带都是空带,价带以及价带以下的能带都是满带,如图1.2.9(b)和1.2.9(c),因此,它们都没有导电性。从这个意义上讲,半导体和绝缘体的能带并没有本质的区别。常温下的半导体和绝缘体都具有一定的导电能力,这主要是价带电子的热激发所致。前面提到过,晶体中的电子在获得能量或释放能量时会发生量子态的跃迁过程。在一定温度下,由于热运动,价带顶的部分电子会以一定概率获得足够高的能量跃迁到导带,这个过程称为热激发。通过热激发,导带和价带成为部分占满的能带,其中的电子就能够传导电流了。温度一定时,有多少导带电子被激发到价带主要取决于禁带宽度 E_g。显然,当 E_g 很大时,激发所需的能量很大,被激发的电子很少,因此导电能力很弱,反之则导电能力强。绝缘体的禁带宽度 E_g 很大,所以常温下的电阻率很高,而半导体的禁带宽度较小,如 300K 时硅的禁带宽度为 1.12eV,所以导电能力比绝缘体强。随着温度的升高,价带电子被激发到导带的机会更大,半导体的导电能力随之增强,这是电子器件的许多特性会随温度变化的原因之一。

3. 准自由电子和空穴

被激发到导带中的电子的运动特性类似于自由电子,因此,我们把导带中的电子称为准自由电子(在本书中也常简称为电子)。价带电子被激发到导带后会在价带中留下空的量子态,价带不再是被电子占满的满带,因此价带电子具有了传导电流的能力。如果用 V_j 表示状态 j 下的电子的速度,那么价带中所有电子形成的总电流为

$$I = -q \sum_{j=\text{所有被占据的状态}} V_j = -q \sum_{j=\text{所有状态}} V_j - \left(-q \sum_{j=\text{所有空状态}} V_j\right)$$

由于满带电子不参与导电,因此有

$$-q \sum_{j=\text{所有状态}} V_j = 0$$

所以

$$I = q \sum_{j=\text{所有空状态}} V_j \tag{1.2.6}$$

从式(1.2.6)可以看出,如果我们把价带中的空量子态看成是带正电荷的微观粒子,那么价带电子形成的电流可以等效为这些带正电荷的粒子形成的电流。我们称这种虚拟的粒子为空穴。空穴不是真实存在的粒子,它是为了便于分析问题而构造的一种假想粒子,但它同样具有"有效质量"、"带一个正电荷"等属性。

根据前面的分析,半导体中只有导带中的准自由电子和价带中的空穴可以传导电流,我们把它们统称为载流子。要注意,准自由电子是导带中的电子,空穴是价带中的空量子态,它们分别处于不同的能带中,因此,它们传导电流的特性有一定的差异。

价带中的电子跃迁到导带后会产生一个准自由电子和一个空穴,这个过程称为载流子的产生过程。在载流子的产生过程中,电子需要获取足够大的能量,能量可以来源于热运动,也可以由其他方式提供。例如,频率为 $\nu(h\nu > E_g)$ 的光照射晶体材料也可以激发出载流子,这就是许多光敏器件工作的基本原理。每一个被激发到导带的电子经过一段时间后都会重新回到价带的空量子态上,并因此导致一对准自由电子和空穴的消失,这个过程称为载流子的复合过程。载流子的复合过程是产生过程的逆过程,在复合过程中电子会释放能量。电子可以通过多种方式释放能量。例如,通过释放能量为 $h\nu \approx E_g$ 的光子的方式来释放能量,这也是大多数发光器件发光的基本原理。

晶体中每时每刻都在进行载流子的产生和复合,如果这两个过程达到动态平衡,电子和空穴的浓度将保持不变。图 1.2.10 示意地画出了上述载流子的产生和复合过程,图中的黑点表示电子,小圆圈表示空穴,带箭头的波纹线表示光子的吸收和释放。在实际的半导体材料中,有多种类型的载流子产生-复合机制,上述载流子的产生-复合过程仅只是其中一种。

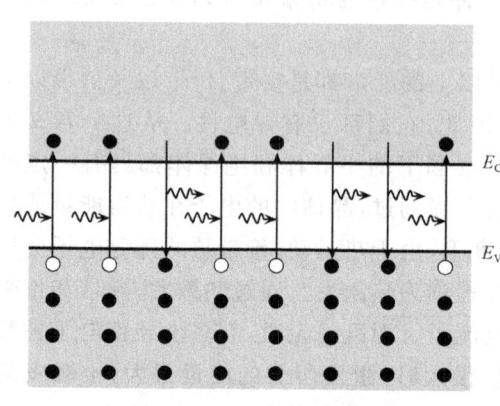

图 1.2.10 载流子的产生与复合

1.3 热平衡状态下载流子的浓度

我们已经知道了有两种类型的载流子:准自由电子和空穴。要分析半导体或电子器件中的电流,我们还需要知道它们的浓度以及输运机制。这一节中我们主要讨论热平衡

状态下的载流子浓度问题。

1.3.1 电子的统计分布规律

如果我们知道了某个能带中的量子态数在能量上的分布,以及能量为 E 的量子态被电子占据的概率,那么将两者的乘积在能带范围内积分,就可以得到这个能带中的电子的浓度。所以,为了分析准自由电子和空穴的浓度,我们先来讨论这两个问题,即态密度和费米-狄拉克分布规律。

1. 态密度

晶体的能带中含有大量的量子态,单位体积内量子态数在能量上的分布可以用函数 $g(E)$ 来表示,称为态密度函数。有了态密度函数后,单位体积内能量在 $E_0 \sim E_1$ 的量子态的数量可以表示为 $\int_{E_0}^{E_1} g(E) \mathrm{d}E$。不同半导体材料的能带结构不同,态密度函数也不同。图 1.3.1 为 Si 单晶中导带和价带的态密度函数示意图。

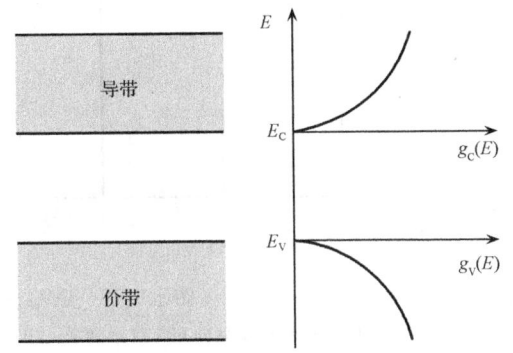

图 1.3.1 Si 单晶态密度函数示意图

2. 费米-狄拉克分布规律

晶体中的电子,一方面会不断从热运动中获得能量跃迁到更高的能级,从而产生新的载流子;另一方面又会不断通过释放能量由高的能级跃迁到低的能级上,使载流子复合消失。在热平衡状态下,这两个过程达到动态平衡,即载流子的产生和复合都以相等的速率进行着。因此,各能级上的电子的分布保持不变,电子和空穴的浓度也就保持不变。各能级被电子占据的数目服从特定的统计规律,这个规律就是费米-狄拉克分布规律。即在绝对温度为 T 的系统中,电子达到热平衡时,能量为 E 的量子态被电子占据的概率为

$$f(E) = \frac{1}{\mathrm{e}^{\frac{E-E_F}{kT}} + 1} \quad (1.3.1)$$

式(1.3.1)称为费米-狄拉克分布函数。式中,k 为玻尔兹曼常量(1.380×10^{-23} J/K),室温($T = 300$K)时 $kT = 0.026$eV,E_F 是一个参量,具有能量量纲,称为费米能级。式(1.3.1)表明,只要知道了 E_F 和热力学温度 T,电子在能量上的统计分布规律就可以完全被确定。图 1.3.2(a)是费米-狄拉克分布函数的示意图。

在费米-狄拉克分布函数中,能量为 E 的量子态被电子占据的概率 $f(E)$ 取决于 $(E - E_F)/kT$。如果 $E = E_F$,那么 $f(E) = 1/2$;如果 $E < E_F$,那么 $f(E) > 1/2$。特别地,如果 $E \ll E_F$,那么 $f(E) \approx 1$,也就是说能量低于费米能级几个 kT 的量子态几乎全被电子占据;反之,如果 $E > E_F$,那么 $f(E) > 1/2$;如果 $E \gg E_F$,那么 $f(E) \approx 0$,即高于费米能级几个 kT 的量子态几乎全为空量子态。由此可见费米能级标志了电子对能带填充水平的高低。从热力学角度讲,费米能级就是电子的化学势。

图 1.3.2(b)是不同温度下的费米-狄拉克分布函数示意图。从图中可以看出,当 $T = $

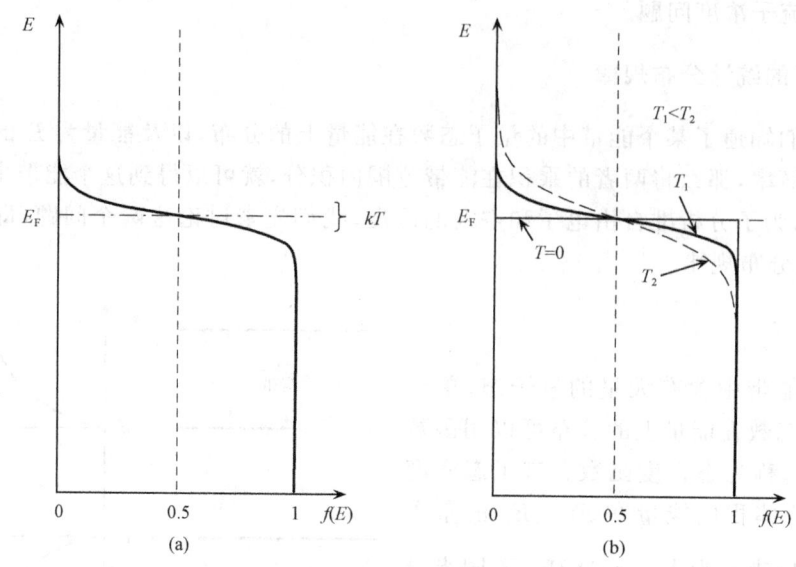

图 1.3.2 费米-狄拉克分布函数示意图
(a) 费米-狄拉克分布与费米能级；(b) 不同温度时的费米-狄拉克分布函数示意图

0K 时，$f(E)$ 为阶跃函数，能量低于 E_F 的量子态完全被电子占据，能量高于 E_F 的量子态完全为空量子态。随着温度的升高，能量略低于 E_F 的量子态被电子占据的概率降低，而略高于 E_F 的量子态被电子占据的概率增大。$f(E)$ 随温度变化的规律反应出：在一定温度下，费米能级附近的部分能量小于 E_F 的电子会被激发到 E_F 以上，温度越高，被激发的概率越大。要注意，费米-狄拉克分布规律描述的是热平衡状态下电子占据能级的统计规律，因此它不适用于非平衡态的情况。

在费米-狄拉克分布函数中，如果 $e^{\frac{E-E_F}{kT}} \gg 1$，则有

$$f(E) \approx e^{-\frac{E-E_F}{kT}} \tag{1.3.2}$$

式(1.3.2)是费米-狄拉克分布函数的玻尔兹曼近似，或称为玻尔兹曼分布函数。

价带中没有被电子占据的状态可以看作是被空穴占据的，因此价带中能量为 E 的量子态被空穴占据的概率 $f_h(E)$ 为

$$f_h(E) = 1 - f(E) \tag{1.3.3}$$

式(1.3.1)带入式(1.3.3)可以得到

$$f_h(E) = \frac{1}{e^{\frac{E_F-E}{kT}} + 1} \tag{1.3.4}$$

1.3.2 载流子浓度与费米能级的关系

有了态密度分布函数和费米-狄拉克分布函数以后，通过

$$n_0 = \int_{\text{导带能量范围}} f(E) g_C(E) dE$$

$$p_0 = \int_{\text{价带能量范围}} f_h(E) g_V(E) dE$$

可以得到热平衡状态下准自由电子的浓度 n_0

$$n_0 = N_C e^{-\frac{E_C-E_F}{kT}} \tag{1.3.5}$$

和空穴的浓度 p_0

$$p_0 = N_V e^{-\frac{E_F-E_V}{kT}} \tag{1.3.6}$$

式(1.3.5)中，N_C 为导带的有效态密度，相当于把导带中所有量子态等效为集中在导带底 E_C 时的态密度，显然它是一个和能带结构、温度有关的量。同理，式(1.3.6)中的 N_V 为价带的有效态密度。

1.3.3 本征半导体与杂质半导体

前面讨论了热平衡状态下载流子浓度与费米能级间的关系，下面将介绍半导体材料的几种基本类型以及它们的载流子浓度和费米能级。

1. 本征半导体与热平衡状态方程

本征半导体是指既没有杂质又没有缺陷的极纯净的半导体材料。在本征半导体中，所有载流子都来源于价带电子的热激发，这种通过热激发产生准自由电子和空穴的现象称为本征激发，由此而产生的载流子称为本征载流子。价带电子被激发到导带的过程中，每产生一个准自由电子的同时必然会在价带中产生一个空穴，因此本征半导体中准自由电子的浓度和空穴的浓度是相等的，这个浓度称为本征载流子浓度，用 n_i 来表示，即

$$n_0 = p_0 \equiv n_i \tag{1.3.7}$$

由于本征载流子来源于热激发，因此，本征载流子浓度 n_i 与材料的种类以及温度有关。相同温度下，禁带宽度 E_g 越小的材料可以有更多的价带电子被激发到导带，n_i 越大。同一半导体材料中，温度越高被激发到导带中的电子越多，n_i 越大。附录 C 中列出了几种半导体在 300K 时的本征载流子浓度。

本征半导体的费米能级称为本征费米能级，用 E_i 表示。根据本征半导体中电子的浓度和空穴的浓度相等，由式(1.3.5)和式(1.3.6)建立等式

$$N_C e^{-\frac{E_C-E_i}{kT}} = N_V e^{-\frac{E_i-E_V}{kT}} = n_i$$

由上式解出本征费米能级为

$$E_i = \frac{E_C+E_V}{2} + \frac{kT}{2}\ln\left(\frac{N_V}{N_C}\right)$$

在 Si 和 Ge 等大多数半导体材料中，N_V 略大于 N_C，所以可以近似认为

$$E_i \approx \frac{E_C+E_V}{2} \tag{1.3.8}$$

即本征费米能级基本上位于禁带中央。也有例外的情况，如锑化铟的本征费米能级离禁带中央就比较远。

利用本征费米能级和本征载流子浓度我们可以把式(1.3.5)和式(1.3.6)改写为

$$n_0 = N_C e^{-\frac{E_C-E_F}{kT}} = N_C e^{-\frac{E_C-E_i}{kT}} e^{\frac{E_F-E_i}{kT}} = n_i e^{\frac{E_F-E_i}{kT}} \tag{1.3.9}$$

$$p_0 = N_V e^{-\frac{E_F-E_V}{kT}} = N_V e^{-\frac{E_i-E_V}{kT}} e^{\frac{E_i-E_F}{kT}} = n_i e^{\frac{E_i-E_F}{kT}} \tag{1.3.10}$$

上两式是计算载流子浓度的常用公式。

由这两个公式还可以推导出一个非常重要的结论

$$n_0 p_0 = n_i e^{\frac{E_F-E_i}{kT}} n_i e^{\frac{E_i-E_F}{kT}} = n_i^2 \qquad (1.3.11)$$

式(1.3.11)说明,对于任何给定的非简并半导体材料,在热平衡状态下,准自由电子浓度和空穴浓度的乘积等于本征载流子浓度的平方。它是判断半导体是否处于热平衡状态的一个标准,称为热平衡状态方程。非简并半导体材料是指费米能级位于禁带中而且离导带底和价带顶较远的材料。一般认为 $E_C - E_F > 2.3kT$ 且 $E_F - E_V > 2.3kT$ 的材料是非简并的。简并半导体的性质与非简并半导体的性质有较大差别,这部分内容不在本书的讨论范围内。

2. 掺杂与杂质半导体

本征半导体的载流子浓度很低,如 300K 时硅的本征载流子浓度为 $1.02 \times 10^{10}/cm^3$,因此电阻率较高。例如,本征硅在常温下的电阻率高达 $3.16 \times 10^5 \Omega \cdot cm$,所以,在制作器件时往往要掺入一定浓度的特定杂质来改变它的电性能。掺有杂质的半导体称为杂质半导体。根据对载流子浓度的影响的不同,杂质可分为施主杂质和受主杂质两类。

1) 施主杂质与 N 型半导体

如果我们在硅晶体中掺入一定浓度的 V 族元素磷,磷原子进入硅晶体后会占据硅原子的位置,如图 1.3.3(a)所示。V 族的磷原子有 5 个价电子,替代硅原子后,其中的 4 个价电子会与 4 个临近的硅原子形成共价键,还剩余一个价电子。磷原子对剩余的这个价电子的束缚能力较弱,它只需获得较小的能量就可以脱离磷原子的束缚,成为可以传导电流的准自由电子。像磷这样,可以向半导体提供准自由电子的杂质称为施主杂质。常用的施主杂质除了磷以外还有 As 和 Sb 等。电子脱离施主杂质原子束缚的过程称为施主杂质电离。施主杂质电离后成为带一个正电荷的离子,称为电离杂质。电离杂质虽然也带电荷,但它被束缚在晶格附近,因此不会成为电流的载体,不过它会影响载流子的输运过程。

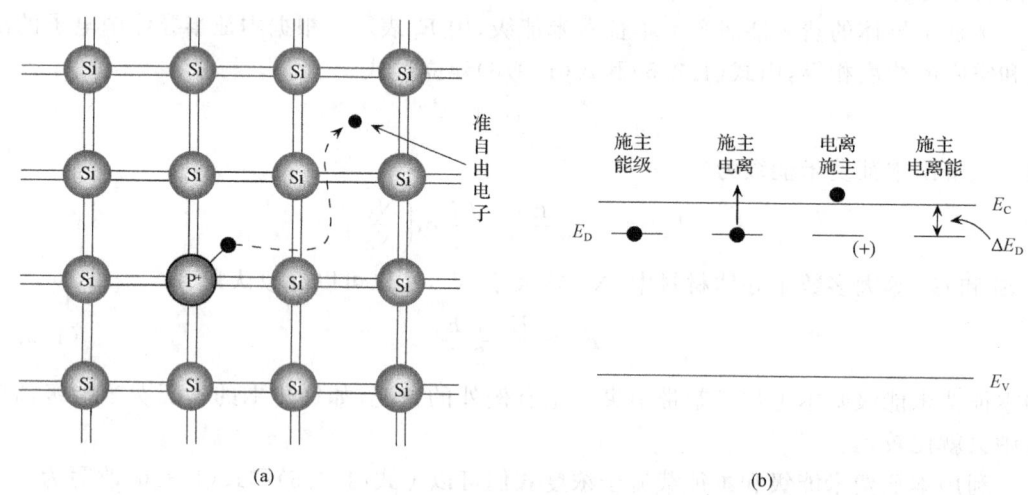

图 1.3.3 硅晶体中的施主
(a) 原子平面图;(b) 能带图

施主杂质电离的过程可以从能带的角度来描述。在 1.2 节中讲述过,理想晶体中的电子处于严格的周期势场中,电子允许的能量状态呈一系列带状结构,在禁带中不存在稳定的电子状态。但是,当晶体中含有特定的杂质时,导带和价带间的禁带中会引入一些新的量子态。这是因为掺入的杂质会在严格的周期势场上叠加附加势,这些附加势在晶体中产生了新的量子态。当掺入的杂质浓度不很高时,这些量子态分布于杂质原子或离子周围,是局域化的。这些局域化的量子态的能级位于禁带中,称为杂质能级。

不同杂质的杂质能级不同,施主杂质的杂质能级位于导带底附近,如图1.3.3(b)中的短横线。施主杂质被电离以前,没有与硅原子形成共价键的价电子占据在杂质能级上。施主杂质电离的过程就是杂质能级上的电子获得能量跃迁到导带的过程。杂质电离所需的能量,也就是导带底能量与施主杂质能级间的能量差 ΔE_D,称为施主杂质的电离能。

Ⅴ族元素在硅或锗晶体中电离能很小,如磷在硅晶体中的电离能约为 0.044eV,所以常温下几乎所有的杂质原子都会被电离,可以近似认为掺入的每一个施主杂质原子都会提供一个准自由电子。杂质浓度一般在 $10^{13}/cm^3 \sim 10^{20}/cm^3$,远远大于本征载流子浓度 n_i,因此掺入浓度为 N_D 的施主杂质以后,热平衡状态下的准自由电子的浓度近似为

$$n_0 \approx N_D \tag{1.3.12}$$

空穴的浓度可以通过热平衡状态方程得到,即

$$p_0 = \frac{n_i^2}{n_0} \approx \frac{n_i^2}{N_D} \tag{1.3.13}$$

从上面的分析可以看出,在掺入了施主杂质的半导体中,热平衡状态下的准自由电子浓度大于空穴浓度,我们称这样的半导体为 N 型半导体。由于杂质浓度 N_D 通常远远大于本征载流子浓度 n_i,从式(1.3.12)和式(1.3.13)可以看出,N 型半导体中 n_0 通常远大于 p_0。

2) 受主杂质与 P 型半导体

如果在硅晶体中掺入Ⅲ族元素硼,硼原子进入硅晶体后会占据硅原子的位置。硼有三个价电子,每个硼原子与周围临近的 4 个硅原子形成共价键时还缺少一个电子,即出现一个空的量子态。与掺入磷原子的情况类似,当掺杂浓度不是很高时,这个空的量子态是分布在杂质周围的局域化的量子态,它的能级,即受主杂质能级,略高于价带顶。价带中的电子只需获得很小的能量(0.045eV)就可以跃迁到杂质能级上,同时在价带中产生一个空穴,如图1.3.4所示。像硼这样,可以向半导体提供空穴的杂质称为受主杂质。上述过程就是受主杂质电离的过程,受主杂质电离所需的能量 ΔE_A 称为受主杂质电离能。受主杂质电离的过程可以理解为硼原子俘获价带电子的过程,俘获了一个价带电子后,硼原子成为带一个负电荷的硼离子,称为电离受主杂质。常见的受主杂质还有 Al、Ga、In 等。

与掺入施主杂质的情况类似,热平衡状态下,掺有浓度为 N_A 的受主杂质的半导体中,空穴和准自由电子的浓度分别为

$$p_0 \approx N_A \tag{1.3.14}$$

$$n_0 = \frac{n_i^2}{p_0} \approx \frac{n_i^2}{N_A} \tag{1.3.15}$$

掺入受主杂质的半导体中,热平衡状态下的空穴浓度大于准自由电子浓度,我们称这样的半导体为 P 型半导体。杂质浓度 N_A 通常远远大于本征载流子浓度 n_i,因此,在 P 型半导体中 p_0 通常远大于 n_0。

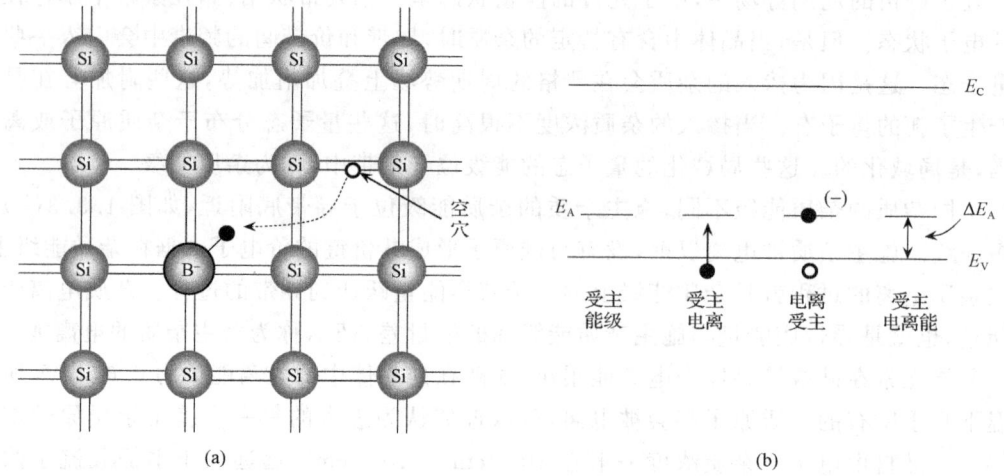

图 1.3.4 硅晶体中的受主
(a)原子平面图;(b)能带图

3)多子与少子

杂质半导体的两种载流子中,其中一种的浓度往往远大于另一种。我们把占多数的载流子称为多数载流子,或多子;占少数的载流子称为少数载流子,或少子。对于 P 型半导体而言,空穴是多子,准自由电子是少子;对于 N 型半导体而言,准自由电子是多子,空穴是少子。

4)杂质补偿作用

在实际器件中,往往会出现在同一个区域内既掺有施主杂质又掺有受主杂质的情况,那么它是 N 型半导体还是 P 型半导体?载流子浓度又是多少?我们可以从能带的角度来分析这个问题。当半导体中同时掺入施主杂质和受主杂质时,禁带中既有施主杂质能级,又有受主杂质能级,如图 1.3.5 所示。当所有杂质都没有被电离时,施主杂质能级完全被电子占据,而受主杂质能级全都没有被电子占

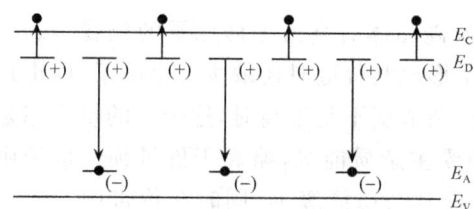

图 1.3.5 杂质补偿示意图

据。由于受主杂质能级低于施主杂质能级,为了降低系统能量,施主杂质能级上的电子会首先占据受主杂质能级,剩余的部分才向半导体提供准自由电子或空穴。这种施主杂质和受主杂质间的相互作用称为杂质补偿作用。

在杂质补偿作用的影响下,仅有部分杂质向半导体提供载流子,这部分杂质的浓度称为有效杂质浓度。当施主杂质浓度 N_D 大于受主杂质浓度 N_A 时,有效杂质浓度为 $N_D - N_A$,此时的半导体为 N 型半导体。如果 $N_D - N_A \gg n_i$,电子和空穴的浓度分别为

$$n_0 \approx N_D - N_A \tag{1.3.16}$$

$$p_0 = \frac{n_i^2}{n_0} \approx \frac{n_i^2}{N_D - N_A} \tag{1.3.17}$$

如果受主杂质浓度 N_A 大于施主杂质浓度 N_D 时,有效杂质浓度为 $N_A - N_D$,此时的半导体为 P 型半导体。如果 $N_A - N_D \gg n_i$,空穴和电子的浓度分别为

$$p_0 \approx N_A - N_D \tag{1.3.18}$$
$$n_0 = \frac{n_i^2}{p_0} \approx \frac{n_i^2}{N_A - N_D} \tag{1.3.19}$$

杂质补偿作用是针对杂质向半导体提供载流子而言的补偿作用,杂质除了向半导体提供载流子外,电离杂质还会影响载流子的输运,就这方面而言是没有补偿作用的,所有电离杂质都会对载流子的输运造成影响。

3. 杂质半导体中的费米能级

杂质半导体中,准自由电子和空穴的浓度不再等于本征载流子浓度,费米能级的位置必然与本征费米能级不同。由式(1.3.9)和式(1.3.10)可以推导出 N 型半导体和 P 型半导体中费米能级与本征费米能级间的相对关系

N 型半导体　　$E_F = kT \ln\left(\dfrac{n_0}{n_i}\right) + E_i > E_i$

P 型半导体　　$E_F = E_i - kT \ln\left(\dfrac{p_0}{n_i}\right) < E_i$

从上两式可以看出,N 型半导体的费米能级位于本征费米能级之上,而 P 型半导体的费米能级位于本征费米能级之下。而且,费米能级离导带底越近,准自由电子的浓度越高,空穴浓度越低;反之,费米能级离价带顶越近,空穴浓度越高,准自由电子浓度越低,如图 1.3.6 所示。

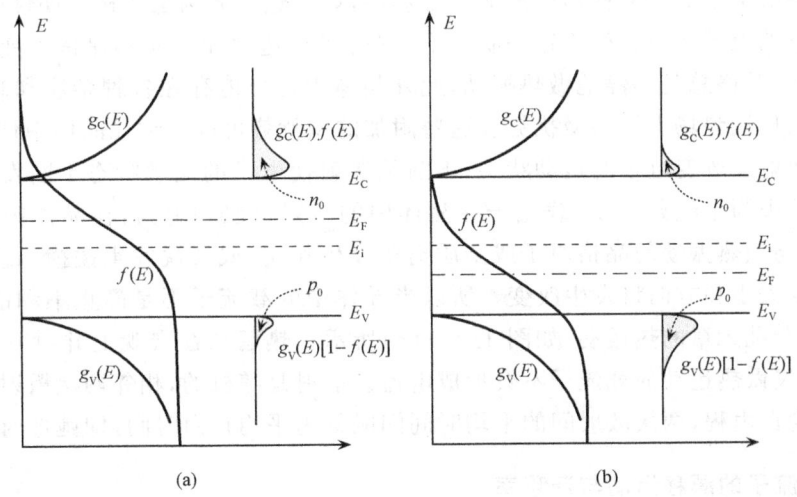

图 1.3.6　费米能级与载流子浓度
(a) N 型半导体;(b) P 型半导体

除了施主杂质和受主杂质以外,还有其他类型的杂质。如果按杂质原子占据的位置来分,可分为替位式杂质和间隙式杂质。杂质原子进入半导体后,取代晶格原子,位于晶格点处,这种杂质称为替位式杂质。施主杂质和受主杂质就属于这种类型。杂质进入半导体后位于晶格原子间的间隙位置,这种杂质称为间隙式杂质。如果按杂质能级的位置来分,可分为浅能级杂质和深能级杂质。浅能级杂质的杂质能级距导带底或价带顶较近,深能级杂质的杂质能级位于禁带中央附近。施主杂质和受主杂质都是浅能级杂质,它们

对载流子浓度有很大影响。深能级杂质主要影响载流子的复合。例如，在制作硅双极型晶体管时，掺入适量的金可以缩短非平衡载流子的寿命，从而提高器件的开关速度。

进入半导体中的杂质破坏了势场的周期性，在禁带中引入了杂质能级。晶格中的缺陷同样会破坏势场的周期性，所以缺陷也可以产生局域化的量子态，也会在禁带中引入类似于杂质能级的缺陷能级。因此，晶格缺陷同样可以引起载流子浓度的变化、影响载流子的复合以及输运。

1.4 载流子的输运

我们在1.3节中讨论了热平衡状态下的载流子浓度，为了进一步分析半导体的导电性我们还需要了解载流子在半导体中是如何运动的。在半导体中，电子和空穴的流动将产生电流，我们把载流子的这种运动过程称为输运。输运机制有两种：漂移运动和扩散运动。本节将讨论载流子的这两种输运机制。

1.4.1 载流子的散射

晶体中的电子与晶格和晶格缺陷之间存在相互作用，因此它们的运动必然不同于自由电子，不同之处主要体现在晶格或晶格缺陷对电子的散射，所以在讨论漂移运动以及扩散运动前还需要了解载流子的散射机制。

晶体中的电子处于晶格形成的周期势场中，如果这个势场是严格周期性的，那么处于某一状态下的电子将一直处于这一状态下，它的运动速度和方向都保持不变。但是在实际的晶体中，晶格总是不停地做热振动，此外晶体中还可能存在各种杂质和缺陷，这些都会在严格的周期势场上叠加微扰势。这些附加的微扰势可以导致在晶体中传播的电子波的散射。散射会改变电子的运动状态，不断地散射使电子的运动状态不断发生改变。如果把载流子视为半经典粒子，载流子在晶体中的散射可以理解为：在晶体中运动的载流子，会不断与做热振动的晶格原子或杂质离子发生作用，或者说发生碰撞，碰撞后载流子运动的速度大小和方向将发生改变。所以半导体中的载流子不是静止不动的，它总是做着无规则、杂乱无章的热运动，如图1.4.1(a)所示。热运动在宏观上并没有沿一定方向流动，所以仅做热运动的载流子不会形成电流。散射是随机的，相邻两次散射间的平均距离称为平均自由程，两次散射间的平均时间间隔称为平均自由时间，即弛豫时间。

1.4.2 载流子的漂移运动与迁移率

1. 漂移运动

当半导体中有电场作用时，载流子一方面要做无规则热运动，另一方面还会沿电场力的方向做定向运动，沿电场力方向的定向运动称为漂移运动。图1.4.1(b)示意地画出了这种运动方式。当电场恒定时，平均漂移运动速度也是恒定的，这与自由电子在电场作用下的运动有很大区别。恒定电场中的自由电子会在电场力方向上不断被加速。然而，晶体中有晶格、电离杂质以及缺陷的散射作用，电子仅在两次散射之间被电场加速，经过散射后又会失去获得的附加速度。所以，在散射以及电场力的共同作用下载流子会以一定

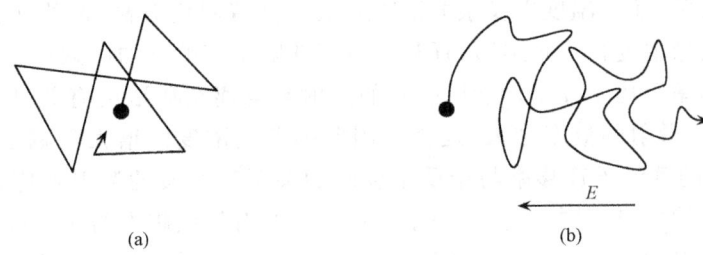

图 1.4.1 电子的漂移运动示意图

(a) 无外加电场时电子在任何方向上都没有净的位移；(b) 有外加电场时电子沿电场力的方向漂移

的平均速度沿电场力方向漂移。

如果电子的平均自由时间为 τ_n，电场强度为 E，那么电子从电场中获得的平均动量为

$$m_n^* v_n = -qE\tau_n$$

因此，平均漂移速度为

$$v_n = -\frac{q\tau_n}{m_n^*}E \tag{1.4.1}$$

式中，v_n 为平均漂移运动速度，m_n^* 为电子的有效质量。式(1.4.1)说明电子的平均漂移速度正比于外加电场强度，比例系数与电子的散射程度有关。我们可以用 μ_n 来表示这个系数，即

$$\mu_n \equiv \frac{q\tau_n}{m_n^*} \tag{1.4.2}$$

μ_n 称为电子迁移率，单位为 $cm^2/(V \cdot s)$。引入电子迁移率后，式(1.4.1)可以改写为

$$v_n = -\mu_n E \tag{1.4.3}$$

同理，空穴在外加电场作用下的平均漂移运动速度为

$$v_p = \mu_p E \tag{1.4.4}$$

其中，μ_p 为空穴的迁移率

$$\mu_p \equiv \frac{q\tau_p}{m_p^*} \tag{1.4.5}$$

上面的分析中，我们没有使用电子的静止质量 m_0（$m_0 = 9.1 \times 10^{-31} kg$），而是使用有效质量 m^*。这是因为晶体中的电子除了受外力作用外，还要受到晶体内部的原子及其他电子的作用，在外力作用下表现出来的质量必然与电子的静止质量 m_0 不同，所以引入有效质量 m^* 来概括晶体内部的对电子的作用。有效质量是一个等效的质量，引入有效质量后，可以简化对晶体中的电子在外力作用下的运动规律的分析。由于价带电子和导带电子与晶体内部的相互作用不同，因此，即使在同一块半导体中，准自由电子的有效质量与空穴的有效质量也是不同的，当然它们的迁移率也不相同。在同一块半导体中，电子的迁移率大于空穴的迁移率，如 300K 时本征硅的电子迁移率为 $1450cm^2/(V \cdot s)$，空穴迁移率为 $505cm^2/(V \cdot s)$。

2. 迁移率

半导体中载流子的散射主要由晶格的热振动以及电离杂质引起。因此，迁移率不但

与材料的种类有关,还与温度以及杂质浓度有关。随着温度升高,晶格热振动增强,由晶格热振动引起的散射变得更加显著,迁移率也因此随温度的增加而减小。可以证明,晶格散射引起的迁移率反比于 $T^{3/2}$。杂质引起的散射与电离杂质浓度有关,电离杂质浓度越高,载流子被杂质散射的概率越大,迁移率因此随杂质浓度的增大而减小。附录B中显示了300K时硅的载流子迁移率与杂质浓度间的关系。杂质的散射效应还与温度有关,但是与晶格引起的散射不同,温度越高杂质造成的散射效应越不明显。这主要是因为,在较高温度下有更多的电子具有较高的运动速度,杂质离子对这些电子的作用时间短,因此总的散射效应会降低。可以证明,由杂质散射引起的迁移率与杂质浓度 N 成反比,而与 $T^{3/2}$ 成正比。需要注意的是,在既掺有施主杂质又掺有受主杂质的材料中,载流子的浓度取决于两种杂质的浓度差,而迁移率却与它们的浓度总和有关,这是因为两种电离杂质都会引起载流子的散射。图1.4.2为硅单晶中各种杂质浓度下载流子的迁移率随温度的变化关系。从图中可以看出,在杂质浓度较低的半导体中,晶格的散射效应较为显著,迁移率随温度升高而减小。在杂质浓度较高的半导体中,当温度较低时,杂质的散射效应较为显著,迁移率随温度升高而增大;当温度较高时,晶格的散射效应较为显著,迁移率随温度升高而减小。

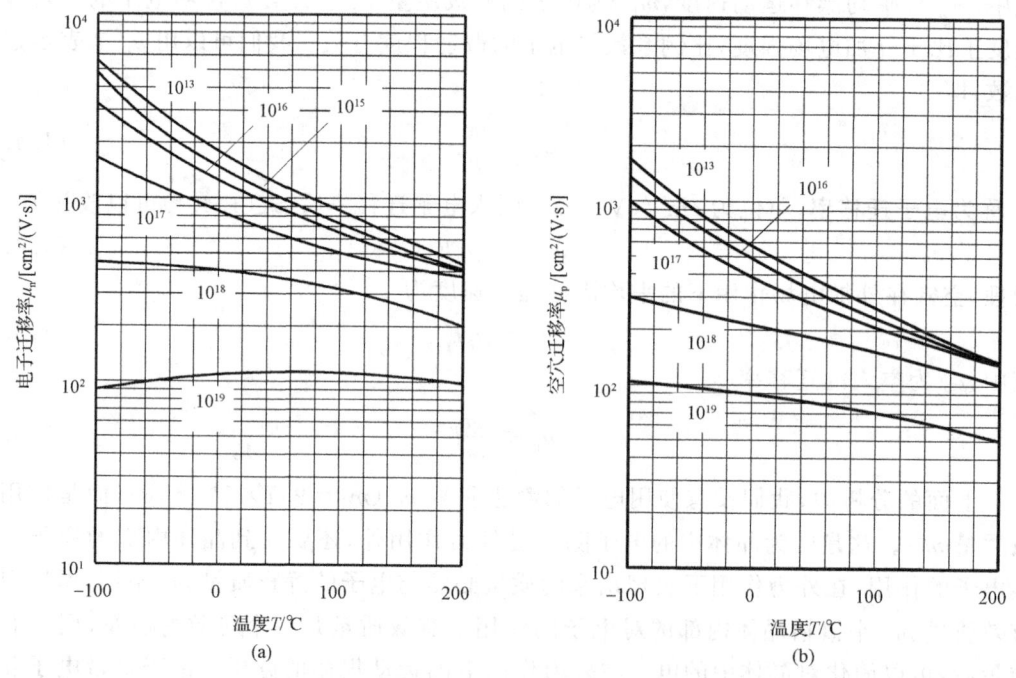

图1.4.2 硅中不同杂质浓度下的电子(a)和空穴(b)的迁移率与温度的关系

前面对漂移运动速度的分析中,我们假设了迁移率不随电场强度变化,因此,漂移速度会随电场强度的增加而线性增大。这个假设仅适用于电场强度不是很大的情况。在强电场下可以观察到,漂移速度随电场强度增加而增大的趋势会随电场强度地增大而减缓甚至饱和,这说明强电场下的迁移率会随电场强度的增加而下降。这个现象可以从平均自由时间与电场强度之间的关系来分析。根据式(1.4.2)或式(1.4.5)可知,迁移率与平均自由时间成正比,而平均自由时间又与载流子的运动速度有关。在电场强度较小的情况下,载流子从电场中获得的平均速度远小于热运动的平均速度,平均自由时间主要由平均热运动速度决定,因此,迁移率不会随电场强度变化。然而,当电场强度很大时,载流子从电场中获得的平均速度很大,当大到与平均热运动速度相当时,平均自由时间就由这两个平均速度共同决定。随着电场强度增大,载流子从电场中获得的平均速度增大,平均自由时间减小,所以,迁移率会随电场强度的增大而减小。图1.4.3为硅在300K时,电子和空穴的漂移速度与电场强度的关系。

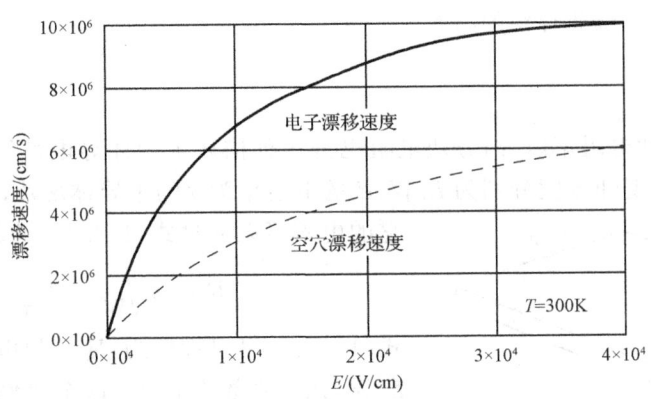

图1.4.3 硅载流子漂移速度与电场强度的关系

1.4.3 漂移电流与电导率

1. 漂移电流

在电场作用下,载流子会沿电场力方向做漂移运动。由于电子和空穴是带电荷的,因此做漂移运动时会形成电流。由漂移运动形成的电流称为漂移电流。当电场强度为E时,根据电流密度的定义,电子和空穴的漂移电流密度为

电子漂移电流密度 $\quad j_n = -qnv_n = qn\mu_n E \qquad (1.4.6)$

空穴漂移电流密度 $\quad j_p = qpv_p = qp\mu_p E \qquad (1.4.7)$

式中,n是电子浓度,p是空穴浓度。

在半导体中即有准自由电子又有空穴,所以电场E所引起的总漂移电流j为j_n与j_p之和

$$j = j_n + j_p = (qn\mu_n + qp\mu_p)E \qquad (1.4.8)$$

2. 电导率

式(1.4.8)与欧姆定律

$$j = \sigma E \qquad (1.4.9)$$

比较,可以发现,式(1.4.8)的括号部分就是半导体的电导率,即

$$\sigma = \frac{1}{\rho} = qn\mu_n + qp\mu_p \qquad (1.4.10)$$

式中,$qn\mu_n$为电子对电导率的贡献,$qp\mu_p$为空穴对电导率的贡献。

在杂质半导体中,多数载流子浓度通常远远大于少数载流子浓度,可以忽略少数载流

子对电导率的贡献,而且常温下多子浓度与杂质浓度近似相等,因此杂质半导体的电导率可以表示为

N 型半导体的电导率 $\quad \sigma_N = \dfrac{1}{\rho_N} \approx qn\mu_n = q\mu_n N_D$ (1.4.11)

P 型半导体的电导率 $\quad \sigma_P = \dfrac{1}{\rho_P} \approx qp\mu_p = q\mu_p N_A$ (1.4.12)

附录 A 显示了硅在 300K 时的电阻率与杂质浓度的关系。这是实际工作中常用的曲线图,适用于轻补偿或非补偿的材料。

3. 方块电阻

除了电导率和电阻率以外,方块电阻也是一种描述半导体导电性能的常用方法。假设有一块长度、宽度和厚度分别为 L、W、d 的电阻率为 ρ 的半导体薄片,如图 1.4.4 所示,

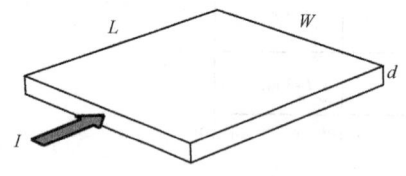

图 1.4.4 方块电阻示意图

它的电阻可以通过式(1.4.13)计算

$$R = \rho \dfrac{L}{dW} = \left(\dfrac{\rho}{d}\right)\dfrac{L}{W} \qquad (1.4.13)$$

式(1.4.13)可以理解为,薄片的电阻正比于长宽比 L/W,比例系数为 ρ/d。这个比例系数就是方块电阻,用 $R_\square$ 表示

$$R_\square \equiv \dfrac{\rho}{d} \qquad (1.4.14)$$

$R_\square$ 的单位为欧姆,常用符号 $\Omega/\square$ 表示。利用方块电阻,式(1.4.13)改写为

$$R = R_\square \dfrac{L}{W} \qquad (1.4.15)$$

当 $L=W$ 时,$R=R_\square$,也就是说,方块电阻实际上表示的是一个正方形薄层边到边的电阻,而且它与正方形的边长无关。

在实际的器件中,薄层在厚度方向上的杂质分布往往是不均匀的,因此电导率在厚度方向上也是不均匀的。在这样的情况下,式(1.4.14)中的电阻率需要用平均电阻率替换,即

$$R_\square = \dfrac{\bar{\rho}}{d} = \dfrac{1}{q\int_0^d N(x)\mu \, dx} \qquad (1.4.16)$$

式中,$N(x)$ 为杂质浓度在厚度方向上的分布函数。如果近似认为迁移率不随杂质浓度变化,则

$$R_\square = \dfrac{1}{q\mu} \cdot \dfrac{1}{\int_0^d N(x) \, dx} \qquad (1.4.17)$$

从式(1.4.17)中可以看出,方块电阻与薄层单位面积中的杂质总量 $\int_0^d N(x)\,dx$ 成反比,因此,在扩散工艺中,常常用测量方块电阻的方法来确定杂质的总量。

1.4.4 扩散运动与扩散系数

除了载流子的漂移运动可以形成电流以外,载流子的扩散运动也是形成电流的一种

重要的输运形式。扩散是自然界中一种常见的物理现象,如气体分子会从浓度高的区域向浓度低的区域扩散。扩散是粒子在浓度分布不均匀时,由无规则热运动导致的迁移现象。虽然载流子的运动与气体分子等粒子的运动有很大差别,但是当载流子浓度分布不均匀时,无规则热运动同样会让它们由浓度高的区域向浓度低的区域扩散。由于载流子是带电荷的,所以载流子的扩散运动会形成电流,称为扩散电流。扩散电流与漂移电流不同,扩散电流不是在电场的作用下产生的,而是在浓度分布不均匀时,通过载流子的热运动实现的。因此,当载流子浓度分布不均匀时,即使没有外加电场也可以形成电流。

单位时间内,通过扩散运动穿过单位横截面积的载流子数称为扩散流密度,用 S 表示。可以证明,扩散流密度的大小正比于载流子的浓度梯度,电子和空穴的扩散流密度可以表示为

电子的扩散流密度 $\quad S_n = -D_n \nabla n(r)$ (1.4.18)

空穴的扩散流密度 $\quad S_p = -D_p \nabla p(r)$ (1.4.19)

一维情况下,式(1.4.18)和式(1.4.19)简化为

$$S_n = -D_n \frac{dn(x)}{dx} \qquad (1.4.20)$$

$$S_p = -D_p \frac{dp(x)}{dx} \qquad (1.4.21)$$

公式中的负号表示扩散流的方向与浓度梯度方向相反。式中,D_n、D_p 称为电子和空穴的扩散系数,单位是 cm^2/s。扩散系数 D 是描述载流子扩散能力强弱的一个常数,它与材料种类、掺杂浓度和温度有关。要注意,即使在同一块半导体中,电子和空穴的扩散系数也是不相等的。

有了扩散流密度后,只要将它乘上载流子所带的电荷量就可以得到扩散电流密度

电子的扩散电流密度 $\quad J_n = -qS_n = qD_n \dfrac{dn(x)}{dx}$ (1.4.22)

空穴的扩散电流密度 $\quad J_p = qS_p = -qD_p \dfrac{dp(x)}{dx}$ (1.4.23)

比较式(1.4.22)和式(1.4.23)可以看到,虽然它们都是由浓度高的区域向浓度低的区域扩散,但是它们所带的电荷不同,所以电子的扩散电流密度方向与浓度梯度方向相同,而空穴的扩散电流密度方向与浓度梯度方向相反。

1.4.5 电流密度方程与爱因斯坦关系式

1. 电流密度方程

当浓度梯度与电场同时存在时,载流子既做扩散运动又做漂移运动,总电流密度应为扩散电流密度与漂移电流密度二者之和,即

电子电流密度 $\quad j_n = q\mu_n nE + qD_n \dfrac{dn}{dx}$ (1.4.24)

空穴电流密度 $\quad j_p = q\mu_p pE - qD_p \dfrac{dp}{dx}$ (1.4.25)

根据式(1.4.24)和式(1.4.25)可以得到半导体中的总电流密度

$$j = j_n + j_p = (q\mu_n n + q\mu_p p)E + q\left(D_n \frac{dn}{dx} - D_p \frac{dp}{dx}\right) \qquad (1.4.26)$$

式(1.4.26)称为电流密度方程,它是分析器件工作原理的一个非常重要的方程。

2. 爱因斯坦关系

在讨论漂移运动与扩散运动时,我们分别用迁移率 μ 和扩散系数 D 来反映载流子进行这两种运动的难易程度。由于载流子的扩散运动以及漂移运动的难易程度都与载流子的散射密切相关,因此,扩散系数与迁移率之间必然存在确定的比例关系,这就是爱因斯坦关系,即

$$\frac{D}{\mu} = \frac{kT}{q} \qquad (1.4.27)$$

利用爱因斯坦关系,可以由迁移率计算出扩散系数,或由扩散系数计算出迁移率。严格来说,爱因斯坦关系只适用于非简并、近似平衡的情况。

1.5 非平衡载流子

前面讨论载流子浓度时,都是在热平衡状态下讨论的。在热平衡状态下,如果不考虑统计涨落,准自由电子和空穴的浓度稳定不变,同时它们的乘积必定满足热平衡状态方程。然而,大多数半导体器件并不是工作在热平衡状态下,而是工作在非平衡状态下的。因此,要深入了解半导体器件的工作原理就必须对非平衡状态下的半导体有所了解,本节将介绍与非平衡状态相关的一些知识。

1.5.1 非平衡载流子的复合与寿命

1. 非平衡载流子

在 1.2 节中曾经介绍过,半导体中每时每刻都在进行着载流子的产生过程,同时也在不断进行着载流子的复合过程。单位时间、单位体积内产生的载流子数量称为载流子的产生率,用 G 来表示;单位时间、单位体积内复合掉的载流子数量称为载流子的复合率,用 R 来表示。显然,载流子浓度随时间的变化率等于产生率与复合率之差,即

$$\frac{dn(t)}{dt} = G_n - R_n \quad \text{或} \quad \frac{dp(t)}{dt} = G_p - R_p \qquad (1.5.1)$$

热平衡状态下的载流子浓度之所以保持不变是因为产生率与复合率相等。然而,在非平衡状态下,外界的作用会打破这种平衡,使载流子的浓度发生变化,变化的这部分载流子称为非平衡载流子,它们的浓度用 Δn 和 Δp 表示,即

$$\Delta n = n - n_0 \qquad (1.5.2)$$

$$\Delta p = p - p_0 \qquad (1.5.3)$$

式(1.5.2)与式(1.5.3)中,n、p 为非平衡状态下准自由电子和空穴的浓度,n_0、p_0 为热平衡状态下准自由电子和空穴的浓度。对于载流子浓度低于平衡状态下的浓度的情形,往往也用非平衡载流子的概念来描述,不过这种情况下的非平衡载流子的浓度是负值。

2. 非平衡载流子的复合

假设,有一块 P 型半导体材料,当它处于热平衡状态时,载流子通过热激发产生,产生率 G_{th} 与复合率 R_{th} 相等,载流子浓度 n_0、p_0 保持不变。用适当频率的光照射这块半导体时,光子可以激发出新的载流子,使准自由电子和空穴的浓度超过平衡状态下的浓度,即产生了非平衡载流子 Δn、Δp,如图 1.5.1 所示。

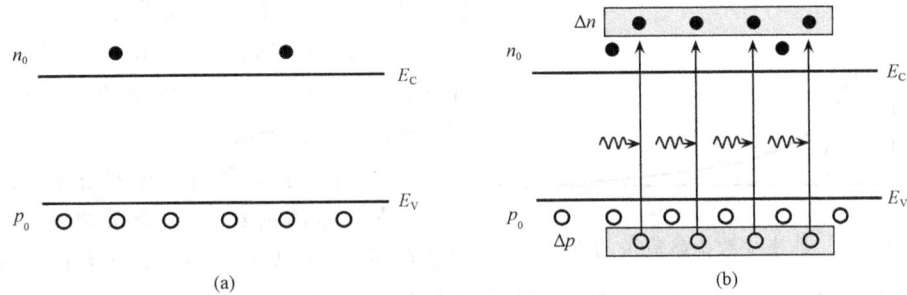

图 1.5.1 非平衡载流子的产生
(a) 光照前;(b) 光照后

在光的持续照射下,载流子浓度会不断增大。如果用 G_L 表示光照引起的少数载流子的产生率,那么的总产生率 G 为

$$G = G_{th} + G_L \tag{1.5.4}$$

此时,少数载流子浓度随时间的变化率为

$$\frac{dn(t)}{dt} = G - R = G_{th} + G_L - R \tag{1.5.5}$$

存在非平衡载流子时,电子与空穴复合的机会增大,因此,式(1.5.5)中的复合率 R 会随非平衡载流子浓度的增加而增大。当复合率 R 增大到与产生率 $G_{th}+G_L$ 相等时,半导体达到稳定状态,载流子浓度不再变化。达到稳定状态时,由式(1.5.5)可以推导出

$$G_L = R - G_{th} \tag{1.5.6}$$

如果在某一时刻突然停止光照,那么少数载流子随时间的变化率变为

$$\frac{dn(t)}{dt} = \frac{d[n_0 + \Delta n(t)]}{dt} = \frac{d\Delta n(t)}{dt} = G_{th} - R < 0 \tag{1.5.7}$$

式(1.5.7)说明,这时出现了非平衡少数载流子的净复合,净复合率为

$$U \equiv R - G_{th} \tag{1.5.8}$$

将式(1.5.8)代入式(1.5.6)可知,达到稳定状态时,非平衡载流子的产生率与净复合率相等,即

$$G_L = U$$

3. 非平衡载流子的寿命

在非平衡载流子浓度比平衡状态下的多数载流子浓度低很多时,可以证明

$$U = \frac{\Delta n}{\tau_n} = \frac{n - n_0}{\tau_n} \quad \text{或} \quad U = \frac{\Delta p}{\tau_p} = \frac{p - p_0}{\tau_p} \tag{1.5.9}$$

式中，τ 称为非平衡少数载流子寿命，它表示电子在 P 型半导体的导带的平均停留时间（τ_n），或空穴在 N 型半导体的价带的平均停留时间（τ_p）。

将式(1.5.9)代入式(1.5.7)，解方程后可以得到光照停止后非平衡少数载流子浓度随时间的变化关系

$$\Delta n(t) = \Delta n(0) e^{-\frac{t}{\tau_n}} \quad (1.5.10)$$

式中，$\Delta n(0)$ 为光照刚停止时的非平衡少子浓度。由式(1.5.10)可以看出，当 $t = \tau_n$ 时，$\Delta n = \Delta n(0)/e$。所以，非平衡少子寿命相当于非平衡少子衰减到初始浓度的 $1/e$ 所需的时间，如图 1.5.2 所示。

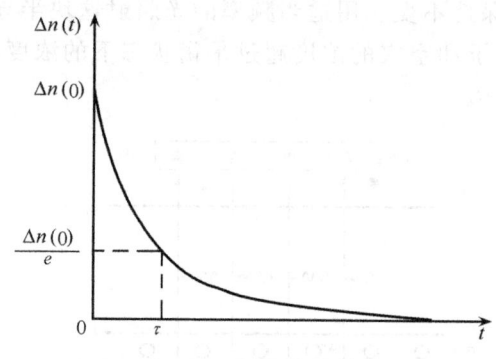

图 1.5.2 非平衡少数衡载流子的寿命

非平衡少子寿命与迁移率 μ、扩散系数 D 一样，是半导体材料的一个重要参数。不同材料的非平衡少子寿命有很大的差别。例如，在较完整的锗单晶中，非平衡载流子的寿命可以达到 $10^4\,\mu s$，而砷化镓的非平衡载流子寿命却只有 $10^{-2} \sim 10^{-3}\,\mu s$。即使是同种材料，当含有的杂质和缺陷不同时，非平衡少子寿命也会有很大的差别。器件制造过程中常通过掺杂工艺，如向半导体材料中掺入金，来改变非平衡少子寿命。

1.5.2 准费米能级

在 1.3.2 节中我们讨论了半导体中的电子在热平衡状态下的统计分布规律。当半导体处于热平衡状态时，电子的能量分布达到平衡状态，分布规律满足费米-狄拉克分布函数。在费米-狄拉克分布中，用费米能级来描述电子填充能带的水平。热平衡状态下的费米能级是一个既不随时间变化也不随位置变化的常量，可以利用它来描述准自由电子和空穴的浓度。热平衡状态是通过电子的热跃迁实现的。然而，当半导体处于非平衡状态时，外界作用会引起电子在能带间的跃迁，破坏了电子能量分布的平衡状态。由于导带和价带间有较大的能量间隔，热跃迁不够频繁，不足以消除外界的影响，因此，电子的能量分布不再满足费米-狄拉克分布函数，当然也就不可能用一个统一的费米能级来描述准自由电子和空穴的浓度。但是仅对导带或价带中的电子而言，它们在一个能带内的热跃迁十分频繁，外界因素对它们的影响可以在很短的时间内被消除，使它们的能量分布重新达到平衡。消除影响所需时间的量级通常在 $10^{-11} \sim 10^{-12}\,s$，它比载流子的平均寿命（一般是微秒量级）小得多。因此，可以认为载流子在其存在的绝大部分时间内，能量是平衡分布的。也就是说，单个能带中的电子基本上处于平衡状态。因此，仅对导带和价带而言，费米-狄拉克分布函数和费米能级仍然适用，只不过我们需要引入两个费米能级 E_{Fn} 和 E_{Fp} 来分别描述导带电子和价带电子的能量分布规律。E_{Fn} 和 E_{Fp} 是局部的费米能级，因此称为准费米能级。有了准费米能级后，非平衡状态下的载流子浓度可以用

$$n = n_i e^{\frac{E_{Fn}-E_i}{kT}} \quad (1.5.11)$$

$$p = n_i e^{\frac{E_i-E_{Fp}}{kT}} \quad (1.5.12)$$

来计算。

1.6 连续性方程与扩散方程

前面几节中,我们讨论了载流子的浓度、输运以及非平衡载流子等方面的问题。这一节中,我们再来考虑当漂移、扩散以及非平衡载流子的产生、复合同时发生时的情况。

1.6.1 连续性方程

假设有一块 P 型半导体材料,材料中电子的漂移运动、扩散运动、非平衡载流子的复合以及外界作用等因素都可以造成电子浓度的变化,因此,电子浓度随时间的变化率为

$$\frac{\partial n}{\partial t} = \frac{\partial n}{\partial t}\bigg|_{扩散} + \frac{\partial n}{\partial t}\bigg|_{漂移} + G_n - U_n \tag{1.6.1}$$

式中,G_n 为外界作用下的电子的产生率,U_n 为非平衡少子的净复合率。

一维情况下,扩散运动引起的载流子浓度的变化率为

$$\frac{\partial n}{\partial t}\bigg|_{扩散} = \frac{1}{q}\frac{\partial J_{扩散}}{\partial x} = D_n \frac{\partial^2 n}{\partial x^2} \tag{1.6.2}$$

由漂移运动引起的载流子浓度的变化率为

$$\frac{\partial n}{\partial t}\bigg|_{漂移} = \frac{1}{q}\frac{\partial J_{漂移}}{\partial x} = \mu_n E \frac{\partial n}{\partial x} + \mu_n n \frac{\partial E}{\partial x} \tag{1.6.3}$$

将式(1.6.2)、式(1.6.3)和式(1.5.9)代入式(1.6.1)可以得到

$$\frac{\partial n}{\partial t} = D_n \frac{\partial^2 n}{\partial x^2} + \mu_n E \frac{\partial n}{\partial x} + \mu_n n \frac{\partial E}{\partial x} + G_n - \frac{n - n_0}{\tau_n} \tag{1.6.4}$$

式(1.6.4)称为连续性方程。同理,可以得到空穴的连续性方程

$$\frac{\partial p}{\partial t} = D_p \frac{\partial^2 p}{\partial x^2} - \mu_p E \frac{\partial p}{\partial x} - \mu_p p \frac{\partial E}{\partial x} + G_p - \frac{p - p_0}{\tau_p} \tag{1.6.5}$$

连续性方程反映了载流子运动的普遍规律。连续性方程结合泊松方程[式(1.6.6)]以及适当的边界条件,是分析大多数器件的基本出发点。

一维情况下的泊松方程

$$\frac{dE}{dx} = \frac{\rho_s}{\varepsilon_s} \tag{1.6.6}$$

式中,ρ_s 为空间电荷密度,ε_s 为半导体的介电常数。

1.6.2 扩散方程

下面,我们利用连续性方程来分析一种被称为单边稳态注入的基本情形。假设有一块 N 型半导体材料,我们通过某种方式,如使用适当频率的光照射半导体表面或正向 PN 结的注入等方式,从它的一个侧面注入非平衡少数载流子,而且使边界处的非平衡少子浓度始终保持在 $\Delta p(0)$。由于边界处少子浓度高于体内,因此空穴会由表面向体内扩散,扩散的同时还会不断与电子复合。因此可以推断出,非平衡少子浓度应该由表面向体内不断降低,如图 1.6.1(a)所示。

这样的过程中,不涉及载流子的漂移运动,以及外界因素导致的载流子的产生,因此连续性方程简化为

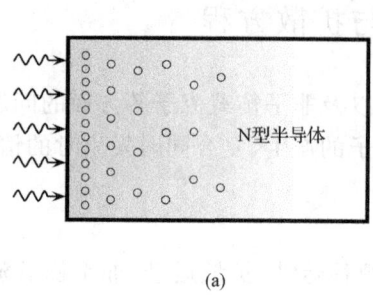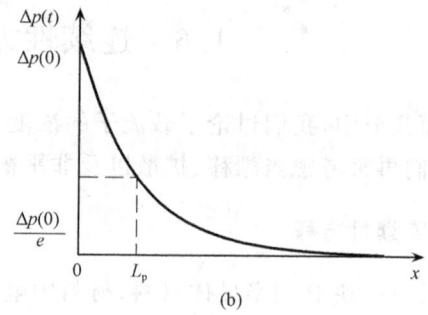

图 1.6.1 单边稳态注入

$$\frac{\partial p}{\partial t} = D_p \frac{\partial^2 p}{\partial x^2} - \frac{p - p_0}{\tau_p} \tag{1.6.7}$$

由于边界处非平衡载流子浓度不变,少数载流子的分布必然不随时间变化,所以

$$D_p \frac{\partial^2 p}{\partial x^2} - \frac{p - p_0}{\tau_p} = 0 \tag{1.6.8}$$

式(1.6.8)称为扩散方程,它是载流子边扩散边复合而且形成稳定分布时,载流子浓度需遵守的方程。

如果半导体的厚度无穷大,利用边界条件:$p(0) = \Delta p(0) + p_0$ 和 $p(\infty) = p_0$,解扩散方程可以得到

$$\Delta p(x) = p(x) - p_0 = \Delta P(0) e^{-\frac{x}{L_p}} \tag{1.6.9}$$

式中

$$L_p = \sqrt{D_p \tau_p} \tag{1.6.10}$$

由式(1.6.9)可以看出,非平衡载流子的浓度按指数规律由边界向体内减小。

如果把 $x = L_p$ 代入由式(1.6.9),可以得到 $\Delta p(L_p) = \Delta p(0)/e$,即非平衡载流子在 L_p 处衰减为原来的 $1/e$,如图 1.6.1(b)所示。由此可见,L_p 是一个表述载流子浓度随扩散深度增加而衰减的特征长度,称为扩散长度。近似情况下,可以认为载流子由边界向体内扩散的平均深度为 L_p。对于电子而言,它的扩散长度为

$$L_n = \sqrt{D_n \tau_n} \tag{1.6.11}$$

非平衡少子由半导体表面向体内扩散,必然会产生扩散电流。将式(1.6.9)代入式(1.4.23)可以得到扩散电流的电流密度分布函数

$$j_p(x) = -q \cdot D_p \frac{d\Delta p(x)}{dx} = q \cdot \Delta p(0) \cdot \left(\frac{D_p}{L_p}\right) \cdot e^{-\frac{x}{L_p}} \tag{1.6.12}$$

式(1.6.12)表明,少子扩散电流密度由表面向体内按照指数规律下降,如图 1.6.2 所示。

在这里值得注意的是,虽然空穴电流密度由表面向体内不断减小,但是这并不与电流连续性原理相矛盾。事实上,半导体各截面处的电流是相等的。空穴电流密度的减小是由于空穴在扩散过程中不断与电子复合所致。在空穴不断向体内扩散的过程中,为了补充复合损失掉的电子,体内的电子会流向表面,使电子的电流密度由表面向体内不断增大。由此可见,总的电流密度 $j_n(x) + j_p(x)$ 是保持不变的,只是电流的载体发生了转换。从图 1.6.2 中可以看出,总的扩散电流密度应等于 $j_p(0)$,即

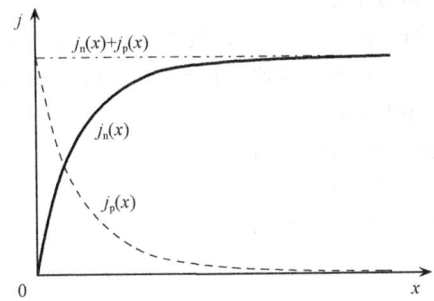

图 1.6.2 单边稳态注入过程中的电流密度分布曲线

$$j = j_n(x) + j_p(x) = j_p(0) = q \cdot \Delta p(0) \cdot \left(\frac{D_p}{L_p}\right) \tag{1.6.13}$$

思 考 题 1

1.1 为什么经典物理无法准确描述电子的状态？在量子力学中又是用什么方法来描述的？

1.2 量子力学中用什么来描述波函数的时空变化规律？

1.3 试从能带的角度说明导体、半导体和绝缘体在导电性能上的差异。

1.4 为什么说本征载流子浓度与温度有关？

1.5 什么是施主杂质能级？什么是受主杂质能级？它们有何异同？

1.6 试比较 N 型半导体与 P 型半导体的异同。

1.7 从能带的角度说明杂质电离的过程。

1.8 什么是迁移率？什么是扩散系数？二者有何关联？

1.9 说明载流子的两种输运机制，并比较它们的异同。

1.10 什么是费米能级？什么是准费米能级？二者有何差别？

1.11 什么是扩散长度？扩散长度与非平衡少数载流子寿命有何关系？

1.12 简述半导体材料的导电机理。

习 题 1

1.1 计算速度为 10^7 cm/s 的自由电子的德布罗意波长。

1.2 如果在单晶硅中分别掺入 $10^{15}/cm^3$ 的磷和 $10^{15}/cm^3$ 的硼，试计算 300K 时，电子占据杂质能级的概率。根据计算结果检验常温下杂质几乎完全电离的假设是否正确。

1.3 硅中的施主杂质浓度最高为多少时材料是非简并的。

1.4 某单晶硅样品中每 cm^3 掺有 10^{15} 个硼原子，试计算 300K 时该样品的准自由电子浓度、空穴浓度以及费米能级。如果掺入的是磷原子它们又是多少？

1.5 某硅单晶样品中掺有 $10^{16}/cm^3$ 的硼、$10^{16}/cm^3$ 的磷和 $10^{15}/cm^3$ 的镓，试分析该材料是 N 型半导体还是 P 型半导体？准自由电子和空穴浓度各为多少？

1.6 有两块单晶硅样品，它们分别掺有 $10^{15}/cm^3$ 的硼和磷，试计算 300K 时这两块样品的电阻率，并说明为什么 N 型硅的导电性比同等掺杂的 P 型硅好。

1.7 实验测出某均匀掺杂 N 型硅的电阻率为 $2\Omega \cdot cm$，试估算施主掺杂浓度。

1.8 假设有一块掺有 $10^{18}/cm^3$ 施主杂质的硅样品，其截面积为 $0.2\mu m \times 0.5\mu m$，长度为 $2\mu m$。如果在样品两端加上 5V 电压，通过样品的电流有多大？电子电流与空穴电流的比值是多少？

1.9 有一块掺杂浓度为 $10^{17}/cm^3$ 的 N 型硅样品，如果在 $1\mu m$ 的范围内，空穴浓度从 $10^{16}/cm^3$ 线性

降低到 $10^{13}/cm^3$，求空穴的扩散电流密度。

1.10 光照射在一块掺杂浓度为 $10^{17}/cm^3$ 的 N 型硅样品上，假设光照引起的载流子产生率为 $10^{13}/cm^3$，求少数载流子浓度和电阻率，并画出光照前后的能带图。已知 $\tau_n = \tau_p = 2\mu s$，$\mu_n = 1350 cm^2/(V \cdot s)$，$\mu_p = 500 cm^2/(V \cdot s)$，$n_i = 1.5 \times 10^{10}/cm^3$。

1.11 写出下列状态下连续性方程的简化形式：

(1) 无浓度梯度、无外加电场、有光照、稳态；

(2) 无外加电场、无光照等外因引起载流子的产生，稳态。

第 2 章 PN 结

大多数半导体器件都是以 PN 结为核心进行工作的。掌握了 PN 结的性质就可以分析这些器件的工作原理及特性。PN 结中的载流子既有漂移运动,又有扩散运动;既有产生,又有复合,这些性质集中反映在半导体的导电特性中。本章简单介绍了 PN 结的形成、空间电荷区的建立以及平衡 PN 结的载流子分布。在理想 PN 结模型的基础上讨论了在正向电压作用下 PN 结的注入效应和反向电压作用下 PN 结的电流饱和效应,并由此导出了 PN 结的伏安特性(肖克利方程)。接着介绍了实际 PN 结中存在的势垒区复合电流和产生电流以及表面漏电流对 PN 结特性的影响,最后讨论了 PN 结的电容效应、PN 结击穿机制以及 PN 结的温度效应。

2.1 平衡 PN 结能带图及空间电荷区

平衡 PN 结是指半导体在零偏压条件下的 PN 结。在学习 PN 结伏安特性之前,首先了解热平衡 PN 结的特性是完全必要的。

2.1.1 平衡 PN 结能带图

通过第 1 章的学习我们已经知道,P 型半导体中主要掺的是受主杂质;N 型半导体中主要掺的是施主杂质。受主杂质可以看成是负电中心束缚了一个空穴;施主杂质可以看成是正电中心束缚了一个电子。P 型半导体的费米能级靠近价带顶;N 型半导体的费米能级靠近导带底。下面利用这些知识来分析 PN 结的形成过程。

图 2.1.1 给出了一块 P 型半导体和一块 N 型半导体(均匀掺杂)在结合形成 PN 结前、后的载流子分布示意图和能带图。图中,用圆圈中加"—"号表示电离受主,用圆圈中加"+"号表示电离施主,用小圆圈表示空穴,用小黑点表示电子,用 $(E_F)_n$ 表示 PN 结形成前,N 区的费米能级,用 $(E_F)_p$ 表示 P 区的费米能级,用 E_0 表示真空中速度为零的电子的能级,用 E_{Cp} 和 E_{Cn} 分别表示平衡 PN 结 P 区和 N 区导带底电子的能级,用 E_{Vp} 和 E_{Vn} 分别表示平衡 PN 结 P 区和 N 区价带顶电子的能级。从图 2.1.1(a)的示意图看出,P 型半导体中负电中心的分布和空穴的分布都是均匀的;N 型半导体中正电中心的分布和电子的分布也都是均匀的。所以这两块半导体处处都是电中性的。从图 2.1.1(a)的能带图可以看出,N 型半导体中的费米能级 $(E_F)_n$ 高于 P 型半导体中的费米能级 $(E_F)_p$,这表示 N 型半导体中电子填充能带的水平高于 P 型半导体。当把这两块不同类型的半导体紧密结合到一起,形成 PN 结后,费米能级高的 N 型区的电子将逐渐流向 P 型区,使得 P 型区的费米能级逐步升高,N 型区的费米能级逐步降低。随着这一过程的进行,P 区电子的能带将逐渐升高,N 区电子的能带将逐渐下降,$(E_F)_n - (E_F)_p$ 这个差值也逐渐减小,当 $(E_F)_n = (E_F)_p$ 时这个差值就等于零,两个区可以用统一的费米能级 E_F 来表示[图 2.1.1(b)]。此时,两个区不再有电子的净流动,我们称此时的 PN 结为热平衡 PN 结。

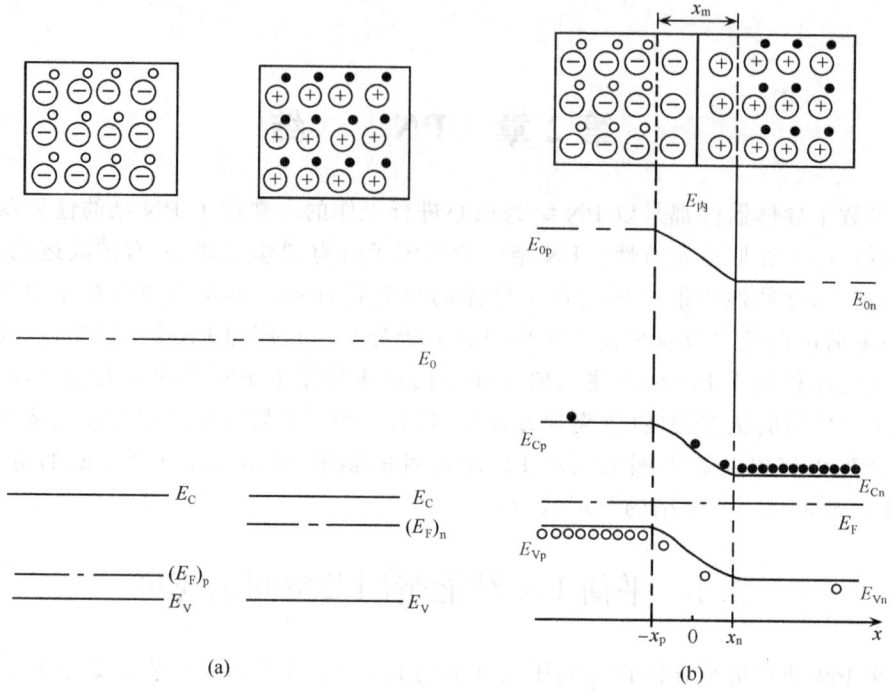

图 2.1.1 PN 结形成前、后的能带图及电荷分布图
(a) 形成前；(b) 形成后

上面,我们从两个区费米能级的差值的变化描述了热平衡 PN 结的形成过程,下面,我们从载流子的运动来描述这一过程。显然,在 PN 结形成之前,N 区的电子浓度高于 P 区的电子浓度,这是因为 N 区电子为多子,空穴为少子,而 P 区空穴为多子,电子为少子。由于 PN 结两边存在电子的浓度差,N 区的电子将向 P 区做扩散运动。同样,由于 P 区的空穴浓度高于 N 区的空穴浓度,也存在着空穴的浓度差,也将导致 P 区的空穴向 N 区扩散。当 N 区的电子因为扩散运动离开 N 区后,在 N 区便留下了带正电荷的电离施主。同样,当 P 区空穴扩散离开 P 区后,在 P 区便留下了带负电荷的电离受主[图 2.1.1(b)]。我们把 P 区留下的电离受主电荷和 N 区留下的电离施主电荷统称为空间电荷。空间电荷所在的区域称为空间电荷区。空间电荷的位置是由杂质原子所在的位置决定的,而施主原子和受主原子占据的都是晶格格点的位置,这个位置是固定不动的,所以,空间电荷也不能移动,当然也不能传导电流。尽管空间电荷不能传导电流,但由于正、负空间电荷在空间的相对位置是固定的,所以,就形成了由正空间电荷指向负空间电荷的电场 $\boldsymbol{E}_{内}$。这个电场不是由外部因素引起的,而是由 PN 结内部载流子运动形成的,所以,称它为 PN 结内建电场。在图 2.1.1(b)中,这个电场是由 N 区指向 P 区的。可以看出,这个电场是阻止 PN 结两边的载流子继续扩散的。随着内建电场的建立,载流子除了由于浓度差而导致的扩散运动外,还要受到内建电场的作用而产生漂移运动。刚开始,内建电场很弱,漂移电流也很小,但随着扩散运动的继续,空间电荷的数量也逐渐增加,空间电荷区的宽度 x_m 也随之增大,内建电场也跟着增强。于是,载流子的漂移运动也逐渐增强,扩散运动则相对减弱。热平衡时,载流子的扩散运动和漂移运动达到动态平衡,载流子的漂移电流

等于载流子的扩散电流,不再有载流子的净流动。从能带图上看,就是达到了统一的费米能级。假设图 2.1.1(a)中 PN 结形成之前 N 区费米能级 $(E_F)_n$ 与 P 区费米能级 $(E_F)_p$ 之差为 qV_D,即 $qV_D = (E_F)_n - (E_F)_p$,那么,当 PN 结形成统一费米能级之后,N 区的能带相对于 P 区的能带将整体向下平移一个能量大小 qV_D。其中,V_D 称为 PN 结的接触电势或内建电势。因为内建电势是由于载流子的扩散运动形成的,所以,也称它为扩散电势。扩散电势也可以这样来理解:当 PN 结形成统一的费米能级后,扩散运动所形成的扩散电流等于漂移运动形成的漂移电流,空间电荷区的宽度也达到一个确定值,用 x_m 来表示。由于空间电荷区 N 区一侧带正电,P 区一侧带负电,所以,N 区一侧的电势比 P 区一侧高 V_D。N 区导带底电子的电势能 E_{Cn} 比 P 区导带底电子的电势能 E_{Cp} 低 qV_D(因为电子带负电荷)。这样,如果 N 区导带底的电子要进入 P 区导带底,则必须越过一个能量为 qV_D 的势垒;同样,P 区价带顶的空穴如果要进入 N 区价带顶也必须越过能量为 qV_D 的势垒。这个势垒所在的区域也就是空间电荷所在的区域,所以,有时也称空间电荷区为势垒区。

在平衡条件下,PN 结空间电荷区中电子的扩散电流与漂移电流之和应为零,即

$$qD_n \frac{dn}{dx} + qn\mu_n E = 0$$

利用爱因斯坦关系,上式可改写为

$$-E dx = \frac{kT}{q} \frac{dn}{n}$$

上式对整个势垒区(图 2.1.1)积分,得 $-\int_{-x_p}^{x_n} E dx = \frac{kT}{q} \int_{n(-x_p)}^{n(x_n)} \frac{dn}{n}$。利用 $E = -\frac{dV}{dx}$ 可以得到

$$V(x_n) - V(-x_p) = \frac{kT}{q} \ln \frac{n(x_n)}{n(-x_p)} = \frac{kT}{q} \ln \frac{n_{n0}}{n_{p0}}$$

再利用 $n_i^2 = n_{p0} p_{p0}$,$V(x_n) - V(-x_p) = V_D$,$N_D = n_{n0}$,$N_A = p_{p0}$ 得到 PN 结的扩散电势

$$V_D = \frac{kT}{q} \ln \frac{N_D N_A}{n_i^2} \tag{2.1.1}$$

对于一个已知的 PN 结,式(2.1.1)右边的参数都是已知的。在某一温度下,平衡 PN 结的接触电势差 V_D 就可以利用式(2.1.1)计算出来。

式(2.1.1)中,N_D 为 N 区施主杂质浓度,N_A 为 P 区受主杂质浓度,n_i 为本征载流子浓度。n_i 与 PN 结所取的材料和温度有关。室温下,热电势 kT/q 等于 0.026V。式(2.1.1)说明:PN 结的势垒高度与两边的掺杂浓度有关。掺杂浓度越高,势垒高度越大。这一点也可以从图 2.1.1(a)看出:N 区掺杂浓度越高,N 型区费米能级 $(E_F)_n$ 越靠近导带底;P 区掺杂浓度越高,P 型区费米能级 $(E_F)_p$ 越靠近价带顶。于是,PN 结势垒高度 $qV_D = (E_F)_n - (E_F)_p$ 也越大。

一般来说,在一个平衡 PN 结中,空间电荷区以外的区域都是电中性的。P 区一侧的中性区称为 P 型中性区,N 区一侧的称为 N 型中性区。各中性区载流子浓度由各个区的掺杂浓度决定,空间电荷区载流子基本上是耗尽的,所以,又常常称空间电荷区为耗尽区。

2.1.2 PN结的形成过程

前面讨论的 PN 结是理想情况下的 PN 结,实际存在的 PN 结比这种情况要复杂得多。粗略地说,PN 结从材料类型上可分为同质结和异质结,从掺杂方式上可分为突变结和缓变结。这里我们着重讨论同质 PN 结的情形。

如图 2.1.2(a)所示,在一块 N 型硅片上放置一铝箔,铝箔上加一石墨压块,并置于 600℃ 以上的烧结炉中恒温处理 5min,然后缓慢降温。经过这样处理后的硅片的上表面就形成了很薄一层 P 型再结晶层。这样形成的 PN 结,P 型区与 N 型区的交界面处的杂质浓度分布是突变的[图 2.1.2(a)下图]。图中,左边为 N 型区,该区的施主浓度高于受主浓度,即 $N_D - N_A > 0$;右边为 P 型区,该区受主浓度高于施主浓度,即 $N_D - N_A < 0$。用这种方法制成的 PN 结又称为合金结。合金结的杂质分布在空间上是突变的,所以又称为突变结。如图 2.1.2(b)所示,在一块 N 型硅片上用化学方法涂敷一层含有 Al_2O_3 的乙醇溶液,在红外线灯下干燥后,置于 1250℃ 的扩散炉中进行高温处理若干小时,然后缓慢降温,经过这样处理后,表面的 Al_2O_3 分解出来的铝原子在高温下扩散进入 N 型硅中,取代部分硅原子的位置,并在 N 型硅的表面形成一薄层 P 型硅。这样得到的 PN 结两边的杂质浓度分布如图 2.1.2(b)的下图。因为这种 PN 结前沿的杂质浓度分布是逐渐过渡的,故称为缓变结。除了烧结工艺和扩散工艺可以形成 PN 结以外,还有离子注入工艺及外延工艺等,这里不再赘述。

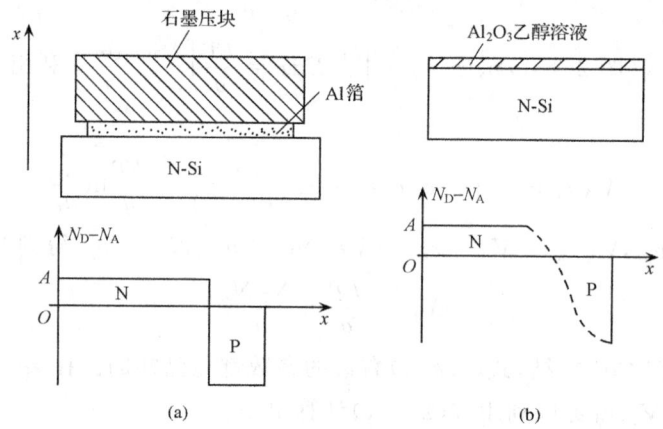

图 2.1.2 突变结与缓变结的形成和杂质分布
(a) 突变结;(b) 缓变结

2.1.3 平衡 PN 结的载流子浓度分布

图 2.1.3 给出了平衡 PN 结的能带图、电势分布图及载流子浓度分布图。在图 2.1.3(a)中,用"+"号表示电离施主电荷,用"−"号表示电离受主电荷。可以看出,除了势垒区带有正负电荷外,P 型区和 N 型区是电中性的,不带电荷。

若以 P 型区为电势零点,则空间电荷区中电势 $V(x)$ 大于零[图 2.1.2(b)],并且随着 x 从 $-x_p$ 增加到 x_n,电势则从 0 逐渐上升到 V_D。这是因为内部电场的方向是由 N 区指向 P 区的,并且内部电场的方向就是电势降落的方向。令 P 区导带底电子势能 $E_{Cp} = 0$,

此时,从边界$-x_p$到x_n,导带底电子的电势能则从0下降到$-qV_D$,势垒区电子的电势能可表示为$-qV(x)$。

P区的空穴浓度p_{p0}和N区的电子浓度n_{n0}在均匀掺杂的情况下是不随位置变化的[图2.1.3(d)]。所以,本征费米能级E_i在中性P区和中性N区也是不随位置变化的[图2.1.3(c)],它分别等于常数E_{ip}和E_{in},且二者之差正好等于PN结的势垒高度,即$E_{ip}-E_{in}=qV_D$。但是,在势垒区情况就不同了。因为势垒区的载流子浓度是随着位置变化的,所以,势垒区的本征费米能级也是随PN结的纵向位置而变化的,可用$E_i(x)$来表示。若以E_{ip}表示P区的本征费米能级,则势垒区本征费米能级$E_i(x)$可写为

$$E_i(x)=E_{ip}-qV(x)$$

本征费米能级随x的变化实际上反映了导带底和价带顶能值随x的变化。因为图2.1.3(c)所示的能带图是以电子的能量为依据的,所以,越向上,表示电子的能量越高;对空穴的能量来说,则相反,越向下能量越高。如图2.1.3(c),N区导带底电子的能量比P区低qV_D,也可以说,N区价带顶空穴的能量比P区高qV_D。在平衡PN结中,载流子分布的特点是:从N区到P区,电子的势能升高了qV_D,电子的浓度则从N区平衡多子浓度n_{n0}减少到P区平衡少子浓度n_{p0}。同样,从P区到N区,空穴的势能也升高了qV_D,空穴的浓度也从P区平衡多子浓度p_{p0}减少到N区平衡少子浓度p_{n0}。

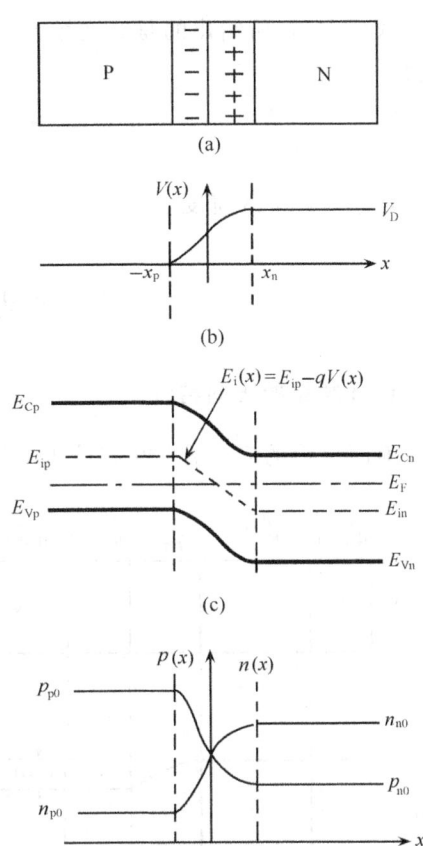

图2.1.3 平衡PN结的势垒区(a)、电势分布(b)、能带图(c)以及载流子浓度分布(d)

在平衡PN结中,由于没有载流子的净流动,费米能级应该是处处相等的[图2.1.3(c)中的E_F]。

如果用$n(x)$和$p(x)$分别表示在空间电荷区内x处的电子浓度和空穴浓度,则有

$$n(x)=n_i e^{\frac{E_F-E_i(x)}{kT}} \tag{2.1.2}$$

$$p(x)=n_i e^{\frac{E_i(x)-E_F}{kT}} \tag{2.1.3}$$

当$E_i(x)=E_{in}$时,式(2.1.2)表示N区平衡多数载流子浓度n_{n0},式(2.1.3)表示N区平衡少数载流子浓度p_{n0};当$E_i(x)=E_{ip}$时,式(2.1.2)表示P区平衡少数载流子浓度n_{p0},式(2.1.3)则表示P区平衡多数载流子浓度p_{p0}。因此由式(2.1.2)很容易导出,平衡PN结势垒区两侧电子浓度之间有如下关系:

$$n_{p0}=n_{n0}e^{-\frac{E_{ip}-E_{in}}{kT}}=n_{n0}e^{-\frac{qV_D}{kT}} \tag{2.1.4}$$

同理,对势垒区两侧的空穴可以由式(2.1.3)导出类似的关系

$$p_{n0}=p_{p0}e^{-\frac{qV_D}{kT}} \tag{2.1.5}$$

式(2.1.4)、式(2.1.5)表示了同一种载流子在势垒区两边的浓度关系服从玻尔兹曼分布函数关系。利用式(2.1.2)和式(2.1.3)可以估算 PN 结势垒区的载流子浓度。

式(2.1.1)所给出的是突变结的内建电势,对于线性缓变结的情形,可以导出其内建电势为

$$V_D = \frac{2kT}{q}\ln\left(\frac{ax_m}{2n_i}\right) \tag{2.1.6}$$

式中,x_m 为势垒区宽度,$a = \dfrac{dN}{dx}\bigg|_{x=x_j}$ 为 PN 结前沿杂质浓度梯度。

2.2 理想 PN 结的伏安特性

2.2.1 PN 结的正向特性

前面讨论的 PN 结是在零偏压下的所谓平衡 PN 结,实际的 PN 结在工作状态下都是加有一定偏压的。大家熟知的整流二极管就是利用它在正、反向偏压下的导通和阻断作用把交流电转换成直流电的。我们知道 PN 结势垒区有内建电场,在内建电场的作用下,势垒区大部分载流子都被扫到两边去了,势垒区中的载流子极少,剩下的都是不能移动的带电的杂质离子,因此,PN 结的势垒区是一个高阻层。由于势垒区的电阻比 P 区和 N 区都高,所以当 PN 结两端加上电压 V 时,这个电压将集中降落在势垒区,也就是说,外加电压将使势垒高度发生变化,这个变化的幅度就等于 qV。

当 PN 结两端加正向偏压 V_F,即 P 区接正,N 区接负[图 2.2.1(a)],这个电压与原来平衡 PN 结内建电势的方向正好相反,因此正向电压将使势垒中的电场减小,势垒宽度变窄,势垒高度由原来的 qV_D 下降到 $q(V_D-V_F)$ [图 2.2.1(b)]。

势垒高度降低将使得空间电荷区中载流子的漂移作用减弱,扩散作用大于漂移作用,N 区的电子将源源不断地扩散进入 P 区,P 区的空穴也将不断地扩散进入 N 区。空穴进入 N 区就成为 N 区的非平衡少数载流子。同样,电子进入 P 区也成为 P 区的非平衡少数载流子。这种由于外加正向偏压的作用使非平衡载流子进入半导体的过程称为非平衡

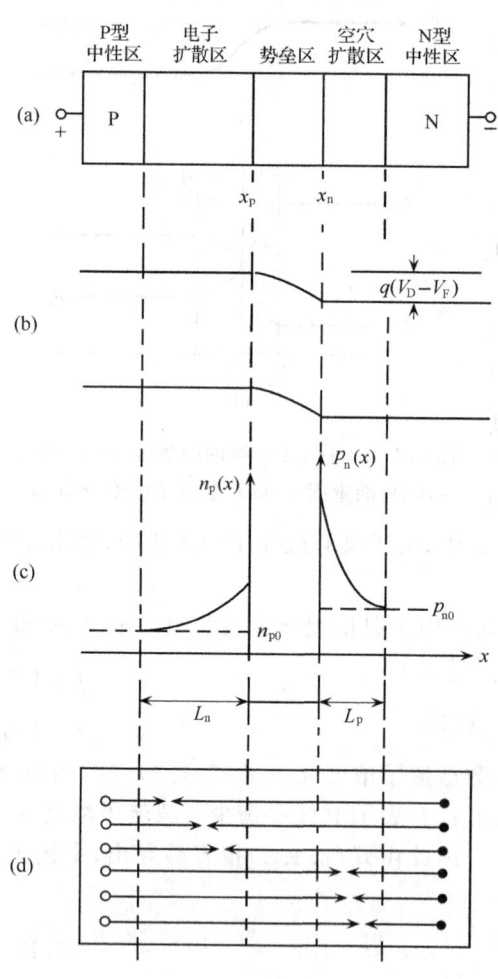

图 2.2.1 正向 PN 结的(a)分区;(b)能带;(c)少子分布和(d)电流的转化

载流子的电注入。

注入P区的电子将在势垒区边界 x_p 处积累起来,成为该处的非平衡少数载流子[图2.2.1(c)],这些非平衡电子在浓度梯度驱使下向P区纵深方向扩散,在扩散过程中不断与P区的多子——空穴复合,电子电流将逐渐转化为空穴电流[图2.2.1(d)],经过一个扩散长度 L_n 的距离后,注入的电子将基本上全部与P区的空穴复合掉,这时,N区注入P区的电子电流就全部转化成了P区的空穴电流。同样,由P区注入N区的空穴也在势垒边界 x_n 处积累起来,成为N区的非平衡少数载流子,这些空穴由于存在浓度梯度而不断向N区纵深方向扩散,在扩散过程中,不断与N区的多数载流子——电子复合,空穴电流就逐渐转化成了N区的电子电流。我们把势垒区两侧一个扩散长度范围内的区域称为扩散区,P区一侧的扩散区称为电子的扩散区,N区一侧的扩散区称为空穴的扩散区。从整体上来看,根据电流的连续性,流过PN结任一截面上的总电流(电子电流＋空穴电流)应该是相等的,但是在不同的区域,总电流中电子电流和空穴电流所占的比例是不同的。一般在P型中性区[图2.2.1(a)]基本上全部是空穴电流[图2.2.1(d)中的小圆圈表示空穴],在N型中性区则基本上全部是电子电流[图2.2.1(d)中的小黑点表示电子]。这两种电流在PN结的扩散区通过复合而相互转换,而总电流却保持不变。图2.2.1(d)中用带小圆圈的箭头表示空穴电流,用带小黑点的箭头表示电子电流(因为电子带有负电荷,实际电子电流的方向与此相反),两箭头相遇处表示电子和空穴在这里复合,电子电流和空穴电流发生相互转换。

随着正向电压的进一步增加,势垒的高度将进一步降低,越过势垒从N区进入P区的电子和从P区进入N区的空穴将迅速增多,从而使PN结的正向电流迅速增大。因此,PN结在正向电压作用下,表现出低阻特性。

值得指出的是,当PN结正偏时,注入的非平衡少数载流子在扩散区形成一定浓度梯度的积累,为了保持该区域的电中性,必然要吸引数量相等、分布梯度相同、带电符号相反的多数载流子,这些非平衡多数载流子在分布梯度的作用下也要进行扩散。然而,在讨论PN结正向特性时,一般不考虑这部分扩散电流。因为一旦多数载流子扩散离开,电中性条件就被打破了,必然会产生一个电场,引起多数载流子的漂移电流,来补偿多数载流子的扩散损失。因此,在稳定情况下,多数载流子的扩散电流总是被这个电场的漂移电流所抵消。

图2.2.2表示在小注入条件下正偏PN结中准费米能级的变化。在第1章1.5.2节中我们讲到,计算非平衡状态下导带电子的浓度要用电子的准费米能级,计算价带空穴的浓度要用空穴的准费米能级。让我们先来看看图2.2.2中电子的准费米能级是如何随位置变化的。从N型中性区开始,从右到左依次经过了空穴扩散区、势垒区和电子扩散区,最后到达P型中性区。在N型中性区,由P区注入到N区的非平衡少数载流子已经复合完毕了,可以认为,这个区域不存在非平衡载流子,电子和空穴有统一的费米能级 $(E_F)_n$。从N型中性区往左就到了空穴扩散

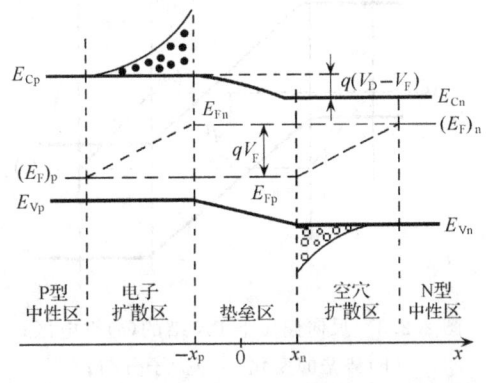

图2.2.2 正向偏压PN结中准费米能级的变化

区。在小注入的情况下,由 P 区注入到 N 区的空穴与 N 区的多数载流子——电子相比基本上可以忽略不计(小注入条件)。所以,尽管为了保持电中性,该区域增加了与注入空穴数量相等的非平衡电子,但是,电子的浓度与热平衡电子浓度相比却基本上没有什么变化,因此,电子的准费米能级 E_{Fn} 基本上与 N 区的费米能级 $(E_F)_n$ 保持一致。从空穴扩散区往右就进入了势垒区,因为扩散区比势垒区大得多,准费米能级的变化主要发生在扩散区,在势垒区中的变化可略而不计,因此,可以认为在势垒区内,准费米能级近似保持不变。再往右则进入了电子扩散区,由 N 区注入到 P 区的电子成为该区的少数载流子,在势垒区 P 区一侧边界 $-x_p$ 处少子浓度最高,随着电子向 P 区纵深方向扩散,电子边扩散边复合,电子浓度逐渐减少,所以电子的费米能级也逐渐降低。到了 P 型中性区非平衡电子基本复合完毕,所以电子的准费米能级 E_{Fn} 和空穴的准费米能级 E_{Fp} 就重合到一起了,成为 P 区的费米能级 $(E_F)_p$。对空穴准费米能级的变化可以做同样的分析。

平衡 PN 结有统一的 E_F,其势垒高度为 qV_D,而正向偏压 V_F 使势垒高度降低了 qV_F,所以正偏 PN 结两边费米能级的差应该就是 qV_F,这样势垒区的准费米能级之差为

$$E_{Fn} - E_{Fp} = (E_F)_n - (E_F)_p = qV_F \tag{2.2.1}$$

于是由式(1.5.11)、式(1.5.12),势垒区(含 x_n、x_p 面)载流子浓度之积可写为

$$np = n_i^2 e^{\frac{qV_F}{kT}} \tag{2.2.2}$$

式(2.2.2)表明,在正向偏压下,势垒区两种载流子浓度的乘积比半导体热平衡载流子浓度要高得多。

2.2.2 PN 结的反向特性

如图 2.2.3 所示,当 PN 结加反向偏压 V_R,即 P 区接负,N 区接正时[图 2.2.3(a)],反向偏压在势垒区产生的电场正好与内建电场的方向相同,势垒区的电场得到增强,势垒区也变宽,势垒高度由原来的 qV_D 增加为 $q(V_D+V_R)$[图 2.2.3(b)]。

势垒区电场的增强打破了 PN 结中载流子漂移运动和扩散运动之间原有的平衡,增强了漂移运动,削减了扩散运动,使漂移电流大于扩散电流。这时势垒区 N 区一侧的 x_n 处的空穴被势垒区的强电场扫向 P 区,而势垒区 P 区一侧的 $-x_p$ 处的电子则被扫向 N 区。我们常称这种现象为 PN 结的反向抽取作用。这样,当反向电压很高时,靠近势垒区

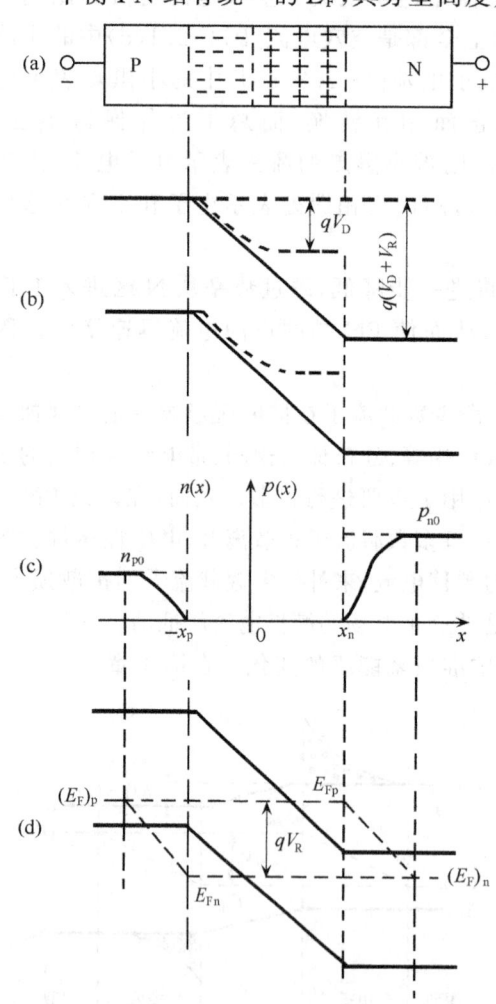

图 2.2.3 反向偏压下 PN 结的(a)空电区;
(b)势垒的变化;(c)少子分布;
(d)准费米能级的变化

边界的 P 区和 N 区的少子可以近似看作零[图 2.2.3(c)中的 $-x_p$ 和 x_n],当这些少数载流子被电场扫走以后,内部的少子就要来补充,形成了反向偏压下少数载流子的扩散电流,PN 结中总的反向电流就等于势垒区两个边界处少数载流子扩散电流之和。因为少子浓度很低,而少子的扩散长度基本没有变化,所以反向偏压时,少子的浓度梯度很小,由这个梯度所导致的反向扩散电流也较小。

图 2.2.3(d)给出了 PN 结加反向电压时准费米能级 E_{Fn} 和 E_{Fp} 的变化,可以看出,在电子扩散区、势垒区和空穴扩散区中,电子和空穴的准费米能级的变化规律与正向 PN 结基本相似,不同之处在于:E_{Fn} 和 E_{Fp} 的相对位置发生了变化。在正向 PN 结中,$E_{Fn} > E_{Fp}$;而在反向 PN 结中,$E_{Fp} > E_{Fn}$。

反向偏压下,由于 P 区与 N 区的费米能级不再是水平的,P 区的准费米能级比 N 区高 qV_R,应用玻尔兹曼分布可以近似求出此时边界的少子浓度。以 P 区边界 $-x_p$ 处的电子为例有

$$n(-x_p) = n_{n0} e^{-\frac{q(V_D+V_R)}{kT}} = (n_{n0} e^{-\frac{qV_D}{kT}}) e^{-\frac{qV_R}{kT}} = n_{p0} e^{-\frac{qV_R}{kT}}$$

这就是说,加反向偏压时,边界少子浓度等于平衡少子浓度 n_{p0} 乘以指数 $e^{-\frac{qV_R}{kT}}$。所以反向偏压 $V_R \gg kT/q$ 时,边界少子浓度将很小,这时空间电荷区以外一个扩散长度范围内的少数载流子就要向空电区扩散,这些少子一旦到达空间电荷区边界,就立刻被空电区的强电场拉向对方,使空电区边界少子浓度低于平衡值,因此少子浓度的分布如图 2.2.3(c)所示。

与正向注入相比,反向抽取的不同之处是使边界少子浓度减少,形成少子的欠缺。所以此时的过剩载流子浓度应该为负值,而正向注入是使边界少子浓度增加,形成少子的积累,过剩载流子浓度为正值。

2.2.3 理想 PN 结的伏安特性

所谓理想 PN 结,就是满足下列条件的 PN 结:
(1) 小注入条件,即注入的少子浓度比平衡多子浓度小得多;
(2) 耗尽层近似,即外加电压都降落在耗尽层上,耗尽层以外的半导体是电中性的,因此注入的少子在 P 区和 N 区只做扩散运动;
(3) 不考虑耗尽层中载流子的产生与复合,通过势垒区的电流密度不变;
(4) 玻尔兹曼边界条件,即在势垒区两端,载流子分布满足玻尔兹曼分布;
(5) 忽略半导体表面对电流的影响。

我们对 PN 结的论述,如果不加特殊说明,一般均指理想 PN 结。为了简化,我们只考虑一维扩散问题。因此可以按下列步骤来计算流过 PN 结的电流密度:①根据准费米能级计算势垒边界 x_n、$-x_p$ 处注入的非平衡少数载流子浓度;②以势垒边界 x_n、$-x_p$ 处的过剩载流子浓度作为边界条件,求解势垒两侧扩散区中载流子连续性方程,得到扩散区中非平衡少数载流子的分布;③根据势垒区两侧非平衡少数载流子分布计算少子扩散电流密度;④将势垒两侧少子扩散电流密度相加,得到理想 PN 结电流-电压方程。

当 PN 结两端加正向偏压 $V>0$ 时,由 N 区注入到 P 区边界 $-x_p$ 处的非平衡少数载流子浓度可由式(1.5.11)、式(1.5.12)两式求出(图 2.2.2)

$$n_{\mathrm{p}} = n_{\mathrm{i}} \exp\left(\frac{E_{\mathrm{Fn}} - E_{\mathrm{i}}}{kT}\right)$$

$$p_{\mathrm{p}} = n_{\mathrm{i}} \exp\left(\frac{E_{\mathrm{i}} - E_{\mathrm{Fp}}}{kT}\right)$$

它们的乘积

$$n_{\mathrm{p}} p_{\mathrm{p}} = n_{\mathrm{i}}^2 \exp\left(\frac{E_{\mathrm{Fn}} - E_{\mathrm{Fp}}}{kT}\right)$$

在 P 区边界 $x = -x_{\mathrm{p}}$ 处，利用 $E_{\mathrm{Fn}} - E_{\mathrm{Fp}} = qV$，得到

$$n_{\mathrm{p}}(-x_{\mathrm{p}}) p_{\mathrm{p}}(-x_{\mathrm{p}}) = n_{\mathrm{i}}^2 \exp\left(\frac{qV}{kT}\right) \tag{2.2.3}$$

因为 $p_{\mathrm{p}}(-x_{\mathrm{p}})$ 为 P 区多数载流子浓度，所以 $p_{\mathrm{p}}(-x_{\mathrm{p}}) = p_{\mathrm{p}0}$，再利用 $p_{\mathrm{p}0} n_{\mathrm{p}0} = n_{\mathrm{i}}^2$ 和 $n_{\mathrm{p}0} = n_{\mathrm{n}0} \exp\left(\frac{qV_{\mathrm{D}}}{kT}\right)$，得到 P 区边界 $x = -x_{\mathrm{p}}$ 处的少数载流子浓度

$$n_{\mathrm{p}}(-x_{\mathrm{p}}) = n_{\mathrm{p}0} \exp\left(\frac{qV}{kT}\right) = n_{\mathrm{n}0} \exp\left(\frac{qV - qV_{\mathrm{D}}}{kT}\right)$$

于是得到注入 P 区边界 $x = -x_{\mathrm{p}}$ 处的过剩载流子浓度

$$\Delta n_{\mathrm{p}}(-x_{\mathrm{p}}) = n_{\mathrm{p}}(-x_{\mathrm{p}}) - n_{\mathrm{p}0} = n_{\mathrm{p}0}\left[\exp\left(\frac{qV}{kT}\right) - 1\right] \tag{2.2.4}$$

同样可以得到 N 区边界 $x = x_{\mathrm{n}}$ 处少数载流子浓度为

$$p_{\mathrm{n}}(x_{\mathrm{n}}) = p_{\mathrm{n}0} \exp\left(\frac{qV}{kT}\right) = p_{\mathrm{p}0} \exp\left(\frac{qV - qV_{\mathrm{D}}}{kT}\right)$$

因此 N 区边界 $x = x_{\mathrm{n}}$ 处过剩少子浓度为

$$\Delta p_{\mathrm{n}}(x_{\mathrm{n}}) = p_{\mathrm{n}}(x_{\mathrm{n}}) - p_{\mathrm{n}0} = p_{\mathrm{n}0}\left[\exp\left(\frac{qV}{kT}\right) - 1\right] \tag{2.2.5}$$

式(2.2.4)、式(2.2.5)表明：注入势垒区边界 $x = -x_{\mathrm{p}}$ 和 $x = x_{\mathrm{n}}$ 处的非平衡少数载流子浓度是外加电压的函数。这两式也是求解连续性方程的边界条件。

稳态时，根据理想 PN 结的条件，忽略扩散区的电场，得到空穴扩散区中非平衡少子的连续性方程

$$D_{\mathrm{p}} \frac{\mathrm{d}^2 \Delta p_{\mathrm{n}}}{\mathrm{d} x^2} - \frac{p_{\mathrm{n}} - p_{\mathrm{n}0}}{\tau_{\mathrm{p}}} = 0$$

右边第一项表示扩散积累，第二项表示复合。这个方程的含义是：稳态扩散时，单位时间、单位体积内扩散积累的少子数目等于复合损失的少子数目，其通解为

$$\Delta p_{\mathrm{n}}(x) = p_{\mathrm{n}}(x) - p_{\mathrm{n}0} = A e^{-\frac{x}{L_{\mathrm{p}}}} + B e^{\frac{x}{L_{\mathrm{p}}}} \tag{2.2.6}$$

式中，$L_{\mathrm{p}} = \sqrt{D_{\mathrm{p}} \tau_{\mathrm{p}}}$ 是空穴的扩散长度。把边界条件：$x \to \infty$ 时，$p_{\mathrm{n}}(\infty) = p_{\mathrm{n}0}$；$x = x_{\mathrm{n}}$ 时，$p_{\mathrm{n}}(x_{\mathrm{n}}) = p_{\mathrm{n}0} \exp\left(\frac{qV}{kT}\right)$ 代入式(2.2.6)可得到

$$A = p_{\mathrm{n}0}\left[\exp\left(\frac{qV}{kT}\right) - 1\right] \exp\left(\frac{x_{\mathrm{n}}}{L_{\mathrm{p}}}\right)$$

$$B = 0$$

代入式(2.2.6)得

$$p_{\mathrm{n}}(x) - p_{\mathrm{n}0} = p_{\mathrm{n}0}\left[\exp\left(\frac{qV}{kT}\right) - 1\right] \exp\left(\frac{x_{\mathrm{n}} - x}{L_{\mathrm{p}}}\right) \tag{2.2.7}$$

同样,对注入 P 区的非平衡少子可以得到

$$n_p(x) - n_{p0} = n_{p0}\left[\exp\left(\frac{qV}{kT}\right) - 1\right]\exp\left(\frac{x_p + x}{L_n}\right) \tag{2.2.8}$$

式(2.2.7)和式(2.2.8)表示 PN 结加正向偏压时,过剩少数载流子在势垒区两侧扩散区中的分布。从式中可以看出,当外加电压 V 一定时,非平衡少数载流子浓度在势垒边界处有一稳定的值,在两个扩散区,非平衡少数载流子均按指数规律衰减,见图 2.2.1(c)。

当外加反向偏压时,如果 $q|V| \gg kT$,则 $\exp\left(\frac{qV}{kT}\right) \to 0$,N 区的过剩载流子 $\Delta p_n(x) = p_n(x) - p_{n0} = -p_{n0}\exp\left(\frac{x_n - x}{L_p}\right)$,在 $x = x_n$ 处,$\Delta p_n(x) \to -p_{n0}$,即 $p_n(x) \to 0$;在 N 区内部,即 $x \gg L_p$ 处,$\exp\left(\frac{x_n - x}{L_p}\right) \to 0$,则 $p_n(x) \to p_{n0}$。图 2.2.3(c)给出了反向偏压下势垒区两侧非平衡少子浓度的这种分布。

小注入时,忽略扩散区中的电场,利用式(2.2.8)可得,在 N 区边界 $x = x_n$ 处,空穴扩散电流密度为

$$J_p(x_n) = -qD_p\frac{dp_n(x)}{dx} = \frac{qD_p p_{n0}}{L_p}\left[\exp\left(\frac{qV}{kT}\right) - 1\right] \tag{2.2.9}$$

同理,在 P 区边界 $x = -x_p$ 处,利用式(2.2.7)可得,电子扩散电流密度为

$$J_n(-x_p) = qD_n\frac{dn_p(x)}{dx} = \frac{qD_n n_{p0}}{L_n}\left[\exp\left(\frac{qV}{kT}\right) - 1\right] \tag{2.2.10}$$

根据理想 PN 结的条件(3),忽略势垒区的产生-复合作用,通过 $-x_p$ 截面的电子电流密度应该等于通过 x_n 截面的电子电流密度。而通过 PN 结的总电流(以 x_n 截面为例)应为流过该截面的电子电流与空穴电流之和

$$J = J_p(x_n) + J_n(x_n) = J_p(x_n) + J_n(-x_p)$$

将式(2.2.9)、式(2.2.10)两式代入上式,得

$$J = \left(\frac{qD_p p_{n0}}{L_p} + \frac{qD_n n_{p0}}{L_n}\right)\left(e^{\frac{qV}{kT}} - 1\right)$$

令

$$J_0 = \frac{qD_p p_{n0}}{L_p} + \frac{qD_n n_{p0}}{L_n} \tag{2.2.11}$$

则

$$J = J_0\left(e^{\frac{qV}{kT}} - 1\right) \tag{2.2.12}$$

式(2.2.12)就是理想 PN 结的伏安特性方程,又称为肖克利方程。因为 J_0 不随外加电压变化,所以称之为反向饱和电流密度。由式(2.2.12)可以得到 PN 结的伏安特性曲线,如图 2.2.4 所示。由于常温下 $kT/q = 0.026V$,而实际的正向电压 V_F 为零点几伏,所以 $e^{\frac{qV_F}{kT}} \gg 1$,式(2.2.12)在表示正向特性时可以简化为 $J = J_0 e^{\frac{qV_F}{kT}}$。

在实际电路中的 PN 结,只要它是处于正向导通状态,PN 结上的电压就具有大体确定的值,这个值就称为 PN 结的导通电压,又称为阈值电压。但是,通过 PN 结的电流不是一成不变的,在正向导通状态下,通过 PN 结的

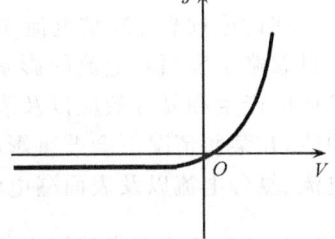

图 2.2.4 PN 结的伏安特性

电流由外电路条件决定,可以在很大的范围内变化。尽管如此,正向压降却能基本保持不变,这是由于正向电流随正向电压是按指数规律变化的。例如,以室温下 $kT/q=0.026\text{V}$ 来估算,电流密度 J 变化 10 倍,V_F 只需要改变 0.06V。

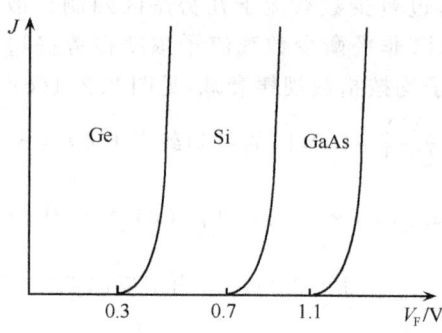

图 2.2.5 PN 结的正向导通阈值电压

用不同禁带宽度的材料制成的 PN 结,其导通电压的变化范围是不同的。图 2.2.5 对比给出了三种常用半导体材料 P^+N 结的正向特性。其中 Ge、Si、GaAs 的禁带宽度分别为 0.7eV、1.1eV、1.5eV。禁带宽度对 PN 结正向导通电压的影响实际上反映了少子浓度对 PN 结正向电流的影响。从式(2.2.7)、式(2.2.8)看到:正向注入的非平衡载流子浓度和平衡少子浓度是成比例的,所以,由此得到的正向电流密度也是和平衡少子浓度 n_{p0} 和 p_{n0} 成比例的。而一个材料的禁带宽度越大,平衡少子浓度就越小,那么,为了能通过同样大的电流,就必须加以更高的正向电压 V_F,这就是出现如图 2.2.5 所示曲线的原因。

如果 PN 结的面积为 A,则通过该 PN 结的正向电流可表示为

$$I = I_0 (e^{\frac{qV}{kT}} - 1) \tag{2.2.13}$$

式中

$$I_0 = A\left(\frac{qD_p p_{n0}}{L_p} + \frac{qD_n n_{p0}}{L_n}\right) \tag{2.2.14}$$

对 P^+N 结,$n_{p0} \ll p_{n0}$,式(2.2.13)可简化为

$$I = A\frac{qD_p p_{n0}}{L_p}(e^{\frac{qV}{kT}} - 1) \tag{2.2.15}$$

式(2.2.15)表明,流过 P^+N 结的电流主要由 P^+ 区注入到 N 区的空穴扩散电流组成。而对于 N^+P 结,则有

$$I = A\frac{qD_n n_{p0}}{L_n}(e^{\frac{qV}{kT}} - 1) \tag{2.2.16}$$

N^+P 结的电流主要由 N^+ 区注入到 P 区的电子电流组成。N^+P 结和 P^+N 结统称为单边突变结。单边突变结的正向电流主要由高掺杂一侧的多子扩散电流组成。

2.3 实际 PN 结的特性

在讨论理想 PN 结电流-电压特性时,我们曾假设势垒区没有载流子的产生与复合,并且忽略了表面对电流的影响。在实际的 PN 结中,这两种因素是不可忽略的。正是势垒区的产生和复合效应以及表面漏电特性使得实际 PN 结的电流-电压特性偏离了理想曲线,在某些情况下会严重影响半导体器件的工作特性。本节将对 PN 结势垒区的产生电流、复合电流以及表面漏电流产生的原因以及它们对器件特性的影响作一简单的分析。

2.3.1 PN 结空间电荷区中的复合电流

2.2 节我们分析了理想 PN 结的正向注入效应,反向抽取作用,导出了 PN 结的电流-

电压关系表达式。这些理论分析的结果与实际情况之间还存在着一定的差距。空间电荷区中的复合中心在这里起着重要的作用。复合中心将引起势垒区的复合电流和产生电流,使 PN 结的伏安特性严重偏离理想情况。

我们知道,理想 PN 结处于正偏时,N 区的电子将注入 P 区,在 P 区形成电子的积累并形成电子的扩散电流 J_n;P 区的空穴也将注入 N 区,形成空穴的积累并形成空穴的扩散电流 J_p。但是,在实际的 PN 结中,还应该考虑势垒区的复合电流。势垒区复合电流是指来自 N 区的电子和来自 P 区的空穴在势垒区中复合而形成的电流(图 2.3.1),用 J_{RG} 表示。从图 2.3.1 看出,考虑势垒区复合电流后,通过 PN 结的总电流应为

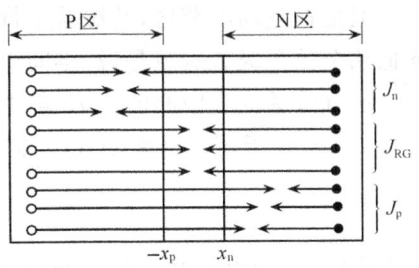

图 2.3.1　势垒区复合电流

$$J = J_n + J_p + J_{RG}$$

由半导体物理知识可知,电子和空穴在空电区中,通过复合中心复合的净复合率 U 可以写为

$$U = \frac{np - n_i^2}{\tau_p(n + n_1) + \tau_n(p + p_1)} \quad (2.3.1)$$

式中,τ_n 和 τ_p 分别为 P 区少数载流子电子的寿命和 N 区少数载流子空穴的寿命,n 和 p 分别为非平衡电子浓度和非平衡空穴浓度。n_1 是复合中心能级恰好与费米能级重合时导带的平衡电子浓度,p_1 是复合中心能级恰好与费米能级重合时价带的平衡空穴浓度。当复合中心能级 E_t 位置一定时,n_1、p_1 就是常数。复合率的大小主要取决于 n 和 p,而 n 和 p 的大小又由准费米能级确定。正偏 PN 结中准费米能级的变化已示于图 2.2.2 中。一旦准费米能级确定,势垒区载流子浓度就可以根据各自的准费米能级写出来

$$n(x) = n_i e^{\frac{(E_F)_n - E_i(x)}{kT}} \quad (2.3.2)$$

$$p(x) = n_i e^{\frac{E_i(x) - (E_F)_p}{kT}} \quad (2.3.3)$$

它们的乘积为

$$np = n_i^2 e^{\frac{(E_F)_n - (E_F)_p}{kT}}$$

由图 2.2.2 看到,在正偏 PN 结中,$(E_F)_n - (E_F)_p = qV_F$,与 PN 结的正向压降成正比,于是

$$np = n_i^2 e^{\frac{qV_F}{kT}} \quad (2.3.4)$$

在复合率公式(2.3.1)的分子中只包含 np 乘积,而式(2.3.4)表明 np 乘积完全由外加偏压所决定。在空间电荷区中,由于能带弯曲,n 和 p 各自是剧烈变化的,但它们的乘积 np 在电压一定时在空间电荷区各处都是相等的。因此,在电压一定时,复合率公式(2.3.1)中的分子也是不变的,而分母中的 n 和 p 才是决定势垒区复合率变化的主要因素。

图 2.2.2 中电子和空穴的准费米能级在势垒区近似是水平的,而 E_i 则是按照电子位能 $-qV(x)$ 而变化的。根据载流子浓度公式(2.3.2)、(2.3.3),电子浓度 n 从 N 区到 P 区是指数衰减的,而空穴浓度是从 P 区到 N 区指数衰减的。如前所述,复合率公式(2.3.1)

中的分子在势垒区中是不变的,而分母则是随位置变化的。对深能级复合中心,n_1 和 p_1 都非常小,复合率公式中分母的取值主要由 n 和 p 决定。在空间电荷区的两边,n 和 p 中总有一个是多子浓度,致使复合率公式中分母的值很大,所以空间电荷区两边的复合率较小。但是在空间电荷区,情况就不同了,复合率公式分母中的 n 和 p 比两边的多子浓度要低几个数量级。这就是说,空间电荷区的复合率比两边要高出几个数量级。

最有效的复合中心能级 E_t 与本征费米能级 E_i 十分接近,为了简化计算,令 $E_t = E_i$,$\tau_n = \tau_p = \tau$,于是复合率公式(2.3.1)可以简化为

$$U = \frac{1}{\tau}\left(\frac{np - n_i^2}{n + p + 2n_i}\right) \tag{2.3.5}$$

式(2.3.5)中的分子在空间电荷区中是不随位置变化的,所以它的极大值就发生在 $n+p$ 为极小值的地方。利用式(2.3.2)、式(2.3.3)对 x 求极小值可以得到,$n+p$ 的极小值发生在

$$n = p = n_i e^{\frac{qV_F}{2kT}} \tag{2.3.6}$$

的地方。把式(2.3.6)代入式(2.3.5),得到空间电荷区中最大的复合率为

$$U_{\max} = \frac{n_i}{2\tau}\frac{e^{\frac{qV_F}{kT}} - 1}{e^{\frac{qV_F}{2kT}} - 1} \tag{2.3.7}$$

一般情况下 $V_F \gg kT/q$,式(2.3.7)可进一步简化为

$$U_{\max} = \frac{n_i}{2\tau} e^{\frac{qV_F}{2kT}} \tag{2.3.8}$$

作为近似计算,假设在势垒宽度 x_m 范围内,复合率均可用式(2.3.8)表示,那么空间电荷区的复合电流密度为

$$J_{RG} = \int_0^{x_m} qU_{\max} dx = qx_m \frac{n_i}{2\tau} e^{\frac{qV_F}{2kT}} \tag{2.3.9}$$

以 N^+P 结为例,在不考虑势垒区复合的前提下,利用 $L_n^2 = D_n \tau_n$,由式(2.2.16)可得

$$J = J_n = qL_n \frac{n_{p0}}{\tau_n}(e^{\frac{qV}{kT}} - 1) \tag{2.3.10}$$

式中,$n_{p0}(e^{\frac{qV}{kT}} - 1)$ 恰好为势垒边界 x_p 处过剩少子浓度 $\Delta n_p(x_p)$,而 $\Delta n_p(x_p)/\tau_n$ 即表示 x_p 处非平衡少子复合率。因此式(2.3.10)的物理含义是:注入到 P 区的电子电流密度 J_n,就是在单位时间内在扩散长度 L_n 内复合的电子电荷量。由于这个电流是由非平衡少子在扩散区内复合形成的,故称其为扩散电流,记为 J_D。

如果同时考虑扩散电流和势垒区复合电流,则流过 N^+P 结的正向电流应为式(2.3.10)和式(2.3.9)之和,式(2.3.10)中的正向电压 V 也用 V_F 表示,可得

$$J = J_D + J_{RG} = qL_n \frac{n_{p0}}{\tau_n} e^{\frac{qV_F}{kT}} + qx_m \frac{n_i}{2\tau} e^{\frac{qV_F}{2kT}} \tag{2.3.11}$$

图 2.3.2 给出了 PN 结中扩散电流和势垒区复合电流的能带示意图。

和 PN 结正向注入电流相比较,势垒区复合电流有以下两个特点:①势垒区复合电流随外加电压增加的比较缓慢,如外加电压增加 0.1V,正向注入电流可增加 50 倍,而势垒区复合电流只增加 7 倍,因此只有在比较低的正向电压,或者说比较小的正向电流时,空

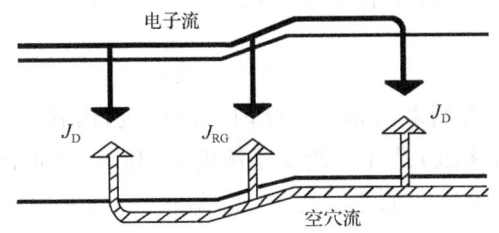

图 2.3.2 正偏 PN 结势垒区复合电流与扩散电流

间电荷区复合电流才起重要作用;②势垒区复合电流正比于 n_i,而正向注入的扩散电流却正比于 n_i^2,即后者与前者的比值等于 n_i,所以 n_i 越大,复合电流的影响就越小。硅的禁带宽度比锗大,本征载流子浓度比锗小,在小电流范围内复合电流的影响就必须考虑,它是使硅晶体管小电流下 β 下降的原因。

2.3.2 PN 结空间电荷区中的产生电流

当 PN 结加上反向电压时,势垒区出现很强的电场,在这个电场的作用下,空电区以及空电区两边一个少子扩散长度范围内的少子均可以被拉到对方,使这些区域的少子浓度低于平衡值,出现少子的欠缺。

在 2.2 节中所提到的反向抽取电流实际上是势垒两侧的扩散区中的产生电流,因为它位于扩散区,所以也称为体内扩散电流。对于禁带宽度较小的锗 PN 结来说,体内扩散电流在反向电流中起着主要作用,但对于禁带宽度较大的硅 PN 结来说,空电区的产生电流往往比体内扩散电流大几个数量级而起着主要作用。为什么会有这些差别呢?下面我们对这个问题作一简单分析。

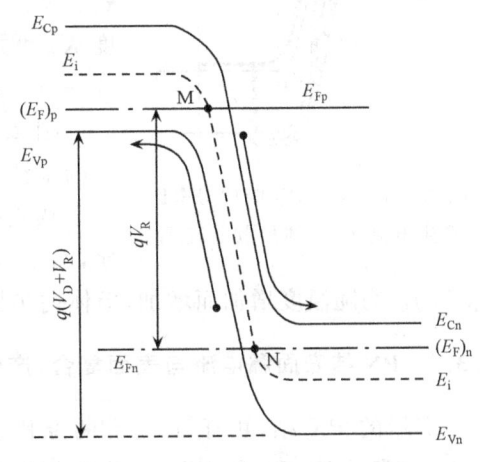

图 2.3.3 空间电荷区产生电流

在反向 PN 结势垒区的能带图(图 2.3.3)中,我们把本征费米能级 E_i 与两个准费米能级 E_{FN} 和 E_{FP} 的交点——M 和 N 之间的区域近似看着势垒区。在这个区域内,电子的准费米能级 E_{FN} 均低于本征费米能级 E_i,根据电子浓度公式 $n = n_i e^{\frac{E_{FN}-E_i}{kT}}$ 可知,$n \ll n_i$;而势垒区空穴的准费米能级 E_{FP} 均高于本征费米能级 E_i,所以根据空穴浓度公式 $p = n_i e^{\frac{E_i - E_{FP}}{kT}}$,应有 $p \ll n_i$。忽略式(2.3.1)中的 n 和 p,我们得到

$$U = \frac{-n_i^2}{\tau_p n_1 + \tau_n p_p}$$

式中的负号代表负的复合率,即产生率。如果仍然假设 $n_1 = p_1 = n_i$,$\tau_n = \tau_p = \tau$,就得到势垒区电子-空穴产生率

$$G = \frac{n_i}{2\tau} \tag{2.3.12}$$

式(2.3.12)乘以电子电量 q 和势垒区宽度 x_m，就得到势垒区产生电流密度

$$J_G = qx_m \cdot \frac{n_i}{2\tau} \tag{2.3.13}$$

下面我们以 N^+P 结为例来估算一下体内扩散电流，由式(2.2.11)可知，体内扩散电流密度(即反向饱和电流密度)是和平衡少子浓度 n_{p0} 和 p_{n0} 成正比的，对 N^+P 结来说，N^+ 区的少子浓度 p_{n0} 很低，而 P 区的少子浓度 n_{p0} 却很高，忽略式(2.3.13)中第二项，我们得到

$$J_D = qn_{p0}\frac{D_n}{L_n} = q\frac{n_{p0}}{\tau}L_n \tag{2.3.14}$$

扩散电流和势垒区产生电流的比值为

$$\frac{J_D}{J_G} = \frac{式(2.3.14)}{式(2.3.13)} = \frac{q\frac{n_{p0}}{\tau}L_n}{qx_m\frac{n_i}{2\tau}} = 2\frac{n_{p0}}{n_i}\frac{L_n}{x_m} \tag{2.3.15}$$

式中，n_{p0} 可用 P 区掺杂浓度表示，$n_{p0} = n_i^2/N_A$。于是式(2.3.15)可写为

$$\frac{J_D}{J_G} = 2\frac{n_i}{N_A}\frac{L_n}{x_m} \tag{2.3.16}$$

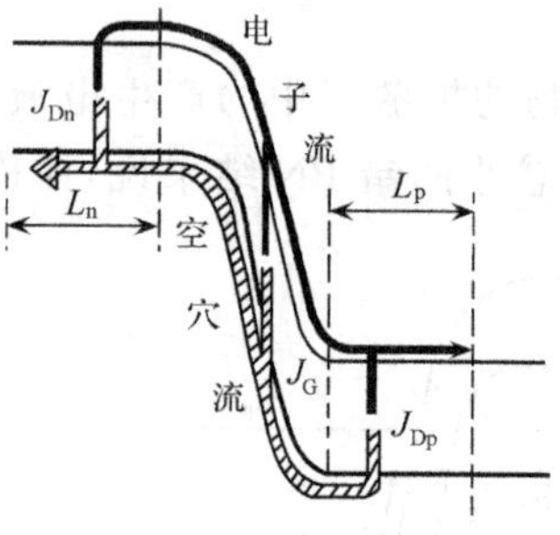

从式(2.3.16)可以看出，n_i 越小（E_g 越大）的半导体所制作的 PN 结，其反向电流中空电区产生电流所占的比例越大，这就解释了前面提出的硅 PN 结与锗 PN 结的差异问题。从式(2.3.13)看到，势垒区产生电流是随势垒区宽度 X_m 增加而增大的，所以势垒区产生电流没有饱和值，这一点与体内扩散电流是不同的。

图 2.3.4 示意地给出了 PN 结反向电流中两种载流子的来源和走向。

从式(2.3.13)、式(2.3.14)两式可见，J_D 与 n_i^2 成正比，而 J_G 与 n_i 成正比，因为 n_i 随温度升高而增加，所以 J_D 和 J_G 均随温度增加而增加，但体内扩散电流比势垒区产生电流增加得更快。

图 2.3.4 反向 PN 结中势垒区产生电流 J_G 和体扩散电流 J_D

2.3.3 PN 结表面漏电流与表面复合、产生电流

实际的 PN 结，由于工艺上的原因往往在 PN 结的表面处形成表面漏电流。在图 2.3.5所示的 PN 结表面，由于工艺清洁度不高而引起金属离子污染，就相当于在表面处并联了一个电导，使本应该是高阻层的区域变成了低阻通道，这种情况可导致器件特性严重下降。

另一种情况如图 2.3.6 所示，在半导体硅平面工艺中为了防止表面沾污常常在 PN 结表面生长一薄 SiO_2 层，起表面钝化作用。工艺中常常在 SiO_2 薄层中有钠离子沾污，钠离子带有正电荷，称为氧化层电荷，如果氧化层电荷密度很高，就会排斥 P 型硅中的空穴，使表面载流子耗尽，出现表面空间电荷区（电离受主），表面空间

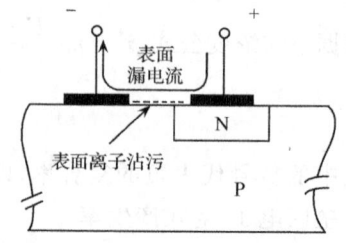

图 2.3.5 PN 结表面漏电流

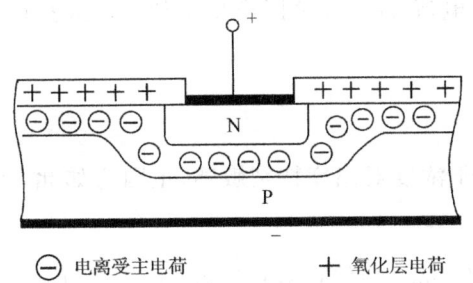

图 2.3.6 PN 结表面空间电荷区

电荷区使 PN 结的空间电荷区延展扩大,给 PN 结引进了附加的正向复合电流和反向产生电流。

此外,在 Si 和 SiO_2 的交界面,往往存在相当数量的、位于禁带中的能级,称之为界面态。它们的作用类似于体内的杂质能级,能接受、放出电子,可以起到复合中心的作用。Si 和 SiO_2 交界面的界面态实际上构成了一些额外的复合中心,特别是在存在表面空间电荷区的情况下,界面态的复合和产生作用将得到极大的增强,这也将使 PN 结引起附加的复合和产生电流。

可以采用和体内复合中心完全相似的方法来分析界面态的复合和产生电流。这里用 N_S 表示单位面积上界面态的数目,一个界面态相当于一个复合中心,因此,单位面积上的复合率为

$$U_S = \frac{N_S r_n r_p (n_s p_s - n_i^2)}{r_n(n_s + n_1) + r_p(p_s + p_1)} \quad (2.3.17)$$

式中,n_s 和 p_s 分别表示 Si-SiO_2 界面处载流子的浓度,这里假设 $r_n = r_p = r$,并令 $s_0 = N_S r$,于是得到

$$U_S = \frac{s_0 (n_s p_s - n_i^2)}{(n_s + p_s) + (n_1 + p_1)} \quad (2.3.18)$$

这里的 s_0 具有速度的量纲,称之为表面复合速度。

类似于 PN 结空间电荷区复合电流的讨论,当

$$n_s = p_s = n_i e^{\frac{qV_F}{2kT}} \quad (2.3.19)$$

时,复合率最大,忽略式(2.3.18)中的 n_i、n_1、p_1 可得到最大表面复合率

$$U_S = \frac{1}{2} s_0 n_i e^{\frac{qV_F}{2kT}} \quad (2.3.20)$$

在 PN 结反偏压足够大的情况下,n_s、p_s 都将远小于 n_i,忽略式(2.3.18)中的 n_s、p_s,得到单位表面复合率

$$U_S = \frac{-s_0 n_i^2}{n_1 + p_1}$$

负号表示在反向偏压下,起作用的是产生而不是复合。同样假设界面态位于禁带正中央,于是有 $n_1 = p_1 = n_i$,它代表着最大产生率的情况。用 G_S 表示最大单位表面产生率,则有

$$G_S = \frac{1}{2} n_i s_0 \quad (2.3.21)$$

表面产生电流 I_{GS} 可写为

$$I_{GS} = q G_S A_S = \frac{1}{2} q n_i s_0 A_S \quad (2.3.22)$$

对于热氧化的硅表面,s_0 大概是 $1 \sim 10 \text{cm/s}$,对于大约 10^{-3}cm^2 的表面面积,对应的表面产生电流大概是十几个皮安。

综上所述，PN结反向电流应包括体内扩散电流J_D、势垒区产生电流J_G和表面电流J_S。

2.3.4 PN结的温度特性

半导体对温度是很敏感的，这源于本征载流子浓度对温度特别敏感，正因为如此，PN结的电流-电压特性在一定程度上也受到温度的影响。

在理想情况下，PN结的反向饱和电流由式(2.2.14)给出，利用$p_{n0} = \frac{n_i^2}{N_D}$与$n_{p0} = \frac{n_i^2}{N_A}$的关系，式(2.2.14)可改写为

$$I_0 = Aqn_i^2 \left(\frac{D_P}{L_P N_D} + \frac{D_n}{L_n N_A} \right) \tag{2.3.23}$$

式(2.3.23)括号中的两项随温度变化不大，主要是括号前面的n_i随温度变化很大。由半导体物理可知，n_i与温度有下列关系：

$$n_i^2 = KT^3 e^{-\frac{E_{g0}}{kT}} \tag{2.3.24}$$

式中，K为常数，E_{g0}为绝对零度时的禁带宽度，将此关系式代入式(2.3.23)，可得

$$I_0(T) = I_0(0) T^3 e^{-\frac{E_{g0}}{kT}} \tag{2.3.25}$$

式中，$I_0(0) = AqK \left(\frac{D_P}{L_P N_D} + \frac{D_n}{L_n N_A} \right)$。式(2.3.25)表明，反向饱和电流随温度升高是增加的。计算表明，对锗PN结，温度每升高10K，反向饱和电流就增加一倍；而硅PN结，温度每升高6K，反向饱和电流就增加一倍。

对于硅PN结，反向产生电流是起主要作用的，因此硅PN结反向电流随温度的变化取决于反向产生电流随温度的变化。

将式(2.3.24)代入式(2.3.13)，并乘以结面积A，可得势垒区产生电流

$$I_G = A \frac{qx_m}{2\tau} K^{\frac{1}{2}} T^{\frac{3}{2}} e^{-\frac{E_{g0}}{2kT}} = I_{G0} T^{\frac{3}{2}} e^{-\frac{E_{g0}}{2kT}} \tag{2.3.26}$$

将式(2.3.25)代入PN结正向电流公式$I_F = I_0 e^{\frac{qV_F}{kT}}$，可得正向电流与温度的关系式，即

$$I_F = I_0(0) T^3 e^{\frac{qV_F - E_{g0}}{kT}} \tag{2.3.27}$$

在电流不变的情况下，PN结上的电压也随温度改变，由PN结正向电流公式也可以得到正向电压

$$V_F = \frac{kT}{q} \ln \frac{I_F}{I_0} \tag{2.3.28}$$

综上所述，温度对PN结的正向电流、正向导通电压、反向电流、反向击穿电压都有很大的影响。在双极型集成电路中就常常利用具有正温度系数的齐纳二极管和具有负温度系数的正向二极管串联电路来实现电路的温度补偿。另外，在功率器件中，PN结的结温是必须考量的一项重要指标。

图2.3.7给出了室温、高温和低温三种情况下PN结的伏安特性，这三条曲线能使我们更加清晰、直观地了解温度对PN结电流-电压特性的影响。

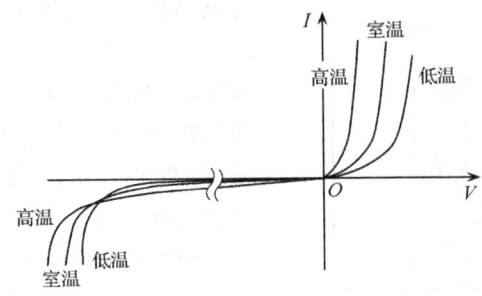

图 2.3.7 温度变化对 PN 结伏安特性的影响

2.4 PN 结的击穿

PN 结加反向电压时，电流很小，但是，当反向电压增加到一定大小时，反向电流就会如图 2.4.1 那样迅速增加，这种现象叫做 PN 结的击穿，发生击穿时的电压值称为击穿电压，用 V_B 表示。击穿现象限制了 PN 结的最高工作电压，但同时也开辟了 PN 结新的应用领域。例如，稳压二极管就是利用 PN 结在击穿电压附近电流变化很大，而电压变化很小这个特性来工作的，崩越二极管则是利用击穿现象来实现微波震荡的。本节首先介绍空电区中的电场分布，在此基础上引出 PN 结中两种基本的击穿机制及影响 PN 结击穿的诸因素。

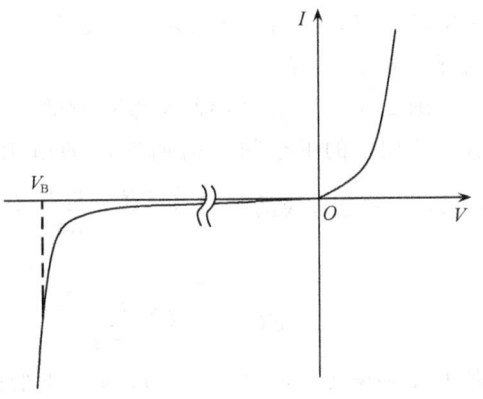

图 2.4.1 PN 结的击穿

2.4.1 PN 结空间电荷区中的电场

PN 结的击穿现象与 PN 结空间电荷区的电场密切相关。我们知道，PN 结空间电荷区中的载流子是耗尽的，所以又称空间电荷区为耗尽区。例如，突变 PN 结，N 区的电子是耗尽的，只剩下带正电荷的电离施主，施主电荷密度为 $+qN_D$；在 P 区，空穴是耗尽的，只留下带负电荷的电离受主，受主电荷密度为 $-qN_D$。由于电中性的要求，空间电荷区正负电荷的总量应该相等，即

$$qN_D x_n A = qN_A x_p A$$

A 为 PN 结的结面积，x_n、x_p 分别为空电区在 N 区和 P 区的宽度。由上式可以得到

$$\frac{x_n}{x_p} = \frac{N_A}{N_D} \tag{2.4.1}$$

式(2.4.1)表明，PN 结空间电荷区在 P 区和 N 区的厚度与掺杂浓度成反比，对 N^+P 结或 P^+N 结，空间电荷区主要在轻掺杂一侧展宽。

下面我们用电力线密度的大小来讨论空间电荷区的电场分布。因为 PN 结空间电荷区中的电荷是分布在一定体积内的固定电荷，所以，起始于正电荷，终止于负电荷的电力线不可能贯穿整个空电区，因而通过 x 轴各处(图 2.4.2)的电力线密度是不同的。这意味

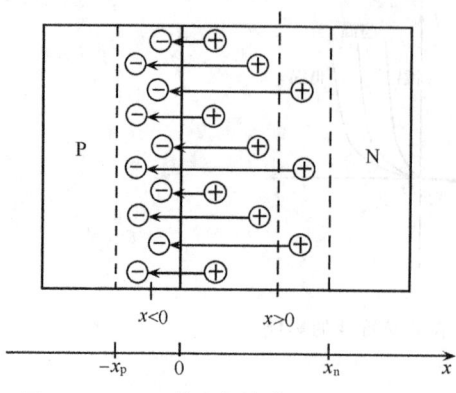

图 2.4.2 PN 结空间电荷区电力线分布

着电场强度在各处是不相同的。从图 2.4.2 可以看出,在 PN 结交界面,即 $x=0$ 处的电力线密度最大,电场也最强,因为右侧所有正电荷所发出的电力线都要通过 $x=0$ 面到达负电荷,而在 $x=-x_p$ 和 x_n 处,没有电力线通过,所以电场强度为零。

根据静电学原理,电场强度等于通过单位横截面积的电力线数目。选用实用单位制,在真空中每库仑电荷发出的电力线数目为 $1/\varepsilon_0$,ε_0 为真空电容率(它等于 $8.85\times10^{-14}\,\mathrm{F/cm}$),于是 PN 结交界面处($x=0$)的电场强度为

$$E_\mathrm{M} = \frac{qN_\mathrm{D}x_\mathrm{n}A}{\varepsilon_\mathrm{s}\varepsilon_0 A} = \frac{qN_\mathrm{D}x_\mathrm{n}}{\varepsilon_\mathrm{s}\varepsilon_0} \tag{2.4.2}$$

因为 $qN_\mathrm{D}x_\mathrm{n}A$ 表示空间电荷区电离施主电荷的总量,所以式(2.4.2)就代表空间电荷区最大电场强度,用下标 M 表示。ε_s 表示 PN 结材料的相对介电常数,它使空电区电场较真空情况减弱了 ε_s 倍。

图 2.4.2 所示 PN 结 N 型一侧的 x 处,通过结面积 A 的电力线,应该等于 $A(x_\mathrm{n}-x)$ 这一体积中的正空间电荷所发出的电力线数。这个体积内的正电荷总量为 $qN_\mathrm{D}(x_\mathrm{n}-x)A$,发射电力线的数目为 $\dfrac{qN_\mathrm{D}(x_\mathrm{n}-x)A}{\varepsilon_\mathrm{s}\varepsilon_0}$。即 N 型一侧 ($0<x<x_\mathrm{n}$) 各点的电场强度为

$$E(x) = \frac{qN_\mathrm{D}(x_\mathrm{n}-x)}{\varepsilon_\mathrm{s}\varepsilon_0} = E_\mathrm{M}\left(1-\frac{x}{x_\mathrm{n}}\right) \quad (0<x<x_\mathrm{n}) \tag{2.4.3}$$

在 P 型一侧 ($-x_\mathrm{p}<x<0$),通过类似的考虑得到

$$E(x) = \frac{qN_\mathrm{A}(x_\mathrm{p}+x)}{\varepsilon_\mathrm{s}\varepsilon_0} = E_\mathrm{M}\left(1+\frac{x}{x_\mathrm{p}}\right) \quad (-x_\mathrm{p}<x<0) \tag{2.4.4}$$

通过上面的分析,我们可以把突变结空电区中的电场分布画于图 2.4.3 中,可以看出,电场 E 在 PN 结两边随 x 成线性分布,在势垒边界 x_n 和 $-x_\mathrm{p}$ 处为零。从式(2.4.3) 和式(2.4.4) 也可以看出,$E\propto x$,在 $0<x<x_\mathrm{n}$ 范围内,斜率为负;在 $-x_\mathrm{p}<x<0$ 范围内,斜率为正;在 $x=0$ 处,电场有最大值——E_M,图 2.4.3 中直线的斜率正比于两边的掺杂浓度 N_D 和 N_A。

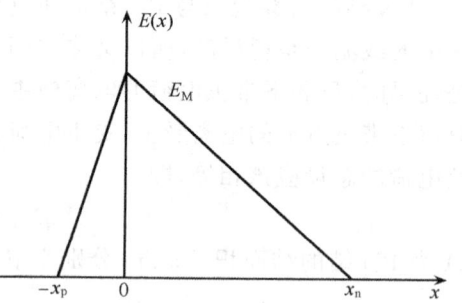

图 2.4.3 PN 结空间电荷区电场分布

根据静电学中的原理,电场强度 E 在势垒区的积分就表示 PN 结两边的电位差。对平衡 PN 结,N 区和 P 区的电位差就是接触电势差 V_D;当 PN 结外加电压 V 时,N 区和 P 区的电位差就等于 $V_\mathrm{D}-V$。PN 结正偏时 $V>0$,N 区和 P 区的电位差就减小;PN 结反偏时 $V<0$,N 区和 P 区的电位差就增大,所以有

$$V_D - V = \int_{-x_p}^{x_n} E(x)\mathrm{d}x = \frac{1}{2}E_M(x_n + x_p) = \frac{1}{2}E_M x_m \tag{2.4.5}$$

式中，$x_m = x_n + x_p$ 为耗尽层总宽度。积分的结果就是图 2.4.3 中的三角形面积。对于单边突变结，如 P^+N 结，$x_m \approx x_n$，把式(2.4.3)代入式(2.4.5)，则有

$$V_D - V = \frac{1}{2}\left(\frac{qN_D x_n}{\varepsilon_s \varepsilon_0}\right)x_m \approx \frac{1}{2}\frac{qN_D}{\varepsilon_s \varepsilon_0}x_m^2$$

由此可以得到 P^+N 结的耗尽层宽度为

$$x_m = \sqrt{\frac{2\varepsilon_s \varepsilon_0 (V_D - V)}{qN_D}} \tag{2.4.6}$$

同理，对 N^+P 结，可以得到类似的表达式

$$x_m = \sqrt{\frac{2\varepsilon_s \varepsilon_0 (V_D - V)}{qN_A}} \tag{2.4.7}$$

式(2.4.6)中的 N_D 和式(2.4.7)中的 N_A 都是低掺杂一侧的杂质浓度。如果用 N_0 表示低掺杂一边的杂质浓度，则式(2.4.6)和式(2.4.7)可统一写为

$$x_m = \sqrt{\frac{2\varepsilon_s \varepsilon_0 (V_D - V)}{qN_0}} \tag{2.4.8}$$

下面我们近似的估算一下 Si 的单边突变结的耗尽层宽度和最大场强。假设外加反压 20V，$N_0 = 10^{15}/\mathrm{cm}^3$，硅的 $\varepsilon_s = 11.8$，$\varepsilon_0 = 8.85 \times 10^{-14}\mathrm{F/cm}$，$V_D - V \approx 20\mathrm{V}$，代入式(2.4.8)，则有

$$x_m = \sqrt{\frac{2 \times 11.8 \times 8.85 \times 10^{-14} \times 20}{1.6 \times 10^{-19} \times 10^{15}}} \approx 5 \times 10^{-4}\mathrm{cm} = 5\mu\mathrm{m}$$

最大场强

$$E_M = \frac{qN_0 x_m}{\varepsilon_s \varepsilon_0} = \frac{1.6 \times 10^{-19} \times 10^{15} \times 5 \times 10^{-4}}{11.8 \times 8.85 \times 10^{-14}} = 7.8 \times 10^4 \mathrm{V/cm}$$

对于线性缓变结，其 PN 结前沿杂质分布可近似为线性分布，这样可以导出线性缓变结的空电区的宽度为

$$x_m = \left[\frac{12\varepsilon_s \varepsilon_0 (V_D - V)}{qa}\right]^{\frac{1}{3}} \tag{2.4.9}$$

最大场强为

$$E_M = \frac{qa}{\varepsilon_s \varepsilon_0}\left(\frac{x_m}{2}\right)^2 \tag{2.4.10}$$

式中，a 为 PN 结前沿杂质浓度梯度，单位为 $1/\mathrm{cm}^4$。

2.4.2 PN 结的雪崩击穿和隧道击穿

PN 结的击穿机构分为两种，一种为雪崩击穿，一种为隧道击穿。

当加在 PN 结上的反向电压逐渐增加时，空间电荷区的电场强度也随之增强，因而通过空电区的电子和空穴从电场所获得的能量也随之增大。载流子在晶体中运动时，会不断地与晶格原子发生碰撞，当载流子从电场获得的能量足够大时，这种碰撞能使价带的电子激发到导带，形成电子-空穴对，称这种现象为"碰撞电离"。如果空间电荷区足够宽，碰撞电离所产生的电子和空穴以及原有的电子和空穴在电场的作用下继续加速，在相反的

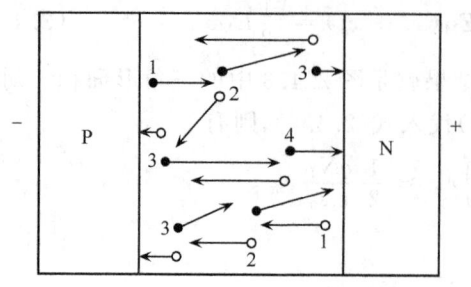

图 2.4.4 雪崩击穿过程示意图
●——电子；○——空穴

方向上重新获得能量，又可以通过碰撞电离产生第二代、第三代电子-空穴对……如此下去，一变二、二变四，使空电区的载流子数量迅速、成倍地增加，由于这种载流子增加的过程具有雪崩的性质，所以称为雪崩倍增效应，图 2.4.4 示意地给出了势垒区载流子雪崩倍增过程的图像。雪崩一旦发生，其发展就十分迅猛，所以当 PN 结反向电压增加到能使电子、空穴发生碰撞电离时，由于载流子雪崩倍增，就会使反向电流迅速增大，从而发生击穿，这就是所谓的雪崩击穿。

隧道击穿的物理过程和雪崩击穿是完全不同的，图 2.4.5 给出了隧道击穿的能带示意图。在空电区中由于反向偏压下能带陡峻地倾斜，价带中的电子有可能通过隧道效应穿过禁带进入导带，隧道穿透的结果是形成一对电子和空穴，它们分别被扫向 N 区和 P 区，形成一股通过 PN 结的反向电流。

电子穿透禁带有一定的概率，这个概率强烈地依赖于隧道的长度。从图 2.4.5 看到，隧道长度 d 和能带倾斜的斜率 $\tan\theta$ 之间有如下关系：

$$d \cdot \tan\theta = E_g \quad (2.4.11)$$

禁带宽度 E_g 是不随位置变化的，而能带的倾斜，反映了电子位能 $-qV(x)$ 的变化，所以有

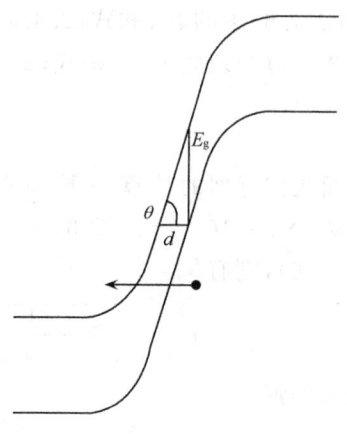

图 2.4.5 PN 结的隧道击穿

$$\tan\theta = \frac{\mathrm{d}[-qV(x)]}{\mathrm{d}x} = qE \quad (2.4.12)$$

式中，$E = -\mathrm{d}V/\mathrm{d}x$ 就是电场强度，把式(2.4.12)代入式(2.4.11)得

$$d = \frac{E_g}{qE} \quad (2.4.13)$$

式(2.4.13)表明，电场越强，能带越倾斜，隧道就越短。因此只要电场足够强，价带的电子就可以大量穿透禁带，进入导带，引起隧道击穿。

隧道击穿与雪崩击穿的主要区别如下：①隧道击穿主要取决于空电区最大电场，而雪崩击穿除与电场有关外，还与空间电荷区的宽度有关。因为在碰撞电离过程中，载流子能量的积累需要一个加速的空间。显然，空间电荷区越宽，倍增的次数越多，雪崩电流也越大。②光照对雪崩击穿有影响，而对隧道击穿基本无影响，这是因为光照产生的电子-空穴进入势垒区后也会有倍增效应。③隧道击穿电压随温度升高而减小，而雪崩击穿电压随温度升高而增加，这是因为温度升高，禁带宽度减小，使隧道长度减小，电子的隧道穿透更容易实现，而温度升高，载流子的平均自由程减小，使雪崩倍增的碰撞电离率减小，雪崩倍增更难实现。一般对掺杂浓度比较高的 PN 结，空间电荷区很薄，往往发生隧道击穿。有人作过分析，击穿电压低于 $4E_g/q$ 时，击穿机构是隧道击穿；击穿电压高于 $6E_g/q$ 时，击

穿机构是雪崩击穿；击穿电压在 $4E_g/q \sim 6E_g/q$ 时，两种击穿机构同时起作用。

雪崩击穿和隧道击穿在击穿发生以后晶格并没有受到损伤，所以，电压回零后还可以重新施加阻断电压。还有一种击穿叫热击穿，它是由于 PN 结结面上电流密度分布不均匀，使得局部区域电流密度过大，导致局部区域温度升高，温度升高又导致电流密度升高，如此恶性循环，最终导致 PN 结的热击穿。热击穿是一种破坏性的击穿，它可以使 PN 结局部区域的温度在瞬间上升到 1400℃ 以上，导致局部区域晶格损伤。这种击穿发生以后，PN 结就不能再恢复到以前的阻断状态，故是一种永久性的击穿。

理论和实践都表明，PN 结的击穿电压与 PN 结两边掺杂的浓度及其形状有关，这里限于篇幅不多赘述。

2.5 PN 结的电容

2.5.1 PN 结的势垒电容

从 PN 结空间电荷区的讨论中我们得知，如果空间电荷区中正、负电荷数量增加，PN 结上电压就增大；空间电荷区中正、负电荷数量减小，PN 结上电压就减小，从这一点来看，PN 结很像一个电容器。

因为 N 区的电离施主带正电荷，P 区的电离受主带负电荷，所以对 PN 结来说，N 区的电位永远高于 P 区的电位。当 PN 结的外加电压 $V_A = 0$ 时，N 区的电位比 P 区要高出一个扩散电势差 V_D；当外加电压 $V_A \neq 0$ 时，N 区电位比 P 区要高出 $V_t = V_D - V_A$。其中，PN 结正偏时，$V_A > 0$，N 区对 P 区的电位差将减小；PN 结反偏时，$V_A < 0$，N 区对 P 区的电位差增大。如果用 x_m 表示空间电荷区的宽度，以 $\pm Q$ 分别表示空间电荷区中正、负电荷量，那么当 PN 结两端的电位差从 V_t 增加到 $V_t + \Delta V$ 时，必然有一股充放电电流，使空间电荷区中正、负空间电荷量从 Q 增加到 $Q + \Delta Q$。而在耗尽层近似的条件下，正、负空间电荷的增加是靠空间电荷区宽度的增加来实现的，于是空电区宽度也要从 x_m 增加到 $x_m + \Delta x$，如图 2.5.1 所示。这就是说，PN 结电势差从 V_t 增加到 $V_t + \Delta V$ 时，Δx 层内的载流子（包括 N 区的电子和 P 区的空穴）就要流出该区域，形成充放电电流，而使空间电

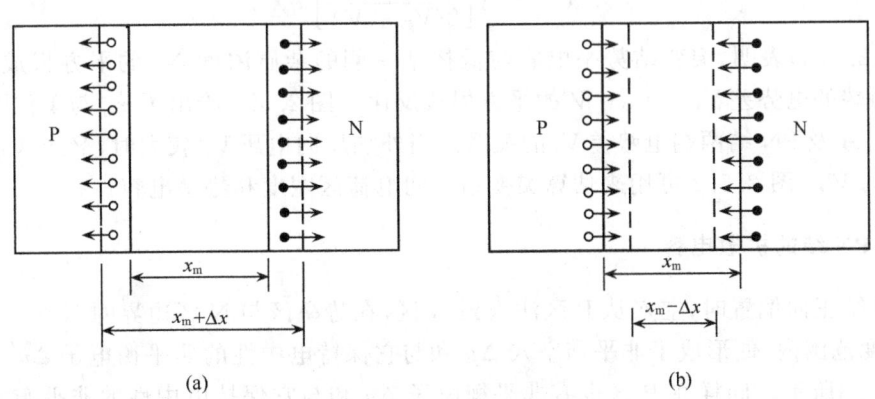

图 2.5.1 PN 结的电容效应
(a) 电位差增加 Δv；(b) 电位差减少 Δv

荷量增加[图 2.5.1(a)]。同理,如果 PN 结电势差减小 ΔV,就要使空间电荷量减小 ΔQ,将有一部分载流子(电子、空穴)流入 Δx 层,与该区的空间电荷(N 区的电离施主、P 区的电离受主)中和,使空电区宽度从原来的 x_m 减小到 $x_m - \Delta x$。

我们知道,平行板电容器电容值的大小,正比于平行板的面积 A,反比于两极板间的距离 d,还与两极板间介质的介电常数 ε 有关,即

$$C = \frac{\varepsilon \varepsilon_0 A}{d} \qquad (2.5.1)$$

PN 结的空间电荷区对两边的多数载流子都形成势垒。因此,PN 结空间电荷区的电容往往就称为 PN 结势垒电容。PN 结势垒电容与平行板电容器非常相似,但也有区别。当 PN 结上电压的改变量 ΔV 足够小时,空间电荷的改变量 ΔQ 与 ΔV 成正比,PN 结的势垒电容为 $C_T = \dfrac{\Delta Q}{\Delta V}$。当 ΔV 足够小时,写成微分形式,即

$$C_T = \frac{dQ}{dV} \qquad (2.5.2)$$

式(2.5.2)中的 dQ 集中于势垒区两侧的薄层内,N 区一边为 $+dQ$,P 区一边为 $-dQ$,薄层空间电荷 $+dQ$ 和 $-dQ$ 就相当于平板电容器的两个极板,两个极板之间的距离等于 x_m,两个极板之间介质的介电常数就是半导体的介电常数 ε_s,所以 PN 结势垒电容可写为

$$C_T = \frac{\varepsilon_s \varepsilon_0 A}{x_m} \qquad (2.5.3)$$

式中,A 为 PN 结结面积,x_m 为偏压 V 下的耗尽层宽度。

势垒电容与平板电容的不同之处在于:平板电容器的极板间距 d 不随电压 V 变化,而势垒电容的势垒宽度 x_m 随电压 V 而变化,所以平板电容器电容是一个常数,而势垒电容是电压 V 的函数,即 $C_T(V)$。因此通常所说的势垒电容是指在某一直流电压下,当电压有一微小变化 ΔV 时,相应的电荷变化 ΔQ 与 ΔV 的比值,称为微分电容。把 2.4 节得到的耗尽层宽度 x_m 与电压 V 的关系式(2.4.8)代入式(2.5.3),得到突变 PN 结势垒电容与电压的关系

$$C_T = A \left[\frac{q \varepsilon_s \varepsilon_0 N_0}{2(V_D - V)} \right]^{\frac{1}{2}} \qquad (2.5.4)$$

式(2.5.4)表明,突变结势垒电容与低掺杂一侧的杂质浓度 N_0 的平方根成正比,与 PN 结两端的电势差 $V_t = V_D - V$ 的平方根成反比。图 2.5.2 给出了 x_m 与单位面积势垒电容 C_T/A 及 PN 结两端电势差 V_t 的关系。当外加反向电压 V_R 较大时,$V_t = V_D + V_R$ 可近似写为 V_R。图 2.5.2 可用来估算突变结空间电荷区宽度和势垒电容。

2.5.2 PN 结的扩散电容

PN 结正向偏置时,空穴从 P 区注入到 N 区,在势垒区与 N 区边界的 N 区一侧,一个扩散长度范围内,便形成了非平衡空穴 Δp 和与它保持电中性的非平衡电子 $\Delta n'$ 的积累,如图 2.5.3 所示。同样在 P 区也有非平衡电子 Δn 和与它保持电中性的非平衡空穴 $\Delta p'$ 的积累。当正向偏压增加 dV 时,从 P 区注入到 N 区的空穴也增加 $d\Delta p$(图中阴影部分所示),保持电中性的电子也增加 $d\Delta n'$。同样 P 区扩散区内积累的非平衡电子和与它保持

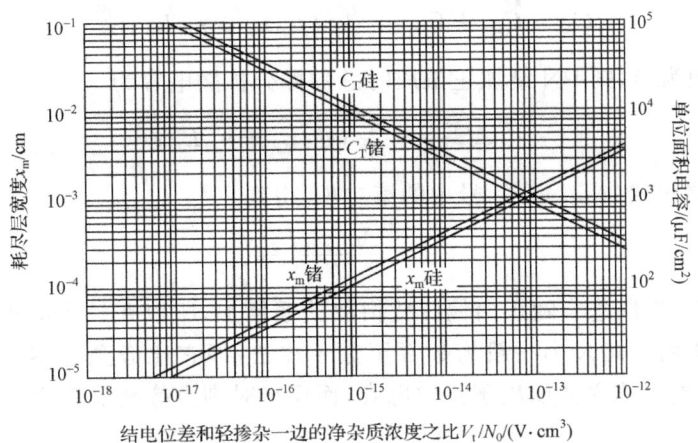

图 2.5.2 单边突变结耗尽层宽度与结电容和 V_t/N_0 的关系

电中性的空穴也要增加 $d\Delta n$ 和 $d\Delta p'$。

综上所述，PN 结加正向偏压时，由于少数载流子的注入，扩散区都有一定数量的少数载流子和等量的多数载流子的积累，其浓度随正偏压的变化而变化，这种由于扩散区内的电荷数量随外加电压的变化所产生的电容效应，称为 PN 结的扩散电容，用 C_D 来表示。

前面已经得出，扩散区中积累的少子（非平衡载流子）在图 2.5.3 所示坐标下可以写为

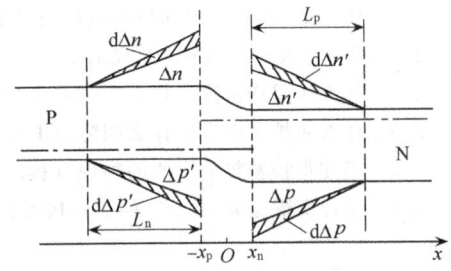

图 2.5.3 PN 结的扩散电容

$$\Delta p(x) = p_{n0}(e^{\frac{qV}{kT}} - 1)e^{\frac{x_n - x}{L_p}} \quad (x_n < x < \infty) \tag{2.5.5}$$

$$\Delta n(x) = n_{p0}(e^{\frac{qV}{kT}} - 1)e^{\frac{x_p + x}{L_n}} \quad (-\infty < x < -x_p) \tag{2.5.6}$$

式(2.5.5)、式(2.5.6)在扩散区内积分，就得到单位面积的扩散区内所积累的载流子电荷总量

$$Q_p = q\int_{x_n}^{\infty} \Delta p(x) dx = qL_p p_{n0}(e^{\frac{qV}{kT}} - 1) \tag{2.5.7}$$

$$Q_n = q\int_{-\infty}^{-x_p} \Delta n(x) dx = qL_n n_{p0}(e^{\frac{qV}{kT}} - 1) \tag{2.5.8}$$

式(2.5.7)中积分上限取正无穷和取 $x_n + L_p$ 的效果是一样的，这是因为在扩散区以外，非平衡少子已经衰减为零了，积分不积分影响不大，而这样做却在数学处理上带来了很大的方便。式(2.5.8)的积分下限取负无穷也是同样的道理。由此可以得到扩散区单位面积的微分电容为

$$C_{Dp} = \frac{dQ_p}{dV} = \frac{q^2 p_{n0} L_p}{kT} e^{\frac{qV}{kT}} \tag{2.5.9}$$

$$C_{Dn} = \frac{dQ_n}{dV} = \frac{q^2 n_{p0} L_n}{kT} e^{\frac{qV}{kT}} \tag{2.5.10}$$

单位面积上的总扩散电容为

$$C'_D = C_{Dp} + C_{Dn} = \frac{q^2}{kT}(p_{n0}L_p + n_{p0}L_n)e^{\frac{qV}{kT}} \quad (2.5.11)$$

如果 PN 结面积为 A，则 PN 结加正偏压时总的微分扩散电容为

$$C_D = AC'_D = \frac{Aq^2}{kT}(p_{n0}L_p + n_{p0}L_n)e^{\frac{qV}{kT}} \quad (2.5.12)$$

对 P^+N 结，可略去式(2.5.12)括号中的第二项，得到

$$C_D = \frac{Aq^2 p_{n0} L_p}{kT} e^{\frac{qV}{kT}} \quad (2.5.13)$$

式(2.5.13)表明，扩散电容随正向偏压按指数关系增加，所以在较大的正向偏压时，扩散电容便起主要作用。其大小一般为数百至数千皮法，即它比势垒电容要大许多。因此，PN 结正偏时的电容值主要取决于扩散电容，而反偏时则由势垒电容值决定。

思考题 2

2.1 PN 结的扩散电势是怎样形成的？与哪些因素有关？

2.2 PN 结加正向电压和反向电压时其能带图会发生什么变化？为什么？

2.3 实际 PN 结与理想 PN 结有哪些区别？

2.4 什么叫雪崩击穿？什么叫隧道击穿？二者有什么区别？

2.5 什么叫扩散电容？什么叫势垒电容？二者有何区别？

2.6 简述肖特基势垒形成的物理过程。

2.7 怎样实现金属-半导体的欧姆接触？

习 题 2

2.1 现有硅锗 PN 结各一个，其掺杂浓度均为 $N_D = 5 \times 10^{15}/cm^3$，$N_A = 10^{17}/cm^3$，求 300K 时的 V_D 各为多少？说明为什么会有这种差别？

2.2 证明通过 PN 结的空穴电流与总电流之比为 $\frac{I_p}{I} = \left(1 + \frac{\sigma_n}{\sigma_p} \frac{L_p}{L_n}\right)^{-1}$。

2.3 证明反向饱和电流 $J_0 = \frac{qD_n n_{p0}}{L_n} + \frac{qD_p p_{n0}}{L_p}$ 可改写为

$$J_0 = \frac{b\sigma_i^2}{(1+b)^2} \frac{kT}{q} \left(\frac{1}{\sigma_n L_p} + \frac{1}{\sigma_p L_n}\right), \quad \text{其中} \ b = \frac{\mu_n}{\mu_p}$$

2.4 PN 结两边杂质浓度和宽度均相等，且两边宽度小于相应的少子扩散长度，试证明正向空穴电流和电子电流之比为 $I_p/I_n = D_p/D_n$，如果两边宽度均大于相应的扩散长度，结果如何？

2.5 硅 PN 结，已知 N 区的电阻率 $\rho_n = 5\Omega \cdot cm$，$\tau_p = 1\mu s$，P 区的电阻率 $\rho_p = 0.1\Omega \cdot cm$，$\tau_n = 5\mu s$，计算 300K 下反向饱和电流密度，空穴电流与电子电流之比以及正向偏压为 0.3V 和 0.7V 时流过 PN 结的电流密度 ($\mu_n = 700cm^2/V \cdot s$，$\mu_p = 400cm^2/V \cdot s$)。

2.6 硅 P^+N 结中 $N_D = 10^{16}/cm^3$，$D_p = 13cm^2/s$，$L_p = 2 \times 10^{-3}cm$，$A = 10^{-5}cm^2$，若规定二极管正向电流达 0.1mA 时的电压为阈值电压或导通电压，问该 PN 结阈值电压 V_f 是多少？参数相同的锗 PN 结 V_f 是多少？

2.7 硅、锗 PN 结各一个，掺杂浓度均为 $N_A = 10^{18}/cm^3$，$N_D = 10^{15}/cm^3$，N 区的寿命 $\tau_p = 10^{-5}s$，且 $W_n \gg L_p$，300K 下 N 型 Ge 中 $D_p = 45cm^2/s$，N 型 Si 中 $D_p = 13cm^2/s$，问外加偏压为 $-5V$ 时，反向饱和电流和势垒区产生电流各为多少？从中可得出什么结论？

2.8 (1)计算当温度从 300K 增加到 400K 时硅 PN 结反向电流增大的倍数；(2)如果 25℃时某锗反偏 PN 结漏电流为 $10\mu A$，温度上升到 45℃时漏电流多大？

2.9 室温下测得锗和硅的 PN 结在 $V=-5\text{V}$ 时的反向电流:锗为 $1\mu\text{A}$,主要是扩散分量;硅为 1nA,主要是产生分量,忽略表面漏电流,求在 100℃ 和 $V=-5\text{V}$ 下两个 PN 结的反向电流。

2.10 理想 Si-P$^+$N 结,$N_D=10^{16}/\text{cm}^3$,在 1V 正偏压下求 N 型区内存储的少数载流子总量,设该 Si-P$^+$N 结面积为 10^{-4}cm^2,N 型区长度为 $1\mu\text{m}$,空穴扩散长度为 $5\mu\text{m}$。

2.11 硅扩散 PN 结,结面积为 10^{-5}cm^2,结深为 $3\mu\text{m}$,衬底浓度为 $N_0=10^{15}/\text{cm}^3$,表面浓度为 $N_S=10^{18}/\text{cm}^3$,外加电压 $V=-10\text{V}$,通过计算比较,势垒电容取那种近似值更为合理?若结深为 $10\mu\text{m}$,其余参数不变,做哪种近似合理?

2.12 把一个 P$^+$N 结硅二极管作变容二极管用,结两侧掺杂浓度分别为 $N_A=10^{19}/\text{cm}^3$,$N_D=10^{15}/\text{cm}^3$,二极管面积 0.01cm^2。求:(1)在 $V_R=1\text{V}$ 及 5V 时二极管的电容;(2)计算用此变容二极管及 $L=2\text{mH}$ 的储能电路的共振频率。

第3章 双极晶体管

现代主流电子器件有两大类：即双极晶体管(bipolar junction transistor，BJT)和场效应晶体管(field effect transistor，FET)。从其所使用的主体材料而言，它们都是半导体器件；而从其加工工艺与尺寸而言，则都是微电子器件。BJT 和 FET(MOSFET)分别是构成双极集成电路(IC)和 MOS 集成电路的基本单元器件。这些器件(包括IC)正广泛应用于电子、通信、网络、计算机及自动化等各个领域，成为 IT 业不断发展的原动力。

双极晶体管即两种极性的载流子(电子与空穴)都参与导电的半导体器件，通常简称晶体管。1948 年由美国 Bell 实验室 Shockley、Bardeen、Bratten 所发明，经过半个多世纪的发展、壮大，已成为最重要的一类基本电子器件。晶体管通常有 NPN 和 PNP 两种基本结构，在电路中，对电信号具有放大、开关等主要功能。

随着大规模集成电路(LSI)和超大规模集成电路(VLSI)的快速发展，MOSFET (metal oxide semiconductor FET)的应用已大大超过了双极器件。双极晶体管的基本原理在于描述与分析器件内部电子与空穴两种载流子的输运规律，其理论对 FET 等其他半导体器件具有普遍意义，而且双极晶体管在高速、大功率、化合物异质结器件以及模拟集成电路等领域还有相当的应用及发展前景，因此，我们将在本章对双极晶体管的结构和特性进行较为系统的论述。

本章主要讲述双极晶体管的结构、类型及其工作原理，重点论述其结构特点、晶体管内载流子的输运规律、电流放大系数和主要电学特性等基本理论。

3.1 双极晶体管的结构

3.1.1 基本结构

双极晶体管自 1948 年发明以来，已经出现了很多不同的类型与品种，从 PN 结的形成方式不同可分为点接触型晶体管和面接触型晶体管；从制作工艺的不同可分为合金管、合金扩散管、台面管及平面管等；而从功能与用途的不同来分其种类就更多了，如低频管、高频管、微波管、功率管、开关管、低噪声管、光电管及各种不同用途的敏感晶体管等；从所使用的材料来分，则有锗晶体管、硅晶体管及化合物晶体管等几种。现代应用最多的则是硅平面晶体管，它也是构成硅双极集成电路的基本单元器件。

尽管双极晶体管种类繁多，但就基本结构而言，其管芯都是由两个背对背且相距极近的 PN 结所构成，将这两个 PN 结分别称为发射结和集电结。两个 PN 结将晶体管划分为三个区域：发射区、基区和集电区。所谓发射区主要是用来发射载流子(电子或空穴)；基区为其基本工作区，其功能是对载流子进行输运与控制；集电区则是用来收集载流子。由三个区引出的三个电极相应称为发射极、基极和集电极，分别用 E、B、C 表示。根据各区的导电类型，晶体管有两种可能的形式：NPN 型与 PNP 型。晶体管基本结构的示意图及其电路符号如图 3.1.1 所示,但其实际结构却比这要复杂。

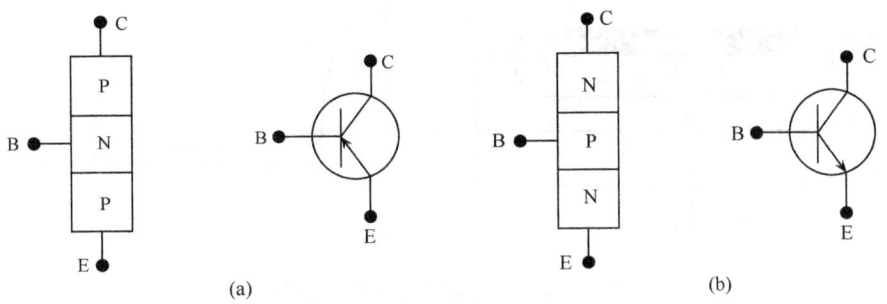

图 3.1.1 双极晶体管结构示意图及电路符号
(a) PNP 晶体管; (b) NPN 晶体管

3.1.2 晶体管的杂质分布

如第 2 章 PN 结中所讲述的那样,不同类型的导电区域是通过不同的掺杂来实现的。根据掺杂工艺方法的不同,晶体管各区的杂质分布也就不同。归纳起来可以分为两大类:均匀分布和非均匀分布。由于这两种杂质分布规律,将导致晶体管内载流子的分布及传输规律的不同,从而使器件的电学特性会有所差异。如早期出现的合金管,采用合金工艺烧结而成,其结构与杂质分布如图 3.1.2 所示。

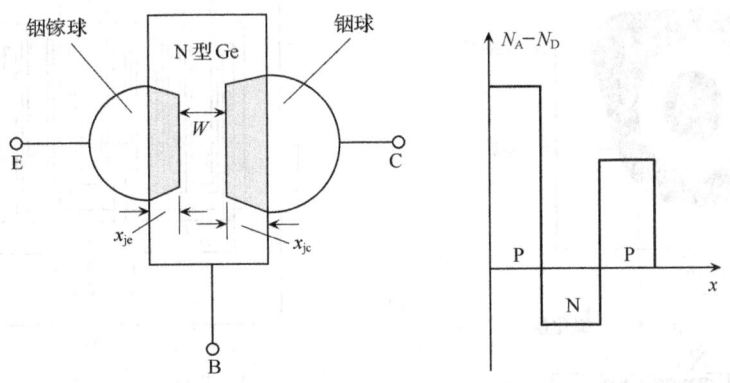

图 3.1.2 合金管杂质分布

合金管的特点是三个区内杂质分布都是均匀的,而在 PN 结交界面处杂质类型发生突变,即发射结与集电结都是突变结,图中 x_{je} 和 x_{jc} 分别是发射结和集电结的结深。因其基区杂质分布均匀故又称之为均匀基区晶体管。虽然合金管已很少使用,但因其结构简单,其基本原理仍是晶体管理论的基础。

硅平面管采用平面工艺制造而成,即在硅单晶片上应用外延、氧化、光刻、扩散、镀膜等工艺进行加工制作。如在 N^+N 外延片上进行受主杂质扩散以获得 P 型基区,再在 P 型层上进行高浓度施主杂质扩散得到 N^+ 型发射区,由于发射区和基区杂质分布都是非均匀的,故称为非均匀基区晶体管或缓变基区晶体管。其实际结构及其杂质分布如图 3.1.3 所示。由图可知,其发射结与集电结都是缓变结。由于基区和发射区是由两次

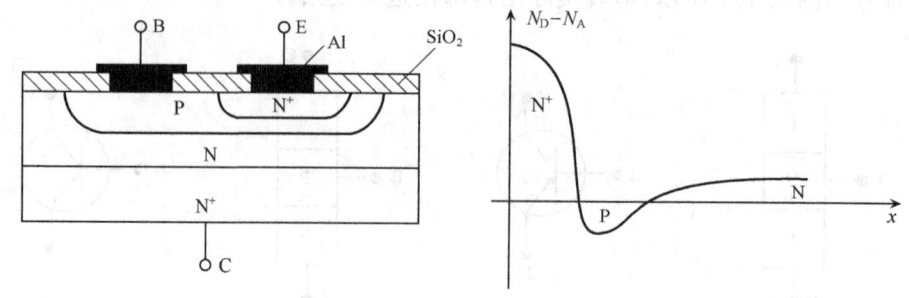

图 3.1.3 硅平面管结构与杂质分布

扩散工艺形成,又常称为双扩散管。

3.1.3 晶体管的实际结构

根据功能和参数的不同,晶体管的实际结构特别是平面图形比起图 3.1.1 来要复杂得多。虽然硅外延平面管的纵向图形和图 3.1.3 大致相近,但平面图形却是形形色色、千差万别的,如圆形、条形、枝状、梳状、覆盖式及网格式等。图 3.1.4 和图 3.1.5 分别列举了圆形和梳状两种管芯的平面图及相应的纵向结构,其结构的多样性和复杂性由此可见一斑。

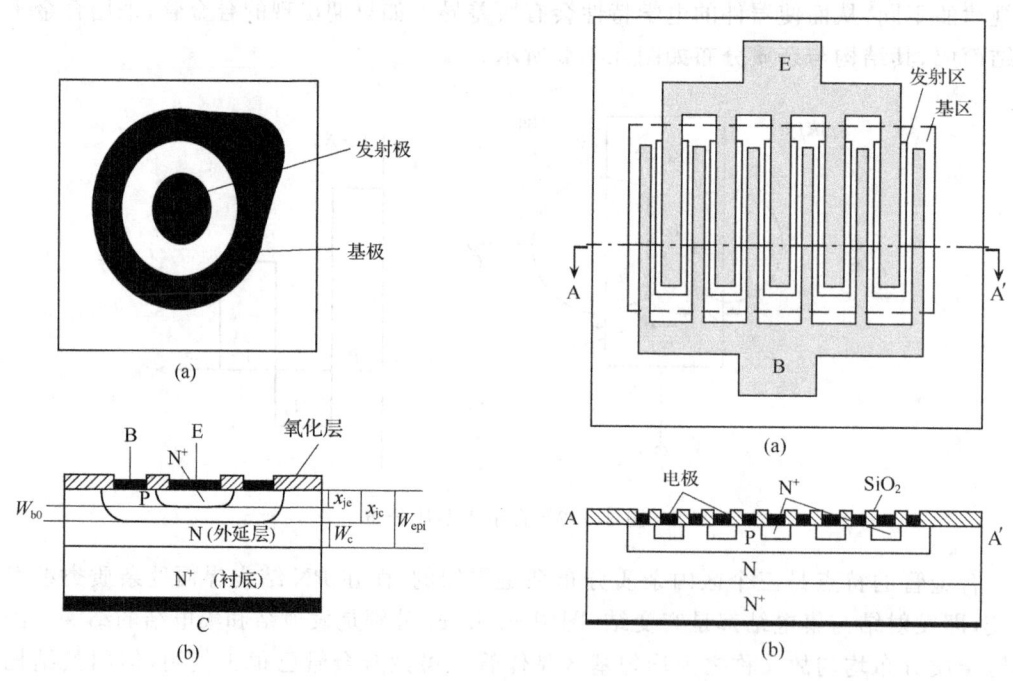

图 3.1.4 圆形管芯　　　　　　　图 3.1.5 梳状管芯
(a) 平面图形;(b) 纵向结构　　　　(a) 平面图形;(b) 纵向结构

双极晶体管的纵向结构参数主要有发射结结深 x_{je}、集电结结深 x_{jc} 及它们之间的冶金基区宽度 W_{b0},集电区厚度 W_c,以及外延层厚度 W_{epi},还有 E、B、C 各区的掺杂浓度 N_E、N_B、N_C 等。需要指出的是,常以 W_b 表示基区宽度,实指有效基区宽度,和 W_{b0} 有所差别,但在有些场合并不严格区分。由图 3.1.4 可以看出,实际上管芯是做在外延层中。

平面图形的结构参数主要包括发射条和基极条的条宽 s_e、s_b，条长 l_e，条数 n 以及二者之间的距离 s_{eb} 等，发射极的总周长、基区的总面积也是重要的参数。

通过以后的学习将会看到，正是因为这些结构参数的不同，才使得晶体管具有各种不同的性能和电学参数。微电子器件及集成电路的设计就是根据本书所讲述的理论及使用要求对电路中的器件结构参数进行设计计算，并进一步将所得结果进行模拟，以确定设计是否正确。

3.1.4 晶体管的结构特点

虽然晶体管是由两个 PN 结构成，但并非任意组合的两个 PN 结都能实现晶体管的放大作用。以共基极电路为例，当 NPN 结构中的一个 PN 结加上一定的正向电压 V_E，这时 PN 结的势垒高度将降低，载流子的扩散占了优势。若该 PN 结为 N^+P，就有大量电子从 N 区注入 P 区，形成很大的正向电流从该 PN 结流过，且正向电流 I_E 随 V_E 按指数规律迅速上升，这时正向结电阻 r_e 很小，如图 3.1.6 所示。

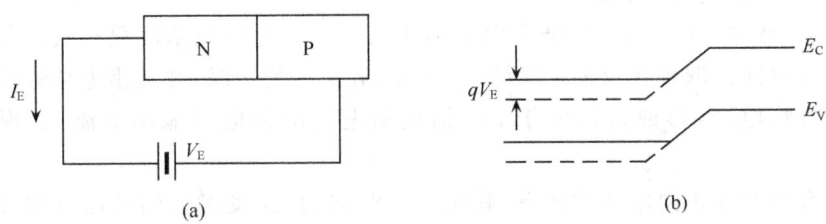

图 3.1.6　正向偏置 PN 结

与此同时给另一 PN 结加上反向电压 V_c，使 PN 结的势垒高度增大。载流子的漂移将占优势，势垒区附近的少数载流子在强电场的作用下被扫过 PN 结。如 P 型区电子被扫到 N 型区，N 型区的空穴被扫到 P 型区，从而形成反向电流 I_R，反向电流 I_R 很小，并随反向电压的增大很快达到饱和。反向 PN 结的结电阻很大，如图 3.1.7 所示。

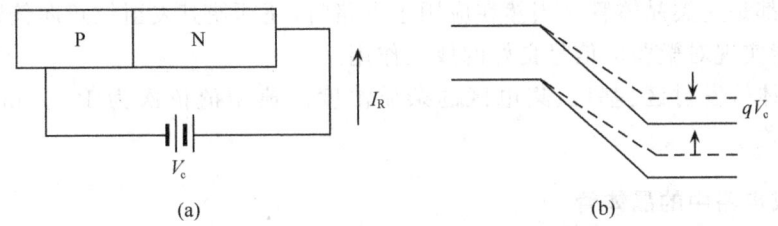

图 3.1.7　反向偏置 PN 结

若两个 PN 结之间的距离即中间 P 区的宽度为 W_b，P 区少数载流子电子的扩散长度为 L_{nb}。当 $W_b > L_{nb}$，亦即中间 P 区的宽度较大，则从正向 PN 结注入到 P 区的电子，在到达反向 PN 结之前已经全部在 P 区复合掉了，使大的正向电流只在正向 PN 结的 P 区和 N 区之间流过。因此，这两个 PN 结基本上还是互不相关的。在第一个回路中流过的电流是大的正向电流 I_E；在第二个回路中流过的电流是很小的反向电流 I_R。这种 NPN 结构是不能起放大作用的。因为输入端的电流很大，输出端电流很小，而且互不相关，只不过是两个"背对背"连接的二极管而已，如图 3.1.8(a) 所示。也就是从第一个 PN 结注入的单向大电流在中间的连接区域即 P 区被衰减掉了,无法从输入端传输到输出端。

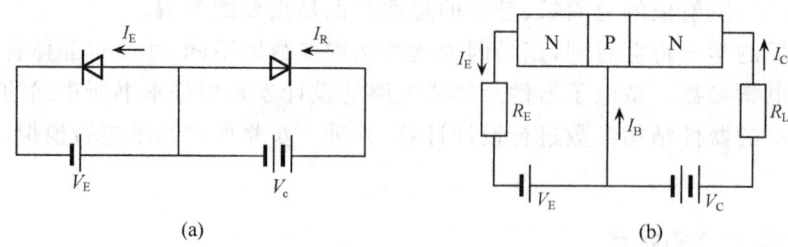

图 3.1.8 晶体管结构特点
(a) "背对背"连接的二极管;(b) $W_b \ll L_{nb}$ 的晶体管

为使两个 PN 结的连接具有不衰减的电流传输作用,必须使两个 PN 结紧紧地连在一起,如图 3.1.8(b)所示,即两个结的距离应远远小于中间区域的"少子"的扩散长度,对于 NPN 结构,则必须满足两个结中间的区域 P 区也就是基区宽度必须远远小于基区少数载流子的扩散长度,即满足 $W_b \ll L_{nb}$。

由于基区很窄,从正向 PN 结即发射结注入过来的电子在基区只有极少部分被复合掉,绝大部分都能扩散到达反向 PN 结即集电结势垒区的边缘,并被集电结势垒区的强电场扫到 N 型集电区,形成远远大于 PN 结反向电流的集电极输出电流,实现了电流的传输。

同时,发射结在正向电压作用下,其注入是双向的,在发射区向基区正向注入非平衡少数载流子的同时,基区也会向发射区反向注入非平衡少数载流子,只是载流子的极性不同而已。但是,基区向发射区注入的非平衡载流子是由基极电流提供的,不能形成输出的集电极电流,对器件的放大作用没有贡献。故为了增大输出电流和输入电流之比,还必须使由发射区向基区的正向注入远大于由基区向发射区的反向注入,这就要求发射区的掺杂浓度 N_E 远大于基区的掺杂浓度 N_B,一般要比基区高 $10^2 \sim 10^4$ 倍。

综上所述,双极晶体管在结构上具有两大特点:① $W_b \ll L_{nb}$;② $N_E/N_B \geqslant 10^2$。通常我们使用的都是这类晶体管。当然在应用于电路时,还须使其发射结正向偏置,集电结反向偏置,才能实现对微弱电信号良好的放大作用。

常用晶体管发射区、基区、集电区的杂质浓度的典型值依次为 $10^{19}/cm^3$、$10^{17}/cm^3$、$10^{15}/cm^3$ 左右。

3.1.5 集成电路中的晶体管

在双极集成电路中,其基本组成单元主要是双极晶体管。由于元器件之间需要相互隔离及连接,故 IC 中的晶体管和单个晶体管的结构有所不同。如图 3.1.9 所示,其集电极是从管芯上表面引出,且在 N 型集电区的下面专门制作了一个 N^+ 低阻埋层,以减小集电极的串联电阻。

随着硅双极晶体管制造技术的不断发展,器件纵向和横向尺寸大为减小,但尺寸的减小会给器件的性能带来许多不利的影响,如发射结结深的减小,使结区离表面太近,就会增加表面复合,导致增益下降。为使器件的性能同时得到不断改善,许多新的工艺技术被研发出来,如采用多晶硅形成发射区接触就能大大改善晶体管的电流增益和器件纵向尺

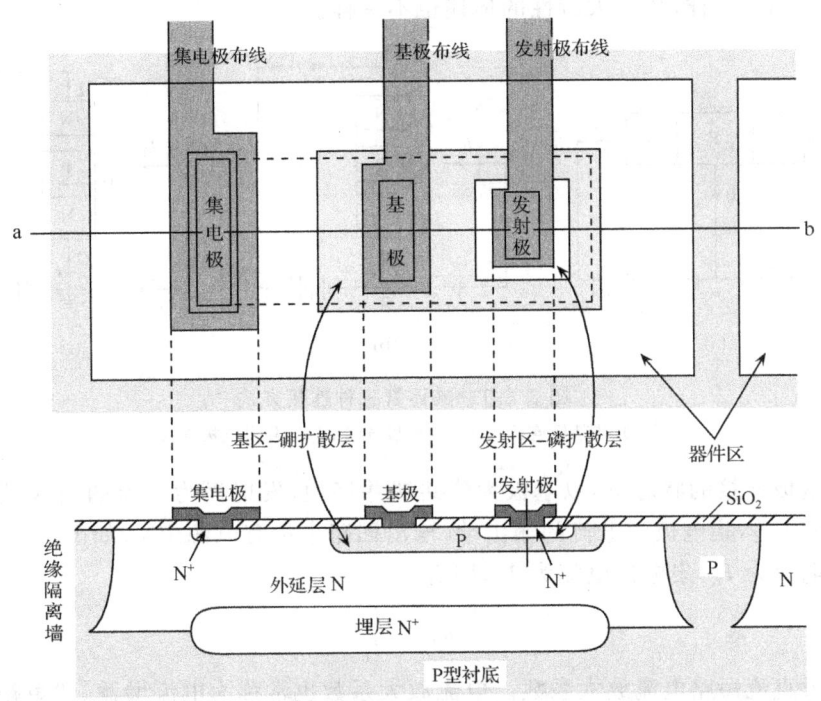

图 3.1.9 IC 中的晶体管

寸之间不利的一面。多晶硅工艺的主要作用在于控制单晶硅发射区表面有效复合速度。实验发现,多晶硅扩散形成的发射区表面复合速度较低,这是因为在这种情况下,空穴的分布得到了调整,使基极电流减少。对一个足够薄的单晶硅发射区,空穴储存量也将减小。采用多晶硅接触,使薄的发射区能够获得可接受的电流增益。薄的发射区限制了空穴的储存,而且允许在较高的掺杂浓度下以足够的控制精度形成薄基区。发射区宽度已做到 $0.35\mu m$,而开始时的光刻图形则大至 $1\mu m$。通过上述工艺更新,现代双极晶体管不仅可以在大电流密度下使用,如 $J_C=10^5 A/cm^2$,而且其特征频率 f_T 可增至 $25 GHz$ 以上。

3.2 双极晶体管的放大原理

在电路中对电流、电压或功率具有放大作用是双极晶体管的基本功能。这一方面是由于晶体管具有上述的结构特点,同时也与其所处的工作条件有关。本节将在 PN 结理论的基础上通过对晶体管内部载流子运动的描述与分析,阐明晶体管放大作用的微观机制,以深入理解双极晶体管的放大原理。为简便起见,以 NPN 型均匀基区晶体管为例来讨论。

3.2.1 晶体管直流短路电流放大系数

晶体管在实际应用中,可有三种不同的接法,即共基极连接、共发射极连接和共集电极连接,如图 3.2.1 所示。最常用的是共发射极连接,共集电极连接则很少用,由于各自的输入输出端不一样，故放大特性的描述也不一样。

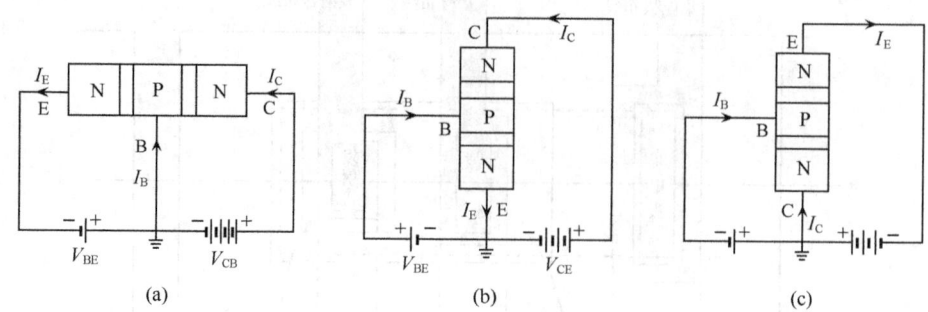

图 3.2.1 晶体管三种连接方式
(a) 共基极连接；(b) 共射极连接；(c) 共集电极连接

在共基极连接的状态下，以基极为公共端并接地，发射极为电流的输入端，输入回路中接有电源 V_{BE}，集电极为电流的输出端，输出回路中接有电源 V_{CB}，如图 3.2.1(a)所示。若发射极电流为 I_E，集电极电流为 I_C，则有

$$\alpha_0 = \frac{I_C}{I_E} \tag{3.2.1}$$

称为共基极直流短路电流放大系数。电流放大系数也常称为电流增益。"短路"的意思是指不考虑负载的影响，即负载为零。

若以发射极为公共端并接地，基极为电流的输入端，集电极为电流的输出端，则为共射极连接，如图 3.2.1(b)所示。以 β_0 表示共射极直流短路电流放大系数，定义为晶体管集电极电流 I_C 与基极电流 I_B 之比，即

$$\beta_0 = \frac{I_C}{I_B} \tag{3.2.2}$$

晶体管的放大功能是在外加直流偏置电压的作用下，内部载流子输运和分配的结果。明确电子与空穴在经由晶体管发射结的注入、通过基区的扩散与复合、再经集电结的传输这一系列作用的微观过程，我们就能深入理解双极晶体管的放大原理。并建立放大系数和晶体管结构参数之间的定量关系。

3.2.2 晶体管内载流子的传输

在正常的放大工作状态下，晶体管发射结为正偏，集电结反偏，其电路连接如图 3.2.1(a)所示。对于 NPN 型晶体管，在外加电压作用下，其内部载流子包括电子与空穴的输运示于图 3.2.2 中。由于发射结为 N^+P 结，正偏时将有大量的电子从发射区注入到基区，设相应的电子电流为 I_{ne}，到达基区的载流子将在靠近发射结一边积累起来，使这里的少子密度高于平衡密度，成为过剩载流子，并在基区一边扩散，一边与空穴复合，形成一定的密度梯度。由于基区的宽度远小

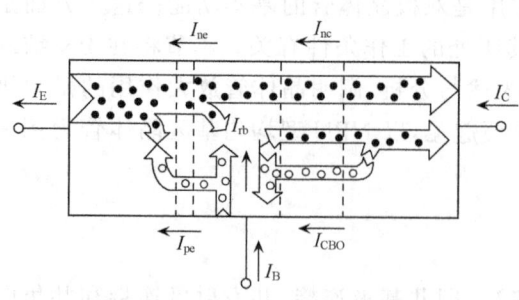

图 3.2.2 晶体管内载流子传输

于"少子"的扩散长度,绝大部分电子都会扩散到达集电结边缘,复合的只是极少数,但是不可避免。设基区复合电流为 I_{rb},由于集电结加的是较高的反向电压,到达集电结附近的电子都会在集电结强电场的作用下被拉入集电区,并从集电极流出,从而构成集电极电流的主要部分。设流经集电区电子电流为 I_{nc}。

另一方面,在发射结正向电压作用下,也有空穴从 P 型基区注入到发射区,并高于发射区的平衡空穴密度,当空穴从高密度向低密度扩散时,也有一部分空穴与发射区的电子复合,使空穴流转换成为电子流,成为发射极电流的一部分,设通过发射结的空穴电流为 I_{pe}。

同时,集电结反偏,根据 PN 结理论,在集电结势垒区两边即其相应"少子"的一个扩散长度范围内会有空穴-电子产生。这些电子和空穴在电场作用下相向流动,N 型集电区的空穴将流向基区,基区的电子也将流向集电区。如果集电结是 P^+N 结,将主要是空穴流向基区。这部分由集电结势垒区附近扩散区产生的电子与空穴即构成反向饱和电流 I_{CBO}。晶体管内这些电流分量如图 3.2.2 中箭头所示。

根据电路理论,晶体管各极电流与其内部的各电流分量应遵从下列关系:

$$I_E = I_{ne} + I_{pe} \tag{3.2.3}$$

$$I_C = I_{nc} + I_{CBO} \tag{3.2.4}$$

$$I_B = I_{pe} + I_{rb} - I_{CBO} \tag{3.2.5}$$

式中,$I_{ne} = I_{nc} + I_{rb}$,由以上三式可得

$$I_E = I_B + I_C \tag{3.2.6}$$

即发射极电流由集电极电流和基极电流两部分组成。且发射极电流 I_E 比集电极电流 I_C 大,而基极电流 I_B 最小。由式(3.2.1)、式(3.2.2)及式(3.2.6)可得

$$\beta_0 = \frac{I_C}{I_B} = \frac{I_C}{I_E - I_C} = \frac{\frac{I_C}{I_E}}{1 - \frac{I_C}{I_E}} = \frac{\alpha_0}{1 - \alpha_0} \tag{3.2.7}$$

3.2.3 发射效率和基区输运系数

综上所述,晶体管的电流放大过程主要是发射结的注入和基区的输运,为了说明晶体管的放大效果,特提出注入效率和基区输运系数两个参数,现分述如下。

1. 发射效率 γ_0

从发射结注入的电流有电子电流和空穴电流,即 I_{ne} 和 I_{pe},但只有正向注入的 I_{ne} 中的大部分能到达集电区,构成 I_C 的主要部分,它显然对放大有贡献。因此,从电流的传输和放大来看,I_{ne} 越大越好,I_{pe} 则越小越好。为了表示有效注入电流在总的发射电流中所占的比例,定义发射效率为

$$\gamma_0 = \frac{I_{ne}}{I_E} = \frac{I_{ne}}{I_{ne} + I_{pe}} \tag{3.2.8}$$

2. 基区输运系数 β_0^*

从发射结发射的电子流并不能全部到达集电区,在基区还要复合损失掉一部分,为了增大集电极的输出电流,当然是复合得越少越好,为了说明传输过程中效率的高低,特引

进基区输运系数 β_0^*，其定义如下：

$$\beta_0^* = \frac{I_{nc}}{I_{ne}} = \frac{I_{ne} - I_{rb}}{I_{ne}} = 1 - \frac{I_{rb}}{I_{ne}} \quad (3.2.9)$$

此外，当晶体管集电区电阻率较高或集电结偏压较高时，还需考虑集电区倍增因子 α^* 和雪崩倍增因子 M 的影响。

由于集电区的电阻率较高，外加电压将有一部分降落在集电区，在这一电压作用下，集电区的少子空穴将流向集电结，使 I_C 增大。为了说明集电极总电流 I_C 与到达集电结的电子电流 I_{nC} 之比，引进集电区增倍因子 α^*。其定义为

$$\alpha^* = \frac{I_C}{I_{nC}} \quad (3.2.10)$$

当集电区电阻率较高时，$I_C > I_{nC}$，故 $\alpha^* > 1$。但一般情况下忽略反向饱和电流 I_{CBO}，故 $\alpha^* = 1$。

当集电结反向偏压接近雪崩击穿电压时，集电结势垒区将产生雪崩倍增效应，使通过集电结的电流增大，但在晶体管的正常偏置情况下，不存在雪崩倍增效应，故可令 $M=1$。

3.2.4 共基极直流电流放大系数 α_0

考虑到发射效率 γ_0 及基区输运系数 β_0^* 的作用，并令 $\alpha^*=1$ 及 $M=1$，则共基极电流放大系数 α_0 可表示如下：

$$\alpha_0 = \frac{I_C}{I_E} = \frac{I_{ne}}{I_E} \cdot \frac{I_{nC}}{I_{ne}} \cdot \frac{I_C}{I_{nC}} = \gamma_0 \cdot \beta_0^* \quad (3.2.11)$$

代入 γ_0 及 β_0^* 的表示式，并取近似可得

$$\alpha_0 = \gamma_0 \cdot \beta_0^* = 1 - \frac{I_{pe}}{I_{ne}} - \frac{I_{rb}}{I_{ne}} \quad (3.2.12)$$

由式(3.2.12)可知，共基极电流放大系数 α_0 随发射效率 γ_0 及基区输运系数 β_0^* 的增大而增大。由于 I_{pe}、I_{rb} 都是不可避免的，故一般当 γ_0 趋近于 1，β_0^* 趋近于 1 时，α_0 趋近于 1，但总是小于 1 且接近 1，而不可能等于 1。通常 α_0 在 0.95～0.995，则 I_C 小于并尽可能接近于 I_E。故共基极电路没有电流放大作用，但可有电压放大及功率放大作用。

当在共基极电路的输出端接上负载 R_L，这时有如图 3.2.3 所示的等效电路。在其输入回路中，由于发射结加有正向电压 V_{BE}，产生正向电流 I_E，其正向结电阻 r_e 很小。在输出回路，由于集电结加的是反向电压，结电阻 r_c 很大，集电极电流由 $\alpha_0 I_E$ 和 I_{CBO} 两部分组成，但 I_{CBO} 很小可忽略不计，故输出回路相当于电阻 r_c

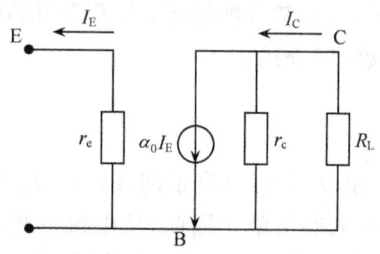

图 3.2.3 晶体管共基极等效电路

和电流源 $\alpha_0 I_E$ 的并联电路，由此不难得出晶体管共基极连接时的输入电压和输入功率分别为

$$V_i = I_E r_e$$
$$P_i = I_E^2 r_e \quad (3.2.13)$$

而相应的输出电压和输出功率则分别为

$$V_o = I_C R_L \quad (3.2.14)$$

$$P_{\mathrm{o}} = I_{\mathrm{C}}^{2} R_{\mathrm{L}} \tag{3.2.15}$$

故由以上各式便可求其电压增益和功率增益分别如下：

$$G_{\mathrm{V}} = \frac{I_{\mathrm{C}} R_{\mathrm{L}}}{I_{\mathrm{E}} r_{\mathrm{e}}} \tag{3.2.16}$$

$$G_{\mathrm{P}} = \frac{I_{\mathrm{C}}^{2} R_{\mathrm{L}}}{I_{\mathrm{E}}^{2} r_{\mathrm{e}}} \tag{3.2.17}$$

结果说明由于晶体管共基极连接时集电结电阻 r_{c} 很大，发射结电阻 r_{e} 很小，故有 $R_{\mathrm{L}} \gg r_{\mathrm{e}}$。虽然 $I_{\mathrm{C}} < I_{\mathrm{E}}$，使得电流放大系数 $\alpha_0 < 1$，但 $G_{\mathrm{V}} > 1$，$G_{\mathrm{P}} > 1$，即仍有电压放大及功率放大。

3.2.5 共射极直流电流放大系数 β_0

根据式(3.2.7)及式(3.2.12)，晶体管共射极直流电流放大系数 β_0 可表示为

$$\beta_0 = \frac{\alpha_0}{1-\alpha_0} \approx \frac{1}{1-\alpha_0} = \left(\frac{I_{\mathrm{pe}}}{I_{\mathrm{ne}}} + \frac{I_{\mathrm{rb}}}{I_{\mathrm{ne}}}\right)^{-1} \tag{3.2.18}$$

显然，由于 α_0 趋近于1，故共射极电流放大系数 $\beta_0 \gg 1$，一般在 20~200，理论上可以更大，故共射极电路既可作为电流放大，也可作为电压放大及功率放大。

由以上分析不难看出，欲提高双极晶体管的电流放大系数 α_0 或 β_0，主要在于提高发射效率 γ_0 及基区输运系数 β^*。为此，就要尽可能减小发射结的反向注入电流 I_{pe} 及基区复合电流 I_{rb}。因而有必要进一步深入分析晶体管内各电流分量与其结构参数的定量关系，以便设计及制造出性能更好的晶体管。

3.3 双极晶体管电流增益

电流增益即电流放大系数 α_0、β_0，是双极晶体管放大性能的基本参数。根据式(3.2.11)及式(3.2.18)，为了分析 α_0、β_0 和晶体管结构参数的定量关系，就要求得 I_{ne}、I_{pe}、I_{rb} 及 I_{nc} 等电流与结构参数的关系式。通过 3.2 节的分析说明，这些电流主要基于非平衡少数载流子的扩散或复合作用。为此，需首先分析晶体管内各区载流子的密度分布，其中，最重要的是求出基区非平衡少数载流子密度分布的解析表达式，然后得出各电流密度的分布。传统方法是在一维理想模型下求解晶体管内各区非平衡"少子"的连续性方程，以得出载流子密度分布，再利用电流输运方程即可求得各电流的表达式。

3.3.1 均匀基区晶体管直流电流增益

设所求 NPN 晶体管为均匀基区晶体管，如图 3.3.1(a)所示，基区、发射区和集电区的有效宽度分别为 W_{b}、W_{e}、W_{c}；发射区和发射结势垒区的边界为 x_{e}，集电区和集电结势垒边界为 x_{c}。采用一维理想模型，并作下列近似：

(1) 发射结和集电结均为理想突变结，且都是平行平面结，两结的面积相等。

(2) 发射区、基区、集电区的杂质分别为 N_{E}、N_{B}、N_{C}，都为均匀分布，且 $N_{\mathrm{E}} > N_{\mathrm{B}} > N_{\mathrm{C}}$。

(3) 势垒区的宽度远小于少子的扩散长度，则势垒区的复合作用忽略不计，通过势垒区的电流不变。

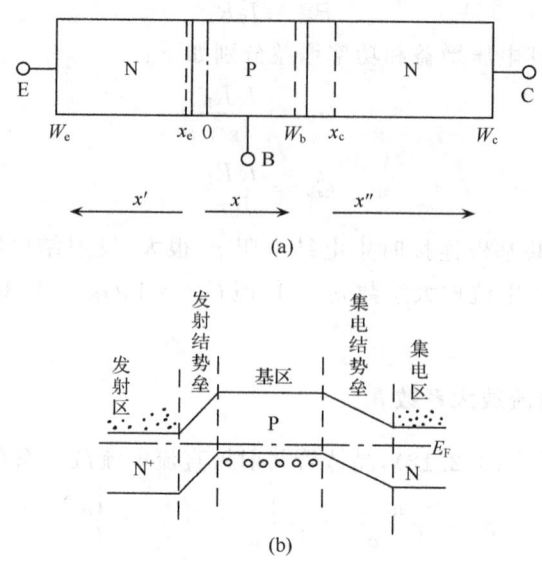

图 3.3.1 NPN 晶体管一维理想模型
（a）一维模型坐标；（b）NPN 晶体管能带图（平衡时）

（4）外加电压全部降落在发射结和集电结势垒区。势垒区以外为电中性区,没有电场。

（5）电流为小注入,注入基区的"少子"密度比基区的"多子"密度小得多。

当没有加电压即处于平衡态时,NPN 晶体管能带如图 3.3.1(b)所示。其一维坐标如图 3.3.1(a)所示。在求解基区"少子"密度分布时以基区和发射结势垒区的边界为坐标原点,x 为坐标;而在求解发射区及集电区"少子"密度分布时则分别以 x'、x'' 为坐标轴,x_e、x_c 为坐标原点。

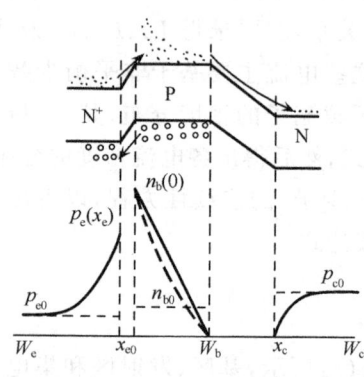

图 3.3.2 NPN 晶体管放大偏置时能带图及少数载流子密度分布

当晶体管处于放大工作状态时,发射结加正向偏压 V_{BE},集电结加反向偏压 V_{CB}（$-V_{CB}=V_{BC}$）。其能带图就会发生变化,发射结势垒降低,集电结势垒升高,如图 3.3.2 所示。根据 PN 结理论,由于集电结反偏,势垒区电场增大,势垒高度增高。在结边界处即 $x=W_b$ 及 $x=x_c$ 处,非平衡少数载流子被抽出,其密度分别为 $n_b(W_b)=n_{b0}e^{-qV_{CB}/kT}$,$p_c(x_c)=p_{c0}e^{-qV_{CB}/kT}$。因通常集电结反偏较高,边界处的"少子"密度实际上近似为 0。由于发射结正偏,势垒降低,通过发射结的载流子其扩散作用将大于漂移作用,形成非平衡载流子的注入,则发射结两侧即基区和发射区边界处都有过剩载流子积累,发射结边界 $x=0$ 及 $x=x_e$ 处的非平衡少数载流子密度应分别为 $n_b(0)=n_{b0}e^{qV_{BE}/kT}$ 及 $p_e(x_e)=p_{e0}e^{qV_{BE}/kT}$。这些非平衡少数载流子在由密度高处向密度低处扩散时将与"多子"不断复合,从而形成一稳定分布。其扩散电流的大小与注入"少子"的密度梯度直接相关,故要求得扩散电流必先求其"少子"

的密度分布。

1. "少子"密度分布

在 P 型基区，其非平衡少数载流子电子的分布遵循下述连续性方程：

$$D_{nb}\frac{d^2 n_b(x)}{dx^2} - \frac{n_b(x) - n_{b0}}{\tau_{nb}} = 0 \tag{3.3.1}$$

式中，D_{nb}、τ_{nb} 分别为基区"少子"电子的扩散系数和寿命。由于基区电子的扩散长度

$$L_{nb} = \sqrt{D_{nb}\tau_{nb}}$$

$$n_b - n_{b0} = \Delta n_b(x)$$

则以上方程又可表示为

$$\frac{d^2 n_b(x)}{dx^2} - \frac{\Delta n_b(x)}{L_{nb}^2} = 0 \tag{3.3.2}$$

此方程为二阶线性齐次方程，其通解如下：

$$\Delta n_b(x) = Ae^{-x/L_{nb}} + Be^{x/L_{nb}} \tag{3.3.3}$$

根据基区"少子"的边界值

$$x = 0 \text{ 时}, n_b(0) = n_{b0} e^{qV_{BE}/kT}; \quad x = W_b \text{ 时}, n_b(W_b) = n_{b0} e^{qV_{BC}/kT}$$

以此作为边界条件，即可求得上述通解中的常数 A 和 B 分别如下：

$$A = \frac{n_{b0}(e^{qV_{BE}/kT} - 1)e^{W_b/L_{nb}} - n_{b0}(e^{qV_{BC}/kT} - 1)}{e^{W_b/L_{nb}} - e^{-W_b/L_{nb}}}$$

$$B = \frac{-n_{b0}(e^{qV_{BE}/kT} - 1)e^{-W_b/L_{nb}} + n_{b0}(e^{qV_{BC}/kT} - 1)}{e^{W_b/L_{nb}} - e^{-W_b/L_{nb}}}$$

将 A、B 之值代入通解表达式中，即可得到基区非平衡状态下"少子"电子的分布函数如下：

$$n_b(x) - n_{b0} = \frac{n_{b0}(e^{qV_{BE}/kT} - 1)[e^{(W_b-x)/L_{nb}} - e^{-(W_b-x)/L_{nb}}]}{e^{W_b/L_{nb}} - e^{-W_b/L_{nb}}} + \frac{n_{b0}(e^{qV_{BC}/kT} - 1)(e^{x/L_{nb}} - e^{-x/L_{nb}})}{e^{W_b/L_{nb}} - e^{-W_b/L_{nb}}}$$

$$(0 \leqslant x \leqslant W_b) \tag{3.3.4}$$

若以双曲函数表示则为

$$n_b(x) - n_{b0} = \frac{n_{b0}(e^{qV_{BE}/kT} - 1)\sinh\left(\frac{W_b - x}{L_{nb}}\right) + n_{b0}(e^{qV_{BC}/kT} - 1)\sinh\left(\frac{x}{L_{nb}}\right)}{\sinh\left(\frac{W_b}{L_{nb}}\right)}$$

$$\tag{3.3.5}$$

式(3.3.5)描述的曲线如图 3.3.2 虚线所示。

由于 $W_b \ll L_{nb}$，故将双曲函数展开成级数并按 $\sinh z \approx z$ 取一级近似。又因为 V_{BC} 为负值，且 $|V_{BC}| \gg \frac{kT}{q}$，有 $e^{qV_{BC}/kT} \approx 0$，从而可得

$$n_b(x) - n_{b0} \approx n_{b0}(e^{qV_{BE}/kT} - 1)\left(1 - \frac{x}{W_b}\right) - n_{b0}\frac{x}{W_b} \tag{3.3.6}$$

或

$$n_b(x) \approx n_{b0} e^{qV_{BE}/kT}\left(1 - \frac{x}{W_b}\right) \quad (0 \leqslant x \leqslant W_b) \tag{3.3.7}$$

式(3.3.7)说明,在一定的近似条件下,基区少子密度近似为线性分布。即从 $x=0$, $n_b(0)=n_{b0}e^{qV_{BE}/kT}$ 下降到 $x=W_b$, $n_b(W_b)=0$, 其密度梯度为一常数,如图 3.3.2 直线所示。和式(3.3.5)的指数分布比较,实际上是忽略了基区的复合。

同理,在发射区其少子空穴密度分布的扩散方程为

$$\frac{d^2 P_e(x')}{dx'^2} - \frac{P_e(x')-P_{e0}}{L_{pe}^2} = 0 \quad (x' \geqslant x_e) \tag{3.3.8}$$

式中, P_{e0} 为发射区平衡空穴密度, $L_{pe}=\sqrt{D_{pe}\tau_{pe}}$ 为发射区"少子"空穴的扩散长度。利用下述边界条件:

$$\begin{cases} P_e(0)=P_e(x_e)=P_{e0}e^{qV_{BE}/kT} \\ P_e(W_e)=P_{e0} \end{cases} \tag{3.3.9}$$

即可求得发射区非平衡少数载流子空穴的密度分布为

$$P_e(x')-P_{e0} = \frac{P_{e0}(e^{qV_{BE}/kT}-1)\sinh\left(\dfrac{W_e-x'}{L_{pe}}\right)}{\sinh\left(\dfrac{W_e}{L_{pe}}\right)} \quad (x' \geqslant x_e) \tag{3.3.10}$$

当 $W_e \leqslant L_{pe}$,则可近似为

$$P_e(x')-P_{e0} = \frac{P_{e0}}{W_e}(e^{qV_{BE}/kT}-1)(W_e-x') \quad (x' \geqslant x_e) \tag{3.3.11}$$

在集电区,非平衡"少子"同样为空穴,其连续性方程如下:

$$\frac{d^2 P_c(x'')}{dx''^2} - \frac{P_c(x'')-P_{c0}}{L_{pc}^2} = 0 \tag{3.3.12}$$

式中, $L_{pc}=\sqrt{D_{pc}\tau_{pc}}$,解此方程的边界条件为

$$\begin{cases} x''=0, p_c(0)=p_c(x_c)=P_{c0}e^{qV_{BC}/kT} \approx 0 \\ x''=\infty, P_c(\infty)=P_c(W_c)=P_{c0} \end{cases} \tag{3.3.13}$$

于是在 $W_c > L_{pc}$ 的条件下,可求得集电区非平衡"少子"空穴密度分布如下:

$$P_c(x'')-P_{c0} = P_{c0}(e^{qV_{BC}/kT}-1)e^{-x''/L_{pc}} \approx -P_{c0}e^{-x''/L_{pc}} \tag{3.3.14}$$

2. 电流密度分布

在求得晶体管内各区"少子"密度分布的基础上,就可以求解相应的电流密度分量。根据理想模型的假设,在势垒区以外,晶体管的其他各区都是电中性区,即没有电场存在,故少子只有依靠密度的不均匀性而扩散,扩散运动导致了载流子的流动,即产生了电流。

不妨先来考虑基区电子扩散电流密度,按照电流输运方程,由式(3.3.5)求出相应的"少子"电子密度梯度,又电流方向与梯度方向相同,即可得基区电子扩散电流密度为

$$J_{nb}(x) = qD_{nb}\frac{dn_b(x)}{dx}$$

$$= -\frac{qD_{nb}}{L_{nb}}\left[\frac{n_{b0}(e^{qV_{BE}/kT}-1)\cosh\left(\dfrac{W_b-x}{L_{nb}}\right) - n_{b0}(e^{qV_{BC}/kT}-1)\cosh\dfrac{x}{L_{nb}}}{\sinh\left(\dfrac{W_b}{L_{nb}}\right)}\right] \tag{3.3.15}$$

基区电子电流的边界值为

· 72 ·

$$x = 0, \quad J_{nb}(0) = -\frac{qD_{nb}n_{b0}}{L_{nb}}\left[\coth\left(\frac{W_b}{L_{nb}}\right)(e^{qV_{BE}/kT} - 1) - \operatorname{csch}\left(\frac{W_b}{L_{nb}}\right)(e^{qV_{BC}/kT} - 1)\right]$$

$$x = W_b, \quad J_{nb}(W_b) = -\frac{qD_{nb}n_{b0}}{L_{nb}}\left[\operatorname{csch}\left(\frac{W_b}{L_{nb}}\right)(e^{qV_{BE}/kT} - 1) - \coth\left(\frac{W_b}{L_{nb}}\right)(e^{qV_{BC}/kT} - 1)\right]$$

(3.3.16)

当 $\left(\dfrac{W_b}{L_{nb}}\right) \ll 1$ 时，双曲函数展开成泰勒级数，并取一级近似，有 $\cosh\left(\dfrac{W_b - x}{L_{nb}}\right) \approx 1$，$\cosh\dfrac{x}{L_{nb}} \approx 1$，$\sinh\dfrac{W_b}{L_{nb}} \approx \dfrac{W_b}{L_{nb}}$，则

$$J_{nb}(x) \approx -\frac{qD_{nb}}{L_{nb}}\left[\frac{n_{b0}(e^{qV_{BE}/kT}-1) - n_{b0}(e^{qV_{BC}/kT}-1)}{\dfrac{W_b}{L_{nb}}}\right]$$

$$\approx -\frac{qD_{nb}n_{b0}}{W_b}(e^{qV_{BE}/kT} - e^{qV_{BC}/kT}) \tag{3.3.17}$$

又因为 $|V_{BC}| \gg \dfrac{kT}{q}$，且 $V_{BC} < 0$，所以 $e^{qV_{BC}/kT} \approx 0$，故得

$$J_{nb} \approx -\frac{qD_{nb}n_{b0}}{W_b}e^{qV_{BE}/kT} \tag{3.3.18}$$

说明在近似条件下，基区中电子电流密度与 x 无关，J_{nb} 为一常数，实质上是忽略了少子电子的复合而转换为空穴电流的部分。当考虑这忽略的一部分，则基区 $J_{nb}(x)$ 随着 x 的增大而有所下降。

发射区空穴电流方向与密度梯度方向相反，有

$$J_{pe}(x') = -qD_{pe}\frac{dp_e(x')}{dx'} \tag{3.3.19}$$

由式(3.3.10)可得

$$\frac{dP_e(x)}{dx'} = -\frac{P_{e0}}{L_{pe}}(e^{qV_{BE}/kT} - 1)\frac{\cosh\left(\dfrac{W_e - x'}{L_{pe}}\right)}{\sinh\dfrac{W_e}{L_{pe}}} \qquad (x' \geqslant x_e)$$

$$J_{pe}(x') = \frac{qD_{pe}P_{e0}}{L_{pe}}(e^{qV_{BE}/kT} - 1)\frac{\cosh\left(\dfrac{W_e - x'}{L_{pe}}\right)}{\sinh\left(\dfrac{W_e}{L_{pe}}\right)} \qquad (x' \geqslant x_e) \tag{3.3.20}$$

当 $x' = x_e = 0$ 时

$$J_{pe}(x_e) = \frac{qD_{pe}P_{e0}}{L_{pe}}(e^{qV_{BE}/kT} - 1)\frac{1}{\tanh\left(\dfrac{W_e}{L_{pe}}\right)} \tag{3.3.21}$$

当 $W_e \geqslant L_{pe}$，则 $\tanh(W_e/L_{pe}) \approx 1$，有

$$J_{pe}(x_e) = \frac{qD_{pe}P_{e0}}{L_{pe}}(e^{qV_{BE}/kT} - 1) \tag{3.3.22}$$

当 $W_e \leqslant L_{pe}$，则 $\tanh\left(\dfrac{W_e}{L_{pe}}\right) \approx \dfrac{W_e}{L_{pe}}$，可近似为

$$J_{pe}(x_e) = \frac{qD_{pe}p_{e0}}{W_e}(e^{qV_{BE}/kT} - 1) \tag{3.3.22'}$$

$J_{pe}(x_e)$ 是空穴电流密度的最大值,它沿着 x' 方向减小,因为它通过与电子复合而逐渐转换成电子电流。

同理,集电区空穴电流密度为

$$J_{pc}(x'') = -qD_{pc}\frac{dp_c(x'')}{dx''} \quad (3.3.23)$$

由式(3.3.14),集电区空穴的密度梯度为

$$\frac{dp_c(x'')}{dx} = -\frac{P_{c0}}{L_{pc}}\left(e^{\frac{qV_{BC}}{kT}} - 1\right)e^{-\frac{x''}{L_{pc}}} \quad (x'' \geqslant x_c) \quad (3.3.24)$$

代入后可得

$$J_{pc}(x'') = \frac{qD_{pc}P_{c0}}{L_{pc}}\left(e^{\frac{qV_{BC}}{kT}} - 1\right)e^{-\frac{x''}{L_{pc}}} \quad (x'' \geqslant x_c) \quad (3.3.25)$$

故集电区边界的空穴电流密度即为

$$x'' = x_c = 0$$

$$J_{pc}(x_c) = \frac{qD_{pc}p_{nc}}{L_{pc}}\left(e^{\frac{qV_{BC}}{kT}} - 1\right) \quad (3.3.26)$$

$J_{pc}(x_c)$ 是 $J_{pc}(x'')$ 的最大值,随着 x'' 的增加,J_{pc} 的减小,集电区的空穴电流不断转换为电子电流。电流的方向与 x'' 轴方向相反,实际上即是反偏集电结反向饱和电流密度的一部分,对于 P^+N 结,则是其主要部分。

3. 均匀基区晶体管电流增益

通过上述分析,已求得晶体管内各区的电流密度分量及其边界值,由此就可进一步求出其直流电流增益。对于均匀基区晶体管,其发射效率由式(2.2.8)有

$$\gamma_0 = \frac{I_{ne}}{I_E} = \frac{J_{ne}}{J_E} = \frac{1}{1 + \frac{J_{pe}}{J_{ne}}} \quad (3.3.27)$$

因 $J_{pe} = J_{pe}(x_e)$,$J_{ne} = J_{nb}(0)$,考虑到 x'_e 和 x 方向选取相反,故 J_{pe} 和 J_{ne} 方向实际相同,故 J_{ne} 取正值,即有

$$\frac{J_{pe}}{J_{ne}} = \frac{J_{pe}(x_e)}{J_{nb}(0)} = \frac{\dfrac{qD_{pe}P_{e0}}{L_{pe}}(e^{qV_{BE}/kT} - 1)\dfrac{1}{\tanh\left(\dfrac{W_e}{L_{pe}}\right)}}{\dfrac{qD_{nb}n_{b0}}{L_{nb}}\left[\coth\left(\dfrac{W_b}{L_{nb}}\right)(e^{qV_{BE}/kT} - 1) - \operatorname{csch}\left(\dfrac{W_b}{L_{nb}}\right)(e^{qV_{BC}/kT} - 1)\right]}$$

$$(3.3.28)$$

因为 $V_{BC} < 0$ 且 $|V_{BC}| \geqslant \dfrac{kT}{q}$,又 $e^{qV_{BE}/kT} \gg 1$,故有

$$\frac{J_{pe}}{J_{ne}} = \frac{D_{pe}P_{e0}L_{nb}}{D_{nb}n_{b0}L_{pe}}\frac{\tanh\left(\dfrac{W_b}{L_{nb}}\right)}{\tanh\left(\dfrac{W_e}{L_{pe}}\right)} \quad (3.3.29)$$

$$\gamma_0 = \frac{1}{1 + \dfrac{J_{pe}}{J_{ne}}} = \frac{1}{1 + \dfrac{D_{pe}P_{e0}L_{nb}}{D_{nb}n_{b0}L_{pe}}\dfrac{\tanh\left(\dfrac{W_b}{L_{nb}}\right)}{\tanh\left(\dfrac{W_e}{L_{pe}}\right)}} \quad (3.3.30)$$

因为 $W_b \ll L_{nb}$,所以 $\tanh\left(\dfrac{W_b}{L_{nb}}\right) \approx \dfrac{W_b}{L_{nb}}$;因为 $W_e \ll L_{pe}$,所以 $\tanh\left(\dfrac{W_e}{L_{pe}}\right) \approx \dfrac{W_e}{L_{pe}}$。

又 $n_{b0} = \dfrac{n_i^2}{N_B}$, $P_{e0} = \dfrac{n_i^2}{N_E}$;$\dfrac{D_{pe}}{\mu_{pe}} = \dfrac{D_{nb}}{\mu_{nb}} = \dfrac{kT}{q}$,令 $\dfrac{D_{pe}}{D_{nb}} = \dfrac{\mu_{pe}}{\mu_{nb}} \approx \dfrac{\mu_{pb}}{\mu_{ne}}$,则有

$$\gamma_0 = \frac{1}{1 + \dfrac{D_{pe} N_B W_b}{D_{nb} N_E W_e}} \approx \frac{1}{1 + \dfrac{\rho_e W_b}{\rho_b W_e}} = \frac{1}{1 + \dfrac{R_{\square e}}{R_{\square b}}} \tag{3.3.31}$$

式中,$\rho_e = \dfrac{1}{q\mu_{ne} N_E}$,$\rho_b = \dfrac{1}{q\mu_{pb} N_B}$,$R_{\square e} = \dfrac{\rho_e}{W_e}$,$R_{\square b} = \dfrac{\rho_b}{W_b}$。$R_{\square e}$、$R_{\square b}$ 分别称为发射区、基区的方块电阻,表示一正方形片状材料所具有的电阻,单位为 $\Omega/\square$。

晶体管的基区输运系数 β_0^* 已由式(3.2.9)给出,因 $J_{nc} = J_{nb}(W_b)$,并可作如下近似:

$$J_{nb}(W_b) = -\frac{qD_{nb} n_{b0}}{L_{nb}} \left[\operatorname{csch}\left(\frac{W_b}{L_{nb}}\right)(e^{qV_{BE}/kT} - 1) - \coth\left(\frac{W_b}{L_{nb}}\right)(e^{qV_{BC}/kT} - 1) \right]$$

$$\approx -\frac{qD_{nb} n_{b0}}{L_{nb}} \left[\operatorname{csch}\left(\frac{W_b}{L_{nb}}\right)(e^{qV_{BE}/kT} - 1) + \coth\left(\frac{W_b}{L_{nb}}\right) \right] \tag{3.3.32}$$

$$\beta_0^* = \frac{J_{nc}}{J_{ne}} = \frac{J_{nb}(W_b)}{J_{nb}(0)} = \frac{\dfrac{qD_{nb} n_{b0}}{L_{nb}}\left[\operatorname{csch}\left(\dfrac{W_b}{L_{nb}}\right)(e^{qV_{BE}/kT} - 1) + \coth\left(\dfrac{W_b}{L_{nb}}\right)\right]}{\dfrac{qD_{nb} n_{b0}}{L_{nb}}\left[\operatorname{csch}\left(\dfrac{W_b}{L_{nb}}\right) + \coth\left(\dfrac{W_b}{L_{nb}}\right)(e^{qV_{BE}/kT} - 1)\right]}$$

$$\tag{3.3.33}$$

因为 $e^{qV_{BE}/kT} \gg 1$,将式(3.3.33)中 1 忽略,故得

$$\beta_0^* = \frac{e^{qV_{BE}/kT} + \cosh\left(\dfrac{W_b}{L_{nb}}\right)}{1 + e^{qV_{BE}/kT} \cosh\left(\dfrac{W_b}{L_{nb}}\right)}$$

又因为 $W_b \ll L_{nb}$,便有

$$e^{qV_{BE}/kT} \gg \cosh\left(\frac{W_b}{L_{nb}}\right)$$

$$\beta_0^* \approx \frac{1}{\cosh\left(\dfrac{W_b}{L_{nb}}\right)} = \operatorname{sech}\left(\frac{W_b}{L_{nb}}\right) \tag{3.3.34}$$

将双曲函数展开成级数并取前两项即得

$$\beta_0^* \approx \frac{1}{1 + \dfrac{W_b^2}{2L_{nb}^2}} \approx 1 - \frac{W_b^2}{2L_{nb}^2} \tag{3.3.35}$$

将式(3.3.31)及式(3.3.35)代入式(3.2.11),并忽略高次项,于是可求得均匀基区晶体管共基极电流放大系数 α_0 如下:

$$\alpha_0 = \gamma_0 \beta_0^* \approx \frac{1}{1 + \dfrac{D_{pe} N_B W_b}{D_{nb} N_E W_e} + \dfrac{W_b^2}{2L_{nb}^2}} \tag{3.3.36}$$

或者

$$\alpha_0 = \left(1 + \frac{\rho_e W_b}{\rho_b W_e}\right)^{-1}\left(1 - \frac{W_b^2}{2L_{nb}^2}\right) \approx \left(1 - \frac{\rho_e W_b}{\rho_b W_e}\right)\left(1 - \frac{W_b^2}{2L_{nb}^2}\right) \approx 1 - \frac{\rho_e W_b}{\rho_b W_e} - \frac{W_b^2}{2L_{nb}^2}$$

$$\tag{3.3.37}$$

式中利用了 $\dfrac{1}{1+\dfrac{\rho_e W_b}{\rho_b W_e}} \approx 1 - \dfrac{\rho_e W_b}{\rho_b W_e}$ 这一近似。

对于共射极电流放大系数 β_0 由下式便可求得：

$$\beta_0 = \frac{\alpha_0}{1-\alpha_0} \approx \frac{1}{1-\alpha_0}$$

$$\frac{1}{\beta_0} = \frac{1-\alpha_0}{\alpha_0} \approx 1-\alpha_0 = \frac{D_{pe} N_B W_b}{D_{nb} N_E W_e} + \frac{W_b^2}{2L_{nb}^2} \approx \frac{\rho_e W_b}{\rho_b W_e} + \frac{W_b^2}{2L_{nb}^2} \tag{3.3.38}$$

式中，第一项为发射结空穴电流与电子电流之比，称为发射效率项；第二项为基区复合电流与发射极电子电流之比，称为体复合项。

3.3.2 缓变基区晶体管直流电流增益

常用的外延平面晶体管其发射区和基区都是采用扩散工艺或离子注入工艺制作而成。因而其杂质分布都是按照一定的函数规律而变化的，故称缓变基区晶体管。图 3.3.3 为外延平面晶体管的杂质分布示意图。由图可见，基区杂质分布具有一定梯度，发射结及集电结都是缓变结。在缓变基区晶体管中，由于杂质分布规律不同，则其电流放大特性也会有所不同，电流增益的表示式也就有差别。

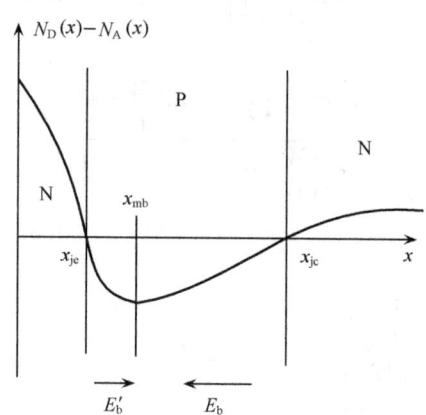

图 3.3.3 外延平面管杂质分布及基区杂质自建电场

由于基区杂质分布不均，存在浓度梯度，则其多数载流子（在 NPN 晶体管中是空穴）的分布也就存在密度梯度，导致"多子"从高密度向低密度做扩散运动，即从基区中近发射结一边向集电结一边扩散。由于集电结势垒区强电场的阻碍，"多子"不能越过集电结，而在其附近积累，从而破坏了基区中原有的电中性，使得基区中靠近集电结一边因"多子"（空穴）的积累而呈正电性，在发射结一边因"多子"（空穴）的流走而呈负电性，正、负电之间就产生了电场，并称为基区杂质自建电场，用 E_b 表示，如图 3.3.3 所示。这一电场的存在，由于其方向是从集电结指向发射结，故阻止了基区中空穴的继续扩散，而将其漂移回原来的位置。对于一定结构的晶体管而言，基区多子因浓度梯度的扩散运动和由电场导致的漂移运动终将达到动态平衡，即空穴的漂移电流和扩散电流相抵消。这时，基区杂质自建电场达到稳定，具有定值。

杂质自建电场的存在，对于发射结注入的非平衡少数载流子无疑会带来一定的作用。它会加速"少子"电子在基区中的运动，即注入到基区的电子除做扩散运动外，还做漂移运动，使基区"少子"电流为扩散电流与漂移电流之和。因此这种缓变基区晶体管也称为漂移晶体管，以与均匀基区的扩散晶体管相区别。

此外，由于基区中杂质浓度的峰值并不在发射结处的基区边界，而是在图 3.3.3 所示的 x_{mb} 处，根据以上分析，不难理解在 x_{mb} 左边，也会存在一自建电场 E_b'，其方向如图 3.3.3 中所示，因方向恰与 E_b 相反，所以它会阻止电子流向集电区，故称阻滞电场，这一部分基区就称为阻滞区;在 x_{mb} 的右边,自建电场为 E_b,其方向为加速电子流向集电区,故称加速电场,这部分基区称为加速区。一般而言,晶体管中的阻滞区所占比例很小,为简化分析,通常不考虑它对载流子运动的影响,也就是说,我们仍可近似认为基区中净杂质密度的峰值在发射结处。

由于基区净空穴电流为零,即

$$J_{pb}(x) = q\mu_{pb} p_b(x) E_b(x) - qD_{pb} \frac{dp_b(x)}{dx} = 0$$

故基区自建电场为

$$E_b(x) = \frac{kT}{q} \cdot \frac{1}{p_b(x)} \cdot \frac{dp_b(x)}{dx} = \frac{kT}{q} \cdot \frac{1}{N_B(x)} \cdot \frac{dN_B(x)}{dx} \tag{3.3.39}$$

假设基区杂质按指数分布,即

$$N_B(x) = N_B(0) e^{-(\eta/W_b)x} \tag{3.3.40}$$

式中,$N_B(0)$ 为基区发射结边界的杂质浓度,即仍以基区与发射结势垒区的边界为坐标原点。η 称为电场因子,由式(3.3.40)可得

$$\eta = \ln \frac{N_B(0)}{N_B(W_b)} \tag{3.3.41}$$

式中,$N_B(W_b)$ 为基区集电结边界的杂质浓度,η 反映了基区自建电场的强弱。显然,对于均匀基区晶体管其 $\eta = 0$。

在指数分布近似下,基区杂质自建电场为

$$E_b(x) = -\frac{kT}{q} \frac{\eta}{W_b} \tag{3.3.42}$$

在自建加速电场 E_b 的作用下,电子在基区兼有扩散和漂移两种运动,即基区中电子电流由扩散电流和漂移电流两部分组成,可以表示为

$$J_{nb}(x) = q\mu_{nb} n_b(x) E_b(x) + qD_{nb} \frac{dn_b(x)}{dx} \tag{3.3.43}$$

将 $E_b(x)$ 的表示式代入式(3.3.34),两边同乘以 $N_B(x)$,并在 $x \to W_b$ 内积分,即得

$$\int_x^{W_b} J_{nb} N_B(x) dx = qD_{nb} \int_x^{W_b} \left[n_b(x) \frac{dN_B(x)}{dx} + N_B(x) \frac{dn_b(x)}{dx} \right] dx \tag{3.3.44}$$

由于基区很薄,基区复合很小,可以近似认为流过基区的电流密度为常数,即忽略基区复合电流,认为基区电子电流与位置 x 无关,并且在 $x = W_b$ 处,$n_b(W_b) \to 0$,故式(3.3.44)可写成

$$\frac{J_{nb}}{qD_{nb}} \int_x^{W_b} N_B(x) dx = -n_b(x) N_B(x) \tag{3.3.45}$$

即

$$n_b(x) = \frac{-J_{nb}}{qD_{nb} N_B(x)} \cdot \int_x^{W_b} N_B(x) dx \tag{3.3.46}$$

基区杂质分布 $N_B(x)$ 为指数函数分布时有

$$n_b(x) = \frac{-J_{nb}}{qD_{nb}} \cdot \frac{W_b}{\eta} [1 - e^{-\frac{\eta}{W_b}(W_b - x)}] \tag{3.3.47}$$

式(3.3.47)说明缓变基区晶体管基区非平衡"少子"为非线性分布,且与 η 有关。η 越大,基区杂质分布越陡峭,自建电场越大,对载流子的漂移作用越强,故少子分布越平坦,

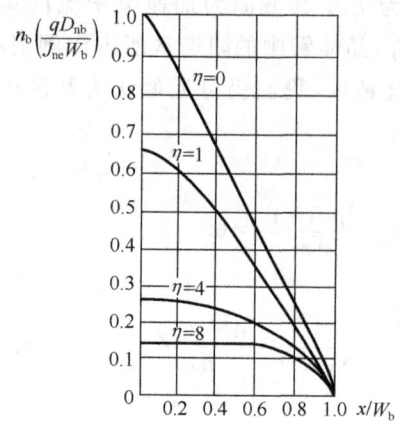

图 3.3.4 NPN 晶体管基区"少子"密度分布(基区杂质为指数分布)

少子浓度梯度越小。说明漂移电流所占比例越大,扩散电流则越小,只在靠近集电结处扩散电流所占比例才大,如图 3.3.4 所示。

因为 $J_{ne}=J_{nb}(0)$,故以 $x=0$ 代入式(3.3.46),则基区电子电流为

$$J_{ne}=-qD_{nb}\frac{N_B(0)n_b(0)}{\int_0^{W_b}N_B(x)dx}=-\frac{qD_{nb}n_i^2 e^{qV_{BE}/kT}}{\int_0^{W_b}N_B(x)dx} \quad (3.3.48)$$

式中利用了基区"少子"电子边界值 $n_b(0)=n_{b0}e^{qV_{BE}/kT}$ 这一结果。

对于基区的复合电流,我们可以由下式直接求得,即

$$I_{rb}=Aq\int_0^{W_b}\frac{n_b(x)}{\tau_{nb}}dx=\frac{Q_B}{\tau_{nb}} \quad (3.3.49)$$

式中,$Q_B=Aq\int_0^{W_b}n_b(x)dx$ 即是基区非平衡少子电荷总量。将式(3.3.47)中 $n_b(x)$ 代入式(3.3.49),并设发射结面积为 A_e,即得

$$I_{rb}=\frac{A_e J_{ne}W_b^2}{D_{nb}\tau_{nb}}\left(\frac{\eta-1+e^{-\eta}}{\eta^2}\right)=\frac{I_{ne}W_b^2}{\lambda L_{nb}^2} \quad (3.3.50)$$

式中,$\frac{1}{\lambda}=\frac{\eta-1+e^{-\eta}}{\eta^2}$,$L_{nb}^2=D_{nb}\tau_{nb}$,$L_{nb}$、$\tau_{nb}$ 分别为基区"少子"电子的扩散长度及寿命。

在平面管的发射区同样存在着杂质浓度梯度,所以发射区中也存在一个发射区杂质自建电场 $E_e(x')$,和均匀基区晶体管一样,以 x_e 为坐标轴 x' 的原点。

$$E_e(x')=-\frac{kT}{q}\cdot\frac{1}{N_E(x')}\cdot\frac{dN_E(x')}{dx'} \quad (3.3.51)$$

其方向由发射区表面指向发射结,即与 x' 方向相反。故对于注入发射区的空穴是一阻滞场,在该电场作用下,空穴电流虽然也有扩散和漂移两部分,但方向相反,故有

$$J_{pe}(x')=q\mu_{pe}P_e(x')\cdot E_e(x')-qD_{pe}\cdot\frac{dP_e(x')}{dx'} \quad (3.3.52)$$

将式(3.3.51)代入,即得

$$J_{pe}(x')=qD_{pe}\cdot\frac{1}{N_E(x')}\cdot\frac{d}{dx'}[N_E(x')\cdot P_e(x')] \quad (3.3.53)$$

将 $J_{pe}(x')$ 看成常数,并在 $x_e \to W_e$ 之间积分,则有

$$J_{pe}(x')=qD_{pe}\frac{\int_{x_e}^{W_e}d[N_E(x')\cdot P_e(x')]}{\int_{x_e}^{W_e}N_E(x')dx'} \quad (3.3.54)$$

边界条件为

$$\begin{cases} x'=x_e=0, & N_E(x_e)P_e(x_e)=n_i^2 e^{qV_{BE}/kT} \\ x'=W_e, & N_E(W_e)P_e(W_e)=n_i^2 \end{cases}$$

将上述边界值代入,即可求得

$$J_{pe} = \frac{qD_{pe}n_i^2}{\int_{x_e}^{w_e} N_E(x')\mathrm{d}x}(\mathrm{e}^{qV_{BE}/kT}-1) \approx \frac{qD_{pe}n_i^2}{\int_0^{w_e} N_E(x')\mathrm{d}x'}\mathrm{e}^{qV_{BE}/kT} \qquad (3.3.55)$$

集电区杂质是均匀分布的，也与均匀基区晶体管的情况相同，此处不再赘述。

根据上述结果即可得到缓变基区晶体管直流电流增益。对于缓变基区晶体管同样有 $\alpha_0 = \gamma_0 \beta_0^* \alpha^* M$，一般情况下仍取 $\alpha_0 = \gamma_0 \beta_0^*$。

将上述式(3.3.48)及式(3.3.55)代入，考虑到 J_{ne} 和 J_{pe} 在同一坐标轴中，它们的方向实际相同，故缓变基区晶体管发射效率为

$$\gamma_0 = \frac{1}{1+\frac{J_{pe}}{J_{ne}}} = \frac{1}{1+\frac{D_{pe}\int_0^{w_b} N_B(x)\mathrm{d}x}{D_{nb}\int_0^{w_e} N_E(x')\mathrm{d}x'}} = \frac{1}{1+\frac{D_{pe}}{D_{nb}}\frac{\overline{N}_B W_b}{\overline{N}_E W_e}} \approx \frac{1}{1+\frac{q\bar{\mu}_{pb}}{q\bar{\mu}_{ne}}\frac{\overline{N}_B W_b}{\overline{N}_E W_e}} = \frac{1}{1+\frac{\bar{\rho}_e W_b}{\bar{\rho}_b W_e}}$$

$$(3.3.56)$$

式中，仍然利用了 $\frac{D_{pe}}{D_{nb}} = \frac{\mu_{pe}}{\mu_{nb}}$ 这一关系，同时假设 $\frac{\mu_{pe}}{\mu_{nb}} \approx \frac{\mu_{pb}}{\mu_{ne}}$。同样也可用工艺参数方块电阻表示为

$$\gamma_0 = \frac{1}{1+\frac{R_{\Box e}}{R_{\Box b}}} \qquad (3.3.57)$$

式中

$$R_{\Box e} = \frac{1}{q\mu_{ne}\int_0^{w_e} N_E(x')\mathrm{d}x'} = \frac{1}{q\mu_{ne}\overline{N}_E W_e} = \frac{\bar{\rho}_e}{W_e}$$

$$R_{\Box b} = \frac{1}{q\mu_{pb}\int_0^{w_b} N_B(x)\mathrm{d}x} = \frac{1}{q\mu_{pb}\overline{N}_B W_b} = \frac{\bar{\rho}_b}{W_b}$$

式中，$\overline{N}_E$ 为发射区内的平均杂质浓度，$\bar{\rho}_e$ 为发射区平均电阻率，$\overline{N}_B$ 为基区平均杂质浓度，$\bar{\rho}_b$ 为基区平均电阻率。

缓变基区晶体管的基区输运系数 β_0^* 由式(3.3.50)即可求得

$$\beta_0^* = \frac{I_{nc}}{I_{ne}} = 1 - \frac{I_{rb}}{I_{ne}} = 1 - \frac{W_b^2}{\lambda L_{nb}^2} \qquad (3.3.58)$$

当 $\eta \to 0$ 时，$\frac{N_B(0)}{N_B(W_b)} = 1$，$\frac{\eta-1+\mathrm{e}^{-\eta}}{\eta^2} = \frac{1}{2}$，则式(3.3.58)中 $\lambda = 2$，$\beta_0^* = 1 - \frac{1}{2}\left(\frac{W_b}{L_{nb}}\right)^2$，此即为均匀基区情况。当 η 很大，则 $\frac{1}{\lambda} = \frac{1}{\eta}$，有 $\beta_0^* \approx 1 - \frac{1}{\eta}\left(\frac{W_b}{L_{nb}}\right)^2$。

说明由于电场因子的存在，也就是由于基区杂质存在浓度梯度，即 $N_B(0) > N_B(W_b)$，使基区输运系数变大，这是由于基区产生了杂质自建电场，加速了电子的扩散，减小了基区体复合电流。

由此可求得缓变基区晶体管直流电流放大系数 α_0、β_0 分别如下：

$$\alpha_0 = \gamma_0 \cdot \beta_0^* = \frac{1}{\left(1+\frac{D_{pe}\overline{N}_B W_b}{D_{nb}\overline{N}_E W_e}\right)}\left[1-\frac{1}{\lambda}\left(\frac{W_b}{L_{nb}}\right)^2\right] \approx 1 - \frac{D_{pe}\overline{N}_B W_b}{D_{nb}\overline{N}_E W_e} - \frac{1}{\lambda}\left(\frac{W_b}{L_{nb}}\right)^2$$

$$= 1 - \frac{\bar{\rho}_e W_b}{\bar{\rho}_b W_e} - \frac{1}{\lambda}\left(\frac{W_b}{L_{nb}}\right)^2 = 1 - \frac{R_{\Box e}}{R_{\Box b}} - \frac{1}{\lambda}\left(\frac{W_b}{L_{nb}}\right)^2 \tag{3.3.59}$$

$$\frac{1}{\beta_0} = \frac{1-\alpha_0}{\alpha_0} \approx 1 - \alpha_0 = \frac{R_{\Box e}}{R_{\Box b}} + \frac{1}{\lambda}\left(\frac{W_b}{L_{nb}}\right)^2 \tag{3.3.60}$$

3.3.3 影响电流放大系数的因素

电流放大系数 β_0 是晶体管的重要参数之一，一般在 $20\sim200$。通过前面的分析，我们已经得到了双极晶体管的直流电流增益 α_0、β_0 和 W_b、N_E、N_B 等结构参数之间的定量关系，明确了提高双极晶体管电流增益的主要途径。但是，这些定量关系式是在一些因素被忽略的理想状态下得到的，在一定的条件下，这些因素将会对放大系数带来影响，因此必须予以考虑。

1. 提高电流增益的主要途径

由式(3.3.59)及式(3.3.60)可知，减小基区宽度 W_b 是提高放大系数 α_0、β_0 的主要方面。在同样的注入下，基区越窄，载流子密度梯度越大，自建电场也越大，这有利于载流子的扩散。此外，基区越窄，基区的复合损失越小，因而基区输运系数越大。

同时，增大发射区的杂质浓度与基区杂质浓度比，即增大 N_E/N_B 也是提高放大系数的重要方法。对于缓变基区晶体管，一般发射区表面杂质浓度要比基区扩散层表面杂质浓度高两个数量级，即 $N_{ES}/N_{BS} \geqslant 10^2$。在具体工艺控制中，提高杂质浓度比，可以提高 N_E，或降低 N_B，但降低基区浓度，会使基区电阻增大，从而使功率增益下降，噪声系数上升，大电流特性变坏。一般都采用提高发射区杂质浓度，但不能超过杂质在硅中的固溶度，如取 $N_E = 5\times10^{19}/\text{cm}^3$。

其次提高基区电场因子 η 即增大基区杂质自建电场将加快基区载流子的输运，也会使电流放大系数得以提高，实际上是提高基区的杂质浓度梯度，增大基区两侧杂质浓度之比。

基区少子寿命及其迁移率也是影响电流放大系数的因素之一，由公式不难看出，基区少子寿命越长，扩散长度就越大，复合得越慢，复合损失越少，则放大系数越大。

2. 发射结势垒复合

在影响放大系数的许多其他因素中，首先是发射结势垒复合对发射效率的影响。在前述讨论中，我们假设通过势垒区的电流不变，即忽略了势垒复合电流。事实上，当晶体管处于放大工作状态，发射结外加正向偏压，就有大的正向电流通过发射结势垒区，势垒区内载流子密度将高于平衡密度，这时必有净的复合率存在。由于势垒区很窄，如果流过的电流很大，复合电流自可忽略不计；如果流过的正向电流很小，则复合电流相对于正向电流则不能忽略，将使发射效率有明显的减小，势垒复合电流有可能比注入到基区的电子电流还大。

如图 3.3.5 所示，发射结势垒复合电流为 I_{re}，考虑复合最大的情况，设复合中心能级位于禁带中心，有 $n_r = p_r$，在正向偏置下有

$$np = n_i^2 e^{qV_{BE}/kT} \tag{3.3.61}$$

则

$$n = n_i e^{qV_{BE}/2kT} \quad (3.3.62)$$

令 $n = p, \tau_n = \tau_p$，故复合率为

$$R = \frac{n_i}{2\tau_n} e^{qV_{BE}/2kT} \quad (3.3.63)$$

设发射结势垒宽度为 X_{me}，则发射结势垒复合电流应为

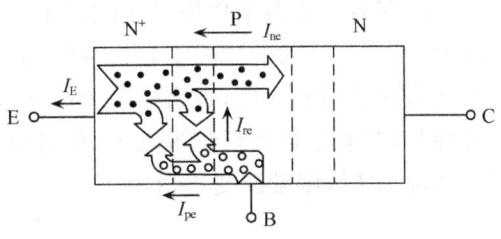

图 3.3.5 发射结势垒复合

$$I_{re} = A_e q x_{me} \frac{n_i}{2\tau_n} e^{qV_{BE}/2kT} \quad (3.3.64)$$

又

$$I_{ne} = -\frac{A_e q D_{nb} n_i^2 e^{qV_{BE}/kT}}{\int_0^{W_b} N_B(x) dx} \quad (3.3.65)$$

设 $\int_0^{W_b} N_B(x) dx = \overline{N}_B W_b$，故有

$$\frac{I_{re}}{I_{ne}} = \frac{A_e q x_{me} \dfrac{n_i}{2\tau_n} e^{qV_{BE}/2kT}}{\dfrac{A_e q D_{nb} n_i^2 e^{qV_{BE}/kT}}{\overline{N}_B W_b}} = \frac{x_{me} W_b \overline{N}_B}{2 L_{nb}^2 n_i} e^{-qV_{BE}/2kT} \quad (3.3.66)$$

考虑了势垒复合电流 I_{re} 的存在，则发射极电流应为

$$I_E = I_{ne} + I_{pe} + I_{re} \quad (3.3.67)$$

则

$$\gamma_0 = \frac{I_{ne}}{I_{ne} + I_{pe} + I_{re}} = \frac{1}{1 + \dfrac{I_{pe}}{I_{ne}} + \dfrac{I_{re}}{I_{ne}}} \quad (3.3.68)$$

所以有

$$\gamma_0 = \frac{1}{1 + \dfrac{R_{\square e}}{R_{\square b}} + \dfrac{x_{me} W_b \overline{N}_B}{2 L_{nb}^2 n_i} e^{-qV_{BE}/2kT}} \quad (3.3.69)$$

由此可见，考虑了势垒复合电流后，在小电流下，发射效率变小，则电流放大系数随之降低。但随着电压增加，正向电流增大，势垒宽度变窄，势垒复合便可忽略。式(3.3.69)还说明，势垒复合与本征载流子密度有关，对于 Ge 器件，本征载流子密度较大，故其势垒复合可以忽略，而硅器件，本征载流子密度较小，其势垒复合已成为小电流下电流增益下降的主要原因。

3. 发射区重掺杂效应

提高发射区掺杂浓度能增大发射效率，但是发射区杂质浓度并不是越高越好。这一方面受到固溶度的限制；另一方面发射区过重的掺杂，还会带来一些附加的效应，以至于掺杂过重，反而使发射效率下降，致使在基区宽度很小，输运系数基本上等于 1 的情况下，放大系数也有可能达不到要求。

发射区重掺杂导致发射效率下降的原因主要是禁带变窄和俄歇(Auger)复合这两种附加效应。在重掺杂的半导体中，由于杂质密度很高，杂质原子互相间靠得很近，杂质电

离后的电子有可能在杂质原子之间产生共有化运动,一般情况下,我们都认为杂质能级是孤立的,而在重掺杂的情况下,将扩展成为杂质能带,杂质能带中的电子通过杂质原子之间的共有化运动而导电,杂质能级形成能带以后,和原半导体的能带发生交叠,形成新的简并能带,使能带延伸到禁带之中,结果使禁带宽度变窄。设原带隙宽度为 E_g,变窄后的带隙宽度为 E_g',则带隙变小量为

$$\Delta E_g = E_g - E_g'$$

研究表明禁带变窄与杂质浓度 $\sqrt{N_E}$ 成正比,为

$$\Delta E_g = \frac{3q^3}{16\pi\varepsilon_s}\left(\frac{N_E}{\varepsilon_s kT}\right)^{\frac{1}{2}} \tag{3.3.70}$$

而本征载流子密度与带隙宽度直接相关,为

$$n_{ie}^2 = N_c N_v \exp\left(-\frac{E_g - \Delta E_g}{kT}\right) = n_i^2 \exp(\Delta E_g/kT) \tag{3.3.71}$$

显然,重掺杂半导体中的有效本征载流子密度 n_{ie} 比轻掺杂半导体中的本征载流子密度 n_i 高,而且 n_{ie} 是杂质浓度的函数。对于杂质浓度变化的非均匀半导体,如发射区,n_{ie} 是位置的函数,杂质浓度高的地方 n_{ie} 也高,"少子"空穴的密度也是随位置而变化,使得发射区有效杂质浓度为

$$N_{eff}(x) = N_E(x) \frac{n_i^2}{n_{ie}^2} = N_E(x)\exp(-\Delta E_g/kT) \tag{3.3.72}$$

即发射区有效杂质浓度降低,导致发射效率下降,为

$$\gamma_0 = \frac{1}{1 + \dfrac{\overline{D}_{pe}\int_0^{w_b} N_B(x)\mathrm{d}x}{\overline{D}_{nb}\int_0^{w_e} N_{eff}(x')\mathrm{d}x'}} \tag{3.3.73}$$

以上分析说明,在一定范围内,提高发射区的杂质浓度,能使发射效率增高,电流放大系数增大;但 N_{ES} 也不能太高,否则将由于能带变窄使发射效率反而下降,从而使放大系数变小。

同时,俄歇复合也会对发射效率产生影响。实验表明,在发射区重掺杂的情况下,虽然考虑了禁带变窄的影响,但实际的放大系数还是要比理论值小 2 或 3 倍,这是由于忽略了发射区的复合作用。重掺杂半导体硅中,少数载流子寿命还要受到俄歇复合的影响,俄歇复合是一种带间的直接复合,而不是通过复合中心的间接复合。在 N 型重掺杂发射区中复合率与平衡载流子密度的平方成正比,发射区重掺杂,施主杂质浓度升高,多数载流子电子密度也相应增加,使俄歇复合迅速增加,少子空穴的寿命缩短,扩散长度减小,从而使注入到发射区的空穴密度增加,注入空穴电流增大,故发射效率进一步降低。

考虑到通过复合中心复合的 SHR(Shockley、Hall、Read)复合和俄歇复合两种机构同时存在,其"少子"空穴寿命为

$$\frac{1}{\tau_p} = \frac{1}{\tau_T} + \frac{1}{\tau_A} \tag{3.3.74}$$

式中,τ_T 为 SHR 复合寿命,典型值 $\tau_T = 10^{-7}$ s,τ_A 为俄歇复合寿命。

对于 N-Si 有

$$\tau_A = \frac{1}{C_n n_0^2}, \quad C_n = 1.7 \times 10^{-31} \, (\text{cm}^6/\text{s})$$

式中，n_0 为 N-Si 的平衡电子密度，C_n 为俄歇复合系数。

对于 P-Si 有

$$\tau_A = \frac{1}{C_p p_0^2}, \quad C_p = 1.2 \times 10^{-31} \, (\text{cm}^6/\text{s})$$

式中，p_0 为 P-Si 的平衡空穴密度，C_p 为俄歇复合系数。

若取 $N_E = 10^{19}/\text{cm}^3$，则有 $\tau_A = \frac{1}{1.7 \times 10^{-31} \times 10^{19 \times 2}} = \frac{1}{1.7} \times 10^{-7}$，比 τ_T 略小，但若使掺杂浓度进一步升高，复合过程将逐渐由俄歇复合支配，使发射效率下降。

俄歇复合及禁带变窄效应的影响与发射结结深及电流大小有关。结深 x_{je} 增加，俄歇复合和禁带变窄效应对发射效率的影响减弱。这是因为发射区的杂质密度是自表面向内里逐渐降低的，在同样的表面浓度下，结越深靠近基区的那部分发射区杂质分布越平缓，浓度越低，由基区注入的少子空穴在到达由俄歇复合和禁带变窄所支配的重掺杂区以前，已经由复合中心复合完了。由于结比较深，发射区比较宽，发射区表面那部分高杂质密度区，已经影响不到注入的空穴电流。一般地，W_e 较大，以 SHR 为主，重掺杂效应可忽略；W_e 中等，SHR 复合、禁带变窄、俄歇复合三种因素都须考虑；W_e 较小（$<2\mu m$），禁带变窄效应为主，其他效应可以忽略。电流较小，SHR 复合为主；电流中等或较大，三种因素都要考虑。总之，电流小或 W_e 大时，可以不考虑禁带变窄、俄歇复合的影响，其他都须考虑，为避免重掺杂效应的影响，发射区的杂质浓度宜控制在 $N_D = 10^{19}/\text{cm}^3 \sim 10^{20}/\text{cm}^3$，一般在 $5 \times 10^{19}/\text{cm}^3$ 左右。

4. 基区表面复合

晶体管处于放大状态，发射结注入基区的少数载流子电子，在通过基区时，要与基区的多子空穴复合损失掉一部分。载流子的运动实际上是三维运动，复合一方面通过体内进行，同时，通过基区的表面也会损失一部分，如果表面缺陷较多，复合就越快。

设基区表面复合电流为 I_{sb}，它由发射结附近的非平衡载流子密度及基区的表面状况决定，可表示为

$$I_{sb} = qSA_s n_b(0) = qSA_s n_{b0} e^{qV_{BE}/kT} \tag{3.3.75}$$

式中，S 为表面复合速率，A_s 为基区表面有效复合面积。因此，表面复合对基区输运系数的影响可表示为

$$\beta_0^* = \frac{I_{ne} - I_{rb} - I_{sb}}{I_{ne}} = 1 - \frac{I_{rb}}{I_{ne}} - \frac{I_{sb}}{I_{ne}} \tag{3.3.76}$$

代入各有关电流表示式，对于均匀基区晶体管有

$$\beta_0^* = 1 - \frac{W_b^2}{2L_{nb}^2} - \frac{SA_s W_b}{A_e D_{nb}} \tag{3.3.77}$$

对于缓变基区晶体管则为

$$\beta_0^* = 1 - \frac{W_b^2}{\lambda L_{nb}^2} - \frac{SA_s W_b \overline{N_B}}{A_e D_{nb} N_B(0)} \tag{3.3.78}$$

式中，A_e 为发射结面积。由式（3.3.77）和式（3.3.78）可知，基区表面复合使基区输运系

数变小,从而导致电流放大系数下降。为了减小表面复合对放大系数的影响,就要减小基区宽度 W_b 和有效复合面积 A_s 及复合速率 S。故要改善表面状况,减小表面缺陷及杂质沾污,提高工艺水平,保证超净的工艺环境。

5. 基区宽变效应

一方面,发射结势垒复合、发射区重掺杂效应以及基区表面复合对放大系数的影响反映了晶体管内部结构包括杂质密度、基区宽度、载流子的寿命、结面积等因素和放大系数的关系;另一方面,晶体管工作时,两个结都有外加电压,因此,晶体管的放大性能还密切地依赖于偏置电压,如基区宽度调变效应的影响。

基区宽度调变效应或简称基区宽变效应,即基区有效宽度随外加电压变化而变化的现象。

PN 结空间电荷区的宽度由外加电压、杂质浓度等因素决定。当晶体管处于放大工作状态时,发射结处于正向偏置,集电结处于反向偏置,而且反向偏压 V_{CB} 较高,随着反偏电压的升高,集电结空间电荷区宽度增加,使有效基区宽度减小,输出电流 I_C 随之增大;而当反偏电压降低,集电结空间电荷区宽度随之减小,导致有效基区宽度增加,则 I_C 变小,如图 3.3.6 所示。这种基区有效宽度随集电结偏压而变化的现象即是基区宽度调变效应,也称 Early 效应。

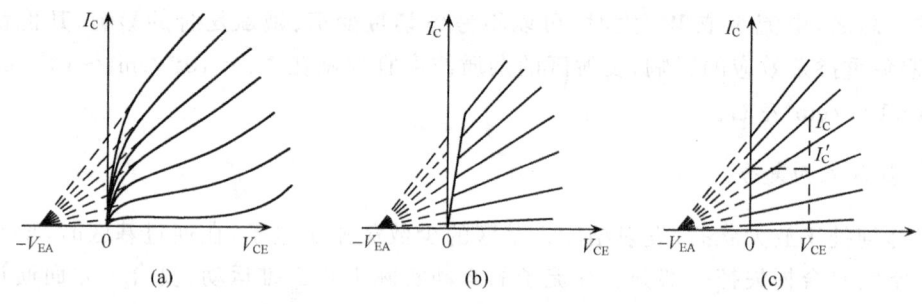

图 3.3.6 基区宽度调变效应

基区宽度调变效应对晶体管特性会带来多种影响,首先表现在随着外加电压变化,电流放大系数会随之变化。如当集电结偏压 V_{BC} 升高,集电结空间电荷区增宽,使有效基区宽度 W_b 变小,一方面使基区复合电流密度 J_{rb} 减小,因而基区输运系数增大;另一方面基区非平衡载流子密度梯度增大,使通过发射结的注入电流密度 J_{ne} 增大,因而发射效率增大,故导致电流增益变大。反之,若 V_{BC} 降低,有效基区宽度 W_b 就增加,使基区输运系数及发射效率减小,因而导致电流增益变小。其效果将使得晶体管的电流增益随外加电压的变化而变化,降低放大性能的线性度,致使信号失真。随着现代晶体管结构尺寸越来越小,基区宽度调变效应格外受到关注。

将具有明显基区调变效应晶体管的共射极输出特性曲线上 $V_{BC}=0$ 点的切线与 V_{CE} 轴负方向交于一点,该点电压称为 Early 电压,以 V_{EA} 表示,如图 3.3.6(a)所示。或如图 3.3.6 中(b)那样,忽略饱和压降,将各条曲线延长,同样交 V_{CE} 轴于一点,也为 Early 电压。显然,共射极输出特性曲线越平坦,V_{EA} 越大,说明基区宽度调变效应越小。如果曲线簇基本上是平行的,V_{EA} 将很大,说明基本上没有基区调变效应;相反,如果曲线倾斜得很厉害，V_{EA} 很小，则说明基区宽度调变效应很严重，因此，Early 电压反映了基区宽度调变效应对电流放大系数的影响。

设基极电流为 I_B，发射极-集电极之间的电压为 V_{CE}，如图 3.3.6(c)所示，有基区调变效应时的集电极电流为 I_C，无宽变效应的集电极电流为 I_C'，则有宽变效应时的电流放大系数为

$$\beta_0 = \frac{I_C}{I_B} \tag{3.3.79}$$

无宽变效应时的电流放大系数为

$$\beta_0' = \frac{I_C'}{I_B} \tag{3.3.80}$$

从图中的几何关系上可得 $\dfrac{I_C}{I_C'} = \dfrac{V_{CE} + V_{EA}}{V_{EA}}$，即

$$I_C = I_C'\left(1 + \frac{V_{CE}}{V_{EA}}\right) \tag{3.3.81}$$

同除以 I_B，可得

$$\beta_0 = \beta_0'\left(1 + \frac{V_{CE}}{V_{EA}}\right) \tag{3.3.82}$$

式(3.3.82)对 V_{CE} 微分得到 $\dfrac{\partial \beta_0}{\partial V_{CE}} = \dfrac{\beta_0'}{V_{EA}}$，故有

$$V_{EA} = \beta_0'\left(\frac{\partial \beta_0}{\partial V_{CE}}\right)^{-1} = \beta_0'\left(\frac{\partial \beta_0}{\partial W_b}\frac{\partial W_b}{\partial V_{CE}}\right)^{-1} \tag{3.3.83}$$

称 $\dfrac{\partial W_b}{\partial V_{CE}}$ 为基区宽变因子，表示基区宽度随集电极电压的变化率。显然，$\dfrac{\partial W_b}{\partial V_{CE}}$ 越小，V_{EA} 越大。$\dfrac{\partial \beta_0}{\partial W_b}$ 则表示电流放大系数随基区宽度的变化率。

若令 $\gamma_0 = 1$，则有 $\beta_0 \approx \dfrac{2L_{nb}^2}{W_b^2}$，由此可得

$$\frac{\partial \beta_0}{\partial W_b} \approx -\frac{4L_{nb}^2}{W_b^3} \tag{3.3.84}$$

设 NPN 管为均匀基区晶体管，x_p 为集电结空间电荷区在基区侧的扩展宽度，W_{b0} 为冶金基区宽度，则有效基区宽度 $W_b = W_{b0} - x_p$，取 $\beta_0' = \dfrac{2L_{nb}^2}{W_{b0}^2}$，则 $W_{b0} = \sqrt{\dfrac{2L_{nb}^2}{\beta_0'}}$，故有效基区宽度为

$$W_b = W_{b0} - x_p = \sqrt{\frac{2L_{nb}^2}{\beta_0'}} - x_p \tag{3.3.85}$$

以式(3.3.85)代入式(3.3.84)，得到

$$\frac{\partial \beta_0}{\partial W_b} = -\frac{4L_{nb}^2}{(W_{b0} - x_p)^3} = -\frac{4L_{nb}^2}{\left(\sqrt{\dfrac{2L_{nb}^2}{\beta_0'}} - x_p\right)^3} \tag{3.3.86}$$

又因为

$$x_p = \left(\frac{2\varepsilon_s\varepsilon_0 V_{CB}}{qN_B}\right)^{\frac{1}{2}} \tag{3.3.87}$$

令 $V_{CE} \approx V_{CB}$，则有

$$\frac{\partial W_b}{\partial V_{CE}} = -\frac{\partial x_p}{\partial V_{CE}} = -\frac{\partial x_p}{\partial V_{CB}} = -\frac{\varepsilon_0 \varepsilon_s}{qN_B x_p} \quad (3.3.88)$$

将以上有关各式(3.3.86)、(3.3.88)等代入式(3.3.83)，即得

$$V_{EA} = \beta_0' \left(\frac{\partial \beta_0}{\partial W_b} \frac{\partial W_b}{\partial V_{CE}}\right)^{-1} = \frac{qN_B x_p W_{b0}}{2\varepsilon_s \varepsilon_0}\left(1 - \frac{x_p}{W_{b0}}\right)^3 \quad (3.3.89)$$

对于非均匀基区 NPN 晶体管，集电结为线性缓变结，则集电结势垒区宽度由下式给出：

$$x_m = \left(\frac{12\varepsilon_s \varepsilon_0 V_{CB}}{q\alpha}\right)^{\frac{1}{3}} \quad (3.3.90)$$

取 $x_p = \dfrac{x_m}{2}$，则

$$W_b = W_{b0} - \frac{1}{2}\left(\frac{12\varepsilon_s \varepsilon_0 V_{CB}}{q\alpha}\right)^{\frac{1}{3}} \quad (3.3.91)$$

$$\frac{\partial W_b}{\partial V_{CE}} = -\frac{\varepsilon_s \varepsilon_0}{q\alpha x_p^2} \quad (3.3.92)$$

所以

$$V_{EA} = \beta_0'\left(\frac{\partial \beta_0}{\partial W_b}\frac{\partial W_b}{\partial V_{CE}}\right)^{-1} = \frac{q\alpha x_p^2 W_{b0}}{\varepsilon_s \varepsilon_0}\left(1 - \frac{x_p}{W_{b0}}\right)^3 \quad (3.3.93)$$

3.3.4 大电流下晶体管放大系数的下降

前面对晶体管放大系数的讨论，一般都限于小注入，即注入基区的少子浓度远小于其多子浓度，也即远小于掺杂浓度的情况，这就意味着晶体管的工作电流必须在一定范围内，才能具有良好的放大性能。使用表明，当晶体管的工作电流增大到一定值后，其电流放大系数会随着电流的增大而下降。图 3.3.7(a)就是晶体管直流电流放大系数 β_0 随 I_C 变化的典型曲线。由图可以看出，在 I_C 比较小时，β_0 随着 I_C 的增大稍有增加，而当 I_C 增大到一定值后，进一步增大电流反而会引起 β_0 迅速下降。电流放大系数 β_0 的这一变化，反映在它的输出特性曲线上就是特性曲线疏密不均匀，电流很小或很大时曲线较为密集，即说明 β_0 变小，如图 3.3.7(b)所示。小电流下放大系数的下降在 3.3.3 节已作分析，主要是发射结势垒复合与基区表面复合等原因所致。大电流下放大系数的下降则主要是三大效应所致，即大注入效应、有效基区扩展效应和发射极电流集边效应。

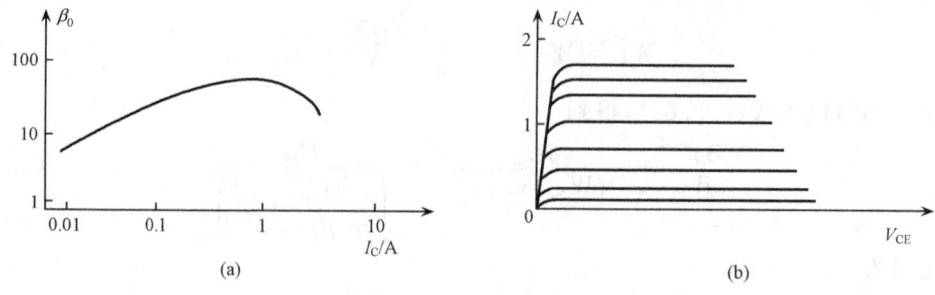

图 3.3.7 β_0 随 I_C 变化

1. 大注入效应

通过晶体管的工作电流大即意味着发射结注入基区的非平衡载流子浓度高。当注入基区的非平衡少数载流子浓度等于或超过基区平衡多数载流子浓度时则称为大注入。

对于 NPN 晶体管有

$$\Delta n_b \geqslant p_{b0} = N_B \tag{3.3.94}$$

式中，p_{b0} 为平衡时 P 型基区的空穴浓度，N_B 为基区的杂质浓度。有时也将 $\Delta n_b = N_B$ 时称为临界大注入，而将 $\Delta n_b \gg N_B$ 时称为极大注入。

由于大注入下，注入到 P 型基区的"少子"电子浓度接近甚至超过基区"多子"空穴的平衡浓度，为了维持电中性，基区将有大量的空穴积累并维持与电子相同的浓度梯度，即

$$\Delta p_b = \Delta n_b \tag{3.3.95}$$

如图 3.3.8 所示，空穴浓度的大量增加使得基区电阻率显著下降，即电导增加，且随着注入的变化而变化。基区电导随注入而变化这一现象称为基区电导调制效应。

由于基区中的空穴与电子有相同的分布梯度，故这些空穴就会和电子一样从高浓度处的发射结一边向集电结扩散。然而与电子不同的是，这些带正电的空穴受到集电结势垒区电场

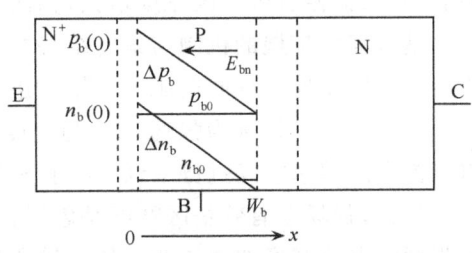

图 3.3.8 大注入时基区电子和空穴分布

的排斥，因此不能通过集电结而只能在靠近集电结的基区边界积累起来，从而在基区中形成一个从集电结指向发射结的自建电场 E_{bn}，称为大注入自建电场，图 3.3.8 中示出了 E_{bn} 电场的方向。E_{bn} 一旦产生就会阻碍空穴的扩散，将空穴拉回原处，引起空穴的漂移电流，其方向恰与它的扩散电流方向相反。当电场增强到空穴漂移电流与扩散电流大小相等时，这两个电流将相互抵消，达到动态平衡的稳定状态，电场也就趋于稳定。

由于大注入时存在基区电导调制效应和基区自建电场，对电流放大系数 β_0 必然带来一定影响。

基区大注入自建电场的方向是由集电结指向发射结，故对基区电子运动的作用与对空穴的作用相反，它会加速基区电子的扩散，使基区电子兼有扩散和漂移两种运动，从而加速电子在基区的输运过程，基区的电子电流不仅有扩散电流，还有漂移电流。这和非均匀掺杂的缓变基区晶体管的杂质自建电场有相似之处。

很明显，由于基区自建电场加速了基区电子的扩散，减少了复合，提高了输运效率，使 $\dfrac{I_{rb}}{I_{ne}}$ 减小，输运系数 β_0^* 增大，从而使得电流放大系数 β_0 比小注入时增大。

然而与小注入相比，随着注入比 $\dfrac{\Delta n_b}{N_B}$ 的增大，基区电导调制效应越明显，相当于基区杂质浓度增大，故发射效率 γ_0 变小，从而使得 β_0 随注入的增大而变小。

应用表明，大电流下主要是基区电导调制效应引起发射效率 γ_0 下降这一因素起主导作用，对于结构一定的双极晶体管，在大注入下，电流放大系数 β_0 呈现随注入增大而下降的变化趋势。

2. 有效基区扩展效应

大电流下有效基区宽度随电流增大而增大的现象称为有效基区扩展效应，也称集电结空间电荷限制效应或 Kirk 效应。

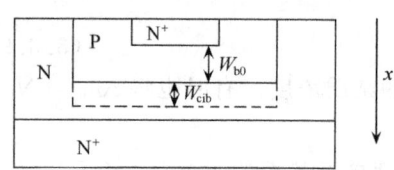

图 3.3.9 强场下的基区纵向扩展模型

在大电流密度下通过集电结势垒区的电子密度会相应增大，使势垒中原来可近似认为自由载流子基本耗尽的电荷分布发生显著的变化。特别是当集电结势垒中漂移通过的电子密度增大到等于甚至超过集电区杂质浓度 N_C 时，势垒区一定范围内的净空间电荷就会减小到零，甚至改变极性。集电结势垒区就会一直扩展到 N^+ 衬底，并向 N^+ 衬底收缩，从而使有效基区宽度增大，如图 3.3.9 所示。

基区宽度扩展的机制与集电结势垒区的电场强弱有关。这里着重分析强场下的纵向扩展。集电结外加反向偏压 V_{CB} 为一定值且比较高时，其势垒区的电场强度较大，当 $E \geqslant E_c = 10^4 \text{V/cm}$ 时，称为强场，E_c 为速度饱和临界电场。即在这样的电场作用下，载流子将以饱和漂移速度经过势垒区，对于 Si 而言，其电子的饱和漂移速度为 $v_{sl} \approx 10^7 \text{cm/s}$。

那么，强场下有效基区宽度是怎样扩展的呢？通过集电结势垒区中电荷密度及其电场强度随电流密度增大的变化从而导致势垒宽度的变化过程能较好地回答这一问题。

设晶体管具有图 3.3.9 所示的 N^+-P-N-N^+ 4 层结构，为讨论的简便，不妨设各区都是均匀掺杂，且发射结和集电结皆为突变结。

若通过集电结的漂移电流密度为 J_C，则根据以上条件有

$$J_C = q n_c v_{sl} \tag{3.3.96}$$

式中，v_{sl} 为电子饱和漂移速度，n_c 表示通过集电结势垒区的电荷密度，由此可得

$$n_c = \frac{J_C}{q v_{sl}} \tag{3.3.96'}$$

将图 3.3.9 所示晶体管的集电结势垒区结构示于图 3.3.10(a) 中，其中 x_{mc} 表示集电结势垒区宽度，x_{mcb} 表示 x_{mc} 在 P 型基区一边的宽度，x_{mcc} 表示 x_{mc} 在 N 型集电区一边的宽度。由 PN 结原理，势垒区两边的电荷总量相等而极性相反，考虑到可动电荷 $q n_c$ 随 J_C 线性增加，当 J_C 增大到一定值时，使 n_c 和集电区杂质浓度 N_C 相比不可忽略时，须计入电荷总量，故有

$$x_{mcb}(N_B^- + n_c) q A_c = x_{mcc}(N_C^+ - n_c) q A_c \tag{3.3.97}$$

式中，A_c 为集电结面积，N_B^-、N_C^+ 分别为势垒区中受主及施主离子密度。为此，势垒区的电场分布也将随电流密度 J_C 而变化，由泊松方程并代入式 (3.3.96') 即可解得

$$E(x) = \frac{q}{\varepsilon \varepsilon_0} \left(N_C^+ - \frac{J_C}{q v_{sl}} \right) x + E(0) \tag{3.3.98}$$

式中，$E(0)$ 为集电结冶金结结面所在处即 $x=0$ 时的电场强度。由式 (3.3.98) 可知，相应于一定的 J_C，$E(x)$ 呈线性分布。

当 $n_c < N_C$ 时，随着 J_C 的增大，n_c 会有所增加，从而导致负空间电荷区 x_{mcb} 变窄，而正空间电荷区 x_{mcc} 增宽。在外加偏压 V_{CB} 为常数的条件下，其电场强度 $E(x)$ 的分布将发

生图3.3.10(b)所示的变化。由式(3.3.97)可知，x_{mcc}的增加会大于x_{mcb}的变窄，最大电场强度$E_m(0)$将降低。

当$n_c = N_C$时，并令此时的集电极电流密度为J_{C0}，即有

$$J_C = qN_C v_{sl} = J_{C0} \quad (3.3.99)$$

因为$N_C^+ - n_c = 0$，故整个集电区的净电荷密度为0，由$\dfrac{dE}{dx} = 0$，则其电场强度为常数，如图3.3.10(c)所示。这时正的空间电荷区将移至N^+衬底，负空间电荷区仍在x_{mcb}内，只是其宽度因为n_c的值增大而变得更窄。集电区的电场强度可由下式求得：

$$E = \frac{V_D + V_{CB}}{W_c} \quad (3.3.100)$$

式中，V_D为集电结内建电势差，W_c为集电区的宽度。

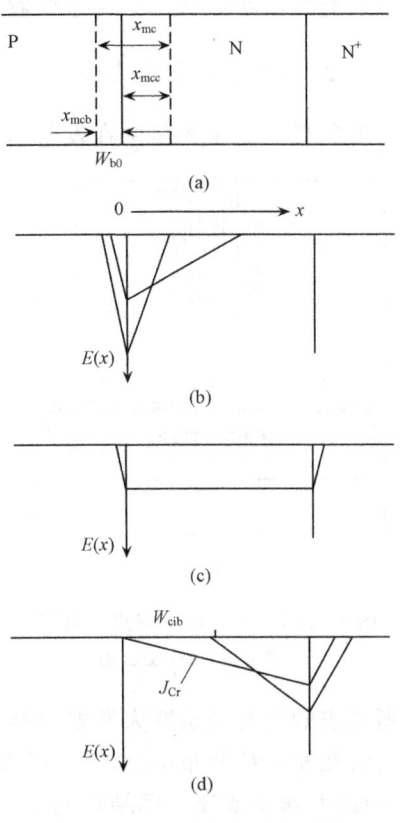

图3.3.10 强场下集电结势垒区的扩展及电场分布

当$n_c > N_C$时，集电区的电荷极性变为净的负空间电荷，原负空间电荷区将移至集电区，衬底中正空间电荷区将有所增宽，使集电结势垒区结面从集电结(PN)收缩到集电区与衬底交界的高低结(NN^+结)，如图3.3.10(d)所示。令集电结冶金结处电场强度为0即$E(0)=0$时的电流密度为有效基区扩展效应的临界电流密度，以J_{Cr}表示。将式(3.3.98)在$0\sim W_c$范围内积分，并代入有关条件即可得

$$J_{Cr} = qv_{sl}\left[N_C + \frac{2\varepsilon_0\varepsilon_s}{qW_c^2}(V_D + V_{CB})\right] \quad (3.3.101)$$

一般情况下，W_c不会太小，N_C也不会太低，方括号中前项将远大于后项，故可取

$$J_{Cr} \approx qv_{sl}N_C = J_{C0} \quad (3.3.102)$$

如果集电极电流更大，使J_C大于J_{Cr}，则负空间电荷区将会向衬底界面收缩并变窄，衬底内的正空间电荷区进一步增宽。负空间电荷区以外的集电区则变为准中性区，可看成原中性基区的延伸，称为感应基区，如图3.3.10(d)中的W_{cib}，使得有效基区宽度明显增加。在感应基区为W_{cib}时，相当于集电区宽度W_c变为$W_c - W_{cib}$，将此值代入式(3.3.101)，即有

$$J_C = qv_{sl}\left[N_C + \frac{2\varepsilon_0\varepsilon_s(V_D + V_{CB})}{q(W_c - W_{cib})^2}\right] \quad (3.3.103)$$

联立式(3.3.101)及式(3.3.103)，可求得感应基区宽度如下式：

$$W_{cib} = W_c\left[1 - \left(\frac{J_{Cr} - qv_{sl}N_C}{J_C - qv_{sl}N_C}\right)^{1/2}\right] \quad (3.3.104)$$

有效基区宽度则为

$$W_{beff} = W_{b0} + W_{cib} \quad (3.3.105)$$

显然有效基区扩展效应使得基区有效宽度明显增加,导致大电流下电流增益 β_0 下降。

3. 发射极电流集边效应

发射极电流主要集中在发射结边缘流过的现象称为发射极电流集边效应。因为这种效应是由基区存在的电阻 r_b 引起的横向压降所造成的,故又称为基极电阻自偏压效应。如图 3.3.11(a)所示,基极电流平行于结面横向流过基区,晶体管的基区为一薄层,具有一定的电阻,即基极电阻,因此当这个横向的漂移电流通过时就会产生一定的电压降,且靠近结边缘流过的电流压降小,从结中心流过的电流压降大,使得发射结边缘的偏压大于中心的偏压。而发射极电流是垂直于结面纵向流过发射结的电流,根据 $I_E = I_{E0} e^{qV_{BE}/kT}$,因发射结边缘的 V_{BE} 比中心的大,故从发射结边缘流过的发射极电流将大于从中心流过的电流。图 3.3.11 从管芯的平面及截面立体地描述了发射极电流集边效应。

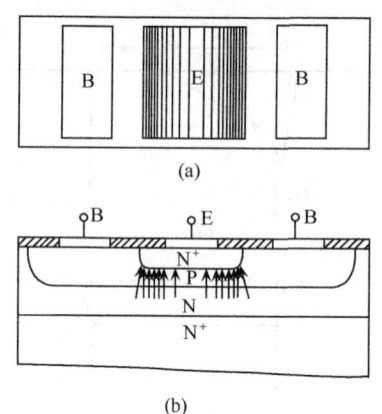

图 3.3.11　发射极电流集边效应
(a) 平面图;(b) 截面图

设发射极条边缘到中心处的横向压降为 kT/q 时所对应的发射极条宽为发射极有效半条宽 S_{eff},则发射极有效条宽为 $2S_{\text{eff}}$。由于发射极电流在发射结分布不均,真正起发射作用的是发射极有效条宽 $2S_{\text{eff}}$,即相应的发射结有效面积,常常要比实际结构的发射结面积小得多。

同理,由于发射极金属电极条薄而细长,在大电流运用时,发射极电流在电极条长方向也会产生一定的压降,引起发射极上实际作用的电压降低。当电极条上的压降超过一定值时,电极条上发射的电流就大为下降。常定义发射极电极端部至根部的电位差等于 kT/q 时所对应的发射极条长为发射极有效条长 l_{eff}。

由以上论述可知,双极晶体管在大电流下工作时会发生大注入效应、有效基区扩展效应及发射极电流集边效应三大效应。但在同一晶体管中这三大效应不大可能同时发生。究竟先发生哪一效应要视晶体管本身的结构及工作状态决定,但无论发生哪一效应都将会限制晶体管的使用电流。

3.4　双极晶体管常用直流参数

本节主要讲述反向截止电流、反向击穿电压、集电极最大电流以及基极电阻等双极晶体管的常用直流参数,也是其基本的性能参数。这对于晶体管的设计、研制与使用都是非常重要的。反向截止电流不受信号控制,增加了器件的空载功耗,对放大没有贡献,故越小越好。击穿电压标志着晶体管可外加电源电压的高低,也意味着输出电流及功率的大小,根据使用要求尽可能高些好。集电极最大电流是晶体管工作电流的极限,是重要的设计指标,对功率晶体管尤为重要。基极电阻是晶体管的重要参数之一,它增加了器件本身的功率损耗,不仅会影响功率增益,还会增大噪声系数,要求越小越好。

3.4.1 反向截止电流

晶体管某两个电极间加反向电压,另一电极开路时流过管中的电流称为反向截止电流,也常称为反向漏电流。当晶体管的发射结或集电结中有一个结处于反向偏置状态,则PN结势垒区电场增强,势垒升高,结两边的"多子"不能相向注入,只有"少子"被抽出,故流过晶体管中的电流很小,为反向饱和电流。由于晶体管有三个电极,故可定义三个反向截止电流。

如图3.4.1(a)所示,当集电极开路,发射极与基极间反偏时,流过发射极基极间的反向电流称为I_{EBO},即发射结的反向饱和电流。同理,发射极开路,集电极和基极间反偏时,流过集电极基极间的反向电流称为I_{CBO},如图3.4.1(b)所示,即集电结的反向饱和电流。而当基极开路,集电极和发射极间加反向偏压时,流过集电极和发射极之间的反向电流则称为I_{CEO}。在晶体管的性能参数中,常规定在一定测试条件下(即反向电压为某一常数时)的电流值为其反向漏电流。

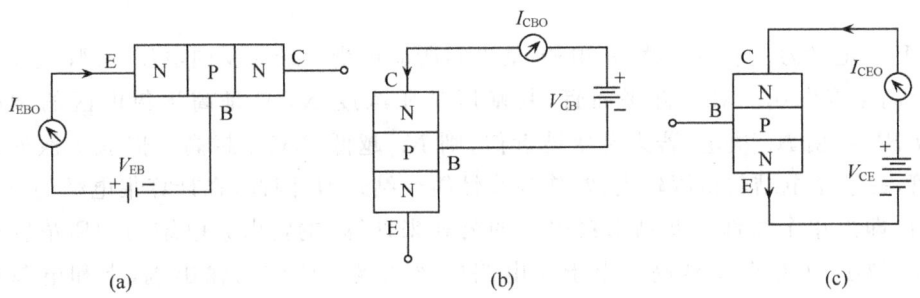

图3.4.1 反向截止电流
(a) I_{EBO};(b) I_{CBO};(c) I_{CEO}

实际晶体管反向电流应包括反向扩散电流I_{rd}、势垒产生电流I_{rg}和表面漏电流I_s。即

$$I_R = I_{rd} + I_{rg} + I_s \tag{3.4.1}$$

因反向扩散电流I_{rd}与n_i^2成正比,故硅晶体管比锗晶体管的反向扩散电流小得多,主要由势垒产生电流I_{rg}和表面漏电流I_s决定。在正常工艺条件下,对于合格产品一般为纳安级。

晶体管的反向电流和单个PN结的反向电流基本相同,但因为某一结为反偏时,紧靠着旁边还有一个开路的PN结,故严格来说,和单个PN结的反向电流存在些许差别。特别是在I_{CEO}的情况下,这时集电结反偏,发射结有很弱的正偏,流过发射结的电流为I_{CEO},包括电子电流I_{ne}和空穴电流I_{pe},流过集电结的电流为I_{nc}和I_{CBO},I_{CBO}为单个集电结反偏时的反向电流,在这里可看成流过集电结的空穴电流。空穴从集电区被强电场扫到基区,并流向发射结,中和发射结空间电荷区的离化受主。那么在正向发射结的注入作用下,经过基区,到达集电结的电子电流即为$\beta_0 I_{CBO}$,所以流过集电结总的反向电流就为

$$I_{CEO} = (1 + \beta_0) I_{CBO} \tag{3.4.2}$$

但是由于硅晶体管的反向电流I_{CBO}仅为10^{-9}A量级,在如此小的电流下,其电流增益β_0也必然很小,因此I_{CEO}和I_{CBO}差别不会大。一般I_{EBO}比I_{CBO}小或相近,而I_{CEO}则要大些。硅双极晶体管的反向电流主要由材料和工艺决定,同时也随温度的升高而急剧增大,故为

了减小反向电流重在严格控制工艺条件和使用温度,具体的值由测试确定。

3.4.2 击穿电压

通过以上分析说明,晶体管任意两个极间加上反向电压,流过这两极间的电流为很小的反向饱和电流。然而根据 PN 结击穿理论,当反向电压升高到一定值时,流过的反向电流就会急剧上升,即会发生击穿,这时的电压称为击穿电压。由于晶体管有三个极,故有三个击穿电压为 BV_{EBO}、BV_{CBO} 和 BV_{CEO}。

BV_{EBO} 定义为集电极开路,发射极-基极间所能承受的最大反向电压,即发射结的反向击穿电压。实际器件的参数测试中,常规定某一反向电流下发生击穿时的反向电压为击穿电压。发射结两边掺杂浓度较高,且为单边结,一般可近似为单边突变结,根据突变结的击穿电压公式可知:高阻边的杂质浓度越低,击穿电压越高。故对于发射结,按 PN 结击穿电压公式计算,基区的杂质浓度 N_B 越低,则 BV_{EBO} 越高。由于晶体管的发射结一般工作在正偏压下,故对其击穿电压要求不高,而且基区杂质浓度较高,BV_{EBO} 通常在 20V 以内。

BV_{CBO} 定义为发射极开路,集电极-基极间所能承受的最大反向电压,实际上就是集电结的反向击穿电压。对于硅平面管,其基区杂质浓度 N_B 总是高于集电区的杂质浓度 N_C,故 BV_{CBO} 由 N_C 决定,若为实变结近似,则 N_C 越低,BV_{CBO} 越高。但双扩散外延平面晶体管,一般集电结的结深较大,常作为线性缓变结近似,因此,在计算集电结的雪崩击穿电压时,即按单个线性缓变结击穿电压的公式来计算,主要由集电结的杂质浓度梯度 a_j 决定,a_j 越小,击穿电压越高。由于在电路中集电极一般作为输出端,常和电源负极相连,使集电结处于反偏状态,故 BV_{CBO} 的值较高。在大功率器件中,高达数千伏。

BV_{CEO} 为基极开路,集电极-发射极间所能承受的最大反向电压。由于在电路中共射极连接用得较多,BV_{CEO} 作为 C、E 之间所能承受的最大反向电压,是一个重要的性能参数,BV_{CEO} 的高低反映了晶体管所能输出功率的大小。

基极开路,BV_{CEO} 主要降落在集电结上,使集电结反偏,但也会使发射结处于弱正偏状态,因此,集电极-发射极间的击穿本质上还是集电结的击穿,但又和 BV_{CBO} 不同,根据式(3.4.2),有

$$I_{CEO} = (1+\beta_0)I_{CBO} = \frac{I_{CBO}}{1-\alpha_0}$$

当集电结发生雪崩击穿时,在集电结势垒区因电离而出现倍增效应,设倍增系数为 M,则

$$I_{CEO} = \frac{MI_{CBO}}{1-M\alpha_0} \quad (3.4.3)$$

由此可知,当 $M\alpha_0 \to 1$,则 $I_{CEO} \to \infty$,即只要 α_0 稍大于 1 就会发生雪崩击穿。根据 PN 结击穿理论,对于单个 PN 结,须有 $M \to \infty$,才会发生雪崩击穿,故有 $BV_{CEO} < BV_{CBO}$。由硅平面结雪崩倍增系数的经验公式

$$M = \frac{1}{1-\left(\dfrac{V}{V_B}\right)^n} \quad (3.4.4)$$

设式中 $V=BV_{CEO}$,$V_B=BV_{CBO}$,则 $M\alpha_0=1$,即

$$M\alpha_0 = \frac{\alpha_0}{1 - \left(\frac{BV_{CEO}}{BV_{CBO}}\right)^n} = 1$$

整理即得

$$BV_{CEO} = \frac{BV_{CBO}}{\sqrt[n]{1+\beta_0}} \tag{3.4.5}$$

式中，n 为常数，对于集电结高阻区为 N 型的硅管，$n=4$；高阻区为 P 型时，$n=2$。对于锗管则分别为 3 和 6。

在测试 BV_{CEO} 时，常会出现图 3.4.2(a) 所示的负阻现象，这是因为击穿时电流急剧增加导致 $d\alpha/dI_C$ 由正变负的缘故。特将击穿时的谷值电压称为维持电压 V_{SUS}，而 BV_{CEO} 则是其峰值电压。

在实际应用的共射极连接电路中，常常会在输入端口的基极和射极之间接入一电阻 R_B，或反向偏置电源，或使基极和射极短路，如图 3.4.2(b) 所示。这时，相应的击穿电压分别为 BV_{CER}、BV_{CEX}、BV_{CES}，根据前述晶体管内电流传输理论不难得到这些击穿电压的大小关系如图 3.4.2(c) 所示，即

$$BV_{CEO} < BV_{CER} < BV_{CES} < BV_{CEX} < BV_{CBO} \tag{3.4.6}$$

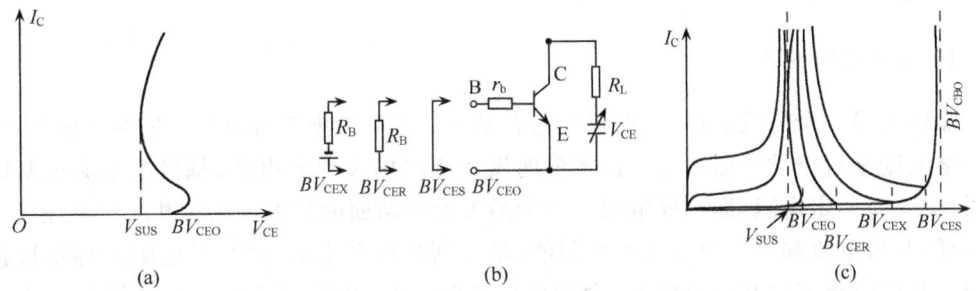

图 3.4.2 晶体管共射极不同偏置下的击穿电压

上述分析主要考虑到掺杂浓度或浓度梯度对雪崩击穿电压的影响，实际上，晶体管的击穿电压还与 PN 结的形状、表面状况及材料结构等诸多因素有关。

随着现代集成电路中晶体管的尺寸越来越小，基区宽度已减至亚微米以下，而且对于横向 PNP 管，N 型基区为低掺杂，在有外加偏压时，其发射结和集电结的势垒区都向基区扩展。外加电压使发射结和集电结的势垒区在基区相连时的物理现象称为基区穿通。在将集电结近似为单边突变结且基区杂质浓度较集电区低的情况下，穿通电压 V_{PT} 可表示如下：

$$V_{PT} = \frac{qN_B W_b^2}{2\varepsilon_0 \varepsilon_s} \tag{3.4.7}$$

显然，晶体管在反向偏置下，一旦发生基区穿通其反向电流就会急剧增加，不管这时是否发生 PN 结的击穿，都可认为出现了击穿现象，因此，如果基区穿通比集电结雪崩击穿先发生，那么就会降低晶体管的雪崩击穿电压，这时的 $BV_{CEO}=V_{PT}$，$BV_{CBO}=BV_{EBO}+BV_{CEO}$。为了避免基区穿通，就应使基区宽度大于或等于集电结发生雪崩击穿时的势垒宽度，即满足

$$W_b \geq \left(\frac{2\varepsilon_0 \varepsilon_s V_B}{qN_B}\right)^{\frac{1}{2}} \tag{3.4.8}$$

式中，V_B 为集电结的雪崩击穿电压。

3.4.3 集电极最大电流

由于大电流时晶体管电流放大系数的降低会引起增益下降、失真加大等不良后果，因此，为了保证晶体管能正常工作就需对晶体管的工作电流加以限定。定义共射极直流短路电流放大系数 β_0 下降到最大值 β_{0m} 的一半时所对应的集电极电流为集电极最大电流 I_{CM}，即

$$\beta_0 = \frac{\beta_{0m}}{2}, \quad I_C = I_{CM}$$

如图 3.4.3 所示，I_{CM} 的大小可以衡量晶体管电流放大系数在大电流下的下降程度，说明晶体管大电流特性的优劣，是功率晶体管的重要性能指标。

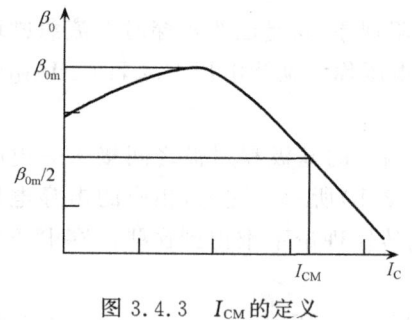

图 3.4.3 I_{CM} 的定义

3.4.4 基极电阻

1. 基极电阻的产生

晶体管是一个三端器件，发射极旁边有基极。发射极电流垂直于发射结平面流过，而基极电流则平行于结平面流过。由于横向尺寸比纵向尺寸大得多，基极电流流过基区薄层时，会具有一定电阻，即基极电阻。由于沿发射结结面的基极电流在基区所流经的路程不一样，基极电流和电压分布是不均匀的，是逐渐扩展开来的，故基极电阻又称基极扩展电阻。基极电流流过基极电阻时，会产生电压降，这个压降是平行于发射结面的横向压降。如图 3.4.4(a)所示，由于基极电阻不均匀，故不同区域的压降也不一样，所以基极电阻一般用一个平均压降和平均电流的比值来表示。显然，基极电阻的大小，与基极电流的流向有关，也与管芯的结构及基区电阻率的分布有关。如对于图 3.1.4 和图 3.1.5 所示的圆形结构、梳状结构，就会有不同的基极电阻表示式，这里只就梳状结构管芯的基极电阻计算方法予以简单分析。

2. 梳状晶体管的基极电阻

设梳状结构管芯有 n 个发射条及 $n+1$ 个基极条，其单元结构的图形如图 3.4.4(b)上图所示，具有对称结构，且以发射区中心为对称轴。因此，可以先计算半个单元的基极电阻，然后通过并联得到一个单元的电阻，最后将 n 个单元并联便可得到晶体管总的基极电阻。图中发射条的长、宽分别为 l_e 及 S_e，基极条的长、宽则分别为 l_b 及 S_b，它们的间距为 S_{eb}，其他结构参数也如图中所示。根据电流流向的特点，将半个单元的基极电阻分成 4 个子区域来考虑，相应的电阻分别为 r_{b1}、r_{b2}、r_{b3} 及 r_{bc}。其中 r_{b1} 为内基区电阻，r_{b2} 为发射区边缘和基极接触孔边缘之间的电阻，r_{b3} 为基极接触孔下面的基区电阻，r_{bc} 为基区金属电极条和半导体的接触电阻。

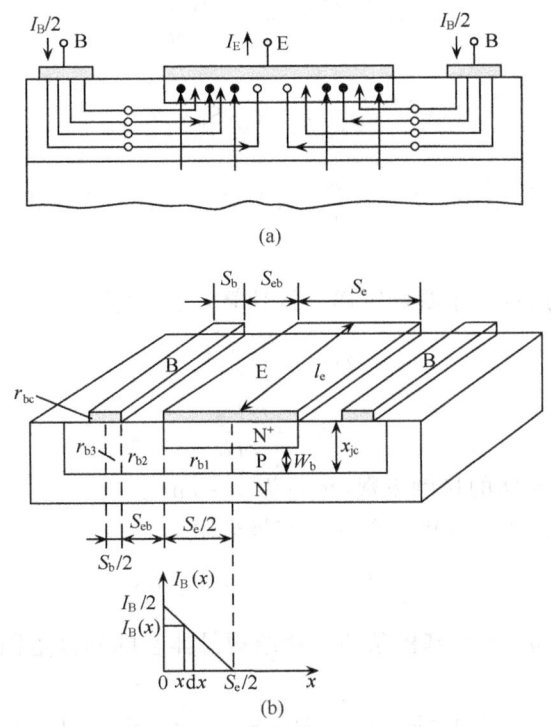

图 3.4.4 梳状晶体管管芯的单元结构
(a) NPN 管基区电流分布；(b) 梳状结构管芯基极电阻计算模型

由图可以看出，r_{b1} 和 r_{b3} 具有相同特点，在这两个子区域内，电流分布不均，可以采用平均电压法或平均功率法来计算，这里只介绍平均电压法。设 r_{b1} 子区域内的基极电流为线性分布，发射结边沿的电流最大，为 $I_B/2$，中心的电流为 0，则对于内基区某一点 x 基极电流为

$$I_B(x) = \frac{I_B}{2}\left(1 - \frac{x}{S_e/2}\right) \tag{3.4.9}$$

如图 3.4.4(b) 下图所示。若内基区平均电阻率为 $\overline{\rho_b}$，在 x 处 dx 薄层内的微分电阻

$$dR = \frac{\overline{\rho_b}dx}{l_e W_b} = \frac{R_{\square b}}{l_e}dx \tag{3.4.10}$$

式中，$R_{\square b}$ 为内基区方块电阻或称薄层电阻，$R_{\square b} = \frac{\overline{\rho_b}}{W_b}$。故 dR 上的微分电压降为

$$dV_b(x) = I_B(x)dR$$

再从 $0 \sim x$ 积分，则得基区内 x 处的电位为

$$V_b(x) = \frac{I_B R_{\square b}}{2l_e}\left(x - \frac{x^2}{S_e}\right) \tag{3.4.11}$$

将式(3.4.11)在 $0 \sim S_e/2$ 内积分，并在 $0 \sim S_e/2$ 取平均，即得 r_{b1} 子区域内的平均电压降

$$\overline{V_b}(x) = \frac{1}{S_e/2}\int_0^{S_e/2} V_b(x)dx = \frac{I_B S_e R_{\square b}}{12l_e} \tag{3.4.12}$$

则可得 r_{b1} 如下：

$$r_{b1} = \frac{\overline{V_b(x)}}{I_B/2} = \frac{R_{\Box b} S_e}{6 l_e} \qquad (3.4.13)$$

同理可求 r_{b3} 为

$$r_{b3} = \frac{R_{\Box B} S_b}{6 l_e} \qquad (3.4.14)$$

式中，$R_{\Box B}$ 为外基区方块电阻，$R_{\Box B} = \frac{\overline{\rho_B}}{x_{jc}}$，$\overline{\rho_B}$ 为整个基区扩散层的平均电阻率，x_{jc} 即集电结结深。

r_{b2} 和 r_{bc} 都是均匀的，可用欧姆定律直接计算，结果如下：

$$r_{b2} = \frac{R_{\Box B} S_{eb}}{l_e} \qquad (3.4.15)$$

$$r_{bc} = \frac{2 R_C}{S_b l_e} \qquad (3.4.16)$$

式中，R_C 为金属和半导体的接触系数，单位为 $\Omega \cdot cm^2$。

于是，一个发射条、两个基极条单元的基极电阻为

$$r_b = \frac{1}{2}(r_{b1} + r_{b2} + r_{b3} + r_{bc}) \qquad (3.4.17)$$

对于 n 个发射条、$n+1$ 个基极条的梳状结构晶体管的基极电阻即为 n 个单元电阻的并联，有

$$r_b = \frac{1}{n}\left(\frac{R_{\Box b} S_e}{12 l_e} + \frac{R_{\Box B} S_{eb}}{2 l_e} + \frac{R_{\Box B} S_b}{12 l_e} + \frac{R_C}{S_b l_e}\right) \qquad (3.4.18)$$

3. 减小基极电阻的措施

基极电阻 r_b 的值越小越好，如果大了，不仅会增大饱和压降，而且还会影响发射极的发射效率，降低功率增益，增大噪声等。

由式(3.4.18)可知，降低 r_b 的措施是：①减小发射区条宽、基极电极条宽，以及减小它们之间的距离与增加条长，但这会受到工艺条件的限制。②增加发射极条数 n，但会受到面积的限制。③降低基区方块电阻，即提高基区扩散层的杂质浓度，但这会降低发射效率，影响 $\alpha_0、\beta_0$，也会降低击穿电压。因此，在器件的设计中，应全面考虑各种参数的综合要求，对结构参数取一适当的值，以达到优化设计的目的。

3.5 双极晶体管直流伏安特性

双极晶体管直流伏安特性即晶体管在直流偏置下，其端电流和电压间的函数关系。这对于双极晶体管的应用和电子电路设计都是很重要的。本节将在导出均匀基区晶体管理想伏安特性方程的基础上，进一步就其常用的特性曲线予以简要分析。特性曲线是晶体管伏安特性的形象描述，模型或等效电路则是晶体管性能的高度概括，给器件的应用特别是电路的计算机辅助设计及模拟带来方便，故本节还将讲述 Ebers-Moll 模型。

3.5.1 均匀基区晶体管直流伏安特性

在3.3节的理论分析中，已得出了晶体管内部各区电子电流和空穴电流的方程式，据

此不难得到其端电流的方程式。晶体管有三个端电流,求得其中任何两个电流,即可得到另一电流。依据电流连续性原理,通过晶体管中某一截面的电子电流和空穴电流的比值可有不同,但通过任一截面上的总电流相等。因此可选取晶体管中某一特殊的截面来求其端电流,如选用发射结结面来求发射极电流,选用集电结结面来求集电极电流。但电子电流或空穴电流在各不同截面上的值可有不同。

根据式(3.3.16),可知晶体管内基区与发射结、集电结交界面的电子电流如下:

$$x=0, \quad J_{nb}(0) = -\frac{qD_{nb}n_{b0}}{L_{nb}}\left[\coth\left(\frac{W_b}{L_{nb}}\right)(e^{qV_{BE}/kT}-1) - \operatorname{csch}\left(\frac{W_b}{L_{nb}}\right)(e^{qV_{BC}/kT}-1)\right]$$

$$x=W_b, \quad J_{nb}(W_b) = -\frac{qD_{nb}n_{b0}}{L_{nb}}\left[\operatorname{csch}\left(\frac{W_b}{L_{nb}}\right)(e^{qV_{BE}/kT}-1) - \coth\left(\frac{W_b}{L_{nb}}\right)(e^{qV_{BC}/kT}-1)\right]$$

设 $W_e \geqslant L_{pe}$,由式(3.3.22),通过发射结的空穴电流密度为

$$J_{pe}(x_e) = \frac{qD_{pe}p_{e0}}{L_{pe}}(e^{qV_{BE}/kT}-1)$$

通过集电结的空穴电流密度由式(3.3.26)给出,即为

$$J_{pc}(x_c) = \frac{qD_{pc}p_{c0}}{L_{pc}}(e^{qV_{BC}/kT}-1)$$

将以上各式所表示的各区电子电流密度、空穴电流密度作成曲线如图3.5.1所示。

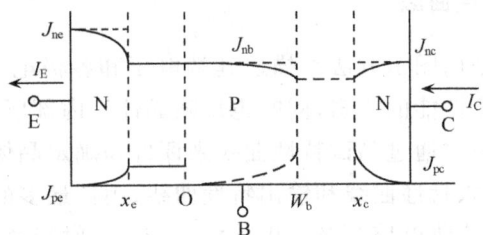

图 3.5.1 晶体管各区电子、空穴电流密度

在忽略势垒复合电流时,$J_{ne}=J_{nb}(0), J_{nc}=J_{nb}(W_b), J_{pe}=J_{pe}(x_e), J_{pc}=J_{pc}(x_c)$。选定势垒区边界这一截面,并设发射结和集电结面积相等,即 $A_e=A_c=A$。由晶体管的结构特点,有 $W_b \leqslant L_{nb}$,故有 $\coth\left(\frac{W_b}{L_{nb}}\right) \approx \frac{L_{nb}}{W_b}$,$\operatorname{csch}\left(\frac{W_b}{L_{nb}}\right) \approx \frac{L_{nb}}{W_b}$,则发射极电流 I_E、集电极电流 I_C 可分别表示如下:

$$\begin{aligned}
I_E &= A_e(J_{ne}+J_{pe}) \\
&= -A\left[\frac{qD_{nb}n_{b0}}{L_{nb}}\coth\left(\frac{W_b}{L_{nb}}\right)+\frac{qD_{pe}p_{e0}}{L_{pe}}\right](e^{qV_{BE}/kT}-1) \\
&\quad + A\left[\frac{qD_{nb}n_{b0}}{L_{nb}}\operatorname{csch}\left(\frac{W_b}{L_{nb}}\right)\right](e^{qV_{BC}/kT}-1) \\
&= -A\left[\left(\frac{qD_{nb}n_{b0}}{W_b}+\frac{qD_{pe}p_{e0}}{L_{pe}}\right)(e^{qV_{BE}/kT}-1) - \frac{qD_{nb}n_{b0}}{W_b}(e^{qV_{BC}/kT}-1)\right] \quad (3.5.1)
\end{aligned}$$

$$\begin{aligned}
I_C &= A_c(J_{nc}+J_{pc}) \\
&= -A\left[\frac{qD_{nb}n_{b0}}{L_{nb}}\operatorname{csch}\left(\frac{W_b}{L_{nb}}\right)\right](e^{qV_{BE}/kT}-1) \\
&\quad + A\left[\frac{qD_{nb}n_{b0}}{L_{nb}}\coth\left(\frac{W_b}{L_{nb}}\right)+\frac{qD_{pc}p_{c0}}{L_{pc}}\right](e^{qV_{BC}/kT}-1)
\end{aligned}$$

$$= -A\left[\frac{qD_{nb}n_{b0}}{W_b}(e^{qV_{BE}/kT}-1) - \left(\frac{qD_{nb}n_{b0}}{W_b} + \frac{qD_{pc}p_{c0}}{L_{pc}}\right)(e^{qV_{BC}/kT}-1)\right] \quad (3.5.2)$$

在放大工作状态时，$V_{BE} > 0, V_{BC} < 0$，且一般满足 $|V_{BC}| \geqslant \dfrac{kT}{q}$，故式(3.5.1)和式(3.5.2)可近似为

$$I_E = -A\left[\left(\frac{qD_{nb}n_{b0}}{W_b} + \frac{qD_{pe}p_{e0}}{L_{pe}}\right)(e^{qV_{BE}/kT}-1) + \frac{qD_{nb}n_{b0}}{W_b}\right] \quad (3.5.3)$$

$$I_C = -A\left[\frac{qD_{nb}n_{b0}}{W_b}(e^{qV_{BE}/kT}-1) + \left(\frac{qD_{nb}n_{b0}}{W_b} + \frac{qD_{pc}p_{c0}}{L_{pc}}\right)\right] \quad (3.5.4)$$

这是在理想情况下，晶体管工作在放大态时的直流特性方程。分析此二式可知 I_C 和 I_E 很接近，故 $I_B = I_E - I_C$，其值很小。

以上各式说明双极晶体管的端电流与其电压具有指数关系，与 PN 结的直流伏安特性相似。但是，晶体管是由两个相距很近的 PN 结构成，其端电流应与两结的结电流有关，上式也反映了晶体管的直流特性和单个 PN 结的直流伏安特性有不同，两个结之间存在相互影响。此外，式中的"—"号表示 NPN 晶体管的电流是从发射极流出，与原先所设基区 x 方向相反。

3.5.2 双极晶体管的特性曲线

晶体管的特性曲线是用图示方法来描述其端电压和各极电流之间的函数关系，不仅直观地表示出晶体管直流性能的优劣，同时也反映晶体管内部所发生的物理过程。因此，在实际生产和应用过程中常通过测试特性曲线来评价和确定晶体管的质量指标。晶体管常用特性曲线有两种：输入特性曲线和输出特性曲线，用得最多的是输出特性曲线。

在晶体管应用中有三种电路组态：共基极连接、共射极连接和共集电极连接，如图 3.5.2 所示。其中，共基极电路的输入阻抗很小，只有几十欧，而输出阻抗很高，达几兆欧，其电流增益小于 1，故温度稳定性好，失真小。共射极电路有很大的电流增益，功率增益更大，但其输入阻抗比共基极的大，约 1 千欧，而输出阻抗比共基极的小，为几十千欧，使用较方便。共集电极的输入阻抗很高，而输出阻抗很小，虽有电流放大作用，但无电压放大作用，一般用作阻抗变换的特殊情况。但无论哪种组态，当它们工作在放大状态时，都必须使发射结正向偏置，集电结反向偏置。不同组态的晶体管，其特性曲线是不同的。

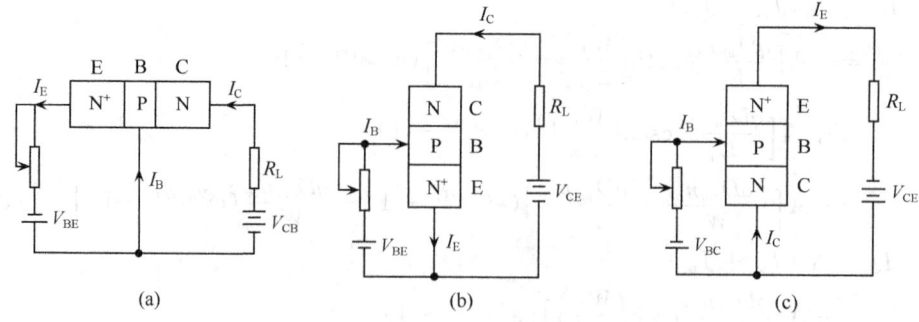

图 3.5.2 晶体管三种组态
(a) 共基极连接；(b) 共射极连接；(c) 共集电极连接

由于共集电极组态较少使用,这里主要介绍晶体管的共基极和共射极的特性曲线,并以 NPN 管为例。

1. 输入特性曲线

输入特性表示输入电流与输入电压之间的关系,对共基极组态,即 I_E-V_{BE} 特性;对共射极组态,即 I_B-V_{BE} 特性。先讨论共基极输入特性曲线。

共基极输入特性曲线示于图 3.5.3(a)。由图可见,当集电结反偏电压 V_{CB} 一定时,输入电流 I_E 随输入电压 V_{BE} 按指数规律增加,与正向 PN 结特性类似,实际上 I_E-V_{BE} 特性就是发射结的正向特性。但是它与单个 PN 结之间还是有区别的,即这里集电结上的电压 V_{CB} 对 I_E-V_{BE} 关系有一定的影响,从图中看到,随 V_{CB} 增大,I_E 的增加更快,或者说在同一 V_{BE} 下,V_{CB} 越高则 I_E 越大。这是基区宽变效应所致,当 V_{CB} 变大时,集电结势垒区展宽,使基区有效宽度减小,因而基区少子浓度梯度增加,引起发射区向基区正向注入的电子电流 I_{ne} 增加,从而使发射极电流 I_E 随之增大。

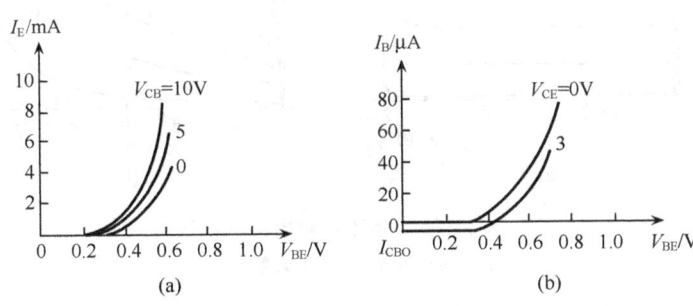

图 3.5.3 晶体管输入特性曲线
(a) 共基极连接;(b) 共射极连接

图 3.5.3(b) 是共射极输入特性曲线,即基极电流 I_B 和输入端电压 V_{BE} 的关系曲线。它也与 PN 结的正向特性类似,其与单个 PN 结正向特性的差别也在于有邻近结即集电结的影响。当 $V_{CE}=0$ 时,相当于发射结与集电结两个正向 PN 结并联,故 I_B-V_{BE} 特性与 PN 结正向特性类似。但与共基极组态的不同在于:当 V_{CE} 增大时,集电结反向偏压增高,导致基区宽变效应,使基区有效宽度减小,基区的复合电流 I_{rb} 减小,因此 I_B 减小。在输入特性曲线上,表现为在同样的 V_{BE} 下,V_{CE} 越大,I_B 越小。此外,对 $V_{CE}=0$ 时的 I_B-V_{BE} 曲线,若同时有 $V_{BE}=0$,因这时两个 PN 结上的偏压均为零,没有任何电流在晶体管中流动,故 $I_B=0$;对 $V_{CE}\neq 0$ 的 I_B-V_{BE} 曲线,当 $V_{BE}=0$ 时,发射结没有任何注入,即 I_{ne}、I_{pe} 都是 0,基区也就不存在少子复合电流,即 $I_{rb}=0$,但这时集电结上反偏压 $V_{CB}\neq 0$,在结中流过反向电流 I_{CBO},由基极流出,故 $I_B=-I_{CBO}$。

2. 输出特性曲线

输出特性曲线表示晶体管在一定的输入电流下,输出电流与输出电压之间的关系,故为不同输入电流的曲线簇。对共基极组态,即为不同 I_E 时,输出电流 I_C 和输出端电压 V_{CB} 的关系曲线;对共射极组态,即为不同 I_B 时,I_C 和 V_{CE} 的关系曲线。

共基极组态的 I_C-V_{CB} 特性曲线如图 3.5.4(a) 所示。由图可知,当 I_E 为不同的值时,

I_C 随 V_{CB} 的变化规律大致相同,但一定 V_{CB} 下,I_E 越大,I_C 越大。当 $I_E=0$,即发射极开路时,发射结没有任何注入,但此时集电结反偏,流过反向电流 I_{CBO},故 $I_C=I_{CBO}$,这时的输出特性实际上就是集电结的反向特性。随着 I_E 的增加,I_C 按 $\alpha_0 I_E$ 的规律增加,但 $\alpha_0 \approx 1$,所以 I_C 基本上与 I_E 同样增加。另外,当 I_E 一定,I_C 基本上不随 V_{CB} 变化,这是因为 I_C 是靠收集 I_E 中传输到集电结的那部分电流 I_{nc} 而构成的,故 I_E 一定时,I_C 也基本恒定。当 V_{CB} 减小直到集电结变成正偏后,集电结收集能力降低,I_C 迅速下降;当 V_{CB} 增大,到达集电结雪崩击穿电压时,晶体管发生击穿,对 $I_E=0$ 的 I_C-V_{CB} 曲线,击穿电压为 BV_{CBO}。

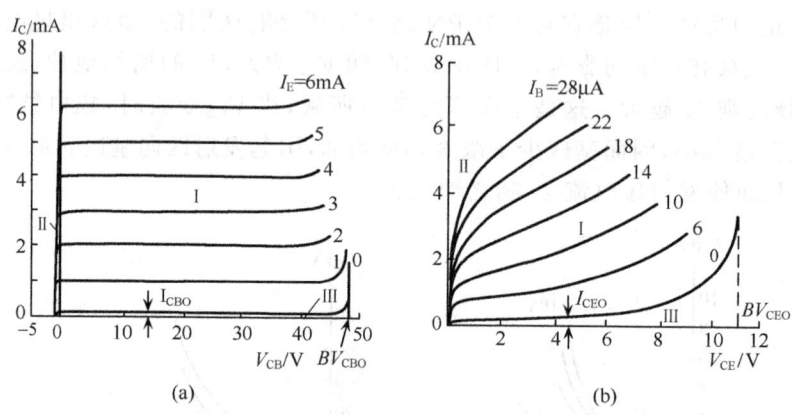

图 3.5.4　晶体管输出特性曲线
(a) 共基极连接；(b) 共射极连接

图 3.5.4(b)是共射极的输出特性曲线,即当输入电流 I_B 为一定值时,I_C-V_{CE} 关系曲线。由图可知,这时电流增益很大,$\beta_0 = \dfrac{\Delta I_C}{\Delta I_B}$;当 $I_B=0$ 即基极开路时,晶体管中流过的电流 I_C 很小,为穿透电流,即 $I_C=I_{CEO}=(1+\beta_0)I_{CBO}$,它大于集电结反向电流 I_{CBO},这是因为输出电压 V_{CE} 虽然主要降落在集电结上使集电结反偏,但由 I_{CBO} 流到基区的空穴的积累使发射结正偏,因而发射结有正向注入电流 I_{ne},它输运到集电结,而使 I_E 大于 I_{CBO}。随着 I_B 增加,集电极电流按 $\beta_0 I_B$ 的规律增加。当 V_{CE} 增大时,由于基区宽变效应使 β_0 增大,特性曲线发生倾斜;当 V_{CE} 增大到集电结发生雪崩倍增时,晶体管击穿,I_C 迅速增大,$I_B=0$ 的 I_C-V_{CE} 曲线的击穿电压就是 BV_{CEO},它小于 BV_{CBO},有 $BV_{CEO}=\dfrac{BV_{CBO}}{\sqrt[n]{1+\beta_0}}$。$V_{CE}$ 在两个结上分压,当 V_{CE} 减小到某一值时,集电结将达到零偏压,若 V_{CE} 进一步降低,集电结就会变成正偏压,使集电结收集能力迅速减弱,因而集电极电流迅速下降。

比较图 3.5.4(a)、(b)两组曲线可知,两种组态输出特性曲线的共同之处是:当输入电流一定时,两种组态的输出电流基本上保持不变,即随输出电压的变化很微弱,只有输入电流改变时,输出电流才随之变化。因此,晶体管的输出电流受输入电流控制,是一种电流控制器件。但是,两组输出特性曲线也有一些不同之处:①共射极输出特性中,输入电流 I_B 较小的变化量,就会引起输出电流 I_C 较大的变化;而共基极输出特性中,输出电流 I_C 的改变量基本与输入电流 I_E 的变化量相等。它反映了共射极电流增益远大于共基极电流增益这一事实。②共射极输出特性曲线随输出电压的增大逐渐上翘,而共基极特性曲线基本上保持水平。这是因为基区宽变效应对共射极电流增益 β_0 的影响比对共基极电流增益 α_0 的影响大得多。例如,基区宽变效应使 α_0 从 0.99 稍稍增大到 0.998 时,$\beta_0\left(=\dfrac{\alpha_0}{1-\alpha_0}\right)$ 则从 99 变化为 499。因此,基区宽变效应对共射极输出特性曲线影响显著,对共基极特性曲线则可以忽略。在共射极输出曲线中 $I_B=0$ 那条曲线的上翘则是由于 $I_{CEO}=(1+\beta_0)I_{CBO}$,$\beta_0$ 随 V_{CE} 增大而导致 I_{CEO} 曲线上翘。共基极输出特性曲线的斜率比共射极小,说明共基极晶体管的输出阻抗比共射极的大。③随着输出电压的减小,共射极特性曲线在 V_{CE} 下降为零之前,输出电流 I_C 已经开始下降,而共基极特性曲线在 $V_{CB}=0$ 时还保持水平,直到 V_{CB} 为负值时才开始下降。这是因为,在共射组态中,输出电压 V_{CE} 是降落在集电结和发射结上的,即 $V_{CE}=V_{CB}+V_{BE}$。对于 $I_B\neq 0$ 的情况,发射结偏压 V_{BE} 近似恒定在 0.7V(Si 管,对 Ge 管为 0.3V)。因此,当 V_{CE} 减小到 0.7V 时,集电结上偏压 $V_{CB}\approx 0$。这时集电结虽然为零偏,但依靠势垒区的自建电场仍然可以全部收集从基区输运过来的载流子,因此集电极电流不会显著减小。但是,当 V_{CE} 进一步减小到低于 0.7V 时,集电结变为正偏,削弱了势垒区内的电场,其收集能力降低,因而,I_C 迅速下降。这就说明为什么共射极组态中,V_{CE} 下降为零之前,输出电流就已迅速减小。同样的分析可知,在共基极组态中,当 $V_{CB}=0$ 时,零偏的集电结仍有电流收集能力,I_C 不会明显下降,只有 V_{CB} 变为负值即 $V_{BC}>0$ 时,集电结才变为正偏,收集能力减弱,从而 I_C 才开始迅速下降。

由图 3.5.4 可以看出,根据发射结、集电结的偏压情况,可将晶体管输出特性曲线分成三个区域,对应三种不同的工作状态:①当发射结正偏(即 $V_{BE}>0$),集电结反偏即($V_{BC}<0$),晶体管工作在放大状态,输出电流不随电压而变化,对共射极有 $I_C=\beta_0 I_B$,称为放大区,以Ⅰ表示。②当发射结正偏(即 $V_{BE}>0$),集电结也正偏(即 $V_{BC}>0$),晶体管工作在饱和状态,输出端即 C、E 两极间的压降 V_{CE} 很小,集电极电流 I_C 基本上不受基极电流影响,仅由 V_{CE} 决定,称为饱和区,以Ⅱ表示。③当发射结反偏(即 $V_{BE}<0$),集电结也反偏(即 $V_{BC}<0$),晶体管工作在截止状态,特点是晶体管的输出电流很小,仅为反向漏电流,称为截止区,以Ⅲ表示。

3.5.3 Ebers-Moll 模型

双极晶体管是一种非线性电子器件,其电流电压特性具有指数函数关系。为了电路设计计算的方便,一般将器件用较为简单的恒流源、恒压源、二极管和电容、电阻等线性元件组成的等效电路来代替,即建立器件的等效模型。这不仅能简化电路的设计,更便于计算机的辅助设计(CAD)与模拟(CAM)。由于电路的功能各有不同,当晶体管使用在不同的电路中其表现出来的性能也就不同,或者不同研究者对问题的处理方法有所不同,故晶体管的模型有许多种,有直流模型、交流模型,也有瞬态模型;有小信号模型,也有大信号模型;有 EM 模型、GP 模型,还有 SPICE 模型等。

Ebers-Moll 模型常简称 EM 模型,是双极晶体管的经典模型之一。由 Ebers 和 Moll 于 1954 年提出。EM 模型是一非线性直流模型,适应于晶体管直流下的各种工作状态。由于没有考虑电荷储存效应及电阻,也未考虑晶体管中的各种效应,故是一种最简单的模型。

1. EM 方程

EM 模型是将双极晶体管的电流看成一个正向晶体管和一个倒向晶体管叠加(即各自所具有的电流并联)而成。在共基连接的状态下，当晶体管的发射结正偏(即 $V_{BE}>0$)，集电结零偏(即 $V_{BC}=0$)，称为正向晶体管；同理，当集电结正偏(即 $V_{BC}>0$)，发射结零偏(即 $V_{BE}=0$)，则称为倒向晶体管。设端电流流进晶体管为电流的正向，那么，由式(3.5.1)和式(3.5.2)两式不难得出正向晶体管和倒向晶体管端电流的表示式。

设正向晶体管的发射极电流为 I_{EF}(常简称为 I_F)，集电极电流为 I_{CF}，共基极电流放大系数为 α_F，则有

$$\alpha_F = \frac{I_{CF}}{I_{EF}} \tag{3.5.5}$$

$$I_{EF} = I_{ES}(e^{qV_{BE}/kT} - 1) = I_F \tag{3.5.6}$$

$$I_{CF} = \alpha_F I_{EF} = \alpha_F I_{ES}(e^{qV_{BE}/kT} - 1) \tag{3.5.7}$$

式中，I_{ES} 称为集电极短路时发射极反向饱和电流。由式(3.5.1)比较可得

$$I_{ES} = A\left(\frac{qD_{nb}n_{b0}}{W_b} + \frac{qD_{pe}p_{e0}}{L_{pe}}\right) \tag{3.5.8}$$

同理，定义倒向晶体管发射极电流为 I_{ER}(常简称为 I_R)，集电极电流为 I_{CR}，共基极电流放大系数为

$$\alpha_R = \frac{I_{CR}}{I_{ER}} \tag{3.5.9}$$

由式(3.5.2)可得

$$I_{ER} = I_{CS}(e^{qV_{BC}/kT} - 1) = I_R \tag{3.5.10}$$

$$I_{CR} = \alpha_R I_{ER} = \alpha_R I_{CS}(e^{qV_{BC}/kT} - 1) \tag{3.5.11}$$

式中，I_{CS} 称为发射极短路时集电结的反向饱和电流。对比式(3.5.2)可得

$$I_{CS} = A\left(\frac{qD_{nb}n_{b0}}{W_b} + \frac{qD_{pc}p_{c0}}{L_{pc}}\right) \tag{3.5.12}$$

将双极晶体管看成正向晶体管和倒向晶体管的叠加，且正向与倒向晶体管均为 NPN 管，如图 3.5.5(a)所示，则其端电流均以流入为正方向，可表示如下：

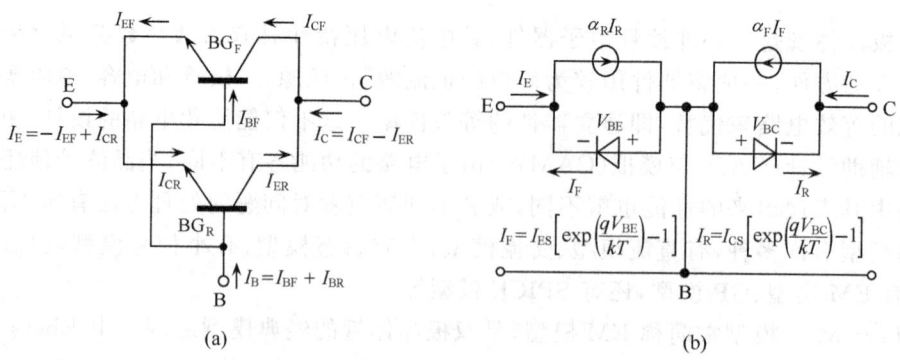

图 3.5.5 EM 方程
(a) 正向晶体管和倒向晶体管叠加；(b) 等效电路

$$I_E = -I_{EF} + I_{CR} = -I_F + \alpha_R I_R \tag{3.5.13}$$

$$I_C = I_{CF} - I_{ER} = \alpha_F I_{EF} - I_{ER} \tag{3.5.14}$$

代入式(3.5.6)的 I_{EF}，式(3.5.10)的 I_{ER}，即得 EM 方程如下：

$$I_E = -I_{ES}(e^{qV_{BE}/kT} - 1) + \alpha_R I_{CS}(e^{qV_{BC}/kT} - 1) \tag{3.5.15}$$

$$I_C = \alpha_F I_{ES}(e^{qV_{BE}/kT} - 1) - I_{CS}(e^{qV_{BC}/kT} - 1) \tag{3.5.16}$$

上述方程对应的等效电路如图 3.5.5(b)所示。

如果考虑到 NPN 管电流的实际方向，则式(3.5.15)中各项符号相反，即发射极电流实际是从管中流出，应为 $I_E = I_{ES}(e^{qV_{BE}/kT} - 1) - \alpha_R I_{CS}(e^{qV_{BC}/kT} - 1)$。将该二式与式(3.5.1)和式(3.5.2)作比较，可以看出

$$\alpha_F I_{ES} = \alpha_R I_{CS} = A\frac{qD_{nb}n_{b0}}{W_b} \tag{3.5.17}$$

在实际器件中，一般都有 $\alpha_F > \alpha_R$，故有 $I_{CS} > I_{ES}$。

2. EM1 模型

上述式(3.5.15)及式(3.5.16)是以晶体管短路时的反向饱和电流来表示端电流的 EM 方程，同样也可以某一极开路时的反向饱和电流来表示 EM 模型。如对 I_{EBO}，有 $I_C = 0, V_{BE} < 0$，且有 $|V_{BE}| \geqslant \dfrac{kT}{q}$，由此条件及式(3.5.16)、式(3.5.15)，可得

$$I_{EBO} = (1 - \alpha_F \alpha_R) I_{ES} \tag{3.5.18}$$

同理，对于 I_{CBO}，有 $I_E = 0, V_{BC} < 0$，且有 $|V_{BC}| \geqslant \dfrac{kT}{q}$，再代入式(3.5.15)及式(3.5.16)，于是有

$$I_{CBO} = (1 - \alpha_F \alpha_R) I_{CS} \tag{3.5.19}$$

亦即

$$I_{ES} = \frac{I_{EBO}}{1 - \alpha_F \alpha_R} \tag{3.5.20}$$

$$I_{CS} = \frac{I_{CBO}}{1 - \alpha_F \alpha_R} \tag{3.5.21}$$

将 I_{ES}、I_{CS} 分别以上述有关式代入式(3.5.15)及式(3.5.16)中，并经一定的数学处理，就能得到

$$I_E = \alpha_R I_C + I_{EBO}(e^{qV_{BE}/kT} - 1) \tag{3.5.22}$$

$$I_C = \alpha_F I_E - I_{CBO}(e^{qV_{BC}/kT} - 1) \tag{3.5.23}$$

式(3.5.22)和式(3.5.23)说明晶体管的发射极电流和集电极电流都可以用一个恒流源和一个 PN 结二极管的并联电路来表示，这就是 Ebers-Moll 模型，常称 EM1 模型。对于 NPN 管，相应的等效电路如图 3.5.6 所示。该模型适合于双极晶体管放大、截止及饱和三种不同的工作状态，只要将某一工作状态下具体的偏压条件代入上述式(3.5.22)或式(3.5.23)中就能得到相应的 EM 方程及其等效电路。

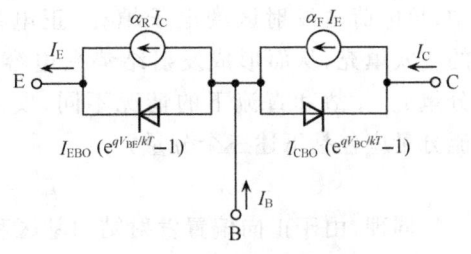

图 3.5.6　EM1 模型

3.6 交流小信号电流增益及频率特性参数

双极晶体管除了直流工作状态,更多地工作在交流状态,以实现对信号的控制与放大。这里主要讨论交流小信号状态,即信号电压幅度远小于热电势 kT/q,室温下约为 26mV,比直流偏置电压小得多,相应的交流电流也会比直流偏置下的电流小得多。这时晶体管工作在正向有源区,作为线性放大,输入信号电流、输出信号电流、输入信号电压及输出信号电压之间可近似为线性变化关系。随着信号频率升高,晶体管内各种电容效应的影响使电流增益迅速下降,从而对使用频率提出限制。

3.6.1 交流小信号电流传输

晶体管工作在交流小信号状态下,其信号电压是叠加在直流偏置电压之上,输出总电流应是直流分量和交流分量之和。如图 3.6.1 所示,以 NPN 晶体管共基极连接为例,其输入总电压表示为

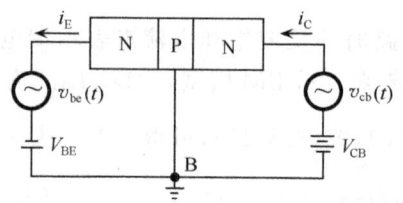

图 3.6.1 NPN 管共基极交流小信号电路

$$v_{BE}(t) = V_{BE} + v_{be}(t) \quad (3.6.1)$$

式中,$v_{be}(t)$ 一般为正弦交变分量,即

$$v_{be}(t) = V_{be} e^{j\omega t} \quad (3.6.2)$$

这时,集电极总输出电流如下:

$$i_C(t) = I_C + i_c(t) \quad (3.6.3)$$

式中,I_C 为直流分量,$i_c(t)$ 为正弦交流分量。

当信号频率较低,如低频或中频频段,作为准静态近似,可认为交流下电流和电压的函数关系与直流下电流随电压的变化规律相同。在后续的分析中,将把交流变量看成是准静态下的直流量来处理。虽然所得结果与实际测量值存在某些误差,但经验证明,这样处理不仅给理论分析及设计计算带来方便,更有利于计算机模拟,而且误差也在允许的范围内。

由于加于晶体管的电压及通过的电流都随时间而变化,故晶体管内发射结和集电结上的偏压及电荷分布都将随时间而变化。如图 3.6.2 所示,由于发射结上的偏压随时间而变化,故发射结的势垒宽度也将随时间而变,根据 PN 结电容理论,这可以看成是发射结的势垒电容,也就是说通过晶体管发射结的电流要对发射结势垒电容 C_{TE} 充、放电,其中,负电荷由发射区的电子填充,正电荷则由基区的空穴填充,从而形成发射结势垒电容 C_{TE} 的电流分量 $i_{C_{TE}}$。故和直流下的情况不同,发射极交流电流分量应包括下述三个分量:

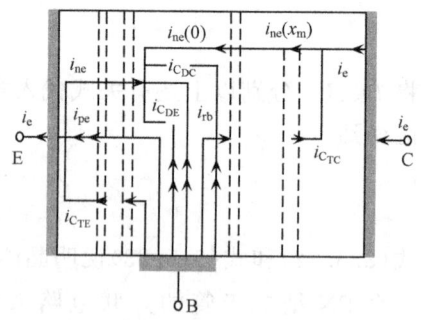

图 3.6.2 NPN 晶体管内交流小信号电流传输

$$i_e = i_{ne} + i_{pe} + i_{C_{TE}} \quad (3.6.4)$$

同理,由于正向偏置发射结向基区和发射区注入的非平衡载流子浓度也会随结上电压而按指数规律变化,如图 3.6.3(a)所示,亦即基区和发射区储存的电荷量也会随时间

而改变。这可以看成是发射结的扩散电容,以 C_{DE} 表示, C_{DE} 定义为

$$C_{DE} = \frac{\partial Q_{DE}}{\partial V_{BE}}\Big|_{V_{BC}} \approx \frac{\partial Q_B}{\partial V_{BE}}\Big|_{V_{BC}} \quad (3.6.5)$$

即在集电结偏压为常数时,发射结扩散区电荷 Q_{DE} 与发射结电压的微分量之比。设外加偏压下,发射区和基区积累电荷分别为 Q_E、Q_B,因为 $Q_{DE}=Q_B+Q_E$,又 $Q_B \gg Q_E$,所以 $Q_{DE} \approx Q_B$。考虑到扩散电容 C_{DE} 的影响,注入到基区的电流 i_{ne} 除了基区的体复合电流 i_{rb},还应包括扩散电容 C_{DE} 的充、放电电流。因为基区是电中性的,其"多子"空穴由基极电流随时维持与电子等量的变化,因而扩散电容 C_{DE} 的电流 $i_{C_{DE}}$ 是基极电流的分量。

同时,由于集电结偏压的变化会导致基区宽变效应,使有效基区宽度随时而变,也会导致基区积累电荷的变化,故定义当发射结偏压为常数时,基区电荷与集电结电压的微分量之比为集电结扩散电容 C_{DC},如图 3.6.3(b)所示。故流入基区的电子电流 i_{ne} 还应包括集电结扩散电容 C_{DC} 的充、放电电流 $i_{C_{DC}}$。由于 C_{DC}

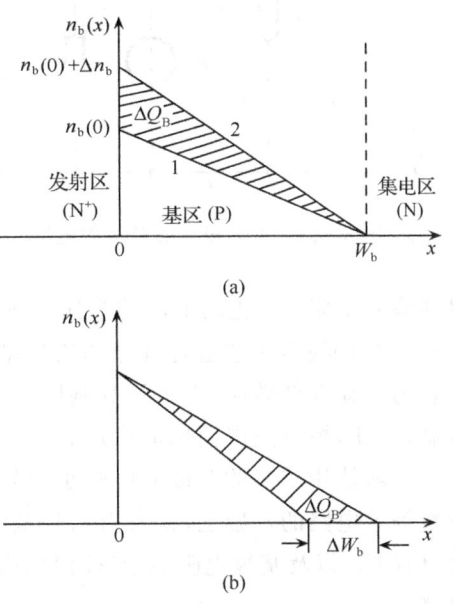

图 3.6.3 基区积累电荷的变化
(a) C_{DE};(b) C_{DC}

很小,一般可忽略不计。当然,在一定的频率范围内,i_{ne} 中的绝大部分电子是会传输到集电区的,因此,通过发射结注入的电子电流 i_{ne} 应为

$$i_{ne} = i_{rb} + i_{C_{DE}} + i_{C_{DC}} + i_{nc}(0) \quad (3.6.6)$$

式中,$i_{nc}(0)$ 为流经集电结势垒区与基区边界的电子电流。在直流稳态情况下,通常都认为流过集电结势垒区两边的电流相等,这实际上是假定载流子以无穷大的速度通过集电结势垒区。但事实上载流子的速度是一个有限值,故载流子通过集电结势垒区是需要时间的,在动态情况下,电流的幅度和相位均随时间而变,因此,对于某一时刻 t,集电结势垒区两边的电流并不相等。

集电结势垒区同样存在势垒电容 C_{TC},若设集电结势垒区靠集电区一边的电子电流为 $i_{nc}(x_{mc})$,则电子流在向集电极传输的同时,还必须响应 C_{TC} 的充电、放电,而相应的空穴流则由基极电流提供,从而形成电流 $i_{C_{TC}}$,那么就有

$$i_{nc}(x_{mc}) = i_{C_{TC}} + i_c \quad (3.6.7)$$

综上所述,为了响应交流下各种电容充、放电的需要,基极电流将变为

$$i_b = i_{pe} + i_{rb} + i_{C_{TE}} + i_{C_{DE}} + i_{C_{TC}} + i_{C_{DC}} \quad (3.6.8)$$

由此可知,在同样的发射极电流下,由于基极电流的增大,将使得输出电流减小,即意味着电流放大系数的降低。其原因就在于晶体管内存在势垒电容和扩散电容。

3.6.2 BJT交流小信号模型

在输入信号电压很小的情况下,可以用微变等效电路将晶体管等效为电阻、电容、恒

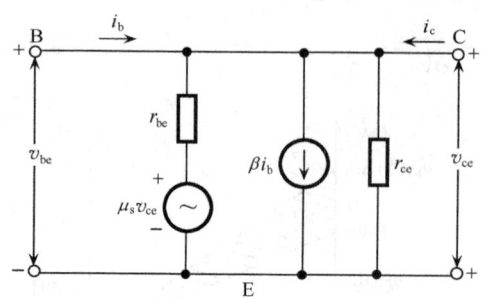

图 3.6.4 共射极 h 参数等效电路

流源、恒压源等元件构成的线性网络电路,如 z 参数等效电路、y 参数等效电路及 h 参数等效电路。图 3.6.4 所示即为常用的晶体管共射极 h 参数等效电路,是 BJT 的一种交流小信号线性模型,在低频下还可进一步简化。如电路课中所分析的那样,通过求以晶体管共射极交流输入电流 i_b 和输出电压 v_{ce} 为自变量,以输入电压 v_{be} 和输出电流 i_c 为因变量所构成的特性方程的全微分,从而得到 4 个基本的 h 参数,即图中示出的输出交流短路时的输入电阻 r_{be}、正向电流传输比 β、输入交流开路时的反向电压传输比 μ_r 及输出电导 $1/r_{ce}$。这种模型一般适合理想的均匀基区晶体管,由于没有考虑前述的势垒电容和扩散电容的电荷存储效应,也未计其基区宽变效应的影响,不能很好地反映晶体管的内部物理机制,因此,模型虽然简单但应用有限。

当前使用较多的双极晶体管小信号模型是混合 π 模型。这种模型实际上是在低频 y 参数等效电路的基础上,将发射结势垒电容 C_{TE}、扩散电容 C_{DE}、集电结势垒电容 C_{TC} 和扩散电容 C_{DC} 以及基极电阻 r_b 连接到相应的结点上,从而构成双极晶体管小信号高频等效电路。

y 参数等效电路是以输入电压和输出电压为自变量,以输入电流和输出电流为因变量来构成特性方程

$$i_B = f_1(v_{BE}, v_{CB})$$
$$i_C = f_2(v_{BE}, v_{CB})$$
(3.6.9)

式中的电流、电压参数为包含直流和交流分量的瞬态值。

通过求全微分即得到包含 4 个电导参数的小信号电流电压方程如下:

$$i_b = g_\pi v_{be} - g_\mu v_{cb}$$
$$i_c = g_m v_{be} + g_o v_{cb}$$
(3.6.10)

由式(3.6.10)确定的 4 个电导参数其定义如下:

$$g_\pi = \frac{\partial i_B}{\partial v_{BE}}\Big|_{v_{CB}} \qquad g_\mu = -\frac{\partial i_B}{\partial v_{CB}}\Big|_{v_{BE}}$$

$$g_m = \frac{\partial i_C}{\partial v_{BE}}\Big|_{v_{CB}} \qquad g_o = \frac{\partial i_C}{\partial v_{CB}}\Big|_{v_{BE}}$$
(3.6.11)

式中,g_π 称为输入电导,是在输出电压为常数时,输入电流随输入电压的变化率;g_μ 称为反馈电导,是在输入电压为常数时,由于基区宽变效应,集电极电压的变化引起输入电流 i_b 的变化;g_m 称为跨导,也称正向转移电导,是双极晶体管重要的性能参数,表明输出电压为常数时输出电流随输入电压的变化率,标志着晶体管对信号的放大能力;g_o 则为输出电导,表明在输入电压为常数时,由于集电极电压变化导致集电结空间电荷区宽度变化,使输出电流随之而变。可以通过求解双极晶体管交流连续性方程得出交流电流电压方程,和 y 参数方程进行比较,便可得到上述 4 个 y 参数,结果为包含电导和扩散电容的导纳参数,常称本征 y 参数。但求解过程繁杂,故下面先求出低频 y 参数,可使问题简单

得多。

在准静态近似的假定下,可以将电流、电压的瞬时值看成是准静态变量,它们之间的函数关系仍遵循 3.5 节所得出的双极晶体管的直流伏安特性方程。因此,由直流伏安特性方程或 EM 方程即可求得相应低频电导参数如下:

$$g_{\mathrm{m}} = \frac{\partial I_{\mathrm{C}}}{\partial V_{\mathrm{BE}}} = \frac{qI_{\mathrm{C}}}{kT} \tag{3.6.12}$$

$$g_{\pi} = \frac{\partial I_{\mathrm{B}}}{\partial V_{\mathrm{BE}}} = \frac{g_{\mathrm{m}}}{\beta_{\mathrm{F}}} \tag{3.6.13}$$

$$g_{\mathrm{o}} = \frac{\partial I_{\mathrm{C}}}{\partial V_{\mathrm{CB}}} = \frac{\partial I_{\mathrm{C}}}{\partial V_{\mathrm{CE}}} = \frac{I_{\mathrm{C}}}{V_{\mathrm{EA}}+V_{\mathrm{CE}}} = \frac{\dfrac{kT}{q}}{V_{\mathrm{EA}}+V_{\mathrm{CE}}} g_{\mathrm{m}} \tag{3.6.14}$$

$$g_{\mu} = -\frac{\partial I_{\mathrm{B}}}{\partial V_{\mathrm{CB}}} = \frac{g_{\mathrm{o}}}{\beta_{\mathrm{F}}} \tag{3.6.15}$$

上述式中的电流、电压参数均看成准静态参数,V_{EA} 为 Early 电压,β_{F} 为共射极正向电流增益。

在此基础上通过一定的近似,便可得到图 3.6.5(a)示出的双极晶体管共射极低频 π 等效电路,再在适当的结点上接入相应的电容即得混合 π 等效电路如图 3.6.5(b)所示,或称混合 π 模型。比较两图可知,图 3.6.5(b)中 $r_{\pi}=1/g_{\pi}$,$r_{\mu}=1/g_{\mu}$,$r_{\mathrm{o}}=1/g_{\mathrm{o}}$;电容参数 C_{π}、C_{μ} 分别为

$$C_{\pi} = C_{\mathrm{DE}} + C_{\mathrm{TE}}$$

$$C_{\mu} = C_{\mathrm{TC}}$$

$r_{\mathrm{bb'}}'$ 为交流小信号下晶体管的基极电阻,小于 3.4 节所述的直流基极电阻 r_{b}。考虑到电压

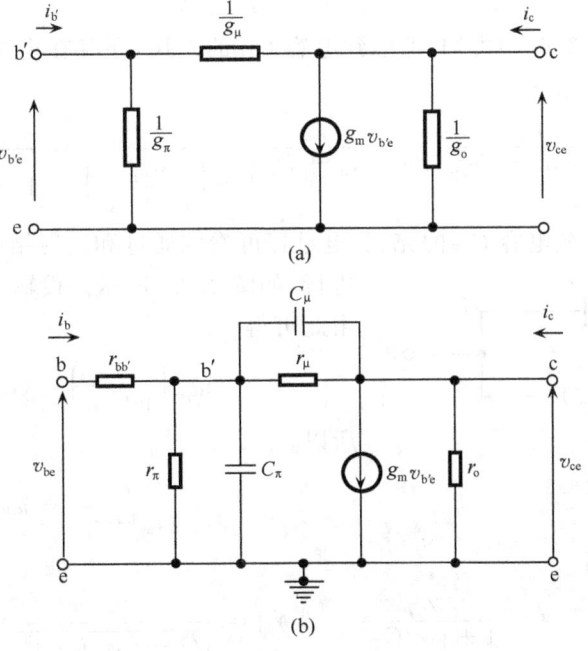

图 3.6.5

(a) 低频 π 等效电路;(b) 混合 π 模型

v_{be} 在 r'_{bb} 上的压降,故恒流源为 $g_m v_{b'e}$。

混合 π 等效电路引入了与器件结构参数相关的模型参数,在一定频率范围内这些参数为不随频率变化的常数,这将有利于器件及集成电路的模拟与设计。同时,模型参数中还包含温度参数 T,有助于了解模型参数随温度的变化关系。

晶体管小信号模型有多种,根据器件的具体结构和电路的使用特点可以构建不同的模型,必要时还需考虑寄生效应的影响,将各极间的等效集总寄生参数如寄生电容、电感及串联电阻等也连接进去,从而构成晶体管较为完整的小信号高频等效电路。

3.6.3 交流小信号传输延迟时间

晶体管发射结和集电结都存在势垒电容及扩散电容,当输入交变信号时,电容随之充电、放电,这一充、放电所需的时间必然造成信号传输的延迟。同时,荷载交变信号的载流子以有限速度经过器件一定的区间,如基区、集电结空间电荷区等,需要一定的渡越时间,也会增加信号的延迟时间,从而给器件的使用频率带来限制。根据上述分析,本征晶体管主要存在 4 个延迟时间,诸如发射极延迟时间、基区渡越时间、集电极延迟时间及集电结势垒区渡越时间。延迟时间的存在必然会影响其交流电流增益,由于电容的容抗随信号频率的升高而下降,故频率越高,容抗越小,电容的充、放电电流越大,则晶体管的交流电流增益下降得越厉害。

1. 发射效率及发射结延迟时间

根据发射效率的定义,在直流下有

$$\gamma_0 = \frac{I_{ne}}{I_E} = \frac{I_{ne}}{I_{ne} + I_{pe}} \tag{3.6.16}$$

在交流下由式(3.6.4)可知,考虑到电容 C_{TE} 的作用,还存在电容的充放电电流 $i_{C_{TE}}$,故有

$$\gamma = \frac{i_{ne}}{i_{ne} + i_{pe} + i_{C_{TE}}}\Big|_{V_{CB}} = \frac{i_{ne}}{i_{ne} + i_{pe}} \frac{1}{1 + \left(\frac{i_{C_{TE}}}{i_{ne} + i_{pe}}\right)} = \frac{\gamma_0}{1 + \frac{i_{C_{TE}}}{i_{ne} + i_{pe}}} \tag{3.6.17}$$

在共基极组态下,势垒电容 C_{TE} 的充、放电过程可看成通过和发射结电阻构成的并联回路进行,如图 3.6.6 所示。设输入信号的角频率为 ω,由此可得

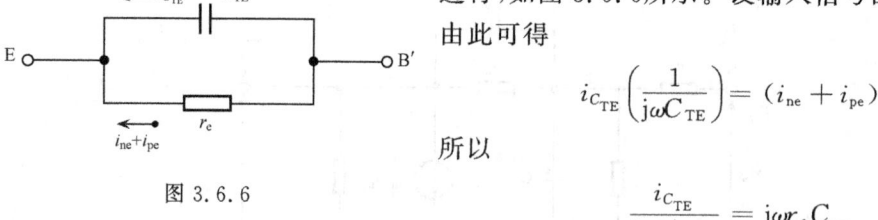

图 3.6.6

$$i_{C_{TE}} \left(\frac{1}{j\omega C_{TE}}\right) = (i_{ne} + i_{pe}) r_e$$

所以

$$\frac{i_{C_{TE}}}{i_{ne} + i_{pe}} = j\omega r_e C_{TE}$$

代入式(3.6.17),则

$$\gamma = \frac{\gamma_0}{1 + j\omega r_e C_{TE}}, \quad |\gamma| = \frac{\gamma_0}{\sqrt{1 + (\omega r_e C_{TE})^2}} \tag{3.6.18}$$

式中,$r_e C_{TE}$ 称为发射极延迟时间,即发射结势垒电容的充、放电时间,以 τ_e 表示

$$\tau_e = r_e C_{TE} \tag{3.6.19}$$

r_e 为发射结的动态电阻,或称微分电阻,常简称发射结电阻,定义为集电结偏压不变的情况下,发射结正向偏压的变化量与发射极电流变化量之比,即

$$r_e = \frac{\partial V_{BE}}{\partial I_E}\bigg|_{V_{CB}} \tag{3.6.20}$$

式中的 V_{BE} 及 I_E 应看成准静态参数。因为 $I_E = I_{E0} e^{qV_{BE}/kT}$,故得

$$r_e = \frac{kT}{qI_E} \tag{3.6.21}$$

由发射结延迟时间表示的发射效率为

$$\gamma = \frac{\gamma_0}{1 + j\omega\tau_e} \tag{3.6.22}$$

则 $|\gamma| = \dfrac{\gamma_0}{\sqrt{1+(\omega\tau_e)^2}}$,相位角 $\varphi = -\arctan(\omega\tau_e)$,由此可知,随着频率 ω 升高,$|\gamma|$ 减小,令 $|\gamma| = \dfrac{\gamma_0}{\sqrt{2}}$ 时的信号频率为发射极截止频率,以 ω_e 表示,故有

$$\omega_e = \frac{1}{\tau_e} = \frac{1}{r_e C_{TE}} \tag{3.6.23}$$

当 $\omega = \omega_e$ 时,$\varphi = -45°$,则流过结电阻的电流和势垒电容的充、放电电流相等。

2. 基区输运系数 β^* 及基区渡越时间 τ_b

根据直流下基区输运系数 β_0 的定义

$$\beta_0^* = \frac{I_{nc}}{I_{ne}}$$

交流时由于 C_{DE} 的充放电影响,i_{ne} 如式(3.6.6)所列,若令 $i'_{ne} = i_{nc}(0) + i_{rb}$,则有

$$\beta^* = \frac{i_{nc}(0)}{i_{ne}}\bigg|_{V_{CB}} = \frac{i_{nc}(0)}{i_{nc}(0)+i_{rb}+i_{C_{DE}}} = \frac{i_{nc}(0)}{i'_{ne}+i_{C_{DE}}} \tag{3.6.24}$$

扩散电容 C_{DE} 的充、放电过程也通过和发射结电阻构成的并联回路进行,如图 3.6.7 所示,故可近似认为 $\dfrac{i_{C_{DE}}}{i'_{ne}} = j\omega C_{DE} r_e$。将式(3.6.24)分子、分母同除以 i'_{ne},并令 $\dfrac{i_{nc}(0)}{i'_{ne}} = \beta_0^*$,则得

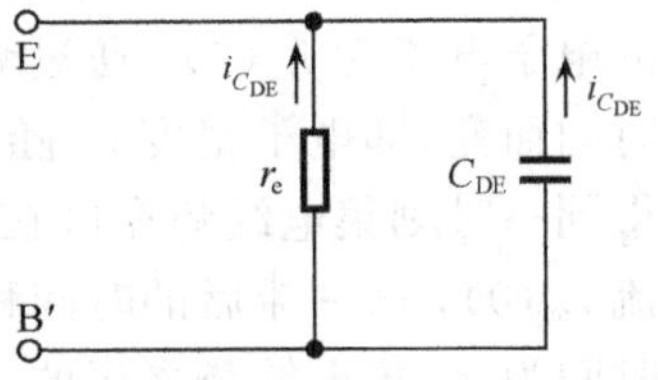

$$\beta^* = \frac{\beta_0^*}{1 + j\omega C_{DE} r_e} \tag{3.6.25}$$

图 3.6.7

式中,$r_e C_{DE}$ 称为基区渡越时间,亦即发射结扩散电容 C_{DE} 的充放电时间,以 τ_b 表示,即

$$\tau_b = r_e C_{DE} \tag{3.6.26}$$

根据式(3.6.25),发射结扩散电容 C_{DE} 主要是基区非平衡载流子电子随结上偏压的改变引起的,对于均匀基区晶体管有 $Q_B = \dfrac{1}{2} A q W_b n_{b0} e^{qV_{BE}/kT}$,由此可得

$$C_{DE} = \frac{dQ_B}{dV_{BE}} = \frac{1}{2} A q W_b n_{b0} \frac{q}{kT} e^{qV_{BE}/kT} \tag{3.6.27}$$

由于 $I_{ne} = \dfrac{AqD_{nb}n_{b0} e^{qV_{BE}/kT}}{W_b}$,令 $I_{ne} \approx I_E$,即设发射效率为 1 的条件下,对于均匀基区晶体

管,有

$$C_{DE} = \frac{I_E q}{kT} \frac{W_b^2}{2D_{nb}} \approx \frac{W_b^2}{2r_e D_{nb}} \tag{3.6.28}$$

对于缓变基区晶体管同样可求得

$$C_{DE} = \frac{W_b^2}{\lambda r_e D_{nb}} \tag{3.6.29}$$

从而求得基区渡越时间为

$$\tau_b = r_e C_{DE} = \frac{W_b^2}{\lambda D_{nb}} \tag{3.6.30}$$

对于均匀基区晶体管,$\lambda = 2$。故有

$$\beta^* = \frac{\beta_0^*}{1+j\omega\tau_b} = \frac{\beta_0^*}{1+j\omega\frac{W_b^2}{2D_{nb}}} \tag{3.6.31}$$

于是可得

$$|\beta^*| = \frac{\beta_0^*}{\sqrt{1+(\omega\tau_b)^2}}, \quad \varphi = -\arctan(\omega\tau_b)$$

由此可知,信号频率 ω 越高,$|\beta^*|$ 越小。令 $|\beta^*| = \frac{\beta_0^*}{\sqrt{2}}$ 时的频率为渡越截止频率,以 ω_b 表示,即得

$$\omega_b = \frac{1}{\tau_b} = \frac{1}{r_e C_{DE}} \tag{3.6.32}$$

当 $\omega = \omega_b$ 时,$\omega\tau_b = 1$,$\varphi = -45°$。

3. 集电结势垒区输运系数 β_d 及其延迟时间 τ_d

集电结处于反向偏置,和发射结相比,集电结势垒区的电场较强,势垒区较宽,一般认为载流子电子以饱和漂移速度 v_{sl} 通过势垒区,对于 NPN 晶体管,设到达集电结势垒边界的电子电流为 $i_{nc}(0)$,通过势垒区的电流密度为 $j_{nc} = qn_c v_{sl}$,交流信号下,电流密度 j_{nc} 随时间而变,即电子密度 n_c 随时而变,故集电结势垒区的电荷分布也随时间而发生变化,使得同一时刻集电结势垒区在集电区一边的信号电流 $i_{nc}(x_{mc})$ 会滞后于基区一边边界的电流 $i_{nc}(0)$,这一滞后的时间称为集电结势垒区延迟时间 τ_d。若电子渡越集电结势垒区的时间为 τ_s,集电结势垒区的宽度为 x_{mc},有

$$\tau_s = \frac{x_{mc}}{v_{sl}} \tag{3.6.33}$$

可以证明

$$\tau_d = \frac{\tau_s}{2} = \frac{x_{mc}}{2v_{sl}} \tag{3.6.34}$$

式中,v_{sl} 为电子饱和漂移速度,对 Si 器件,$v_{sl} \approx 10^7 \text{cm/s}$。

若设集电极输出交流短路时,集电结势垒区两边交流电流之比为集电结势垒区输运系数 β_d,则

$$\beta_d = \frac{i_{nc}(x_{mc})}{i_{nc}(0)}\bigg|_{V_{CB}} = \frac{1}{1+j\omega\tau_d} = \frac{1}{1+j\omega\frac{x_{mc}}{2v_{sl}}} \tag{3.6.35}$$

4. 集电区衰减因子及集电极延迟时间

根据式(3.6.7),集电区的电子电流包括集电结势垒电容 C_{TC} 的充、放电电流 $i_{C_{TC}}$ 和集电极电流 i_c,亦即集电极输出电流只是集电结输运电流的大部分,为此,特定义集电区衰减因子 α_c,以表示在输出对交流短路时,集电极电流 i_c 和集电结边界电流 $i_{nc}(x_{mc})$ 之比,即

$$\alpha_c = \frac{i_c}{i_{nc}(x_{mc})}\bigg|_{v_{CB}} = \frac{i_c}{i_c + i_{C_{TC}}} = \frac{1}{1+\frac{i_{C_{TC}}}{i_c}} \quad (3.6.36)$$

由图 3.6.8 晶体管共基极输出端等效电路可知,在输出端交流短路的情况下,集电区体电阻 r_{cs} 与 C_{TC} 相当于并联,故有

$$\frac{i_{C_{TC}}}{i_c} = \frac{r_{cs}}{\frac{1}{j\omega C_{TC}}} = j\omega r_{cs} C_{TC}$$

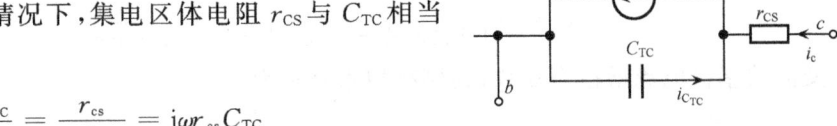

图 3.6.8 共基极输出端等效电路

$$\alpha_c = \frac{1}{1+j\omega r_{cs} C_{TC}} = \frac{1}{1+j\omega \tau_c} \quad (3.6.37)$$

式中,τ_c 为集电极延迟时间

$$\tau_c = r_{cs} C_{TC} \quad (3.6.38)$$

r_{cs} 为集电区体电阻,若集电区电阻率为 ρ_c,集电区的宽度和集电结的面积分别为 W_C、A_C,则

$$r_{cs} = \frac{\rho_c W_C}{A_C} \quad (3.6.39)$$

实际上 τ_c 即 C_{TC} 的充、放电时间,由于集电区掺杂较低,体电阻 r_{cs} 较大,当交流信号电流通过 r_{cs} 时,会产生交变电压降,使集电结的偏压变化,即对 C_{TC} 充电或放电。

由式(3.6.37)可知,随着频率的升高,电容的容抗减小,充、放电电流增大,使 $|\alpha_c|$ 减小。

3.6.4 交流小信号电流增益

晶体管的交流电流增益其定义在形式上和直流电流增益没有区别,共基极交流短路电流增益定义为集电极输出交流短路即 v_{CB} 为常数时,集电极交流电流 i_c 与输入交流电流 i_e 之比,在小信号情况下,也可表示为 I_E 与 I_C 的微分量之比,即

$$\alpha = \frac{i_c}{i_e}\bigg|_{v_{CB}} = \frac{dI_C}{dI_E}\bigg|_{v_{CB}} \quad (3.6.40)$$

同理,共射极交流电流增益定义为集电极输出短路时,集电极交流输出电流 i_c 与基极输入交流电流 i_b 之比,在小信号情况下,也可表示为 I_C 与 I_B 的微分量之比,即

$$\beta = \frac{i_c}{i_b}\bigg|_{v_{CE}} = \frac{dI_C}{dI_B}\bigg|_{v_{CE}} \quad (3.6.41)$$

由于交流电流或电压都是复数,不仅有幅值的变化,也有相位的差别,因此,交流电流增益 α 或 β 都是复数,常用分贝来表示其模的大小

$$\alpha = 20\lg|\alpha| \quad (\text{dB}) \qquad (3.6.42)$$
$$\beta = 20\lg|\beta| \quad (\text{dB}) \qquad (3.6.43)$$

1. 共基极交流电流放大系数 α

根据上述定义，并代入式(3.6.22)、式(3.6.31)、式(3.6.35)、式(3.6.37)的结果可得

$$\alpha = \frac{i_c}{i_e} = \frac{i_{ne}}{i_e} \times \frac{i_{nc}(0)}{i_{ne}} \times \frac{i_{nc}(x_{mc})}{i_{nc}(0)} \times \frac{i_c}{i_{nc}(x_{mc})} = \gamma \cdot \beta^* \cdot \beta_d \cdot \alpha_c \qquad (3.6.44)$$

$$\alpha = \frac{\gamma_0 \beta_0^*}{(1+j\omega\tau_e)(1+j\omega\tau_b)(1+j\omega\tau_c)(1+j\omega\tau_d)} \qquad (3.6.45)$$

将式(3.6.45)分母相乘并忽略 ω 的高次项，故有

$$\alpha = \frac{\alpha_0}{1+j\omega(\tau_e+\tau_b+\tau_d+\tau_c)} = \frac{\alpha_0}{1+j\omega\tau_{ec}} \qquad (3.6.46)$$

故交流共基极电流增益为复数，其模和相角分别为

$$|\alpha| = \frac{\alpha_0}{\sqrt{1+(\omega\tau_{ec})^2}} \qquad (3.6.47)$$

$$\varphi = -\arctan(\omega\tau_{ec}) \qquad (3.6.48)$$

式中，τ_{ec} 为共基极连接时，发射极和集电极间总的传输延迟时间，即

$$\tau_{ec} = \tau_e + \tau_b + \tau_d + \tau_c \qquad (3.6.49)$$

可见，随着频率 ω 的增加，延迟时间 τ_{ec} 越长，$|\alpha|$ 将越小。

2. 共射极交流电流放大系数

根据共射极电流放大系数 β 和 α 的关系，可有

$$\beta = \frac{i_c}{i_b}\bigg|_{v_{CE}} = \frac{\alpha_e}{1-\alpha_e}\bigg|_{v_{CE}} \qquad (3.6.50)$$

式中，α_e 是共射极连接下，输出端即 C 和 E 间交流短路时相应的共基极电流放大系数。由于运用在交流小信号时，C、E 相连，发射结信号电压变化，在对发射结势垒电容 C_{TE} 充、放电的同时也会对集电结势垒电容 C_{TC} 充、放电，使发射极延迟时间增加为 τ'_e，所以

$$\tau'_e = r_e(C_{TE} + C_{TC}) \qquad (3.6.51)$$

则

$$\alpha_e|_{v_{CE}} = \frac{\alpha_0}{1+j\omega(\tau'_e+\tau_b+\tau_d+\tau_c)} = \frac{\alpha_0}{1+j\omega\tau'_{ec}} \qquad (3.6.52)$$

将式(3.6.52)的结果代入式(3.6.50)，并经整理即得

$$\beta = \frac{\alpha_0}{1-\alpha_0+j\omega\tau'_{ec}} = \frac{\alpha_0}{(1-\alpha_0)\left[1+\dfrac{j\omega\tau'_{ec}}{(1-\alpha_0)}\right]} = \frac{\beta_0}{1+j\beta_0\omega\tau'_{ec}} \qquad (3.6.53)$$

相应的模及相角分别为

$$|\beta| = \frac{\beta_0}{\sqrt{1+(\beta_0\omega\tau'_{ec})^2}} \qquad (3.6.54)$$

$$\varphi = -\arctan(\omega\beta_0\tau'_{ec}) \qquad (3.6.55)$$

由此可知，信号频率越高，延迟时间越长，晶体管共射极交流电流增益越小。

3.6.5 频率特性参数

晶体管的交流电流放大系数随工作频率的升高而减小,其基本规律如图 3.6.9 所示。在低频时可近似认为保持在直流的数值不变,而当频率进一步升高,超过某一定值时,其电流放大系数将随着频率的上升而明显下降,电路的功率增益也会变小。当 α 或 β 下降到一定值时,就失去了晶体管的放大功能,故要对它的使用频率提出限制。同时,也为进一步提高晶体管的工作频率寻求有效途径。为此,引入共基极截止频率、共射极截止频率及特征频率、最高振荡频率等参数以描述 BJT 的频率特性。

1. 晶体管共基极截止频率

当晶体管共基极交流短路电流放大系数 α 下降到低频值 α_0 的 $\frac{1}{\sqrt{2}}$ 时的频率称为共基极截止频率,或称 α 截止频率,以 f_α 表示,即当 $|\alpha|=\frac{\alpha_0}{\sqrt{2}}$ 时,$f=f_\alpha$。若用 dB 为单位,则为

$$|\alpha|_{(dB)} = 20\lg\frac{\alpha_0}{\sqrt{2}} = 20\lg\alpha_0 - 3(dB)$$

意指当工作频率升高到 α 截止频率时,共基极交流电流增益将比直流 α_0 下降 3dB,如图 3.6.9 所示。

由式(3.6.47),$|\alpha|=\frac{\alpha_0}{\sqrt{1+(\omega\tau_{ec})^2}}$,故当 $\omega\tau_{ec}=1$ 时,$\omega=\omega_\alpha$,所以得

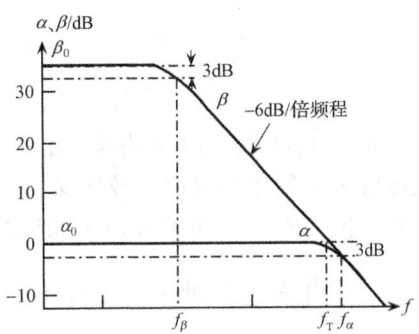

图 3.6.9 f-α、β 关系曲线

$$\omega_\alpha = \frac{1}{\tau_{ec}} = \frac{1}{\tau_e + \tau_b + \tau_d + \tau_c} \quad (3.6.56)$$

将各项延迟时间的表示式代入式(3.6.56),则 α 截止频率 f_α 由下式确定:

$$f_\alpha = \frac{\omega_\alpha}{2\pi} = \frac{1}{2\pi\left(r_e C_{TE} + \frac{W_b^2}{\lambda D_{nb}} + \frac{x_{mc}}{2v_{sl}} + r_{cs}C_{TC}\right)} \quad (3.6.57)$$

于是相应共基极电流增益及其模与相位角也可分别表示为

$$\alpha = \frac{\alpha_0}{1+j\frac{f}{f_\alpha}}, \quad |\alpha| = \frac{\alpha_0}{\sqrt{1+\left(\frac{f}{f_\alpha}\right)^2}}, \quad \varphi = -\arctan\left(\frac{f}{f_\alpha}\right)$$

2. 共射极截止频率及特征频率 f_T

同理,晶体管的共射极截止频率也称 β 截止频率,以 f_β 表示。f_β 是晶体管共射极交流短路电流放大系数 β 下降到低频值 β_0 的 $\frac{1}{\sqrt{2}}$ 时的频率,即

$$当 |\beta|=\frac{\beta_0}{\sqrt{2}} 时, \quad f=f_\beta$$

如图 3.6.9 所示,若用 dB 为单位,则在 f_β 频率下工作,$|\beta|$ 将比直流 β_0 下降 3dB,即

$$|\beta|_{(dB)} = 20\lg\frac{\beta_0}{\sqrt{2}} = 20\lg\beta_0 - 3 \quad (dB)$$

根据式(3.6.54),共射极交流电流增益的模为 $|\beta| = \dfrac{\beta_0}{\sqrt{1+(\beta_0\omega\tau'_{ec})^2}}$,于是可得

$$\beta_0\omega\tau'_{ec} = 1, \quad \omega = \omega_\beta = \frac{1}{\beta_0\tau'_{ec}}$$

所以有

$$\omega_\beta = \frac{1}{\beta_0\tau'_{ec}} = \frac{1}{\beta_0(\tau'_e + \tau_b + \tau_d + \tau_c)} \tag{3.6.58}$$

代入各有关延迟时间表示式,则得共射极截止频率 f_β 为

$$f_\beta = \frac{\omega_\beta}{2\pi} = \frac{1}{2\pi\beta_0\left[r_e(C_{Te} + C_{TC}) + \dfrac{W_b^2}{\lambda D_{nb}} + \dfrac{x_{mc}}{2v_{sl}} + r_{cs}C_{TC}\right]} \tag{3.6.59}$$

由 f_β 表示的共射极电流增益 β 及其模与相位角分别如下列各式:

$$\beta = \frac{\beta_0}{1+j\dfrac{f}{f_\beta}}, \quad |\beta| = \frac{\beta_0}{\sqrt{1+\left(\dfrac{f}{f_\beta}\right)^2}}, \quad \varphi = -\arctan\left(\frac{f}{f_\beta}\right)$$

由于 $|\beta|$ 较 $|\alpha|$ 大得多,当 $f = f_\beta$ 时,$|\beta|$ 下降得并不多,故 f_β 并非共射极连接时晶体管工作频率的极限。故定义特征频率 f_T,它表示共射极交流电流增益 $|\beta| = 1$ 时的频率。说明在工作频率达到 f_T 时,晶体管已没有电流放大功能,即

$$当 f = f_T 时, \quad |\beta| = \frac{\beta_0}{\sqrt{1+(\beta_0\omega\tau'_{ec})^2}} = \frac{1}{\sqrt{\left(\dfrac{1}{\beta_0}\right)^2 + (\omega\tau'_{ec})^2}} = 1$$

因为 $\dfrac{1}{\beta_0} \ll 1$,可忽略不计,所以 $\omega_T = \dfrac{1}{\tau'_{ec}}$,则得

$$f_T = \frac{\omega_T}{2\pi} = \frac{1}{2\pi(\tau'_e + \tau_b + \tau_d + \tau_c)} = \frac{1}{2\pi\left[r_e(C_{Te} + C_{TC}) + \dfrac{W_b^2}{\lambda D_{nb}} + \dfrac{x_{mc}}{2v_{sl}} + r_{cs}C_{TC}\right]} \tag{3.6.60}$$

当 ω 很高,必须考虑各种寄生电容的影响,则 C_{TC} 将由 C_C 代替,C_C 称为集电极总的输出电容

$$C_C = C_{TC} + C_x + C_{pad} \tag{3.6.61}$$

式中,C_x 为管壳寄生电容,C_{pad} 为延伸电极电容。延伸电极电容 C_{pad} 可看成金属电极延伸部分、氧化层和半导体之间所构成的 MOS 电容,其值由下式确定:

$$C_{pad} = \frac{\varepsilon_0 \varepsilon_{ox}}{t_{ox}} A_{pad} \tag{3.6.62}$$

式中,A_{pad} 为延伸电极面积,t_{ox} 为二氧化硅层的厚度。

由式(3.6.59)和式(3.6.60)可得 f_β 和 f_T 的关系如下:

$$f_T = \beta_0 f_\beta \tag{3.6.63}$$

显而易见,晶体管的特征频率要比共射极截止频率高得多。比较式(3.6.57)和式(3.6.60)

可以看出 $f_\alpha > f_T$。但当 $C_{TE} \gg C_{TC}$ 时,有 $\tau'_e \approx \tau_e$,故有 $f_\alpha \approx f_T$,说明特征频率略小于或接近共基极截止频率。则可知对于同一晶体管 f_α、f_β、f_T 三者之间的大小具有下述关系:

$$f_\beta \ll f_T \leqslant f_\alpha \tag{3.6.64}$$

同时,依据 $\beta = \dfrac{\beta_0}{1+\mathrm{j}\dfrac{f}{f_\beta}}$ 这一公式,若工作频率较高,符合 $f \gg f_\beta$,即 $\dfrac{f}{f_\beta} \gg 1$ 时,式中的 1 可忽略,故在近似的情况下有

$$\beta = \frac{f_\beta \beta_0}{\mathrm{j}f} = \frac{f_T}{\mathrm{j}f} \tag{3.6.65}$$

取 β 的模,即得

$$f_T = |\beta| f \tag{3.6.66}$$

式中,$|\beta| f$ 称为增益带宽乘积,对于给定的晶体管,f_T 一定,为常数,则式(3.6.66)说明,在高频下,晶体管的增益带宽乘积为一常数。由此可知,随着频率的升高,$|\beta|$ 线性下降,或者说,频率每升高一倍,则 $|\beta|$ 减小 6dB,有时也称此为 6dB/倍频关系,图 3.6.9 也示出了这一关系。应用这一关系,可以在较低的频率下测得某一双极晶体管的特征频率 f_T,如果已知 f_T,则可预估某一工作频率下晶体管共射极放大系数 β 的大小。

要改善 BJT 的频率特性,提高其截止频率及特征频率需要从材料选择、结构设计、工艺制作以及工作点的选择等多方面考虑,以减小晶体管高频下的延迟时间 τ_e、τ_b、τ_c 及 τ_d。在这 4 个时间中,一般以 τ_b 最大,由式(3.6.30)可知,欲减小 τ_b,主要是减小基区的宽度 W_b 和提高基区的电场因子 η 以增大 λ,同时要增大基区"少子"的扩散系数。故在提高 $N_B(0)$ 的时候要注意不致使 D_{nb} 下降。由于 τ_e、τ_c 与势垒电容 C_{TE}、C_{TC} 等有关,故要减小晶体管的势垒电容,主要在于减小发射结结面积 A_e 及集电结结面积 A_c。同时,还要适当减小集电区的电阻率 ρ_c 及其宽度 W_C,以减小集电区串联电阻 r_{cs},可使 τ_e、τ_c 减小。由于发射结电阻 r_e 及集电结势垒区宽度 x_{mc} 与工作点 (I_C, V_{CE}) 有关,故要选择合适的工作电压与电流。此外,还要减小各种寄生参数,如 C_{pad}、C_x 等。

3. 功率增益及最高振荡频率 f_M

晶体管工作在高频电路中,如应用于放大、振荡及倍频等,要求具有优良的功率放大性能,在一定的频率下其功率增益越大越好。但使用表明,晶体管的功率增益也会随信号频率的升高而下降。为此,需要分析其功率增益和工作频率的内在联系,使晶体管工作在更高的频率下,仍能获得所期望的功率增益。

晶体管输出功率 P_o 与输入功率 P_i 之比称作功率增益,以 G_p 表示

$$G_p = \frac{P_o}{P_i} \tag{3.6.67}$$

若用分贝作单位,则 $G_p = 10\lg \dfrac{P_o}{P_i}$(dB)。

设晶体管 T 的功率放大电路如图 3.6.10 所示。在共射极连接的情况下,当输入信号源内阻和晶体管的输入电阻 r_b 匹配时,有 $P_i = i_b^2 r_b$,若输出负载为 Z_L,则 $P_o = i_c^2 Z_L$,i_c 是通过负载 Z_L 的电流,故有

$$G_p = \left|\frac{i_c}{i_b}\right|^2 \frac{Z_L}{r_b} \tag{3.6.68}$$

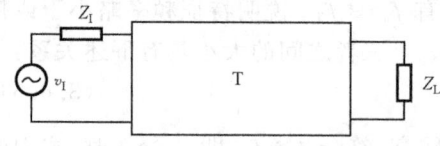

图 3.6.10 晶体管功率放大电路

当负载 Z_L 和晶体管的输出阻抗共轭匹配的条件下,具有最大功率增益,或称最佳功率增益,以 G_{pm} 表示。当高频晶体管的 $|\beta| \geqslant 100$,即 f_T 比 f_β 大两个数量级,可以认为晶体管工作在图 3.6.9 所示的 6dB/倍频段,利用 $j\omega\beta = \omega_T$,可求证晶体管共射极输出阻抗 $Z_o = \dfrac{1}{j\omega(1+\beta)C_c} = \dfrac{1}{\omega_T C_c + j\omega C_c}$,则其共轭匹配负载 $Z_L = \dfrac{1}{\omega_T C_c - j\omega C_c}$。取其实部,以 $\dfrac{1}{\omega_T C_c}$ 代入式(3.6.68)之 Z_L。而且,共轭匹配输出时,共射极电流增益等于短路电流增益的一半,即 $\dfrac{i_c}{i_b} = \dfrac{\beta}{2}$,代入 G_p 表达式(3.6.68)有

$$G_{pm} = \left|\dfrac{\beta}{2}\right|^2 \dfrac{\dfrac{1}{\omega_T C_c}}{r_b} = \dfrac{1}{4}\dfrac{f_T^2}{f^2}\dfrac{1}{2\pi f_T r_b C_c} = \dfrac{f_T}{8\pi f^2 r_b C_c} \quad (3.6.69)$$

式中,C_c 为集电极总输出电容。由此可知,晶体管共射极最佳功率增益与特征频率成正比,与基极电阻和输出端电容之积成反比,与工作频率平方成反比,即频率 f 越高,功率增益越小。

根据式(3.6.69),当 $G_{pm}=1$ 时,$f = f_M$,称 f_M 为晶体管最高振荡频率,即共射极最佳功率增益为 1 时的频率。由此易得

$$f_M^2 = \dfrac{f_T}{8\pi r_b C_c} \quad \text{即} \quad f_M = \sqrt{\dfrac{f_T}{8\pi r_b C_c}} \quad (3.6.70)$$

又因 $\dfrac{f_T}{8\pi r_b C_c} = G_{pm} f^2$,故有

$$f_M = \sqrt{G_{pm} f^2} \quad (3.6.71)$$

$G_{pm} f^2 = \dfrac{f_T}{8\pi r_b C_c}$ 称为晶体管的高频优值,或称功率增益带宽积。高频优值是一常数,它仅取决于晶体管本身的参数,反映了晶体管工作在高频时的功率放大能力。

由以上分析可知,要提高功率增益,可通过提高 f_T、减小 r_b 和 C_c 等方法来实现,即减小 W_b、增大 λ,即增大 η,如增大基区杂质浓度梯度,及减小 ρ_c 和 W_C 以减小集电区串联电阻 r_{cs} 等,使 f_T 得以提高;减小发射极和集电极的面积 A_C、A_E,是减小结电容的有效方法,可减小总的集电极输出电容 C_c,减小 r_b 也是提高功率增益不容忽视的方式。由于 $\mu_n > \mu_p$,所以高频管一般选用 NPN 型晶体管。同时还须选用合适的工作点,即选择正确的偏置电压 V_{CE} 与电流 I_C,使器件的性能得以更好的发挥。

3.7 双极晶体管的开关特性

晶体管的开关特性是现代数字技术的基础,当晶体管在截止和饱和(或放大)态之间快速转换,就能起到电子开关的作用;若把这两种状态看成是二进制的"1"和"0",就能构成各种各样的数字电路,完成复杂的计数、运算与存储功能,其中最杰出的成就便是现代

高速灵巧几乎是无所不能、无处不在的计算机。开关过程是大信号的瞬变过程,开关要求晶体管具有更快的速度即更短的开关时间。

3.7.1 晶体管的开关作用

在晶体管开关电路中,共基极、共射极、共集电极三种接法都可采用,但最通常的是共射极连接,图 3.7.1(a)为一典型的晶体管共射极开关电路,图 3.7.1(b)则是该晶体管的共射极输出特性曲线。

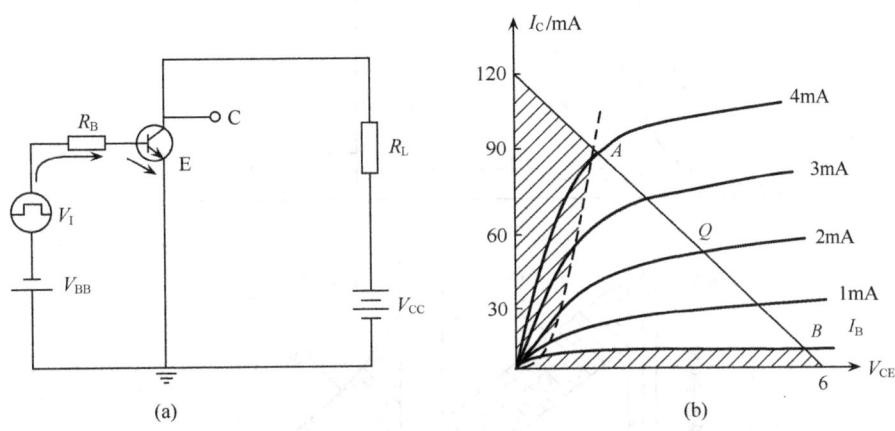

图 3.7.1
(a) 晶体管共射极开关电路;(b) 共射极输出特性曲线

设 R_L 为开关电路的负载,V_{CC} 为输出回路的电源,$R_L=50\Omega$,$V_{CC}=6V$,令 $V_{CE}\approx 0$,则有 $I_C\approx V_{CC}/R_L=6/50=120mA$;令 $I_C=0$,有 $V_{CE}=V_{CC}=6V$,则在输出特性曲线上可作出其负载线 AB。选择不同的工作点,晶体管将工作在不同的工作状态,相应于特性曲线上不同的工作区。

当输入回路中没有信号输入,即 $V_I=0$,由于 V_{BB}、V_{CC} 的作用,使晶体管发射结、集电结均处于反向偏置状态,即 $V_{BE}<0$,$V_{BC}<0$,故输入、输出回路中只有很小的反向饱和电流,为 $I_B=I_{CBO}+I_{EBO}$,$I_C=I_{CBO}$,则晶体管工作在输出特性曲线 $I_B=0$ 以下的截止区。

当晶体管输入端加上一正脉冲 V_I,其发射结、集电结上的偏压分别为 $V_{BE}>0$,$V_{BC}<0$,这时输入基极电流为

$$I_B = \frac{V_I - V_{BB} - V_{BE}}{R_B} \tag{3.7.1}$$

若 V_I 大小合适,有 $I_C=\beta_0 I_B$。故晶体管工作在输出特性曲线的 A、B 之间,如 Q 点,即处于放大工作状态。

当电路中的 R_B、V_I 等参数的选取使 I_B 足够大,为

$$I_B > \frac{V_{CC}}{\beta_0 R_L} \tag{3.7.2}$$

式中,$V_{CC}/R_L=I_{CS}$,I_{CS} 称为集电极饱和电流。若令

$$I_{BS} = \frac{I_{CS}}{\beta_0} = \frac{V_{CC}}{\beta_0 R_L} \tag{3.7.3}$$

I_{BS} 称为临界饱和基极电流。说明由于晶体管本身的放大能力及外电路负载的限制,集电极的最大电流只能趋近 I_{CS},相应的基极电流为 I_{BS},这时,基极电流提供的空穴恰能补充基区和发射区"非子"复合所需要的空穴电荷,即形成基区复合电流 I_{rb} 和通过发射结注入的空穴电流 I_{pe},满足 $I_{CS}=\beta_0 I_{BS}$,晶体管处于临界饱和状态。这时,发射结正偏,集电结零偏,即 $V_{BE}>0, V_{BC}=0$,晶体管内非平衡"少子"浓度分布如图 3.7.2(a)所示。

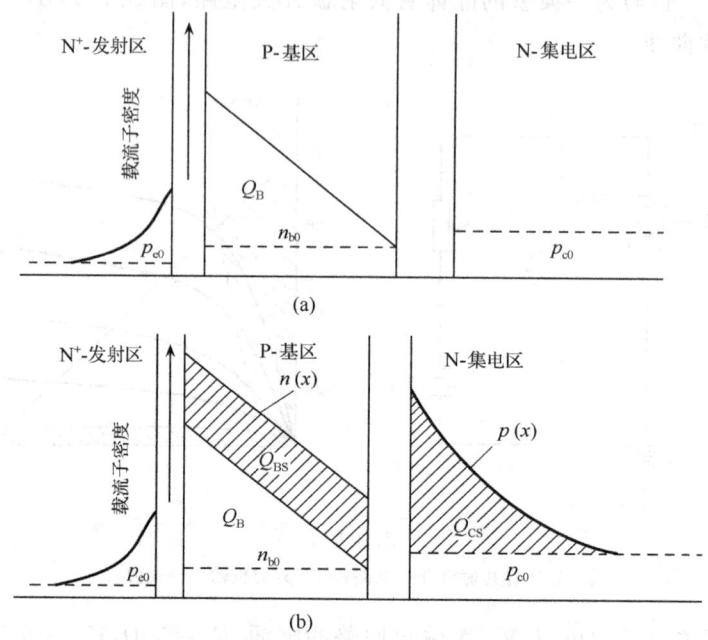

图 3.7.2 晶体管中的电荷分布
(a) 临界饱和态电荷分布;(b) 饱和态超量储存电荷分布

当基极电流大于 I_{BS},晶体管将处于过驱动状态。令过驱动基极电流为 I_{BX},则

$$I_{BX}=I_B-I_{BS} \tag{3.7.4}$$

过驱动基极电流使晶体管内部产生大量的非平衡载流子,但集电极电流已达到饱和值 I_{CS},不能再增加,故这些载流子就会在晶体管内堆积起来,当它们填充到发射结、集电结空间电荷区时,就会使其宽度变窄,使发射结上的正向偏压进一步升高,使集电结由零偏压转变为正偏压,结果发射结和集电结都会具有正向注入作用,于是,就会在基区和集电区产生超量储存电荷,分别为 Q_{BS} 和 Q_{CS},如图 3.7.2(b)所示,这时晶体管处于饱和状态。

为表示晶体管的饱和程度,定义参数 S 为饱和深度,也称为过驱动因子

$$S=\frac{I_B}{I_{BS}}=\frac{I_B}{V_{CC}/\beta_0 R_L} \tag{3.7.5}$$

显然,S 越大,饱和越深,产生的超量储存电荷越多。

由上述分析可知,晶体管工作在截止区时,输出回路中仅有很小的反向漏电流,外加电压几乎全部降落在晶体管上,为高压小电流状态,故晶体管截止,即关态;而当晶体管工作在饱和区时,集电极的电流很大,达到饱和,输出端 C、E 之间的压降很小,为低压大电流状态,这时晶体管导通,即开态。显然,当信号使晶体管在这两种状态之间转换,就能起到电子开关的作用,为饱和型开关。同时,晶体管工作在放大区时,也可看作为低压大电

流的导通状态,即开态。故当晶体管在截止和放大两种状态间转换时,也能起到电子开关的作用,常称为非饱和型开关。与饱和型开关相比,其开关时间短,但抗干扰能力较差。

3.7.2 正向压降和饱和压降

正向压降指的是共射极连接状态下,晶体管工作在饱和态时,输入端基极和发射极之间的压降,常以 V_{BES} 表示;饱和压降则是其在饱和态下输出端集电极和发射极之间的电压降,常称共射极反向饱和压降,以 V_{CES} 表示。从使用角度考虑,总是希望其正向压降和饱和压降小些好。

依据上述对晶体管饱和状态的分析,可画出其共射极饱和态等效电路如图 3.7.3 所示,据此可得晶体管饱和时基极和发射极之间的正向电压降如下:

$$V_{BES} = V_E + I_B r_{bs} + I_E r_{es} \approx V_E + I_B r_{bs}$$
(3.7.6)

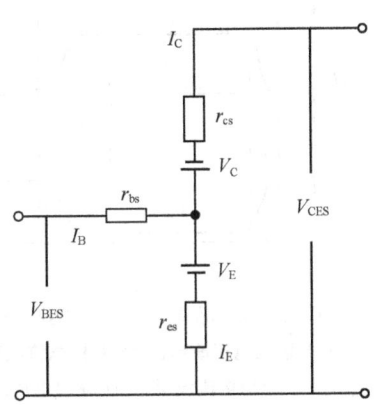

图 3.7.3 饱和态晶体管等效电路

式中,r_{bs} 为晶体管工作在饱和态时的基极电阻,r_{es} 为饱和态时的发射区串联电阻,由于发射区掺杂浓度高,故其串联电阻很小,可忽略不计。V_E 为晶体管发射结压降,与电流有关,由 EM 方程可表示为

$$V_E = \frac{kT}{q} \ln\left(\frac{I_E - \alpha_R I_C}{I_{EBO}} + 1\right)$$
(3.7.7)

同理,反向饱和压降可表示为

$$V_{CES} = V_E - V_C + r_{es} I_E + r_{cs} I_C \approx V_{CE} + r_{cs} I_C$$
(3.7.8)

式中,V_C 为集电结压降,r_{cs} 为集电区体电阻,分别由下式确定:

$$V_C = \frac{kT}{q} \ln\left(\frac{\alpha_F I_E - I_C}{I_{CBO}} + 1\right)$$
(3.7.9)

$$r_{cs} = \rho_C \frac{W_C}{A_C}$$
(3.7.10)

由式(3.7.10)可知,为降低开关晶体管饱和压降,应选择集电区电阻率 ρ_C 低的材料,同时,在保证击穿电压的情况下减小集电区厚度 W_C,并且要尽量降低各区与电极金属层的接触电阻;另外,增大饱和深度也可减小饱和压降 V_{CES},因为饱和深度因子 S 越大,过驱动程度越高,驱动电流增大,储存电荷增多,进而 V_C 升高,使 V_{CES} 下降。

3.7.3 晶体管的开关过程

在电路中,晶体管也可看成一倒相器。当基极电路没有输入信号时,基极回路电压 V_{BB} 使发射结处于反偏,晶体管截止;当某时刻 t_0,输入一正的脉冲信号电压 V_i,使之导通,作为一理想开关,就应在输出端立即产生一相位相反且被放大了的输出电压 V_o。但事实上并非如此,实际的输出波形总会延迟于输入波形,如图 3.7.4 所示。当脉冲信号加入以后,输出电流 I_C 并不立即上升到 I_{CS},而是过了短暂的时间,到 t_1 时才上升到 $0.1 I_{CS}$,上升也是逐渐增加,到 t_2 时为 $0.9 I_{CS}$,然后才达到 I_{CS}。t_3 时刻,脉冲信号去掉,I_C 也并不立即减小,而是维持 I_{CS} 短暂的瞬间,直到 t_4 才开始下降为 $0.9 I_{CS}$,到 t_5 时才下降到

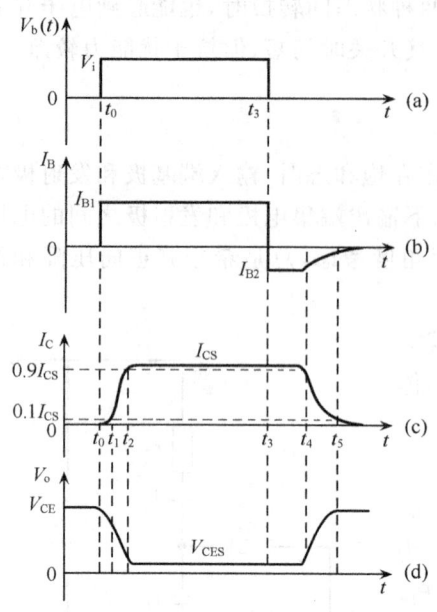

图 3.7.4 晶体管开关的实际波形
(a) 输入电压波形；(b) 基极电流波形；
(c) 集电极电流波形；(d) 输出电压波形

$0.1I_{CS}$，并逐渐下降到接近 0，此后，输入回路的负偏压 V_{BB} 使发射结又恢复到负偏压状态，晶体管重又截止。

将上述开关过程分为延迟、上升、储存及下降 4 个子过程，以进一步分析每一子过程所产生的物理现象和导致这一过程的原因。

从 t_0 时脉冲信号加入到 t_1 时集电极电流达到 $0.1I_{CS}$ 这一过程称为延迟过程。由于脉冲信号加入以前，发射结、集电结均处于反向偏置，相应的势垒区宽度较宽；正脉冲加入后，幅值为 V_1，产生过驱动基极电流 I_{B1}，如图 3.7.4(a)、(b)所示，由式(3.7.1)可求 I_{B1} 的值，但开始时并没有形成集电极电流 I_C，因首先要使发射结由负偏变为零偏乃至正偏，一般将集电极电流 $I_C = 0.1I_{CS}$ 时的发射结偏压称为正向导通电压 V_{J0}，或称微导通电压。对于硅 PN 结，V_{J0} 约为 0.5V。同时集电结上的负偏压也相应从 $-(V_{CC}+V_{BB})$ 降低为 $-(V_{CC}-V_{J0})$。这就是说，发射结和集电结势垒区都相应变窄，相当于要给发射结势垒电容 C_{TE} 和集电结势垒电容 C_{TC} 充电。基极电流提供的空穴用以中和发射结和集电结势垒区中基区一边的负空间电荷，而正的空间电荷将由相应的电子流去填充。伴随着这一过程的进行，基区的少子密度也会由低于平衡值逐渐增加到与 $0.1I_{CS}$ 相适应的 $n_b(t_1)$，如图 3.7.5(a)、(b)所示。基极电流提供的空穴使基区的多子达到相应的积累，以维持电中性，这相当于给扩散电容 C_{DE} 充电。

上升过程为集电极电流从 $I_C = 0.1I_{CS}$ 增加到 t_2 时 $I_C = 0.9I_{CS}$ 的过程。在这一过程中，由于基极电流 I_{B1} 大于 I_{BS}，将继续向发射结势垒电容 C_{TE} 充电，使其正向偏压继续升高，从 V_{J0} 上升到通常的导通电压 0.7V 左右。同时集电结电压由 $-(V_{CC}-V_{J0})$ 上升至接近零偏压，即继续给 C_{TC} 充电。基区积累电子电荷则由 $n_b(t_1)$ 增加到 $n_b(t_2)$，即继续给扩散电容 C_{DE} 充电，如图 3.7.5(c)所示。此外基区复合电流也会增加。

上升过程后，大于 I_{BS} 的基极电流还将对 C_{TE}、C_{TC}、C_{DE} 继续充电，不但发射结正向偏压有所增高，集电结也将由负偏转为零偏，并进而达到 0.5V 左右的正向偏压，通过正偏集电结就会向基区注入电子，向集电区注入空穴，使得基区、集电区产生超量储存电荷 Q_{BS} 及 Q_{CS}，如图 3.7.2(b)所示。直至晶体管进入稳定的饱和状态，集电极电流达到 I_{CS}。

故当 t_3 时基极脉冲信号去掉，首先就必须使超量储存电荷 Q_{BS} 及 Q_{CS} 从基区和集电区消失。储存过程为脉冲信号去掉到集电极电流下降到 $0.9I_{CS}$ 的过程，主要是超量储存电荷消失的过程，如图 3.7.5(d)所示。当 $V_b(t)$ 突然去掉，超量储存电荷并不会立即消失，I_{CS} 也不会立即变小。这时基极电流将成为反向抽出电流 I_{B2}，其方向和 I_{B1} 相反，从基极流出，大小为

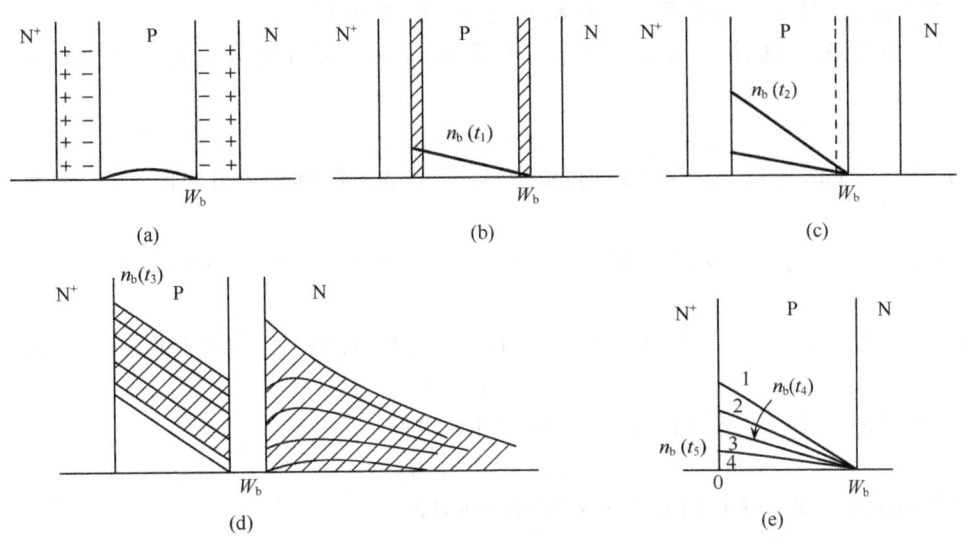

图 3.7.5 开关过程中基区少子的变化

(a) t_0 前晶体管截止;(b) 延迟过程;(c) 上升过程;(d) 储存过程;(e) 下降过程

$$I_{B2} = \frac{V_{BB} + V_{BE}}{R_B} \tag{3.7.11}$$

I_{B2} 用于泻放基区、集电区超量储存的空穴,相应的超量储存电子则从集电极流出,这时基区及集电区非平衡少子的复合也会加速超量储存电荷的消失。在超量储存电荷泻放过程中,基区电荷密度梯度不变,集电极电流仍维持在饱和值 $I_{CS} \approx V_{CC}/R_L$。这意味着发射结注入电子减小,发射结注入电流由 $I_E = I_{CS} + I_{B1}$ 变为 $I_E + I_{B2} = I_{CS}$。随着载流子不断被抽出和复合,Q_{BS} 及 Q_{CS} 逐渐消失后,发射结正偏就会降低,集电结偏压也会由正偏转为零偏,并进一步变为负偏,相当于势垒电容 C_{TE} 和 C_{TC} 放电。这时,晶体管脱离饱和态,进入放大态,到 t_4 时集电极电流从 I_{CS} 下降到 $0.9I_{CS}$。

下降过程为集电极电流从 $0.9I_{CS}$ 下降到 $0.1I_{CS}$ 的过程,相当于上升过程的逆过程。晶体管进入放大态后,基区积累电荷已大为减少,故 I_{B2} 很快衰减,如图 3.7.4(b)。基区少子密度从 t_4 时的 $n_b(t_4)$ 很快下降到 t_5 时的 $n_b(t_5)$,如图 3.7.5(e)所示。基区积累电荷减少,浓度梯度下降,使 I_C 从 $0.9I_{CS}$ 减小到 $0.1I_{CS}$,即相当于 C_{DE} 的放电过程。同时,集电结反向偏压升高,势垒区增宽,意味着势垒电容 C_{TC} 放电。发射结正向偏压减小,由 0.7V 减小到微导通电压 V_{J0},势垒区增宽,即是势垒电容 C_{TE} 放电。虽然下降过程中,基极电流 I_{B2} 减小很快,但仍从基极流出,进一步抽出空穴,电子仍从集电极流出。同时,基区电子和空穴的复合,也加速了放电进程。下降过程后,V_{BB} 使晶体管的发射结又处于反偏状态,集电结恢复为反偏($V_{CC} + V_{BB}$),晶体管由放大区进入截止区,从而使晶体管完成了从截止到导通再到截止的开关过程。

3.7.4 双极晶体管的开关时间

1. 开关时间的定义

晶体管开关过程需要的时间即开关时间。根据图 3.7.4 所示的开关晶体管输出电流

I_C 的波形图,针对每一具体开关过程将开关时间定义如下:

从 t_0 时基极正脉冲输入到 t_1 时 I_C 上升到 $0.1I_{CS}$ 所需的时间称为延迟时间,以 t_d 表示

$$t_d = t_1 - t_0$$

I_C 从 t_1 时的 $0.1I_{CS}$ 上升到 t_2 时的 $0.9I_{CS}$ 所需的时间称为上升时间,以 t_r 表示

$$t_r = t_2 - t_1$$

从 t_3 时脉冲信号去掉到 t_4 时 I_C 下降到 $0.9I_{CS}$ 所需的时间称为储存时间,以 t_S 表示

$$t_S = t_4 - t_3$$

I_C 从 t_4 时的 $0.9I_{CS}$ 下降到 t_5 时的 $0.1I_{CS}$ 所需的时间称为下降时间,以 t_f 表示

$$t_f = t_5 - t_4$$

延迟时间 t_d 和上升时间 t_r 之和又称为开启时间 t_{on}

$$t_{on} = t_d + t_r$$

储存时间 t_S 和下降时间 t_f 之和又称为关断时间 t_{off}

$$t_{off} = t_S + t_f$$

一般开关晶体管的开关时间在纳秒数量级,且 $t_{off} > t_{on}$。开关时间是影响开关速度的根本原因,为了提高电路与系统的开关速度,需要研究开关时间尽可能短的开关晶体管及高速集成电路。因此,有必要分析开关时间产生的因素,求得有关开关时间的估算公式,以便得到提高开关速度的途径。

2. 电荷控制模型

通常采用电荷控制模型来分析晶体管开关这类瞬态大信号问题。由于晶体管的开关过程表现出高度的非线性,故不能像以往那样通过求解非平衡少数载流子连续性方程的方法得到有关的电流密度,而是将晶体管看成一电荷控制器件,以其各中性区的非平衡载流子电荷作为控制变量,依据电荷守恒原理,建立某区电荷同各极电流之间的比例关系式,即为电荷控制方程。求解开关时间时,主要考虑某一时刻基区瞬态电荷总量的变化和端电流的电荷控制方程,通过各个具体开关过程电流的变化求解方程便可得到相应的开关时间。至于少子电荷具体如何分布并不重要。由于电荷控制模型得出的是一些线性方程,故可使问题的求解较为简便。

由基区"少子"连续性方程可求得基极电流如下:

$$i_b = \frac{\partial Q_B}{\partial t} + \frac{Q_B}{\tau_{nb}} \tag{3.7.12}$$

式中,Q_B 为基区非平衡载流子电荷总量,τ_{nb} 为基区非平衡电子寿命。该式表示瞬态基极电流所提供的电荷用于增加基区电荷的积累及补充基区内部非平衡少数载流子的复合损失。在稳态情况下 $\frac{dQ_B}{dt} = 0$,式(3.7.12)变为

$$I_B = \frac{Q_B}{\tau_{nb}} \tag{3.7.13}$$

此式和式(3.3.49)意义相同,表示在稳态情况下基极电流等于基区内少子电荷的复合电流。说明基区电荷总量与时间有关,为此可定义一基极时间常数 τ_B,从而将稳态情况下储存在基区内的"少子"电荷与相应的基极电流联系起来,即

$$\tau_B = \frac{Q_B}{I_B} = \tau_{nb} \tag{3.7.14}$$

同理,可以定义稳态下基区总电荷与相应集电极电流相联系的集电极时间常数 τ_C 如下:

$$\tau_C = \frac{Q_B}{I_C} \tag{3.7.15}$$

基区电荷与发射极电流相联系的发射极时间常数 τ_E 则为

$$\tau_E = \frac{Q_B}{I_E} \tag{3.7.16}$$

τ_B、τ_E、τ_C 都是电荷控制参数。从 I_B、I_E 等电流的表示式可知,基极时间常数 τ_B 即基区少子寿命 τ_{nb},发射极时间常数 τ_E 即基区渡越时间 τ_b

$$\tau_E = \frac{W_b^2}{\lambda D_{nb}} = \tau_b$$

对于均匀基区晶体管,$\lambda = 2$。由 I_C 和 I_E 的关系,可求出集电极时间常数

$$\tau_C = \frac{\tau_E}{\alpha_0}$$

根据 I_E、I_C 和 I_B 的大小关系,可知 $\tau_E < \tau_C < \tau_B$。

按照电荷控制模型可以求得晶体管在不同开关过程相应的电荷控制方程。由开关过程的分析可知,在正脉冲信号加入之前,晶体管由于反向电压 V_{BB} 的作用尚处于截止状态,发射结和集电结上均为较大的反偏。在 t_0 时刻,基极输入幅值为 V_1 的正脉冲信号,形成过驱动的基极电流,但这个基极电流不会立刻引起集电极电流 I_C 的增加,可认为 $I_C \approx 0$,而使发射结由反偏转向正偏,同时集电结的负偏压也会随之降低。基极电流提供的空穴将主要用于对发射结和集电结空间电荷区电荷的积累,也意味着对发射结、集电结势垒区电容的充电。故这一过程是晶体管脱离截止态转向放大态的过程,其电荷控制方程为

$$i_b = \frac{dQ_{TE}}{dt} + \frac{dQ_{TC}}{dt} = C_{TE}\frac{dV_{BE}}{dt} + C_{TC}\frac{dV_{BC}}{dt} \tag{3.7.17}$$

当集电极输出电流 I_C 不断增大,即由 0 增大到接近 I_{CS},基区积累电荷不断增加,即要对发射结的扩散电容充电,还要继续对发射结和集电结势垒电容充电。与此同时,"非子"的存在即意味着复合的存在,所以还需要补充复合所需要的电荷。但晶体管仍处于放大工作状态,其电荷控制方程可表示如下:

$$i_b = \frac{dQ_{TE}}{dt} + \frac{dQ_{TC}}{dt} + \frac{dQ_B}{dt} + \frac{Q_B}{\tau_{nb}} \tag{3.7.18}$$

因为 $\frac{dQ_{TE}}{dt} = C_{TE}\frac{dV_{BE}}{dt}$,$\frac{dQ_{TC}}{dt} = C_{TC}\frac{dV_{BC}}{dt}$,$\frac{dQ_B}{dt} = C_{DE}\frac{dV_{BE}}{dt}$,又 $\frac{dV_{BE}}{dt} = r_e\frac{dI_C}{dt}$,$\frac{dV_{BC}}{dt} = (R_L + r_{cs})\frac{dI_C}{dt}$,$\frac{Q_B}{\tau_{nb}} = \frac{I_C}{\beta_0}$,而势垒电容随外加电压的变化而不同,故在一定电压范围内可取其平均值,即

$$\overline{C_T} = \frac{1}{V_2 - V_1}\int_{V_1}^{V_2} C_T(V) dV \tag{3.7.19}$$

考虑到上述诸因素,放大态电荷控制方程可表示为

$$i_b = \overline{C_{TE}}r_e\frac{dI_C}{dt} + \overline{C_{TC}}(R_L + r_{cs})\frac{dI_C}{dt} + C_{DE}r_e\frac{dI_C}{dt} + \frac{I_C}{\beta_0}$$

$$= \left(\frac{1}{\omega_T} + \overline{C_{TC}}R_L\right)\frac{dI_C}{dt} + \frac{I_C}{\beta_0} \tag{3.7.20}$$

式中，$\frac{1}{\omega_T} \approx \tau_e + \tau_b + \tau_c, \tau_e = r_e\overline{C_{TE}}, \tau_b = r_e C_{DE}, \tau_c = r_{cs}\overline{C_{TC}}$。

解此微分方程可得其通解为

$$t = -\left(\frac{1}{\omega_T} + R_L\overline{C_{TC}}\right)\ln\frac{i_b\beta_0 - I_C}{i_b\beta_0} \tag{3.7.21}$$

当脉冲信号去掉，外加发射结上的偏压转而为负，但因超量储存电荷的存在，其泻放需要一定的时间。同时发射结和集电结正向压降也会下降，直至集电结上的正偏压下降到零，超量储存电荷才完全消失，I_C 维持在 I_{CS}。此外，基区"非子"的复合也会加速超量储存电荷的消失，同时认为发射结和集电结空间电荷区的电荷保持不变，故退出饱和态的电荷控制方程应为

$$i_b = \frac{Q_B}{\tau_{nb}} + \frac{Q_X}{\tau_s} + \frac{dQ_X}{dt} \tag{3.7.22}$$

式中，$Q_X = Q_{BS} + Q_{CS}, \frac{Q_X}{\tau_s} = I_{BX}, \tau_s$ 称为饱和时间常数，$I_{BX} = I_{B1} - I_{BS}$。

以上分析的是晶体管开关过程中的几个典型电荷控制方程，主要考虑瞬态基极电流，当然也可以发射极电流或集电极电流来考虑。

3. 开关时间计算

在应用电荷控制方程计算开关时间时，采用准静态近似的方法，即把任一瞬态时晶体管内的结压降或电流近似假定为相应时刻的稳态值，直流稳态下电流和电荷之间的关系在瞬态时仍成立。这实际上认为开关过程中某一瞬时各区载流子的分布与其相应的定态分布相同，相应的时间常数可以直接应用，任一时刻各中性区载流子浓度分布的变化都能与结压降的变化同步。故要求脉冲响应的时间比载流子再分布所需时间长，这样近似处理方法所得结果才比较准确。

1) 延迟时间

分析延迟过程中电流的变化，可进一步将延迟时间细分为两个阶段：第一阶段是从基极输入正脉冲的 t_0 时刻到晶体管开始导通的 t' 时刻，此时 $I_C \approx 0$，这段时间记为 t_{d1}。此后，I_C 由 0 上升到 t_1 时的 $0.1I_{CS}$，所需的时间记为 t_{d2}，总延迟时间为 $t_d = t_{d1} + t_{d2}$。

在 t_{d1} 时间内，基极驱动电流为 $I_{B1} = \frac{V_1 - V_{BB}}{R_B}$，并保持恒定，发射结偏压由 $-V_{BB}$ 上升到 V_{J0}，集电结上的偏压则由 $-(V_{CC} + V_{BB})$ 变为 $-(V_{CC} - V_{J0})$。结上电压的变化即意味着空间电荷区宽度的变化，亦即意味着对发射结和集电结势垒电容的充电。故由式(3.7.17)电荷控制方程可得

$$I_{B1} = \frac{dQ_{TE}}{dt} + \frac{dQ_{TC}}{dt} = C_{TE}\frac{dV_{BE}}{dt} + C_{TC}\frac{dV_{BC}}{dt} \tag{3.7.23}$$

将式(3.7.23)在结电压 V_{BE} 和 V_{BC} 的变化范围内积分，即得延迟时间 t_{d1} 如下：

$$t_{d1} = \frac{V_{De}C_{TE}(0)}{I_{B1}(1 - n_E)}\left[\left(1 + \frac{V_{BB}}{V_{De}}\right)^{1-n_E} - \left(1 - \frac{V_{J0}}{V_{De}}\right)^{1-n_E}\right]$$

$$+ \frac{V_{Dc}C_{TC}(0)}{I_{B1}(1-n_C)}\left[\left(1+\frac{V_{CC}+V_{BB}}{V_{Dc}}\right)^{1-n_C} - \left(1+\frac{V_{CC}-V_{J0}}{V_{Dc}}\right)^{1-n_C}\right]$$
(3.7.24)

式中，V_{De}、V_{Dc} 分别为发射结和集电结的内建电势，可取 $0.8V$；V_{J0} 为 PN 结微导通电压，对于硅约为 $0.5V$；$C_{TE}(0)$、$C_{TC}(0)$ 则分别为零偏压下的发射结和集电结势垒电容。

对于突变结，$C_{TE}(0) = A_e\left(\frac{q\varepsilon_0\varepsilon_s N_B}{2V_{De}}\right)^{\frac{1}{2}}$，则不同偏压 V_{BE} 的电容可表示为

$$C_{TE}(V_{BE}) = \frac{C_{TE}(0)}{\left(1-\frac{V_{BE}}{V_{De}}\right)^{\frac{1}{2}}}$$
(3.7.25)

对于线性缓变结，$C_{TE}(0) = A_e\left[\frac{q(\varepsilon_0\varepsilon_s)^2 a_{je}}{12V_{De}}\right]^{\frac{1}{3}}$，式中 a_{je} 为发射结处的杂质浓度梯度。同理 $C_{TE}(V_{BE})$ 可表示为

$$C_{TE}(V_{BE}) = \frac{C_{TE}(0)}{\left(1-\frac{V_{BE}}{V_{De}}\right)^{\frac{1}{3}}}$$
(3.7.26)

将突变结和线性缓变结的势垒电容表示式合并成一通式，则有

$$C_{TE}(V_{BE}) = C_{TE}(0)\left(1-\frac{V_{BE}}{V_{De}}\right)^{-n_E}$$

对于集电结势垒电容，由于集电区的杂质浓度 N_C 或结处的杂质浓度梯度 a_{jc} 不同，$C_{TC}(0)$ 和 $C_{TC}(V_{BC})$ 的值也就不同，但形式上也可统一为

$$C_{TE}(V_{BC}) = C_{TC}(0)\left(1-\frac{V_{BC}}{V_{Dc}}\right)^{-n_C}$$
(3.7.27)

对于突变结，n_E、n_C 取 $1/2$；对于线性缓变结 n_E、n_C 取 $1/3$。显然，若发射结为突变结，集电结为线性缓变结，则 n_E 取 $1/2$，n_C 取 $1/3$，$V_{BC}=-V_{CB}$。

在 t_{d2} 时间内，I_{B1} 继续向晶体管内注入电荷，发射结由负偏压升为正偏压，基区内开始积累电荷，I_C 由 0 上升到 $0.1I_{CS}$，即晶体管处于放大态，因这时 $i_b = I_{B1}$，式(3.7.20)列出的放大态电荷控制方程应为

$$I_{B1} = \left(\frac{1}{\omega_T} + \overline{C_{TC}}R_L\right)\frac{dI_C}{dt} + \frac{I_C}{\beta_0}$$
(3.7.28)

将 I_C 在 t' 的值 0 和 t_1 的值 $0.1I_{CS}$ 依次代入此方程的通解式(3.7.21)，即可求得 t_1-t' 的延迟时间 t_{d2} 为

$$t_{d2} = \beta_0\left(\frac{1}{\omega_T} + \overline{C_{TC}}R_L\right)\ln\frac{I_{B1}\beta_0}{I_{B1}\beta_0 - 0.1I_{CS}}$$
(3.7.29)

对于式中 $\overline{C_{TC}}$ 的取值，一般可作下列近似：突变结 $\overline{C_{TC}} = 2C_{TC}(V_{CC})$，线性缓变结 $\overline{C_{TC}} = 1.5C_{TC}(V_{CC})$，一般扩散结 $\overline{C_{TC}} = 1.7C_{TC}(V_{CC})$。

从 t_{d1}、t_{d2} 两表示式来分析影响延迟时间的因素，主要有以下两点：①发射结初始状态结偏压负值越大，或两个结的结电容越大，则由关态到开态需要补充的可动电荷数越多。当 I_{B1} 一定时，t_d 越长。②I_{B1} 增大时，单位时间可提供的电荷数增加，可使延迟时间 t_d 减小。

2) 上升时间

在上升时间内,基极电流 I_{B1} 继续向发射结势垒电容充电,发射结电压进一步升高,由开始导通时的 0.5V 上升到约 0.7V。此时发射区向基区注入的少数载流子的数目以及基区"少子"的浓度梯度也都随之增加,与之相对应的 I_C 也不断增大;同时,I_{B1} 还会继续向集电结空间电荷区充电,导致结上负偏压 V_{BC} 降低,直至接近零偏压,使晶体管进入饱和态边缘。集电极输出电流从 t_1 时刻的 $0.1I_{CS}$ 增大到 t_2 时刻的 $0.9I_{CS}$,这时晶体管处于放大态,$i_b = I_{B1}$,仍可由放大态电荷控制方程(3.7.20)求其开关时间。将 t_1 及此时的 I_C 值 $0.1I_{CS}$ 和 t_2 及其 I_C 值 $0.9I_{CS}$ 分别代入上式的通解式(3.7.21),即得上升时间为

$$t_r = t_2 - t_1 = \beta_0 \left(\frac{1}{\omega_T} + \overline{C_{Tc}} R_L \right) \ln \frac{I_{B1}\beta_0 - 0.1I_{CS}}{I_{B1}\beta_0 - 0.9I_{CS}} \tag{3.7.30}$$

由式(3.7.30)可以分析出影响上升时间的因素主要有以下几个方面:①结电容 C_{TE}、C_{TC} 的大小,影响着向两个空间电荷区充入的电荷量;②基区宽度 W_b 决定着建立一定的基区少子浓度梯度所需要的电荷量;③基区少子寿命影响着复合损失所需的电荷量;④基极充电电流 I_{B1} 的大小决定着充电速度。

3) 储存时间

储存时间也包括两个时间段,即超量储存电荷消失所需的时间 t_{s1} 和集电极电流由最大值 I_{CS} 下降到 $0.9I_{CS}$ 所需的时间 t_{s2},总的储存时间 $t_s = t_{s1} + t_{s2}$。

当 $t = t_3$ 时,基区回路的正脉冲信号 V_I 去掉,发射结突然处于反偏($-V_{BB}$)状态,基区回路中将产生与 I_{B1} 方向相反的电流 I_{B2},由式(3.7.22),$I_{B2} = \frac{V_{BB} + V_{BE}}{R_B} \approx \frac{V_{BB}}{R_B}$。$I_{B2}$ 即超量储存电荷从晶体管内泄放的抽出电流。而且在 Q_{BS} 及 Q_{CS} 未被抽完之前,基区中电子浓度梯度不会改变,即 I_{CS} 基本保持不变。

故将 $i_b = -I_{B2}$ 代入式(3.7.22)表示的电荷控制方程可求得储存时间 t_{s1},即

$$-I_{B2} = \frac{Q_B}{\tau_{nb}} + \frac{Q_X}{\tau_s} + \frac{dQ_X}{dt} \tag{3.7.31}$$

由于饱和态时,$\frac{Q_B}{\tau_{nb}} = I_{BS} = \frac{I_{CS}}{\beta_S} \approx \frac{I_{CS}}{\beta_0}$,$\beta_S$ 是临界饱和态时的电流增益,β_S 略小于正常放大时的 β_0。式(3.7.31)可化成

$$\frac{Q_X}{\tau_s} + \frac{dQ_X}{dt} = -\left(I_{B2} + \frac{I_{CS}}{\beta_S} \right) \tag{3.7.32}$$

利用 $t = t_3$ 时,$Q_X = \tau_s I_{BX} = \tau_s (I_{B1} - I_{BS}) = \tau_s \left(I_{B1} - \frac{I_{CS}}{\beta_0} \right)$;$t = t_3'$ 时,$Q_X = 0$ 这些边界条件可求解上述微分方程,由 $t_{s1} = t_3' - t_3$,从而解得储存时间 t_{s1} 如下:

$$t_{s1} = \tau_s \ln \left(\frac{I_{B1} + I_{B2}}{I_{B2} + I_{CS}/\beta_0} \right) \tag{3.7.33}$$

式中,饱和时间常数 τ_s 可根据其定义,应用 EM 方程及电荷控制方程求得,在一定近似条件下,对于硅平面管,当集电区厚度大于其"少子"空穴扩散长度,即 $W_c > L_{PC}$ 时,可取

$$\tau_s = \frac{0.6}{\omega_b} + \frac{\tau_{pc}}{2} \tag{3.7.34}$$

而当 $W_c < L_{PC}$ 时,可取

$$\tau_s = \frac{0.6}{\omega_b} + \frac{W_c^2}{2D_{pc}} \tag{3.7.35}$$

式中，τ_{pc} 为集电区"少子"空穴寿命，D_{pc} 为其扩散系数，ω_b 为基区渡越截止频率。

储存时间 t_{s2} 中，晶体管已进入放大工作状态，但其基极电流 i_b 仍为反向抽出电流 I_{B2}，故这时式(3.7.20)所示放大态电荷控制方程应为

$$-I_{B2} = \left(\frac{1}{\omega_T} + \overline{C_{TC}}R_L\right)\frac{dI_C}{dt} + \frac{I_C}{\beta_0} \tag{3.7.36}$$

将 $t = t_3'$, $I_C = I_{CS}$ 及 $t = t_4$, $I_C = 0.9I_{CS}$ 分别代入式(3.7.36)，因 $t_{s2} = t_4 - t_3'$，即可求得 t_{s2} 如下：

$$t_{s2} = \beta_0\left(\frac{1}{\omega_T} + \overline{C_{TC}}R_L\right)\ln\left(\frac{I_{CS} + I_{B2}\beta_0}{0.9I_{CS} + I_{B2}\beta_0}\right) \tag{3.7.37}$$

由以上分析可见，影响储存时间长短的因素有两个方面：①晶体管进入饱和状态时积存的超量存储电荷的多少，即与 I_{B1}、饱和深度、基区宽度 W_b、集电区厚度 W_c 等因素有关；②关断过程中超量存储电荷消失的快慢，则由 I_{B2} 的大小、"少子"寿命 τ_{pc} 等因素决定。

4) 下降时间

下降时间为 t_4 到 t_5 时间段，这时晶体管已退出饱和态，进入放大态。但基极电流 i_b 仍保持 I_{B2}，以抽出基区仍存储的电荷 Q_B，使基区电子及空穴的浓度梯度逐渐下降，I_C 由 $0.9I_{CS}$ 下降到 $0.1I_{CS}$。其电荷控制方程仍如式(3.7.36)所示，将 $t = t_4$, $I_C = 0.9I_{CS}$ 及 $t = t_5$, $I_C = 0.1I_{CS}$ 分别代入式(3.7.21)，即可求得下降时间如下：

$$t_f = t_5 - t_4 = \beta_0\left(\frac{1}{\omega_T} + \overline{C_{TC}}R_L\right)\ln\left(\frac{0.9I_{CS} + I_{B2}\beta_0}{0.1I_{CS} + I_{B2}\beta_0}\right) \tag{3.7.38}$$

4. 提高开关速度

影响开关速度的内因是晶体管的结构、材料的性质，包括基区、集电区电荷的积累及消失，垫垒电容、扩散电容的充、放电，超量储存电荷的积累及泻放，载流子的复合等；外因是外电路的驱动和抽取，包括 V_{BB}、R_B、V_{CC}、R_L 等因素，故可从下述诸方面提高双极晶体管的开关速度。

(1) 掺金。尤其是对 NPN 管掺金更为有利。金在 N 型硅中起受主作用，接受电子成 A_u^-，俘获空穴。在 P 型硅中，有大量空穴，金起施主作用，失去电子成为 A_u^+，俘获电子。τ_{pc} 由掺金浓度决定，但对空穴的俘获能力是对电子俘获能力的一倍，故对 NPN 结构的器件，A_u 对 τ_{pc} 影响较大，对 τ_{nb} 影响小，不至于给电流增益带来不利的影响。

(2) 在保证集电结耐压的情况下，尽量减薄外延层厚度，降低外延层电阻率，以减小集电区少子寿命。

(3) 减小结面积 A_e、A_c，以减小 C_{TE}、C_{TC}，这可有效缩短 t_d、t_r、t_f。

(4) 减小基区宽度 W_b，从而减小 Q_B，可使 t_r、t_f 大为减小。

(5) 减小集电极宽度 W_C ($L_{PC} > W_C$)，使超量储存电荷 Q_{CS} 减少，则 t_s 减小。

(6) 加大 I_{B1}，可缩短 t_d、t_r。但 I_{B1} 太大会使饱和过深，一般控制 $S = 4$ 来选择适当的 I_{B1}。

(7) 加大 I_{B2}，反向抽取快，可缩短 t_s、t_f。

(8) 使晶体管工作在临界饱和态。这样就不会有超量存储电荷，则 t_s 趋于零。但此时 C、E 之间的压降较高。

(9) 在 V_{CC} 与 I_{B1} 一定时,选择较小的 R_L 可使晶体管不致进入太深的饱和态,有利于缩短 t_s。但 R_L 减小会使 I_{CS} 增大,从而延长了 t_r、t_f,并增大了功耗。

4 个开关时间中存储时间最长,缩短了存储时间也就大幅度地缩短了整个开关时间,也就是说减小 t_s 成了减小整个开关时间的关键。由以上所列,缩短储存时间主要是以下几点:①开启时,在保证导通的前提下,I_{B1} 不要太大,即不要让晶体管饱和程度太深,以减少 Q_{BS} 和 Q_{CS}。②在外延结构的晶体管中,在保证集电结耐压的前提下,尽可能地减小外延层厚度;而在无外延层结构当中,应设法减小集电区少子扩散长度 L_{pc},其目的都是为了减少超量存储电荷的存储空间。③加大抽取电流。④缩短集电区少子寿命 τ_{pc}。对于硅 NPN 晶体管,采用掺金工艺可以有效缩短 τ_{pc},减小饱和时间常数 τ_s。从而提高开关速度。

思考题 3

3.1 画出 NPN 双扩散外延平面管的截面结构图,并标明其相应纵向结构参数的名称。

3.2 试论 BJT 何以具有对微弱电信号的放大能力?怎样提高 BJT 的电流放大系数?

3.3 画出 NPN 晶体管在 $V_{BE}>0, V_{BC}<0$ 偏置条件下,各区"少子"分布图及内部各电流分量流向图。

3.4 分析基区自建电场的来源、方向、大小及作用,并在上述诸方面与空间电荷区自建电场作比较。

3.5 什么是基区电导调制效应?它对晶体管的特性有何影响?

3.6 何谓大注入?与小注入相比,缓变基区 BJT 的工作状态与性能有哪些不同?

3.7 大注入自建电场是怎样产生的?它和杂质自建电场有何异同?

3.8 试述 N^+-P-N-N^+ 晶体管强场下有效基区扩展效应的物理过程及其对 BJT 特性的影响。

3.9 什么是发射极电流集边效应?

3.10 BV_{EBO}、BV_{CBO}、BV_{CEO} 的含义是什么?大小关系怎样?怎样提高晶体管的击穿电压?

3.11 I_{EBO}、I_{CBO}、I_{CEO}、I_{CS}、I_{ES} 的含义是什么?其大小关系怎样?

3.12 晶体管的基极电阻是怎样产生的?对 BJT 的特性有哪些影响?怎样减小 BJT 的 r_b?

3.13 证明共射极状态下的 Ebers-Moll 方程可表示为

$$I_E = -\beta_R I_B + (1+\beta_R) I_{EBO}(e^{qV_{BE}/kT} - 1)$$
$$I_C = \beta_F I_B - (1+\beta_F) I_{CBO}(e^{qV_{BC}/kT} - 1)$$

并画出此时的等效电路。

3.14 晶体管的基区宽度 W_b 和基区杂质浓度 N_B 与其哪些特性有关?

3.15 画出高频晶体管内部各分电流的流向图及其小信号高频等效电路。

3.16 试述高频下 BJT 的电流放大系数为何会下降?

3.17 什么是 τ_e、τ_b、τ_c、τ_d?分别由哪些因素决定?对晶体管的性能有何影响?

3.18 f_α、f_β、f_T、f_M 各自的含义是什么?

3.19 什么是 6dB/倍频关系?有何应用?

3.20 BJT 何以具有开关作用?试述 BJT 的开关过程。

3.21 BJT 饱和态的特点是什么?画出饱和态时 BJT 内各区"少子"的分布图。

3.22 BJT 的开关时间有哪几个?它们是怎样形成的?

3.23 怎样提高 BJT 的开关速度?

习 题 3

3.1 一均匀基区 NPN 晶体管,基区宽度 $W_b=1\mu m$,$L_{nb}=10\mu m$,$L_{pe}=5\mu m$,$\rho_e=0.05\Omega\cdot cm$,$\rho_b=$

$0.15\Omega \cdot cm$,试计算该晶体管的 γ_0、β_0^*、α_0 及 β_0。

3.2 今有一 NPN 硅平面管,基区宽度 $W_b=1\mu m$,基区杂质浓度呈线性分布。若要求 β_0^* 不小于 0.975,试问基区电子扩散长度 L_{nb} 应不小于多少微米?如果 $D_{nb}=14cm^2/s$,则基区电子寿命应不小于多少微秒?

3.3 NPN 双极晶体管,$N_E=10^{18}/cm^3$,$N_B=10^{16}/cm^3$,$W_e=0.5\mu m$,$W_b=0.6\mu m$,$D_{pe}=10cm^2/s$,$D_{nb}=25cm^2/s$,$\tau_b=5\times 10^{-7}s$,试计算其 α_0、β_0。若为缓变基区晶体管,且 $N_B(0)=2\times 10^{16}/cm^3$,$N_c=10^{15}/cm^3$,其他参数相同,再求其 β_0。

3.4 NPN 硅平面晶体管,已知集电区掺杂浓度 $N_C=4\times 10^{15}/cm^3$,基区及发射区宽度均为 $2\mu m$,$N_B(0)=2\times 10^{17}/cm^3$,若发射区平均电阻率为 $0.005\Omega/cm$,试求其发射效率 γ_0 及共射极电流放大系数 β_0(设基区"多子"与"少子"的迁移率分别为 $\mu_{pb}=500cm^2/V\cdot s$,$\mu_{nb}=600cm^2/V\cdot s$,基区少子寿命 $\tau_{nb}=15\mu s$。提示:取 $\overline{N_B}=\dfrac{N_B(0)}{2}$)。

3.5 硅 NPN 型均匀基区晶体管,发射结面积 $A_E=10^{-3}cm^2$,基区杂质浓度 $N_B=10^{17}/cm^3$,$W_b=0.8\mu m$,$\tau_b=10^{-8}s$,室温(300K)下,发射结正向电压为 0.7V,设发射效率 $\gamma_0=0.995$,问该晶体管的 I_B、I_C 及共基极电流放大系数 α_0 各为多少(令 $I_{CBO}=0$,$\mu_{nb}=525cm^2/V\cdot s$)?

3.6 一高频双极晶体管工作于 240MHz 时,其共基极电流放大系数为 0.68,若该频率即为其 f_α,试求其 $\beta=5$ 时的工作频率(设 $\tau_e'=\tau_e$)。

3.7 已知 NPN 晶体管共射极电流增益 $\beta_0=100$,在工作频率 20MHz 下测得电流增益 $|\beta|=60$,试计算:(1)该晶体管的 f_β 及 f_T;(2)工作频率上升到 400MHz 时 β 下降到多少。

3.8 有一 $\beta_0=50$ 的晶体管,工作在 $V_{CC}=5V$,$R_L=1k\Omega$ 的共发射极电路中,当基极电流 $I_B=50\mu A$ 时,(1)该晶体管是否进入饱和态?(2)若负载 R_L 改为 $5k\Omega$ 又将如何?

第 4 章 结型场效应晶体管

场效应晶体管常简称为 FET(field-effect transistor)，包括 PNJFET、MESFET 及 MOSFET 等多个分支。最早具有实际结构的 FET 雏形由 Shockly 在 1942 年提出。它是在 N 型或 P 型半导体基片上制作一对 PN 结及相应的金属电极，两 PN 结之间具有导电沟道，通过改变外加于 PN 结的反向偏置电压，以改变 PN 结耗尽层的厚度，从而达到改变沟道区载流子密度以控制沟道输出电流的目的。因此，这种 FET 被称为 PN 结型场效应晶体管，即 PNJFET(PN junction FET)，通常也称 JFET，如图 4.0.1(a)所示。由于导电沟道在晶片内部，故又称之为体内场效应晶体管。当 FET 的栅极是由半导体基片上的金属-绝缘膜等多层结构组成时，称为 MISFET(metal-insulator-semiconductor FET)，若绝缘膜为氧化层即是 MOSFET(metal-oxide-semiconductor FET)，氧化层通常是 SiO_2。图 4.0.1(b)为其基本结构的截面图。关于 MOS 二极管的构想可以追溯到 20 世纪 30 年代，但真正有实际意义的 MOSFET 是在 1960 年由 Bell 研究所的 Kahng 和 Atalla 所发表，并在 1962 年实现了产品化，这有赖于平面工艺的出现和人们对半导体表面及界面理论的透彻了解。此后，在 1966 年又诞生了如图 4.0.1(c)所示的肖特基势垒栅场效应晶体管。它是以金属-半导体接触形成的肖特基势垒耗尽层来控制沟道厚度的结型场效应晶体管，也称金-半接触结场效应晶体管。英文缩写为 MESFET(metal-semiconductor FET)，已广泛应用于高频及微波领域，并成了化合物半导体器件的主流，常见材料为 GaAs。MESFET 和 MOSFET 一样，其导电沟道均在晶片表面层，故都属于表面场效应晶体管。1980 年，又发明了一种更新的场效应器件，这就是高电子迁移率晶体管，缩写为 HEMT(high electron mobility transistor)。图 4.0.1(d)为其基本结构的截面图，它是一种由不同带隙宽度材料构成的异质结场效应晶体管(HFET)。依据调制掺杂原理，

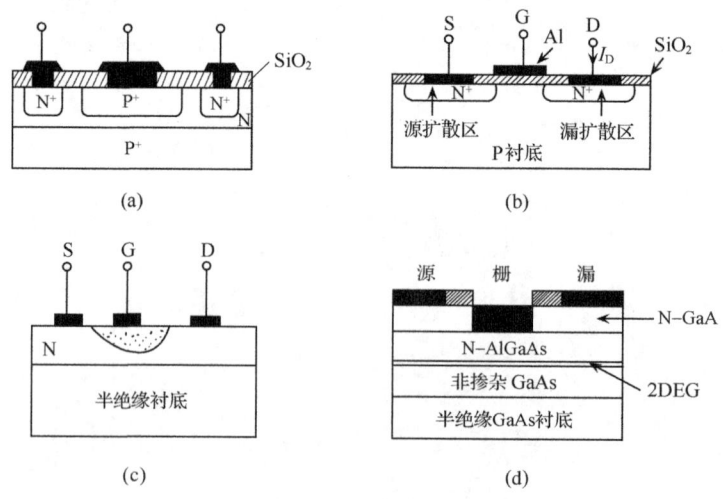

图 4.0.1 FET 类型
(a) JFET；(b) MOSFET；(c) MESFET；(d) HEMT

使导电载流子脱离其母体而成为速度极高的二维电子气（2DEG），从而使 FET 具有很高的开关速度及截止频率，故又可称之为 MODFET（modulation doped FET）或 TDGFET（two_dimensional electron gas FET）。

和双极晶体管相比，FET 具有许多不同特点：①它是一种电压控制器件，而 BJT 是电流控制器件。②它是"多子"器件，因而，无"少子"扩散引起的散粒噪声，仅有热噪声，故噪声较低；同时它是一种单极器件，即只有一种极性的载流子参与工作，而 BJT 是两种极性的载流子都参与工作。③输入阻抗高，有利于放大器的直接耦合，且输入功耗小。④温度稳定性好，具有零或负的温度系数，大电流下工作稳定，增益在较高漏电流下基本是常数。⑤制造工艺较 BJT 简单，EMOS 具有天然的隔离，有利于提高集成度。

本章主要论述结型场效应管的结构、原理及基本特性。这里所说的结型场效应管包括 PNJFET 和 MESFET。作为两种基本的场效应器件，和双极晶体管一样，在电路中和其他电路元件一起构成回路也能获得电压及功率增益。大多数 FET 由硅材料制成，但在高速、高频、低噪声、高温、低温、高能辐射等应用领域中，化合物半导体 FET 占有很重要的地位，其中主要是 GaAsMESFET。GaAs 数字电路的集成水平已能够在一个芯片上集成一百多万个场效应晶体管。这是由于 GaAs 是一种直接带隙半导体，具有优越的光电特性；低场下电子的迁移率高，寄生电阻小，器件的速度快；电子的饱和速度大，使得短沟器件的速度和工作频率很高；尤其是使用半绝缘衬底的 GaAs MESFET 很适合微波和毫米波单片集成电路。GaAs 相对于 Si 的不足之处是它的导热性差，材料及工艺的成本较高。

4.1　JFET 结构与工作原理

4.1.1　PNJFET 基本结构

PN 结型场效应晶体管的基本结构如图 4.1.1(a)所示，这是一 N 沟道 JFET。在 P^+ 型单晶硅基片上外延生长 N 型层，再通过扩散的方法制作一高掺杂的 P^+ 区，形成两个相对的 P^+N 结，一般称之为栅 PN 结或栅结，上、下各引出一电极称为栅极，以 G 表示；在 N 区的 P^+ 扩散层两边各制作一金属欧姆接触电极，分别称为源极和漏极，以 S、D 表示。两栅结之间的区域称为沟道区，在外加电压作用下，载流子在沟道运行以形成沟道电流，大多数 JFET 在芯片上已将两栅极连在一起，实际上只有三个对外引出端。

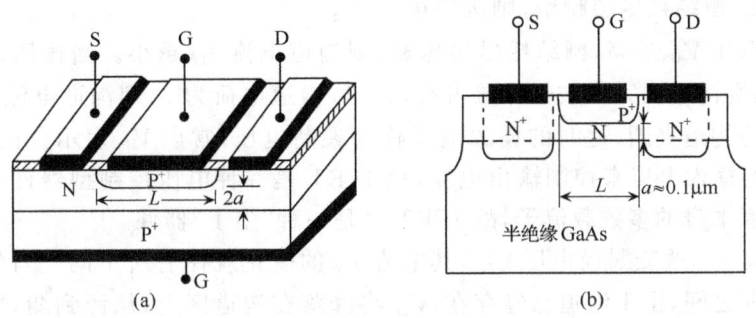

图 4.1.1　PNJFET 结构图

同样,也可以在 P 型硅的上、下各制作 N^+ 栅区,从而形成 P 沟道 PNJFET。

对于上述 PNJFET,若以源极接地,在漏极加上电压 V_{DS},且栅压 V_{GS} 为 0,沟道载流子将在 V_{DS} 作用下,沿着沟道运行,在漏、源间形成沟道电流 I_{DS},这种场效应器件称为耗尽型(depletion)器件,缩写为 D 型,即常开型器件。相对于耗尽型器件,还有另一类在栅压 V_{GS} 为 0 时,沟道电流 I_{DS} 也为 0 的器件称为增强型(enhancement)器件,缩写为 E 型,即常闭型器件。以半绝缘 GaAs 为衬底的 E 型 N 沟 PNJFET 的结构如图 4.1.1(b)所示,利用向半绝缘 GaAs 衬底注入 Se^+ 得到 E-JFET 的 N^+ 源、漏欧姆接触,且注入层较厚,N 型沟道区则为另一次较浅的 Se^+ 注入所形成,P^+ 栅区则是使用 Zn 向 GaAs 扩散获得。

综上所述,理论上 JFET 有 4 种基本类型,即 N 沟耗尽型、P 沟耗尽型、N 沟增强型及 P 沟增强型。一般 JFET 都工作在耗尽型状态,由于电子迁移率比空穴的大,应用中以 N 沟 FET 居多。4 类器件在电路中的符号如图 4.1.2 所示。

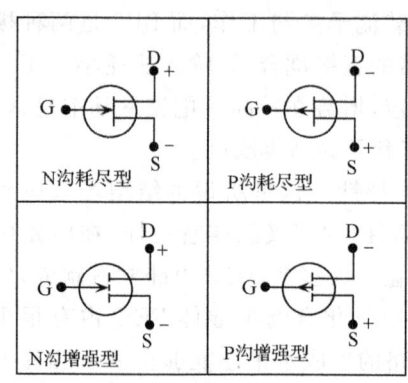

图 4.1.2 JFET 电路符号

4.1.2 JFET 工作原理

以 N 沟耗尽型(D 型)对称双边 PNJFET 为例定性分析其工作原理。D 型 N 沟 JFET 在电路中通常采用共源极连接,偏置状态如图 4.1.3 所示。在放大工作状态时,源极接地,D、S 极间加正向漏源电压 V_{DS},G、S 间加反向电压 V_{GS},电子将从源到漏做漂移运动,形成漏源电流 I_{DS}。

由于栅极相对漏、源极处于低电位,使 N 沟道两侧栅 PN 结处于反向偏置状态。若漏源电压 V_{DS} 一定,改变加在 PN 结两端的反向偏置电压 V_{GS},就可改变栅 PN 结耗尽层的宽度,也就改变了中间导电沟道的厚度,即意味着改变沟道电阻,在一定电压 V_{DS} 下,其电流随之而变,这样利用栅源电压 V_{GS} 的变化就能控制导电沟道的厚度,即控制沟道中多数载流子电荷的多少,也就控制了导电沟道中电流的大小。很明显,栅压 V_{GS} 越低,栅结耗尽层越窄,则沟道电流 I_{DS}

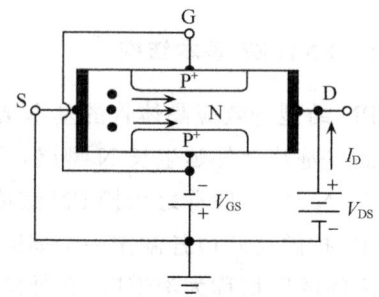

图 4.1.3 N 沟 PNJFET 共源连接电路

越大;相反,栅压 V_{GS} 越高,栅结耗尽层越宽,则沟道电流 I_{DS} 越小。当栅压使二栅结的耗尽层相连时,则沟道区完全被耗尽层占有,这时,沟道电荷为 0,则沟道电流 I_{DS} 也将为 0,称这种状态为沟道夹断,这时的栅源电压称为夹断电压,常以 V_P 表示。由此可见,可以借助 JFET 的输入电压来控制输出电流,故 JFET 是一种电压控制型器件。而且参与导电的就是衬底本身的多数载流子,故 JFET 又是一种"多子"器件。

若令 $V_{GS}=0$,改变漏极电压 V_{DS},其电流 I_{DS} 的变化规律有所不同。当外加漏极电压 V_{DS} 加于源、漏之间,由于沟道已经存在,V_{DS} 将降落在沟道区上,从源到漏,N 沟道区电位升高,故沟道电子在 V_{DS} 作用下,做漂移运动而形成漏源电流 I_{DS},且 V_{DS} 越高,漂移电场越强,I_{DS}越大。因栅源相连,故V_{DS}使栅PN结处于反偏状态,其耗尽层同样向沟道区扩展,V_{DS}越高,耗尽层越宽,且从源到漏,N沟道区电位升高,故栅结反偏变高,耗尽层宽度从源到漏增大。当V_{DS}很小时,虽然漏极附近的栅极与沟道PN结的反偏较之源端高一些,但因差别很小,沟道两端空间电荷区扩展宽度的差别可忽略不计,沟道基本上相当于一个电阻,故漏源电流随漏源电压而线性增加,JFET工作于线性状态,如图4.1.4(a)所示。

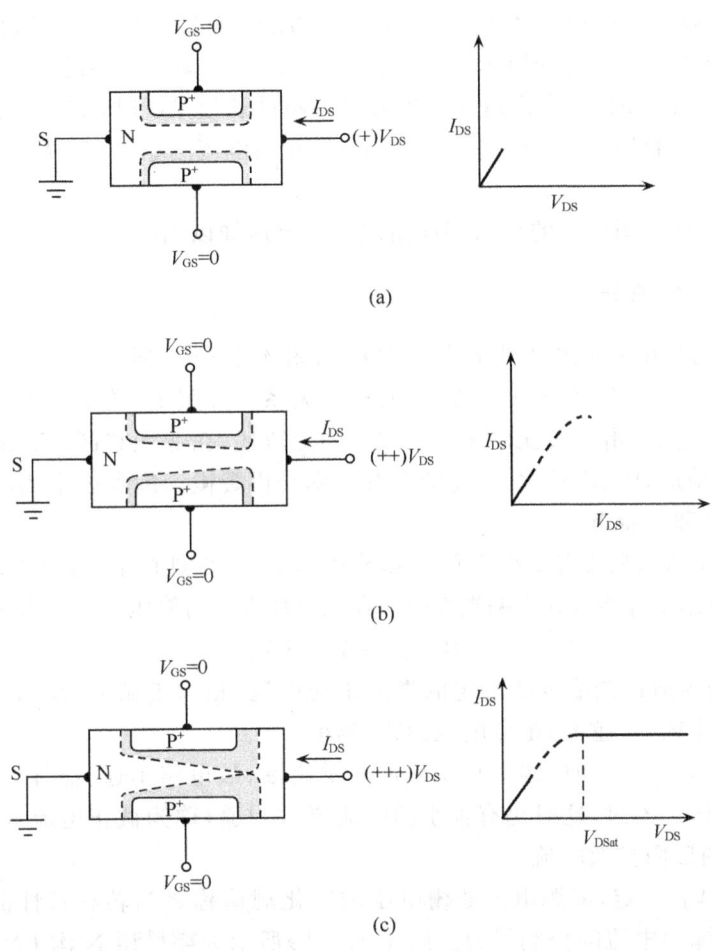

图 4.1.4 JFET 工作状态
(a) 线性;(b) 非饱和;(c) 饱和

当漏源电压V_{DS}增加时,沟道耗尽层变宽,沟道厚度变小,等效电阻增加。而且,从源到漏,耗尽层越宽,沟道厚度越小,沟道电阻越大,因此,I_{DS}随V_{DS}增加而增大的速率变慢,即I_{DS}正比于V_{DS},特性曲线斜率变小,如图4.1.4(b)所示。常称JFET的这种状态为非饱和态。

当漏极电压继续增加,V_{DS}升高到某一数值时,使上、下栅结耗尽区连通,则沟道在漏端被夹断。漏源电流将达到某一定值I_{DSat},称为饱和漏源电流,如图4.1.4(c)所示。设这时的漏源电压为V_{DSat},称为饱和漏源电压,JFET处在饱和状态。其电流-电压特性曲线如图4.1.4(c)右图所示。理想状态下,若继续增加漏源电压,将不会改变漏电流,即当$V_{DS}>V_{DSat}$,漏电流I_{DSat}不受V_{DS}影响,因漏端附近会出现夹断区ΔL,设$\Delta L \ll L$,夹断区内载流子差不多是耗尽的,由于存在沿沟长 L 方向的电场,从源极出发的电子在沟道电场作用下漂移到达夹断区边缘即可被夹断区电场拉向漏端。既然夹断是由于上下栅耗尽区连通,而栅结耗尽区的厚度又取决于沟道电势,所以 $V_{DS}>V_{DSat}$ 时,沟道起始夹断点的电势将不再改变,它到源端的电势差始终都将等于 V_{DSat}。外加漏源电压超出 V_{DSat} 的那一部分,即 $V_{DS}-V_{DSat}$ 部分降落于夹断区,故漏电流达到饱和值 I_{DSat} 后不再增加。但实际上, V_{DS} 从 V_{DSat} 继续增加时,夹断区承受越来越高的电压,而且其长度随 V_{DS} 的继续增加而扩大,即 ΔL 稍有增大。与此同时未夹断区长度就要缩短,即 I_{DSat} 会随 V_{DS} 的增加而有微小增大。对于长沟道 JFET,当沟道长度远大于夹断区长度 ΔL 时,ΔL 忽略不计,即饱和时未夹断区长度及漏极夹断电压不受 V_{DS} 影响,饱和漏电流 I_{DSat} 与 V_{DS} 无关,因此,该器件可做恒定电流源。

上述分析,可以用器件的输出特性曲线更形象地加以描绘。

4.1.3 JFET 特性曲线

长沟 NJFET 共源输出特性的典型曲线如图 4.1.5(a)所示,它描述了耗尽型 N 沟 JFET 外加偏压 V_{DS}、V_{GS} 及工作电流 I_{DS} 的相互关系。按照 I_{DS} 随 V_{DS} 的变化规律,曲线簇可分为非饱和、饱和、击穿及亚阈 4 个区域。如上所述,在非饱和区,V_{DS} 很小时 I_{DS} 随 V_{DS} 增大而线性地增加,V_{DS} 比较大时 I_{DS} 的上升速率变得缓慢。饱和区中 I_{DS} 几乎不随 V_{DS} 变化,呈现电流饱和的特点。

在击穿区里,V_{DS} 只要有微小的增加,都会引起 I_{DS} 的急剧上升。由于漏端处栅结反向偏压最高,所以栅结击穿将首先在漏端发生。在栅极加有反向偏压 V_{GS} 时,漏源击穿电压为

$$BV_{DS}=BV_{DS0}+V_{GS} \tag{4.1.1}$$

式中,BV_{DS0} 为沟道掺杂浓度所决定的雪崩击穿电压,相当于栅 P^+N 结的击穿电压。因 V_{GS} 为负值,故 $|V_{GS}|$ 越大,击穿电压 BV_{DS} 越小。

当 $V_{GS} \leqslant V_P$,$I_{DS}=0$ 时,沟道从源到漏全被夹断,故电路不通,器件处于截止状态,常称该区为亚阈区。不过,这时仍有很小的电流流过沟道,称为截止电流或亚阈电流,主要为栅 P^+N 结的反向扩散电流。

漏源电压 V_{DS} 一定,漏源电流随栅电压的变化规律称之为转移特性曲线。它反映了输入端电压对输出电流的控制能力。图 4.1.5(b)所示为耗尽型 N 沟 PNJFET 的转移特性曲线。由图可知,当 $V_{GS}=0$ 时,就有一定的漏源电流 I_{DS} 流过器件沟道之中;当 $V_{GS}>0$

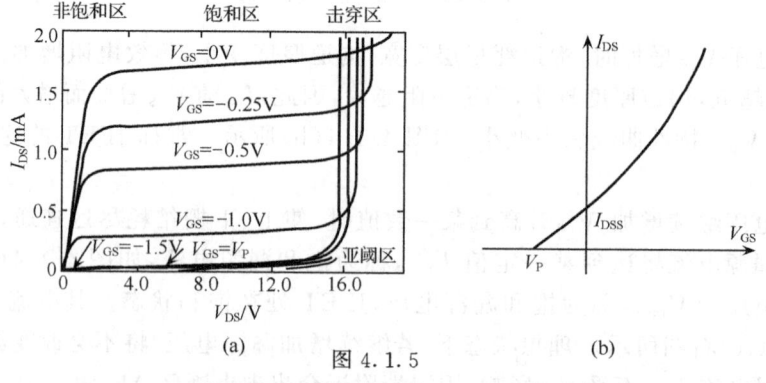

图 4.1.5
(a) N 沟 JFET 共源输出特性曲线;(b) 转移特性曲线

时，V_{GS} 越大，电流越大；当 $V_{GS}<0$ 时，$|V_{GS}|$ 越高，漏源电流 I_{DS} 越小，直至负栅压为夹断电压 V_P 时，I_{DS} 才为 0。作为耗尽型器件，一般工作在负栅压区。

4.1.4 夹断电压及饱和漏源电压

使耗尽型 JFET 沟道全夹断时的栅源电压称为夹断电压，常以 V_P 表示。因这时器件的沟道电流近似为 0，处于导通与截止的临界点上，故一般情况下，称为阈值电压。对于增强型 FET，是从截止到导通的转换过程，常称为开启电压；对于耗尽型 FET，是从导通向截止的转换过程，故称夹断电压。

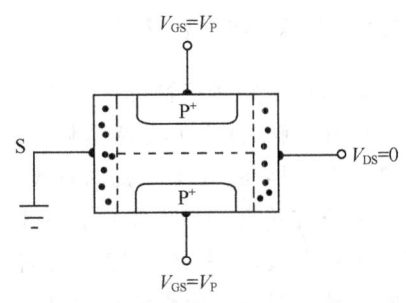

图 4.1.6 JEFT 夹断电压

对于图 4.1.6 所示的对称结构 N 沟 JFET，若衬底均匀掺杂，沟道杂质浓度为 N_D，设两 P^+ 区之间的距离即冶金沟道厚度为 $2a$，当 V_{DS} 为 0，反向偏压 V_{GS} 使二栅结的耗尽区相连，即 PN 结 N 一边的耗尽区宽度为 a，这时的 V_{GS} 即 V_P。根据 PN 结理论有

$$x_n = x_m = \left[\frac{2\varepsilon_0(V_D-V_P)}{qN_D}\right]^{\frac{1}{2}} = a \tag{4.1.2}$$

令

$$V_{P0} = V_D - V_P = \frac{qN_D a^2}{2\varepsilon_0} \tag{4.1.3}$$

V_{P0} 称为本征夹断电压，本征夹断电压定义为产生夹断时的 PN 结的全部电势差。V_D 即 PN 结内建电势差，V_P 为夹断电压，用于表示沟道夹断时，栅结上的电压降

$$V_P = V_D - V_{P0} = V_D - \frac{qN_D a^2}{2\varepsilon_0} \tag{4.1.4}$$

因 V_P 对栅结为反向偏置，V_{P0} 恒为正，故 $V_D<V_{P0}$。这时对 N 沟 JFET 而言，$V_P<0$。由此可见，沟道中杂质浓度越高即原始沟道越厚，夹断电压越高。

对于 P 沟 JFET，可以作出相应分析，由于外加偏压的极性相反，其夹断电压即阈值电压为正，即 $V_P>0$。

当 $V_{DS}\ne 0$ 时，即考虑栅和漏极同时施加电压的情况。沿着沟道方向，耗尽层宽度将不同。在源极耗尽层宽度最小，在漏极耗尽层宽度最大，必然是漏端首先夹断。如前所述，这时的漏源电压即是饱和漏源电压，即 $V_{DS}=V_{DSat}$，则有

$$a = \left\{\frac{2\varepsilon_0\varepsilon_s(V_D+V_{DSat}-V_{GS})}{qN_D}\right\}^{\frac{1}{2}} \tag{4.1.5}$$

即

$$V_D + V_{DSat} - V_{GS} = \frac{qa^2 N_D}{2\varepsilon_0\varepsilon_s} = V_{P0} \tag{4.1.6}$$

于是求得 D 型 NJFET 的饱和漏源电压如下：

$$V_{DSat} = V_{P0} - (V_D - V_{GS}) = V_{P0} - V_D + V_{GS} = -V_P + V_{GS} \tag{4.1.7}$$

这里 $V_{GS}<0$。

4.2 MESFET

MESFET 和 PNJFET 的主要不同就是用金属-半导体接触形成的肖特基势垒代替 PN 结作为栅结。为此,有必要了解有关金属-半导体接触的基本理论。

4.2.1 金属与半导体接触

金属与半导体接触可以形成欧姆接触,如半导体器件及集成电路的电极制作,也可以形成整流接触,称之为肖特基势垒结,如点接触二极管或肖特基二极管,MESFET 也是其重要应用。早在 1874 年就已发表了有关金属探针扎在半导体上出现的整流接触现象的实验室研究论文,1904 年申请了检波器的专利,1931 年提出了有关理论研究的威尔逊(Wilson)模型,后来又在 1938 年相继提出了肖特基和莫特(Mott)势垒模型。半导体与金属接触究竟是形成整流接触还是欧姆接触,取决于两种材料的功函数之差、半导体的电子亲和势、半导体的表面态密度以及掺杂浓度等因素。

金属中的电子可以依靠热运动的能量逸出金属,称之为热电子发射;也可依靠光的能量放出电子,称之为光电子发射(外光电效应)。对于金属与真空的界面,设金属中的电子逸出到真空所需要的最低能量为 $q\phi_m$,并称之为金属功函数(常简称 ϕ_m 为功函数,二者单位不同)。同理,以 $q\phi_s$ 表示半导体的功函数,$q\phi_s$ 意味着半导体费米能级与真空能级能量 E_0 之差。而真空能级与半导体导带底的能量之差称为亲和能,若以 χ 表示半导体的亲和势,则 $q\phi_s = q\chi + (E_C - E_F)$。

当金属和 N 型半导体接触时,若 $\phi_m > \phi_s$,如图 4.2.1(a)所示,半导体中的自由电子将向金属流动,同时在界面附近形成由电离施主构成的空间电荷区,由于金属的电子浓度很高,N 型半导体的掺杂浓度较低,故空间电荷区主要在半导体一边。在空间电荷区,能带向上弯曲。这种电子的流动一直持续到金属与半导体的费米能级达到一致,电子的能量分布再次达到平衡。其结果对于金属中的电子来说产生了高度为 $q(\phi_m - \chi)$ 的势垒,相

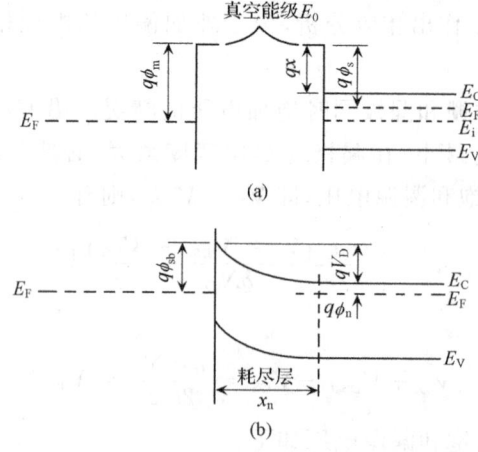

图 4.2.1 金属-半导体接触图
(a) 接触前能带;(b) 肖特基势垒能带图

当于金属中的电子跳到导带所需的最低能量,即为肖特基势垒。若以 ϕ_{sb} 表示肖特基势垒的接触势,ϕ_{sb} 也可写成

$$\phi_{sb} = \phi_m - \chi \tag{4.2.1}$$

单位为 V。

对 N 型半导体中的电子而言,产生的势垒为 qV_D,V_D 即为金属-半导体的接触电势

$$V_D = \phi_m - \phi_s \tag{4.2.2}$$

这和 PN 结的接触电势的意义相同,但一般金属-半导体的接触电势要比 PN 结的低。当外加偏压的极性发生变化时,流过结区的电流大小将不同,从而形成所谓的整流接触。

相反,从理论上而言,若 $\phi_m < \chi < \phi_s$,其界面处半导体能带将向下弯曲,它对于金属一侧的电子也好,对半导体一侧的电子也好,都不存在事实上的势垒,从而形成欧姆接触。

事实上,半导体表面不可避免地存在大量的表面态,使得金-半接触界面处的费米能级钉扎在带隙中离价带约 $E_g/3$ 处。对于 N 型半导体,其能带会在界面处向上弯曲,对电子形成势垒;对于 P 型半导体,其能带会在界面处向下弯曲,对空穴形成势垒,故金属功函数的大小并不是主要因素,肖特基势垒 $q\phi_{sb}$ 的高低与 $q\phi_m$ 关系不大,而由表面态密度决定。实际上,肖特基势垒高度都是从实验测得的电流-电压特性或电容-电压特性中得到。

表 4.2.1 是一些代表性的半导体与金属接触形成的 $q\phi_{sb}$ 在 300K 时的测定值。

表 4.2.1 常用金属-半导体接触形成肖特基势垒高度   单位:eV

半导体 电极金属	Si	Ge	SiC	GaP	GaAs	ZnS	ZnSe	CdS
Al	0.50~0.77	0.48	2.0	1.05	0.80	0.8	—	欧姆接触
Ag	0.56~0.79	—	—	1.20	0.88	1.65	—	0.35~0.56
Au	0.81	0.45	1.95	1.30	0.90	2.0	1.36	0.68~0.78
Cu	0.69~0.79	0.48	—	1.20	0.82	1.75	1.10	0.36~0.50
Mg	—	—	—	1.04	—	0.82	0.70	—
Ni	0.67~0.70	—	—	—	—	—	—	0.45
Pb	0.40~0.79	—	—	—	—	—	—	—
Pd	0.71	—	—	—	—	1.87	—	0.62
Pt	0.90	—	—	1.45	0.86	1.84	1.40	0.85~1.1
PtSi	0.85	—	—	—	—	—	—	—
W	0.66	0.48	—	—	—	—	—	—

在掺杂浓度很低的情况下,电子主要依靠越过势垒形成电流,即热电子发射。在高掺杂的半导体中,由于肖特基势垒结的耗尽层很薄,电子可以隧穿势垒,以场发射的方式形成电流。在掺杂浓度很高的情况下,金属-半导体间的接触电阻很低,其电流-电压特性为线性,即为欧姆接触。

4.2.2 MESFET 基本结构

将 PN 结 JFET 的栅结用肖特基势垒结代替,形成单向导电的整流接触,就构成了

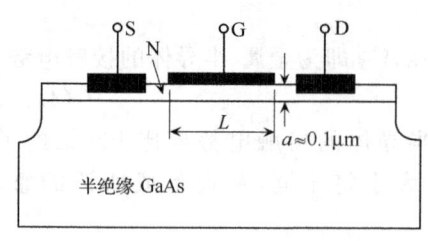

图 4.2.2 GaAs MESFET 截面结构

MESFET。它可以用硅材料制造,但更多的是用 GaAs 或其他Ⅲ-Ⅴ族混晶化合物半导体材料制成。简易的 GaAs MESFET 截面结构如图 4.2.2所示,由 N 型有源层靠向半绝缘的 GaAs 衬底注入 Se^+ 获得,注入层厚大约 $0.1\mu m$。也可以是薄的 N 型 GaAs 外延层,作为半绝缘的衬底 GaAs 材料,其电阻高达 $10^9\Omega \cdot cm$,因而大大减少了寄生电容且工艺简单,加上电子迁移率高这一优点,使得这种器件的传输时间短,反应速度快,广泛应用于微波及超高速领域。

4.2.3 MESFET 工作原理

MESFET 与 JFET 的工作原理相同,只是用金-半接触结取代了 PN 结做栅控制电极,主要差别是栅结的势垒高度较 PN 结的势垒高度低。以增强型 MESFET 为例分析其工作过程,如图 4.2.2 所示的 GaAs MESFET,肖特基结的耗尽层主要向 N 型 GaAs 层扩展。在 $V_{GS}=0$ 时,这一耗尽层已扩展至半绝缘衬底,所以沟道是全被夹断的,或者说不存在导电沟道,如图 4.2.3(a)所示。沟道 N 有源区的厚度比零电压偏置下的空间电荷宽度要窄,为了使沟道导通,必须减小耗尽层的厚度,于是在栅肖特基势垒结上需要外加一正向电压 V_{GS},当加上的正向电压为某一微小值时,耗尽层恰能延伸贯穿整个沟道,这就是所谓的阈值电压,即增强型 FET 的开启电压,常以 V_T 表示,如图 4.2.3(b)所示的情形。显然,N 沟道 MESFET 的阈值电压为正值,这和前述的 N 沟道耗尽型器件的阈值电压为负值恰好相反。如果加上更大的正向电压,即 $V_{GS}>V_T$,沟道将导通,这时,只要存在漏源电压,就有沟道电流产生,如图 4.2.3(c)所示。

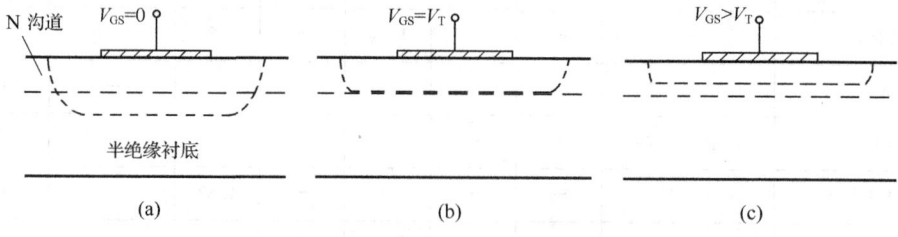

图 4.2.3 E 型 NMESFET 开启过程

这种增强型 MESFET 实际上要求沟道有源层的厚度应和肖特基势垒结零偏压下的耗尽层相当,这一耗尽层对应于肖特基结的内建电势差 V_D,故外加正偏栅电压被限制在零点几伏的范围内。现已知一般金属与 N 型 GaAs 的接触电势差在 0.8V 左右,沟道掺杂浓度约 $10^{17}/cm^3$ 数量级,V_T 要求做到 0.2V,则其冶金沟道厚度约为 $0.07\mu m$。通过以上估算可以看出,为制备增强型器件,要求对沟道厚度给以精细控制,通常应使之薄到 $0.1\mu m$ 以下。所以一般多采用离子注入、外延等能精确控制半导体层杂质分布及厚度的

工艺技术。同样有增强型 P 沟 MESFET。增强型 MESFET 的优点是设计电路栅极和漏极电压极性相同,然而这种器件输出电压幅值较小。

E 型 MESFET 开启电压即阈值电压 V_T 的计算方法和 D 型 JFET 的大致相同,如图 4.2.3(b)所示

$$V_D - V_T = V_{P0} \quad 即 \quad V_T = V_D - V_{P0} \quad (4.2.3)$$

在增强型器件中,V_D 很小,但 V_{P0} 更小,故无论对 N 沟 MESFET 或 PNJFET,V_T 都必然为正。

GaAs 增强型 PNJFET 的开启电压 V_T 通常也在 0.1～0.3V。由于 JFET 与 MESFET 在电学特性上相似,后者主要用于高频领域,故讨论直流特性以 PNJFET 为主,交流特性以 MESFET 为例展开。

4.3 JFET 直流特性

以上两节已对结型场效应晶体管的工作原理进行了论述,并定性分析了栅源电压 V_{GS}、漏源电压 V_{DS} 和漏电流 I_{DS} 的大致关系。在此基础上,下面来进一步分析直流下这三者的定量关系,即 JFET 的直流特性。

肖克利缓变沟道近似模型是分析长沟道 JFET 直流特性的基础,作为一个理想模型,其基本假设如下:

(1) 沟道杂质均匀分布,栅 PN 结是单边突变结,栅区掺杂浓度远大于沟道区。
(2) 沟道载流子迁移率等于常数。
(3) 忽略有效沟道区以外的源区、漏区及欧姆接触上的电压降。
(4) 缓变沟道近似(GCA),即

$$\left|\frac{\partial E_x}{\partial x}\right| \gg \left|\frac{\partial E_y}{\partial y}\right|$$

式中,E_x 代表电场强度的 x 分量,E_y 代表电场强度的 y 分量。该式意指:沿 x 方向的电场强度变化率远大于沿 y 方向的电场强度变化率。

设 JFET 的坐标系统如图 4.3.1 所示,其中横向 y 方向表示沟道长度方向,纵向 x 方向表示沟道厚度方向,z 方向则表示沟道宽度方向。图中 L 即为沟道长度,a 为冶金沟道半厚度,b 称为沟道半厚度,h 代表栅结耗尽区沿 x 方向的扩展距离,也称作栅耗尽区厚度,沟道的宽度为 W。栅 P^+N 结中栅区的掺杂浓度很高,可忽略耗尽层在栅区的扩展。

外加漏源电压 V_{DS} 降落在沟道上,产生沿 y 方向的电场,而栅区(P^+ 区)由于高掺杂使电阻率很低,可认为是等电势,因此沿 y 方向不同位置上栅 PN 结两侧的电势差是渐变的,栅耗尽区厚度也是渐变的。在沟道的源端($y=0$)栅结上外加 V_{GS},源极接地,故而在沟道漏端($y=L$)栅结上的外加偏压则为 $V_{GS} - V_{DS}$。所以沿着从源到漏的方向(y 方向),栅耗尽区逐渐增厚,同时沟道则逐渐变薄,如图 4.3.1 所示。

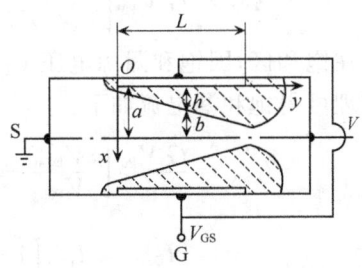

图 4.3.1　JFET 直流特性的坐标系

固定 V_{GS}，增大 V_{DS} 时，源端沟道的厚度及截面积大小保持不变，但是沟道其他位置上的厚度及截面积将减小，因而沟道电阻随之增大。

设 D 型 N 沟 JFET 沟道中某点 y 处的电位为 $V(y)$，则该处的电场为 $E(y) = -\dfrac{dV(y)}{dy}$，根据欧姆定律，N 沟道电子漂移电流密度为

$$J_n(y) = \sigma_n E(y) \tag{4.3.1}$$

式中，σ_n 为 N 沟道电导率，对于均匀掺杂的沟道 $\sigma_n = \dfrac{1}{\rho_n} = q\mu_n N_D$，故有

$$J_n(y) = -q\mu_n N_D \dfrac{dV(y)}{dy} \tag{4.3.2}$$

作为对称结构，栅突变 PN 结耗尽层宽 $h(y)$ 应为

$$h(y) = \left\{\dfrac{2\varepsilon_0 \varepsilon_s (V(y)+V_D-V_{GS})}{qN_D}\right\}^{\frac{1}{2}} \tag{4.3.3}$$

又沟道半厚度 $b(y) = a - h(y)$，沟道横截面 $A(y) = 2b(y)W = 2(a-h(y))W$。将式 (4.3.3) 代入并由式 (4.1.3) 得

$$A(y) = 2aW\left\{1 - \left[\dfrac{V_D - V_{GS} + V(y)}{V_{P0}}\right]^{\frac{1}{2}}\right\} \tag{4.3.4}$$

由此可求沟道 y 处的电流

$$I_n(y) = -q\mu_n N_D 2aW\left\{1 - \left[\dfrac{V_D - V_{GS} + V(y)}{V_{P0}}\right]^{\frac{1}{2}}\right\}\dfrac{dV(y)}{dy} \tag{4.3.5}$$

设漏极电流流进为正，则 $I_D = -I_n(y)$。将式 (4.3.5) 稍作变形，然后从 $y=0, V(y)=V(0)=0$ 到 $y=L, V(y)=V(L)=V_{DS}$ 积分，可得 N 沟 JFET 非饱和区的漏源电流方程

$$I_{DS} = \dfrac{2qN_D\mu_n Wa}{L}\left\{V_{DS} - \dfrac{2}{3\sqrt{V_{P0}}}\left[(V_{DS}+V_D-V_{GS})^{\frac{3}{2}} - (V_D-V_{GS})^{\frac{3}{2}}\right]\right\}$$

$$\tag{4.3.6}$$

式中，$\dfrac{2qN_D\mu_n Wa}{L} = G_0$ 为冶金沟道的电导，实际上是耗尽层为 0，沟道厚度为 $2a$ 时沟道的最大电导。对应的沟道电阻即是沟道的最小电阻，常定义 $V_{GS}=0$，V_{DS} 足够小时的电阻为沟道最小电阻，以 R_{min} 表示，$R_{min} = \dfrac{L}{2qN_D\mu_n Wa}$。又因为 $V_{P0} = \dfrac{qN_D a^2}{2\varepsilon_0 \varepsilon_s}$，故可将式 (4.3.6) 变形为

$$I_{DS} = G_0 V_{P0}\left[\dfrac{V_{DS}}{V_{P0}} - \dfrac{2}{3}\left(\dfrac{V_{DS}+V_D-V_{GS}}{V_{P0}}\right)^{\frac{3}{2}} + \dfrac{2}{3}\left(\dfrac{V_D-V_{GS}}{V_{P0}}\right)^{\frac{3}{2}}\right] \tag{4.3.7}$$

在饱和区，因饱和漏源电压 $V_{DSat} = V_{P0} - V_D + V_{GS}$，以 $V_{DS} = V_{DSat}$ 代入式 (4.3.7)，并经整理可得饱和漏电流如下：

$$I_{DSat} = \dfrac{G_0 V_{P0}}{3}\left[\dfrac{3V_{DSat}}{V_{P0}} - 2\left(\dfrac{V_{DSat}+V_D-V_{GS}}{V_{P0}}\right)^{\frac{3}{2}} + 2\left(\dfrac{V_D-V_{GS}}{V_{P0}}\right)^{\frac{3}{2}}\right] \tag{4.3.8}$$

$$I_{DSat} = I_{DSS}\left[1 - 3\left(\dfrac{V_D-V_{GS}}{V_{P0}}\right) + 2\left(\dfrac{V_D-V_{GS}}{V_{P0}}\right)^{\frac{3}{2}}\right] \tag{4.3.9}$$

式中

$$I_{DSS} = \frac{G_0 V_{P0}}{3} = \frac{\mu_n (qN_D)^2 W a^3}{3\varepsilon_0 \varepsilon_s L} = \frac{2}{3} \cdot \frac{a}{\rho} \cdot \frac{W}{L} \cdot V_{P0} \tag{4.3.10}$$

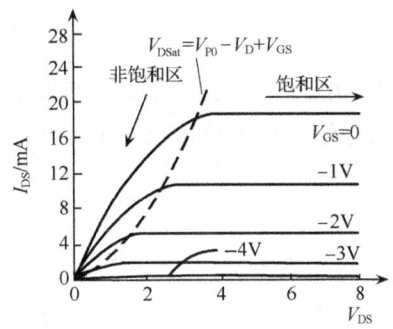

图 4.3.2 JFET 直流伏安特性

I_{DSS} 称为最大饱和漏极电流,从式(4.3.10)可以看出,I_{DSS} 为 $V_{GS} = V_D$ 时的饱和漏电流。实际中常取 $V_{GS} = 0$ 时的饱和漏电流近似为 I_{DSS}。因工作时通常有 $V_{GS} < 0$,漏电流一般比 I_{DSS} 小,以避免过大的功耗,如图 4.3.2 所示。

上述有关 JFET 的电流电压关系式较为冗长,实用中常采用下述近似公式:

$$I_{DSat} = I_{DSS} \left(1 - \frac{V_{GS}}{V_P}\right)^2 \tag{4.3.11}$$

式中,I_{DSS} 是 $V_{GS} = 0$ 时的饱和电流。

4.4 直流特性的非理想效应

上述直流特性是在理想模型下获得的,但实际情况并非那么理想,还有诸多因素会对它产生影响,特别是对于短沟道器件这种影响尤其突出。因为随着沟道长度不断变短,缓变沟道近似的假设将不再成立。同时,在理想模型中,假定沟道长度和载流子迁移率都是恒定值,但实际上,当一个 JFET 被偏置在饱和区时,沟道的有效长度将是 V_{DS} 的函数,从而发生沟道长度调制效应。另外,当晶体管被偏置在饱和区或其附近时,沟道中的电场很强,以致多数载流子达到饱和漂移速度,这种情况下,迁移率不再是常数,所有这些因素都将导致电流电压的关系发生变化,这在电路设计中不能不加以考虑。

4.4.1 沟道长度调制效应

漏电流与沟道长度 L 成反比,这在式(4.3.6)中已给出。推导电流方程时,我们曾把沟道长度看成恒定值,但是,实际上当 V_{DS} 达到饱和漏源电压后,有效沟道长度将发生变

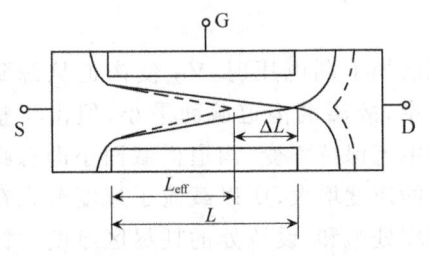

图 4.4.1 沟长调制效应

化。图 4.4.1 画出了一个偏置在饱和区的结型场效应晶体管沟道中的空间电荷区。JFET 达到饱和后,漏端会出现夹断区,若 V_{DS} 进一步增大,夹断区即空间电荷区宽度会扩展,从而使电中性的 N 沟道长度减小,使漏电流增大而不饱和。随着漏源电压的变化,使有效沟道长度发生变化从而导致相应的漏电流发生变化,这一现象即称为沟道长度调制效应。

当 $V_{DS} > V_{DSat}$ 后,沟道夹断区均等地向沟道区和漏区延伸,设沟道一边的扩展宽度为 ΔL,则有效沟道长度为

$$L_{eff} = L - \Delta L \tag{4.4.1}$$

式(4.3.10)给出的最大饱和漏电流,由于沟道长度调制效应而改变,可写为

$$I_{DSS}^* = \frac{\mu_n (qN_D)^2 W a^3}{3\varepsilon_0 \varepsilon_s L_{eff}} \tag{4.4.2}$$

式中，$L_{eff}=L-\Delta L$。忽略空间电荷区中由于电流产生的电荷，沟道区耗尽层长度 ΔL 在一级近似下可按单边突变 PN 结耗尽层模型计算

$$\Delta L = \frac{1}{2}\left[\frac{2\varepsilon_0 \varepsilon_s (V_{DS}-V_{DSat})}{qN_D}\right]^{\frac{1}{2}} \tag{4.4.3}$$

漏电流可写为

$$I_{DSat}^* = \frac{I_{DSS}^*}{I_{DSS}} I_{DSat} = \frac{L}{L_{eff}} I_{DSat} \tag{4.4.4}$$

将式(4.4.1)代入式(4.4.4)，得

$$I_{DSat}^* = I_{DSat}\left(\frac{L}{L-\Delta L}\right) \tag{4.4.5}$$

式中，I_{DSat} 为理想情况下的漏极饱和电流。

考虑沟长调制效应后，饱和区电流-电压特性的另一简便形式可写为

$$I_{DSat}^* = I_{DSat}(1+\lambda V_{DS}) \tag{4.4.6}$$

式中，λ 称为沟长调制系数，其定义式如下：

$$\lambda = \frac{\Delta L}{L V_{DS}} \tag{4.4.7}$$

由此说明，由于有效沟道长度随 V_{DS} 改变，漏电流成了 V_{DS} 的函数。

对高频 MESFET，典型的沟道长度在微米级，如此短沟道的器件，沟道长度调制效应显得更重要。

4.4.2 速度饱和效应

我们已经知道硅、砷化镓等半导体材料中载流子速度随电场强度增大将会饱和，这种速度饱和效应说明载流子迁移率不是恒量，而是随着电场强度的增大而减小。如图 4.4.2 所示，当电场 E 较低时，电子的漂移速度随 E 而线性增加，说明低场下迁移率是常数，但当电场增大到一定值 E_c 后，电子的漂移速度将基本趋于恒定。对短沟道器件来说，因一定电压下，电场 E 更大，载流子更容易达到饱和速度，从而使 JFET 的伏安特性发生改变。

沟道区加上漏电压时，V_{DS} 使沟道从源到漏逐渐变窄，故漏端沟道截面最小，但由于整个沟道的电流保持不变，沟道横截面小即意味着载流子的速度增大，所以载流子速度首先在沟道靠漏端处饱和，设该处的耗尽区厚度为饱和厚度 h_{sat}，故有

$$I_{DSat} = 2qN_D v_{sl}(a-h_{sat})W \tag{4.4.8}$$

式中，v_{sl} 为饱和速度，h_{sat} 为饱和时耗尽层厚度。实践证明，这种饱和效应在漏电压稍小于 V_{DSat} 时发生，I_{DSat} 和 V_{DSat} 都将比理想模型预期的小，从而导致 JFET 的有效增益降低。

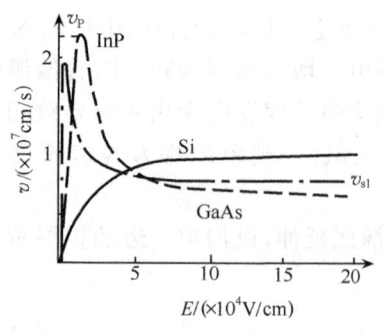

图 4.4.2 Si、GaAs、InP 的电子漂移速度

4.4.3 亚阈值电流

当栅压 V_{GS} 小于阈值电压 V_T 时，JFET 中存在的漏电流称为亚阈值电流。在理想模型中，当 $V_{GS}=V_P$，$I_{DS}=0$ 时，如图 4.1.5 所描述的那样。但实际上，当 V_{GS} 在阈值电压以下，漏电流并不立即为 0，亚阈值电流将随栅源电压 V_{GS} 的下降按指数关系衰减。这是因为在栅压小于阈值电压时，在源区和沟道间存在一电子势垒，源区由热激发产生的自由载流子有可能越过该势垒而进入耗尽的沟道，其数量取决于势垒的高度。势垒越低，越过势垒的载流子越多；反之亦然。势垒的高度则由栅源电压控制。进入沟道的载流子将通过扩散的方式到达漏极，故亚阈电流主要是扩散电流，可表示为

$$I_{DSub} = qD\frac{n_S - n_D}{L}A_{eff} \tag{4.4.9}$$

式中，n_S、n_D 分别为沟道源端及漏端的电子浓度，A_{eff} 为沟道有效截面积。经过一定的分析可以求得

$$I_{DSub} = I_0 \left[1 - \exp\left(-\frac{qV_{DS}}{kT}\right)\right] \exp\left[\frac{q}{kT}(V_{GS} - V_T)\right] \tag{4.4.10}$$

式中

$$I_0 = \frac{qD_n N_D W}{L} L_{De} \sqrt{2\pi} \tag{4.4.11}$$

式中，L_{De} 表示非本征德拜长度，$L_{De} = \sqrt{\frac{\varepsilon_0 \varepsilon_s kT}{q^2 N_D}}$，$A_{eff} = W\sqrt{2\pi}L_{De}$。在这里，将 JFET 在亚阈区沟道的有效厚度设为 $\sqrt{2\pi}L_{De}$。由式(4.4.10)说明，对于长沟道 JFET，亚阈电流与栅源电压具有指数关系，在漏源电压大于 kT/q 时与 V_{DS} 无关。

图 4.4.3 是一 N 沟道 MESFET 亚阈电流的实测值。该图给出了栅压在三个区间的 I_{DS}-V_{GS} 关系曲线，在栅压大于阈值电压时，漏电流以平方律随栅源电压变化，为正常的沟道电流；当栅压等于或小于阈值电压时，漏电流不为零，但会随栅压的变小（即绝对值增大）而缓慢变小；大约在比阈值电压小 0.4~1.0V 时，漏电流达到一个最小值，该亚阈电流主要为栅极肖特基势垒结的泄漏电流。

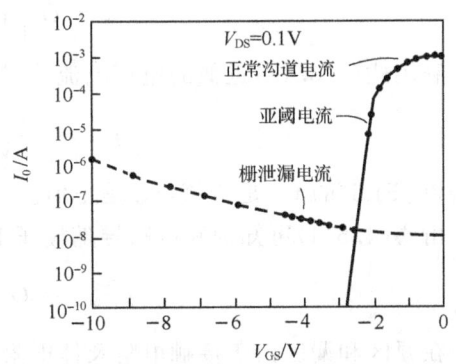

图 4.4.3　GaAs MESFET 中 I_{DS}-V_{GS} 关系曲线

4.5　JFET 的交流小信号特性

4.5.1　JFET 的低频交流小信号参数

在交流电路中，器件的端电流和端电压均随时间而变化，但在"小信号"情况下，其变化量比热电势还小得多，因此，可忽略电荷的储存效应，采用"准静态"近似的方法来讨论

其交流电流电压特性。在下述分析中,本应是交流参量,都将直接写成直流参量,但应理解为准静态参量,并借用前已导出的直流特性。

1. 跨导

一定漏源电压下,漏源电流随栅源电压的变化率称为跨导。以 g_m 表示跨导,即有

$$g_m = \frac{\partial I_{DS}}{\partial V_{GS}}\bigg|V_{DS} \tag{4.5.1}$$

跨导标志着栅极电压对漏极电流的控制能力,是 JFET 的增益。利用 4.4 节导出的理想漏电流表达式,可以给出跨导的表达式。

N 沟道耗尽型器件的非饱和区漏电流由式(4.3.6)给出,为此可求出 JFET 相同区域的跨导如下:

$$g_m = \frac{\partial I_{DS}}{\partial V_{GS}} = \frac{G_0}{\sqrt{V_{P0}}}\left[\sqrt{V_{DS}+V_D-V_{GS}} - \sqrt{V_D-V_{GS}}\right] \tag{4.5.2}$$

在 $V_{DS} \ll V_D - V_{GS}$ 的线性区,将式(4.5.2)中含 V_{DS} 的项展开成泰勒级数,近似后即得线性区跨导为

$$g_{mL} = G_0 \frac{V_{DS}}{2\sqrt{V_{P0}(V_D-V_{GS})}} \tag{4.5.3}$$

将理想 JFET 饱和区的漏电流表达式即式(4.3.9)对 V_{GS} 求导,或以 $V_{DSat} = V_{P0} - V_D + V_{GS}$ 代入 g_m 式中之 V_{DS},即得饱和区的跨导为

$$g_{ms} = G_0\left[1 - \sqrt{\frac{V_D - V_{GS}}{V_{P0}}}\right] \tag{4.5.4}$$

利用式(4.3.11)近似的电压电流公式,可得跨导为

$$g_{ms} = \frac{-2I_{DSS}}{V_P}\left(1 - \frac{V_{GS}}{V_P}\right) \tag{4.5.5}$$

N 沟道 JFET 的 V_P 是负值,g_{ms} 是正值。

由式(4.5.4)可知饱和区跨导随栅压上升而增大。当 $V_{GS} = V_D$ 时,跨导达到最大值

$$g_{m\,max} = G_0 = 2a\mu_n q N_D \frac{W}{L} \tag{4.5.6}$$

在源区和漏区由于接触电阻及体电阻的存在,作为电路中的串联电阻,将不可避免地从漏源电压和栅源电压中分压,使得有效栅压和有效漏源电压降低,从而导致有效跨导降低。

设源区串联电阻为 R_S,有效栅压为 V'_{GS},有效跨导为 g_m^*,则 $V_{GS} = V'_{GS} + R_S I_{DS}$,故有

$$g_m^* = \frac{\partial I_{DS}}{\partial V_{GS}} = \frac{\frac{\partial I_{DS}}{\partial V'_{GS}}}{\frac{\partial V_{GS}}{\partial V'_{GS}}} = \frac{g_m}{1 + g_m R_S} \tag{4.5.7}$$

以上各式说明,结型场效应器件的跨导与沟道宽长比 W/L 成正比,同时也与掺杂浓度 N_D、串联电阻 R_S、载流子的迁移率及冶金沟道的厚度等因素有关。所以在器件设计时通常都是依靠调节沟道的宽长比来达到所需的跨导值,但是由于存在沟道长度调制效应,要得到好的饱和特性,L 就不能无限制的小。为了增大器件的跨导,往往采用多个单元器

件并联的办法来扩大沟道宽度。

2. 漏极电导

漏极电导表示栅源电压为常数时,漏极电流随漏源电压的变化率。设漏极电导为 g_d,则有

$$g_d = \frac{\partial I_{DS}}{\partial V_{DS}}\bigg|_{V_{GS}} \tag{4.5.8}$$

在非饱和区,将式(4.3.6)对 V_{DS} 求导即得

$$g_d = G_0 \left[1 - \left(\frac{V_D - V_{GS} + V_{DS}}{V_{P0}}\right)^{\frac{1}{2}}\right]$$

当 $V_{DS} \to 0$ 时,由上式即可求得线性区的漏极电导为

$$g_{dl} = G_0 \left[1 - \left(\frac{V_D - V_{GS}}{V_{P0}}\right)^{\frac{1}{2}}\right] \tag{4.5.9}$$

式(4.5.9)说明 JFET 线性区的漏极电导等于饱和区跨导。

考虑到源区串联电阻 R_S 及漏区串联电阻 R_D 的影响,则非饱和区有效漏电导应为

$$g_d^* = \frac{g_d}{1 + g_d(R_S + R_D)} \tag{4.5.10}$$

由此可见,串联电阻的存在会使漏电导减小。

对于饱和区,在理想情况下,由式(4.3.9)显然可知其漏电导应为 0。但实际上,由前述的沟长调制效应,I_{DSat} 随 V_{DS} 升高而略有增加,故实际的饱和漏电导并不为 0。

根据式(4.4.6),可得到饱和区漏电导的经验公式如下:

$$g_{ds} = \lambda I_{DSat} \tag{4.5.11}$$

式中,I_{DSat} 可以是式(4.3.11)所表示的平方律饱和漏源电流,λ 可通过实验曲线提出。

漏端的小信号输出电阻定义为 $r_{ds} = \dfrac{1}{g_d}$,在饱和区,g_d 应换成式(4.5.11)中的 g_{ds},即漏电导的倒数为输出电阻。r_{ds} 可通过测量电压、电流的增量来求出,即

$$r_{ds} = \frac{\partial V_{DS}}{\partial I_{DS}^*} \approx \frac{\Delta V_{DS}}{\Delta I_{DS}^*} \tag{4.5.12}$$

4.5.2 JFET 本征电容

无论是 PNJFET 还是 MESFET 其势垒区都存在电容。考虑到器件三个极中任何两极之间电位发生变化都将引起耗尽层电荷的变化,研究者提出了多种有关结型场效应器件的电容模型。为了应用的简便易行,这里只重点引入栅源电容 C_{gs} 和栅漏电容 C_{gd}。C_{gs} 和 C_{gd} 均来自于栅结势垒区,C_{gs} 是栅极下面耗尽层电容,C_{gd} 是漏端栅漏间的耗尽层电容。位于输入回路的沟道电阻 R_{gs} 与 C_{gs} 组成 RC 电路,C_{gs} 的充放电作用决定了 FET 的频率特性,而 C_{gd} 则反映漏极与栅极之间的反馈作用,这个负反馈作用将影响 FET 的高频增益。由于这两个电容均存在于 FET 的栅区或沟道区,故称之为本征电容。图 4.5.1(a)所示为 MESFET 的物理模型,图中不仅标明了这两个本征电容,还标明了其他本征参数、寄生参数及其相互连接。

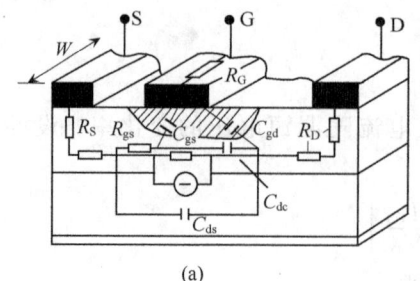
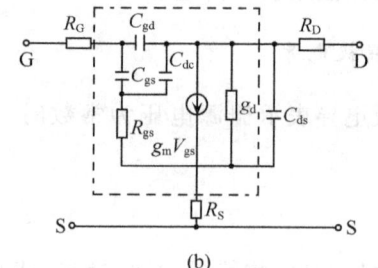

图 4.5.1 MESFET
(a) 物理模型;(b) 等效电路

当栅漏之间电压为常数,栅源电压的变化引起栅结耗尽层电荷的变化即定义为栅源电容 C_{gs}。然而耗尽层电荷的变化即意味着沟道电荷的变化,当栅源电压降低,使耗尽层变窄,即施主离子电荷变少,则沟道电荷增加;反之亦然。总的冶金沟道电荷就是有效沟道电荷和耗尽层空间电荷之和,故 C_{gs} 表示为

$$C_{gs} = \frac{\partial Q_C}{\partial V_{GS}}\bigg|_{V_{GD}=C} \tag{4.5.13}$$

式中,$V_{GD}=V_{DS}-V_{GS}$,Q_C 为沟道电荷总量。

同理,当栅源电压为常数,漏源电压的变化引起栅结耗尽层电荷即沟道电荷的变化称之为栅漏电容 C_{gd},即

$$C_{gd} = \frac{\partial Q_C}{\partial V_{DS}}\bigg|_{V_{GS}=C} \tag{4.5.14}$$

对于非对称结构的 MESFET,在 V_{DS} 很小的线性区,可以看成距离为 $h(0)$ 的平板电容,从而证明在线性区

$$C_{gs} = \frac{1}{2} \cdot \frac{\varepsilon_s \varepsilon_0}{h(0)} \cdot WL \tag{4.5.15}$$

式中,$h(0)$ 是栅结直流偏置电压为 V_{GS} 时的源端耗尽层宽度

$$h(0) = \left[\frac{2\varepsilon_0 \varepsilon_s (V_D - V_{GS})}{qN_D}\right]^{\frac{1}{2}} \tag{4.5.16}$$

$\frac{\varepsilon_s \varepsilon_0}{h(0)} \cdot WL$ 恰好是整个沟道对应的耗尽层厚度均等于源端厚度($V_{DS}=0$)时的栅结耗尽层电容。说明在线性区中,栅源电容 C_{gs} 等于耗尽层厚度为 $h(0)$ 时栅结电容的一半。总栅源电容 C_{GS} 应为栅源电容与栅漏电容之并联,即 $C_{gs}+C_{gd}=C_{GS}$,故有

$$C_{gd} \approx C_{gs} \approx \frac{1}{2} \cdot \frac{\varepsilon \varepsilon_0}{h(0)} \cdot WL \tag{4.5.17}$$

饱和区的栅源电容与沟道被夹断的情况有关,而栅漏电容还与两电极之间的尺寸有关。

4.5.3 交流小信号等效电路

在交流工作状态下,器件的栅源输入端在所加的直流偏压 V_{GS} 上叠加有交流信号电压 v_{gs},因而交流状态下的栅源电压为

$$v_{GS} = V_{GS} + v_{gs} \qquad (4.5.18)$$

与之相对的漏极电流也包含直流分量和交流分量

$$i_{DS} = I_{DS} + i_{ds} \qquad (4.5.19)$$

因此，当接入交流小信号 v_{gs} 时，栅源电容 C_{gs} 和栅漏电容 C_{gd} 都将随输入电压的变化而充电放电，从而形成栅电流，故交流状态下场效应晶体管的栅电流即输入电流应表示为

$$i_g = C_{gs}\frac{dv_{gs}}{dt} + C_{gd}\frac{dv_{gd}}{dt} \qquad (4.5.20)$$

输出电流则主要是受 v_{gs} 控制的电流源，由输出电阻 r_{ds} 引起的分电流，同时还要考虑 C_{gd} 的充放电电流。一般情况下，后两者都是很小的，故有

$$i_{ds} = g_m v_{gs} + v_{ds} g_d - C_{gd}\frac{dv_{gd}}{dt} \qquad (4.5.21)$$

由此可得 MESFET 的交流小信号等效电路如图 4.5.1(b)所示。图中虚线框内为本征 MESFET 小信号等效电路，虚线框以外为寄生电容及串联电阻。其中，R_{gs} 是沟道电阻，C_{dc} 是速度饱和时的偶极层电容，通常很小，可忽略不计。R_S、R_D、R_G 分别为源、漏、栅各极的串联电阻。漏源电容 C_{ds} 属于寄生元件，是电极间的边缘电容，C_{ds} 的大小与 D、S 电极宽度及漏源区本身尺寸有关。

4.5.4 JFET 的频率参数

1. 载流子渡越时间截止频率 f_0

渡越时间截止频率 f_0 是载流子从源端到漏端的渡越时间所限定的频率极限。

在弱电场下，载流子的迁移率为常数，渡越时间 $\tau = \dfrac{L}{\mu E_y} \approx \dfrac{L^2}{\mu V_{DS}}$，所以

$$f_0 = \frac{1}{2\pi\tau} = \frac{\mu V_{DS}}{2\pi L^2} \qquad (4.5.22)$$

在短沟道 JFET 中，由于高场下载流子迁移率不再是常数，式(4.5.22)也就不再适用。定义载流子平均漂移速度为 $\bar{v} = L/\tau$，则 f_0 的表示式为

$$f_0 = \frac{\bar{v}}{2\pi L} \qquad (4.5.23)$$

若以载流子在沟道中漂移的最大速度即饱和漂移速度 v_{sl} 取代 $\bar{v}$，则可得到 f_0 的最高极限值，对 Si 器件有

$$f_{0\max} = \frac{v_{sl}}{2\pi L} \qquad (4.5.24)$$

对 GaAs 器件，由图 4.4.2 可知其载流子漂移速度随着电场的增加先达到一很高的峰值速度 v_p，然后会很快下降，并最终稳定在一个比硅低的饱和速度上，故要选择合适的电场，使之工作在峰值速度，才能达到最高截止频率，则为

$$f_{0\max} = \frac{v_p}{2\pi L} \qquad (4.5.25)$$

比较弱电场和强电场下 Si 器件 f_0 的最高极限频率表示式，可以看出，在弱电场下，长沟道器件中截止频率与沟道长度 L 的平方成反比；而在计入饱和速度影响后截止频率与 L 成反比。

由于 GaAs 的低场电子漂移速度比 Si 的高得多,而且 GaAs 材料的载流子峰值漂移速度也比 Si 的饱和速度高,这使得 GaAs MESFET 的频率特性较 Si MESFET 好,故在微波器件领域主要是 GaAs MESFET。

2. 特征频率 f_T

f_T 定义为本征结型 FET 的漏端与源端短路(输出端对交流短路)且电流放大系数等于 1 时所对应的频率。主要考虑栅结电容充放电时间对频率的限制。一般情况下,沟道渡越时间不是频率限制的主要因素。由图 4.5.1 所示等效电路可以看出,当输入信号频率增加,C_{gd} 和 C_{gs} 的总电容将减小,故流过 C_{gd} 的电流将增大。对恒定的 $g_m V_{gs}$,i_{ds} 将减小,从而使输出电流成为频率的函数。根据截止频率 f_T 的定义,f_T 也为输入电流 i_I 与本征晶体管的理想输出电流 $g_m V_{gs}$ 相等时的频率。

当输出短路时,有

$$i_I = j\omega(C_{gs} + C_{gd})V_{gs} \tag{4.5.26}$$

因为 $C_{GS} = C_{gs} + C_{gd}$,$|i_I| = 2\pi f_T C_{GS} V_{gs} = g_m V_{gs}$,又因饱和时 $C_{gd} = 0$,则有

$$f_T = \frac{g_m}{2\pi C_{gs}} \tag{4.5.27}$$

当跨导达到最大值,即 $g_{m\max} = G_0$,栅源输入电容达到最小值时,特征频率达到最大值

$$f_{T\max} = \frac{G_0}{2\pi C_{gs\min}} \tag{4.5.28}$$

当计入源端串联电阻 R_S 后的特征频率为

$$f_T = \frac{g_m}{2\pi C_{gs}(1 + R_S g_m)} \tag{4.5.29}$$

由于 R_S 的存在使特征频率 f_T 下降。

栅源电容随栅结耗尽层宽度的增加而下降。在长沟器件中,当耗尽层宽度展宽到漏端沟道被夹断时 C_{gs} 达到最小值。设 MESFET 的沟道厚度为 a,为简化分析,近似用栅结平均耗尽层宽度为 $a/2$ 时的栅电容来表示漏端沟道被夹断时的电容,故有 $C_{gs\min} = \frac{4}{a}\varepsilon_s\varepsilon_0 WL$,可得

$$f_{T\max} = \frac{\mu V_{P0}}{2\pi L^2} = \frac{qa^2\mu_n N_D}{2\pi\varepsilon_0\varepsilon_s L^2} \tag{4.5.30}$$

3. 最高振荡频率 f_M

f_M 定义为本征 JFET 在输入端和输出端均共轭匹配,且输出对输入的反馈近似为 0 的条件下,共源功率增益为 1 时的极限频率。根据图 4.5.1 所示等效电路及功率增益的定义,并考虑到串联电阻及反馈电容的影响,不难得到

$$f_M = \frac{f_T}{2\sqrt{(R_{gs} + R_S + R_G)g_{dS} + \omega_T R_G C_{gd}}} \tag{4.5.31}$$

当串联电阻可以忽略不计时,有

$$f_M = \frac{f_T}{2\sqrt{R_{gs} g_{dS}}} \tag{4.5.32}$$

思 考 题 4

4.1 分别画出 PNJFET 和 MESFET 的截面结构图,比较它们的异同。

4.2 试述 PNJFET 的工作原理,有哪些基本类型?

4.3 什么是 JFET 的夹断电压,和本征夹断电压 V_{P0} 有何不同?

4.4 试述 MESFET 的工作原理?增强型 MESFET 的特点是什么?

4.5 什么是沟长调制效应?对器件特性有何影响?

4.6 什么是速度饱和效应?对器件特性有何影响?

4.7 什么是 JFET 的跨导及漏导?如何提高跨导?

4.8 画出 JFET 的交流小信号等效电路。

4.9 JFET 的截止频率有几个?分别由哪些因素决定?

习 题 4

4.1 N 沟硅 PNJFET 具有对称结构,其衬底掺杂浓度为 $N_D = 10^{15}/\text{cm}^3$,P$^+$ 栅区杂质浓度为 $N_A = 10^{18}/\text{cm}^3$,沟道长度 $L=10\mu\text{m}$,宽度 $W=50\mu\text{m}$,沟道半厚度 $a=2\mu\text{m}$,试求:(1)本征夹断电压 V_{P0} 及夹断电压 V_P;(2)$V_{GS}=0$ 时的沟道电导;(3)最大饱和漏源电流 I_{DSS}(设 $\mu_n=10^3 \text{cm/V}\cdot\text{s}$,$\varepsilon_0=8.85\times10^{-14}\text{F/cm}$,$\varepsilon_s=11.8$)。

4.2 N 沟 E 型 GaAs PNJFET,$N_D=3\times10^{15}/\text{cm}^3$,$N_A=10^{18}/\text{cm}^3$,$a=0.7\mu\text{m}$。(1)计算其阈值电压 V_T;(2)当 $V_{DS}=0$,欲使导电沟道厚度为 $0.1\mu\text{m}$ 时,外加 V_{GS} 是多少($n_i=1.8\times10^6/\text{cm}^3$,$\varepsilon_{GaAs}=13.1$)?

4.3 N 沟道 GaAs MESFET,栅肖特基势垒 $\phi_{sb}=0.85\text{V}$,沟道区掺杂浓度 $N_D=10^{16}/\text{cm}^3$,若阈值电压 $V_T=0.25\text{V}$,试问沟道厚度为多少?

4.4 PNJFET 结构参数同 4.3 题,当 $V_{GS}=-2\text{V}$,$V_{DS}=1.5\text{V}$ 时计算:(1)漏源电流 I_{DS};(2)g_m;(3)g_d。

4.5 硅 N 沟道 D 型 PNJFET,$N_D=2\times10^{15}/\text{cm}^3$,$L=10\mu\text{m}$,$I_{DSat}=4\text{mA}$,$V_{DSat}=2\text{V}$,试求当 V_{DS} 从 4V 升至 4.5V 时,由沟长调制效应所导致的 r_{ds} 为多少?

4.6 硅 PNJFET,沟道区杂质浓度 $N_D=10^{16}/\text{cm}^3$,沟道长度 $L=5\mu\text{m}$,厚度 $a=0.6\mu\text{m}$,若载流子迁移率 $\mu_n=1000\text{cm}^2/(\text{V}\cdot\text{s})$,试求其截止频率 f_T。

第 5 章 MOSFET

MOSFET(metal oxide semiconductor field effect transistor)即金属-氧化物-半导体场效应晶体管。作为构成集成电路的基本器件之一,随着大规模集成电路(LSIC)及超大规模集成电路(VLSIC)的迅速发展,它已成为最重要的一类电子器件。

无论哪一种场效应晶体管,其基本属性是大致相同的。都是依据由外加偏置电压所产生的电场以控制沟道载流子从而控制输出电流这一原理来工作的。故本章重点论述 MOSFET 的结构、原理、特性等基本理论,以期达到触类旁通的目的。

5.1 MOS 结构及其特性

由金属-氧化物-半导体组成的 MOS 结构是 MOSFET 的核心,分析它在外电压作用下半导体表面层电荷的变化及其 C-V 特性将有助于我们更深入地理解 MOSFET 的有关理论。

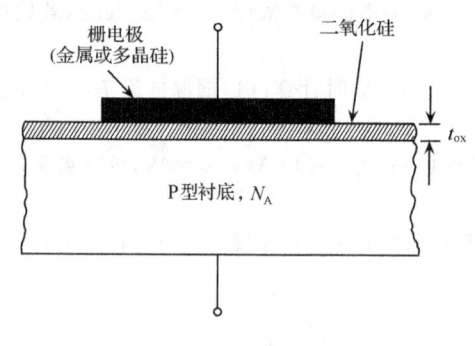

图 5.1.1 MOS 结构

我们讨论的 MOS 结构以 P-Si 半导体衬底为例,中间的氧化层通常是 SiO_2,金属可以是 Al 或其他导电金属,如图 5.1.1 所示。

假设这种 MOS 结构为理想 MOS,即①忽略金属和半导体的功函数差;②忽略氧化层的可动离子及固定电荷;③忽略氧化膜与半导体界面的表面态;④氧化层中无电流流动。即是说在没有外加电压时半导体的能级处于平齐状态。

当 MOS 结构加有偏置电压时,将在半导体表面产生一定的感应电荷。其电荷的种类与外电压有关,可归纳为图 5.1.2 所示 4 种基本情况。

(1) 当外加电压 $V_G<0$,则会产生一由半导体表面指向金属电极的垂直电场,将 P 型半导体中的多数载流子吸引到表面,使表面形成空穴积累层。这时半导体的能带在表面将略微上弯,空穴的浓度会大量增加,如图 5.1.2(a)所示。

(2) 当外加电压 $V_G>0$,其电场方向则是由金属指向半导体,会将 P 型半导体表面层中的空穴赶走,形成负的表面电荷层,这时会有图 5.1.2(b)、(c)、(d)三种情况。

① 若 V_G 较低,那么将形成表面耗尽层,空穴流走后,剩下带负电的受主离子。其能带将在表面略微向下弯曲。由于外加电压 V_G 在氧化层及半导体表面层分压,设表面层的压降为 V_S,又称半导体的表面势,这时仍有

$$V_S < \varphi_F \tag{5.1.1}$$

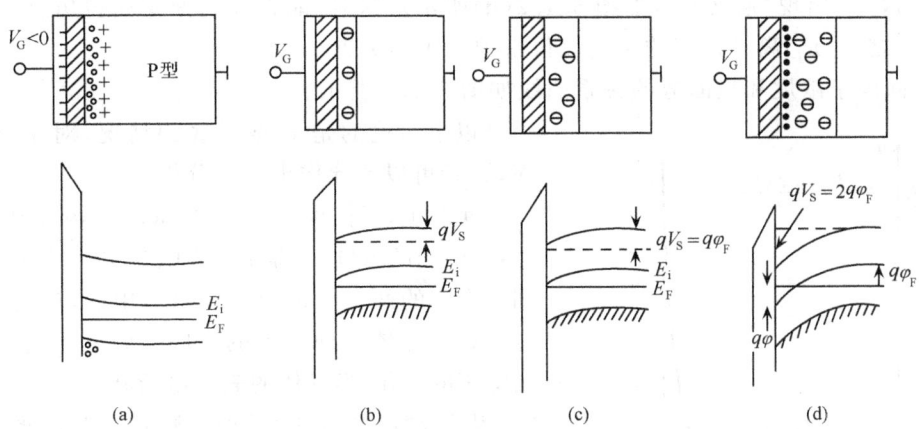

图 5.1.2 MOS 场效应与电荷状态
(a) 积累;(b) 耗尽;(c) 弱反型;(d) 强反型

φ_F 称为费米势,表示半导体内部本征能级和费米能级之差,即

$$q\varphi_F = (E_i - E_F) \qquad (5.1.2)$$

根据载流子浓度的玻尔兹曼统计分布规律,P 型半导体中"多子"空穴的浓度可由 φ_{FP} 表示为

$$P_{P0} = n_i e^{(E_i - E_{FP})/kT} = n_i e^{q\varphi_{FP}/kT} = N_A \qquad (5.1.3)$$

故有

$$\varphi_{FP} = \frac{E_i - E_F}{q} = \frac{kT}{q} \ln \frac{N_A}{n_i} \qquad (5.1.4)$$

同理,对于 N 型材料其费米势应为

$$\varphi_{FN} = \frac{E_i - E_F}{q} = -\frac{kT}{q} \ln \frac{N_D}{n_i} \qquad (5.1.5)$$

由图 5.1.2(b)可以看出,由于表面本征能级向费米能级接近,使空穴浓度大大减少,虽有微量电子产生,但和电离杂质的空间电荷相比,仍可忽略不计,故可将表面层视为耗尽层。

② 若 V_G 较高,使半导体表面层的压降增大,达到

$$2\varphi_F > V_S \geqslant \varphi_F \qquad (5.1.6)$$

这时能带明显下弯,本征能级在表面将达到或稍微超过费米能级 E_F,说明表面层内已有电子的积累,由 P 型向 N 型转化,故称这种情况为"弱反型",如图 5.1.2(c)所示。

③ 当 V_G 增高到使半导体的表面势

$$V_S \geqslant 2\varphi_F \qquad (5.1.7)$$

因表面电子浓度可表示为

$$n_S = n_i e^{(E_F - E_i)/kT} \qquad (5.1.8)$$

也可表示为

$$n_S = n_{P0} e^{qV_S/kT} \qquad (5.1.9)$$

通过热平衡方程及式(5.1.3)不难得到

$$n_S = N_A e^{q(V_S - 2\varphi_F)/kT} \qquad (5.1.10)$$

故当 $V_S = 2\varphi_F$,则有 $n_S = N_A$。即表面的电子浓度和体内的空穴浓度相等,表面层由 P 型

变成了 N 型,出现"强反型",如图 5.1.2(d)所示。这时,能带在表面弯曲得厉害,本征能级在 E_F 之下,E_F 离导带底的距离比价带顶的距离更近。

表面电子浓度和表面势的关系曲线如图 5.1.3 所示。

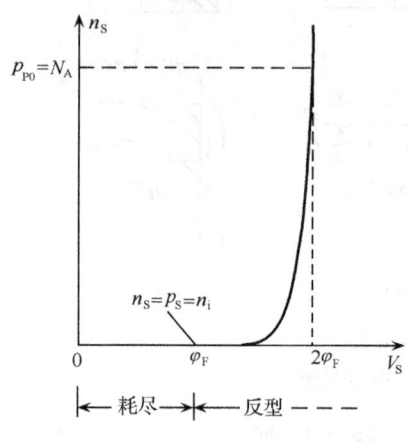

图 5.1.3 表面电子浓度和表面势

以上讨论的是 P 型衬底的情况,对于 N 型衬底,读者可以据此作出相应分析。

实际上,我们也可把这种 MOS 结构看成一平板电容,中间的 SiO_2 层即是绝缘电介质,金属和半导体则是电容的两个极板,常称 MOS 电容,应为氧化层电容和半导体表面电容的串联。如上所述,随着外加电压的变化,半导体的表面电荷状态会有不同,或"积累",或"耗尽",或"反型",则其层厚也将随之而变。相当于电容两极板间距离在变化。因此,它与普通电容不同,是一非线性电容,与 PN 结电容类似。设氧化层的电容为 C_{ox},其单位面积电容为

$$C_{ox} = \frac{\varepsilon_0 \varepsilon_{ox}}{t_{ox}} \tag{5.1.11}$$

式中,t_{ox} 为氧化层的厚度,ε_0 为真空电容率,ε_{ox} 为氧化层的相对介电常数,对于 SiO_2,$\varepsilon_{ox}=3.9$。而半导体表面层的电容主要由耗尽层厚度决定,设为 C_S,则

$$C_S = \frac{\varepsilon_0 \varepsilon_s}{x_d} \tag{5.1.12}$$

式中,x_d 为耗尽层厚度,ε_s 为半导体的相对介电常数。为此,MOS 电容的等效电路应如图 5.1.4(a)所示,即

$$C_{MOS} = \frac{1}{\frac{1}{C_{ox}} + \frac{1}{C_s}} = \frac{C_{ox}C_s}{C_{ox}+C_s} \tag{5.1.13}$$

MOS 电容是在直流电压上叠加一交流小信号电压来进行测量的。其大小与电压的关系曲线即 C-V 特性示于图 5.1.4(b)中。在 $-V_G$ 的负电压状态,半导体表面为积累层,没有耗尽层电容,故 MOS 电容即等于氧化层电容 C_{ox};而当 $V_G>0$ 的正电压状态,由于有了耗尽层,MOS 电容应等于氧化层电容 C_{ox} 和耗尽层电容 C_s 的串联,使总的电容 C_{MOS} 小于

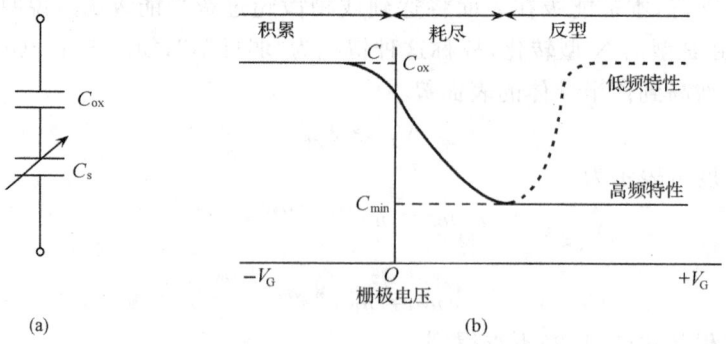

图 5.1.4 MOS 电容
(a) 等效电路;(b) C-V 特性

C_{ox}，而且随着电压的升高，耗尽层增厚，C_s 变小，使 C_{MOS} 随着 V_G 升高而变小。当 V_G 升高使半导体表面形成反型层，则反型层下面的耗尽层厚度达到最大值，因为反型层中高的载流子浓度会对外电压所产生的电场造成屏蔽，故耗尽层电容基本恒定，MOS 电容达到最小值 C_{min}。在反型的情况下，若 V_G 再做微小变化，MOS 电容的大小为所加交流信号频率的函数。如信号频率足够低（10Hz），反型电荷的变化速度能跟得上外加信号电压的变化，其电压的变化就会引起反型层电荷的变化，这时，其微分电容将和平板电容一样，即等于氧化层电容。如果交流偏压的频率高，反型电荷密度的变化跟不上交流偏压的变化，则这时电压的变化仍依靠耗尽层边缘的移动，故高频 MOS 电容将基本维持在一个恒定的最低值 C_{min}。

5.2 MOSFET 的结构及工作原理

5.2.1 MOSFET 基本结构

MOSFET 的基本结构是由上述 MOS 结构和两个背对背的 PN 结构成。在 P 型硅衬底上生长一厚度为 t_{ox} 的薄 SiO_2 层，再在氧化层上淀积金属或掺杂多晶硅的导电层作为栅极（G），并在栅极两侧利用扩散或离子注入的方法形成两个高掺杂 N^+ 区，分别称为源区和漏区，其扩散深度即 PN 结的结深为 x_j，再在其上制作金属导电层作为源极（S）和漏极（D）。源区和漏区之间的区域称为沟道区。两 PN 结结面之间的距离即为 MOSFET 的沟道长度 L。经历数十年的发展，MOSFET 的沟道长度已由早期十几二十微米减小到亚微米，在现代超大规模 MOS 集成电路中，MOSFET 的沟道长度 L 仅为 $0.13\mu m$，还将进一步缩小为 $0.05\mu m$。与沟道长度方向垂直的水平方向的沟道区尺寸称为沟道宽度，常以 W 表示。图 5.2.1 所示为现代 MOS 集成电路中的 MOSFET 三维立体结构图。图中的场氧化层是用来实现单元器件之间的隔离。导电栅为掺杂多晶硅栅，下面的 SiO_2 层为绝缘栅，其厚度为 t_{ox}，比场氧化层要小得多，如 100nm 左右。现代 MOSFET 的导电栅通常采用掺杂多晶硅，故又称硅栅 MOS。由于 MOSIC 中，在 MOSFET 源和衬底之间加有衬偏电压，故 MOSFET 实际上为四端器件，4 个电极分别为源 S、漏 D、栅 G 和衬底 B。

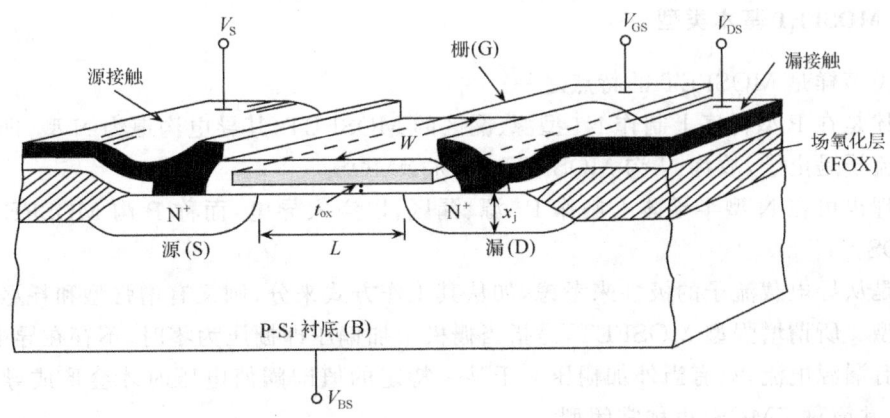

图 5.2.1 MOSFET 三维结构图

虽然 MOSFET 的纵向结构较为简单,且大同小异,但其平面图形却是各有千秋。在分立 MOS 晶体管中,作为小信号放大和功率器件其平面结构就有很大不同。较简单的有环形及条形,较复杂的有梳状结构等,如图 5.2.2 所示。

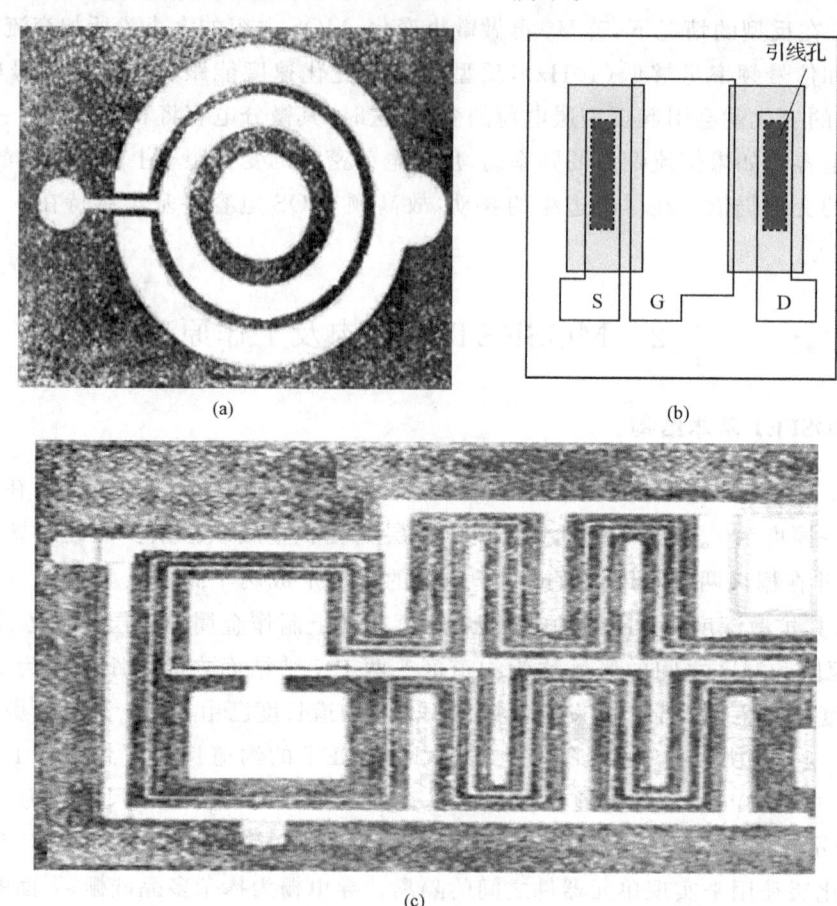

图 5.2.2　MOSFET 平面图形
(a) 圆形;(b) 条形;(c) 梳状

5.2.2　MOSFET 基本类型

种类多样是 MOSFET 的特点之一。

上述是在 P 型衬底上制作 N^+ 型源、漏区的 MOSFET,其导电沟道为 N 型,即输运电流的载流子是电子,故称 N 沟 MOSFET,简称 NMOS。

同理也可在 N 型半导体上制作 P^+ 源、漏区,以空穴导电,而称 P 沟 MOSFET,或简称 PMOS。

这是从导电载流子的极性来考虑,如从其工作方式来分,则又有增强型和耗尽型两种基本类型。所谓增强型 MOSFET,是指当栅极未加偏压即栅压为零时,不存在导电沟道,也就没有漏源电流,只有当外加栅压大于某一特定的值即阈值电压时才会形成导电沟道的器件,常简称 EMOS,也称常闭型。

相反,当 MOSFET 制成后就已形成导电沟道,只要有漏源电压,不加栅电压也会有漏源电流,即称耗尽型 MOSFET,简称 DMOS,也称常开型。那么何以在没有外加栅电压时就会产生导电沟道呢?这是因为和上述理想 MOS 有所不同,对于实际 MOSFET 而言,由于栅金属和半导体间存在功函数差,同时 SiO_2 层中不可避免地存在表面电荷,且一般为正电荷,使得在栅电压为零时,半导体表面能带就已发生弯曲。尤其对 P 型衬底,若表面电荷密度较大,衬底杂质浓度又很低,那么半导体表面就很容易因正电荷感应而形成 N 型反型层,从而形成导电沟道。

理论上,N 沟 MOSFET 和 P 沟 MOSFET 均有增强型和耗尽型之分。这就构成了 4 种基本类型的 MOSFET,其电路符号及外加电压的极性等情况如表 5.2.1 所示。

表 5.2.1 MOSFET 4 种基本类型

名称	工作方式	电路符号	衬底类型	漏源区	导电载流子	漏源电压	阈值电压
NMOSFET	D	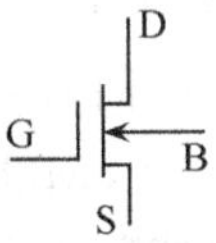	P	N^+	电子	$V_{DS}>0$	$V_P<0$
	E	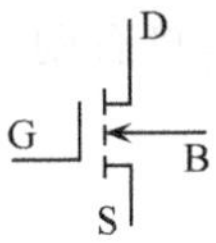					$V_T>0$
PMOSFET	D	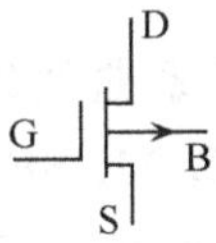	N	P^+	空穴	$V_{DS}<0$	$V_P>0$
	E	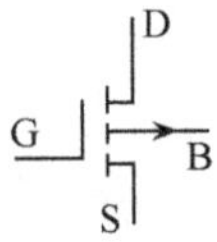					$V_T<0$

通常 MOSFET 的沟道位于栅介质和半导体交界面的衬底表面,故属于表面沟道器件。但在 N 沟道 E/DMOSIC 中,以耗尽型 NMOSFET 为负载管,以增强型 NMOSFET 为工作管。这种电路比 E/EMOSIC 的功耗延迟积低,在 VLSI 中应用较多。为了制得耗尽型 NMOSFET,需要在 P 型衬底一定深度的表面层内注入剂量足够大的 N 型杂质,以补偿衬底的 P 型杂质,而成为 N 型。由于这种 N 型沟道位于衬底一定深度内,故称埋沟器件。其特点是载流子的迁移率比表面沟道器件高约 50%,而且受短沟道效应的影响较小。随着工艺技术的发展,也可以在 N 型衬底中注入 P 型杂质,从而形成 P 沟耗尽型及 P 沟增强型 MOSFET。

5.2.3 MOSFET 基本工作原理

以 N 沟增强型 MOSFET 为例,其工作状态如图 5.2.3 所示,在共源连接状态下,

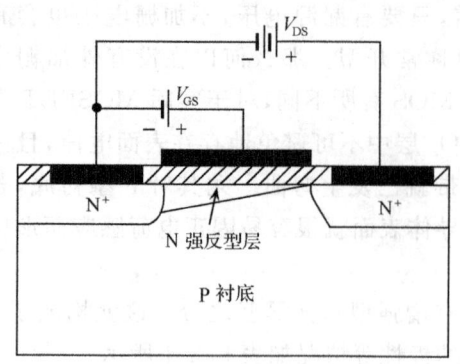

图 5.2.3 直流偏置下的 MOSFET

栅、源及漏、源之间的直流偏置电压分别为 V_{GS} 和 V_{DS}。从结构上来看,源和漏并没有任何区别,但一般将电位最负的 N^+ 扩散区定义为源,而将相对于衬底电位较高的 N^+ 扩散区定义为漏。对于分立器件,源极和衬底一般连接在一起。当外加栅压为 0 时,P 区将 N^+ 源、漏区隔开,相当于两个背对背的 PN 结,即使在源漏之间加有一定的电压,也只有微小的反向电流,可以忽略不计。但当栅极加有正向电压时,如 5.1 节所述,P 型表面将出现耗尽层,随着 V_{GS} 的增加,半导体表面会由耗尽转为反型,当 $V_{GS} > V_T$ 时,表面就会形成 N 型反型沟道。这时,在漏源电压 V_{DS} 作用下,沟道中将会有漏源电流流过。当 V_{DS} 一定,V_{GS} 越高,沟道越厚,即导电电子越多,则沟道电流越大。如在栅源回路中串联一信号源,在漏极输出回路中串联一负载,则信号电压就会在栅极下产生一交变电场,使 N 沟道的电导随之而变,从而在漏极电流中产生相应的交流分量,以实现输入信号电压对输出电流的控制。总之,MOSFET 的工作原理是基于半导体的表面场效应,实质上相当于由外电压控制的特殊电阻。

如果我们进一步来分析 MOSFET 的转移特性,将有助于深入理解 MOSFET 的工作原理。

5.2.4 MOSFET 转移特性

V_{DS} 恒定时,栅源电压 V_{GS} 和漏源电流 I_{DS} 的关系曲线即是 MOSFET 的转移特性。图 5.2.4(a)和(b)分别示出了 N 沟增强型和耗尽型 MOSFET 的转移特性曲线。显然,对于 EMOS,在一定的 V_{DS} 下,$V_{GS} = 0$ 时,$I_{DS} = 0$;只有 $V_{GS} > V_T$ 时,才有 $I_{DS} > 0$。

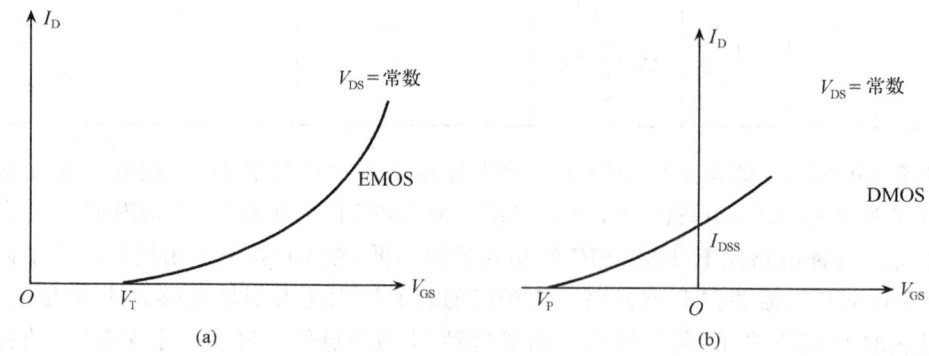

图 5.2.4 NMOSFET 转移特性
(a) EMOS; (b) DMOS

对于 N 沟道 DMOS 器件,如图 5.2.4(b)所示,零栅压下导电沟道就已存在,故在恒定的 V_{DS} 下,就有一定的漏源电流 I_{DS}。若 $V_{GS} > 0$,则沟道厚度增加,反型层电子增多,I_{DS} 进一步增加,只有加上一负栅压,即 $V_{GS} < 0$,导电载流子才会减少,即电流减小,当 $V_{GS} =$

V_P 时，沟道夹断，使 $I_{DS}=0$，沟道夹断时的负栅压称为夹断电压，以 V_P 表示。

5.2.5 MOSFET 输出特性

在一定的 V_{GS} 下，漏极电流 I_{DS} 和漏源电压 V_{DS} 的变化关系曲线称为 MOSFET 的输出特性。

图 5.2.5 所示为增强型 NMOSFET 的输出特性曲线簇，可以将它分成 4 个区域来分析其规律：

(1) 非饱和区，即Ⅰ区。$0<V_{DS}<V_{DSat}$，这其中，又可分成两段来考虑，设 V_{GS} 为某一常数，在曲线 OA 段，由于 V_{DS} 很小，虽然 V_{DS} 降落在沟道上，但从源到漏的压降差很小，可以忽略不计，故这时沟道可等效为电阻，I_{DS} 随 V_{DS} 而线性增大，可称为线性区。随着 V_{DS} 增加，从源到漏的压降差变大，不可忽略，沟道厚度逐渐减薄，相当于沟道电阻增大，I_{DS} 随 V_{DS} 增大的速率变慢，如曲线 AB 段，也可称之为可调电阻区。这时，NMOSFET 沟道区的状态如图 5.2.6(a) 所示。

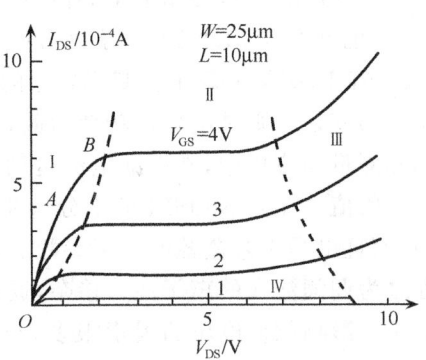

图 5.2.5 NMOSFET 输出特性曲线

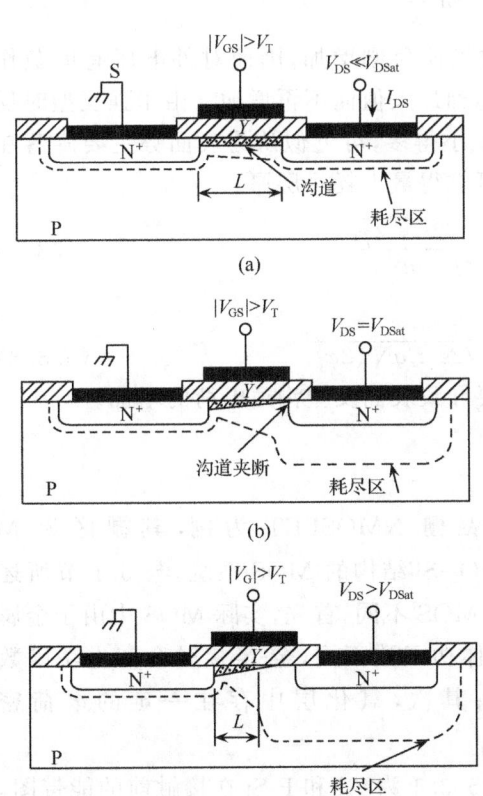

图 5.2.6 不同 V_{DS} 下 MOSFET 的工作状态

(2) 饱和区，即Ⅱ区。$V_{DS}=V_{DSat}$，沟道在漏端被夹断，在夹断点，沟道厚度为零，沟道区从源到夹断点的压降为 V_{DSat}，即为饱和漏源电压，沟道与漏扩散区之间隔着耗尽区，故 I_{DS} 达到饱和。图 5.2.6(b) 所示即是饱和时 MOSFET 沟道及空间电荷区的状态。当 $V_{DSat}<V_{DS}<BV_{DS}$，高于 V_{DSat} 的漏源电压将降落在耗尽区上，耗尽区随 V_{DS} 增大而展宽，使夹断点向源端稍有移动，沟道长度略有减小，使 I_{DS} 随 V_{DS} 的进一步增加而略有增大，如图 5.2.6(c) 所示。但总的来说，I_{DS} 基本上不随 V_{DS} 而变化，故称饱和区。

(3) 雪崩区，即Ⅲ区。$V_{DS} \geqslant BV_{DS}$，漏源电压 V_{DS} 使漏衬 PN 结处于反向偏置状态，当其达到 PN 结的雪崩击穿电压时，漏衬结将发生雪崩击穿，使漏源电流急剧增加。

(4) 截止区，即Ⅳ区。$0<V_{GS}<V_T$，当栅源电压低于开启电压，半导体表面将处于弱反型状态，导电载流子浓度很低，漏源电流很小，主要是 PN 结的反向泄漏电流，故称为截止区。

5.3 MOSFET 的阈值电压

5.3.1 阈值电压的含义

MOSFET 中,使栅下半导体表面出现强反型,形成导电沟道时的栅源电压称为阈值电压,也可看成 MOSFET 导通与截止两种状态间的临界栅源电压。因此,对于增强型 MOSFET,应是由截止转变成导通的栅源电压,称之为开启电压,常以 V_T 表示;对于耗尽型 MOSFET,则是由导通转变为截止的栅源电压,故称之为夹断电压,常以 V_P 表示。在实际测量与应用中,常以漏电流达到某一很小定值时的栅源电压来确定 V_T 的值。

阈值电压是 MOSFET 十分重要的特性参数之一。不仅在电路模拟中要输入它的模型,而且也是工艺监控的目标参数。在现代 MOS 工艺中,常在衬底表面沟道区进行一次称之为调阈注入的离子注入掺杂,通过改变离子注入的剂量和能量,便可获得预期的阈值电压。影响阈值电压的因素很多,与 MOSFET 多个结构参数及工艺参数有关。从使用的角度考虑,总是希望阈值电压低些好。

所谓强反型是指半导体表面积累的"少子"浓度等于甚至超过体内"多子"浓度时的状态。由 5.1 节所述可知,这时表面势为费米势的 2 倍,即有

$$V_S = 2\varphi_F = \frac{2kT}{q}\ln\frac{N_A}{n_i} \tag{5.3.1}$$

强反型一旦出现,沟道的电子浓度即按指数规律急剧增加,因而对外电压有屏蔽作用,使之不能伸入半导体内部,故耗尽层宽度将达到最大值而不再增加。由于强反型时反型层厚度很薄,平均约为 5nm,比表面耗尽层厚度小得多,可近似认为表面势主要降落在耗尽层上,即忽略反型层上的电压降,故由下式可求得最大耗尽层厚:

$$x_{dm} = \sqrt{\frac{2\varepsilon_0\varepsilon_s V_S}{qN_A}} = \sqrt{\frac{2\varepsilon_0\varepsilon_s 2\varphi_F}{qN_A}} \tag{5.3.2}$$

耗尽层的电荷密度也达到最大值,即为

$$Q_{BM} = -qN_A x_{dm} = -\sqrt{2\varepsilon_0\varepsilon_s qN_A 2\varphi_F} \tag{5.3.3}$$

耗尽层电荷达到饱和后,如栅电压再增加,将主要导致表面反型沟道电荷的增加。

5.3.2 平带电压

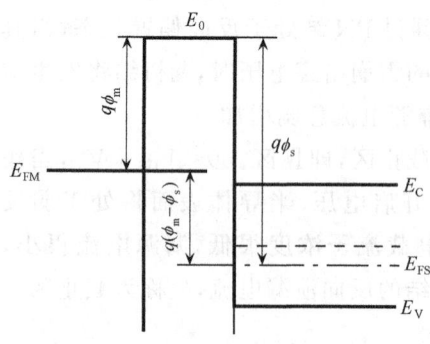

图 5.3.1 Al-SiO$_2$-P-Si 能带(接触前)

以铝栅 NMOSFET 为例,其栅区为 M(Al)-SiO$_2$-Si 结构的 MOS 系统,与 5.1 节所述的理想 MOS 不同,首先,实际 MOS 中由于金属和半导体功函数不同,金-半接触会产生功函数差 $q\phi_{ms}$;其次,氧化层中存在一定的电荷密度 Q_{ox}。

图 5.3.1 为 Al 和 P-Si 在接触前的能带图,它们有各自的费米能级,分别为 E_{FM} 和 E_{FS},其功函数分别为 $q\phi_m$ 和 $q\phi_s$,这意味着,对于金属,

将一个电子从费米能级 E_{FM} 移到真空中所做的功为 $q\phi_m$，对于半导体，将一个电子从费米能级 E_{FS} 移到真空中所做的功为 $q\phi_s$，图中 E_0 表示真空能级，由图可知，Al 的费米能级 E_{FM} 比 P-Si 的费米能级 E_{FS} 高，其功函数则比 P-Si 的功函数小。当 Al-SiO$_2$-P-Si 紧密接触形成 MOS 结构，成为统一的系统，其费米能级必然处于同一水平上，其表面能带将向下发生弯曲，电子将从 Al 流向 P-Si，故金属和半导体的功函数差应为

$$q\phi_{ms} = q\phi_m - q\phi_s \tag{5.3.4}$$

从导带底移动一个电子到真空中所需的能量称为亲和能，可表示为 $q\chi$，χ 称为亲和势。同时考虑到由于金属和半导体间夹着 SiO$_2$ 层对功函数的影响，ϕ_m、ϕ_s 及 χ 须作出修正，其修正的功函数及亲和势可分别表示为 $q\phi'_m$、$q\phi'_s$、χ'，故由图看出，Al 和 P-Si 的功函数差可表示为

$$q\phi_{ms} = q(\phi'_m - \phi'_s) = q\phi'_m - \left(q\chi' + \frac{E_g}{2} + kT\ln\frac{N_A}{n_i}\right) \tag{5.3.5}$$

式中，功函数 $q\phi$ 的单位为电子伏特，ϕ 的单位为伏特。由于铝金属的功函数常比硅的功函数小，故 ϕ_{ms} 一般为负值。

二氧化硅绝缘层中的电荷一般为正电荷，包括可动电荷如 Na$^+$、K$^+$、H$^+$ 等离子电荷，在 Si 和 SiO$_2$ 界面存在的固定电荷，以及存在于氧化层和界面的陷阱电荷等。这些正电荷会在 P 型半导体表面感应产生负电荷，当 Q_{ox} 浓度达到一定值，就会形成 N 反型层。同样使其表面能带向下弯曲，相当于外加上正向电压 Q_{ox}/C_{ox}。

因此，为了像理想 MOS 那样，使实际 MOS 能带恢复平齐，就要外加一负偏压，以抵消 ϕ_{ms} 及 Q_{ox} 的影响，并称这一电压为平带电压，以 V_{FB} 表示，且有

$$V_{FB} = \phi_{ms} - Q_{ox}/C_{ox} \tag{5.3.6}$$

5.3.3 实际 MOS 结构的电荷分布

给 NMOSFET 的 P 型衬底和栅极之间加上一正向电压 V_{GS}，考虑到上述实际因素的影响，在强反型条件下，MOS 系统的能带结构及电荷分布如图 5.3.2 所示。

这些电荷分别为：栅极极板上的面电荷密度 Q_G，绝缘栅氧化层中的面电荷密度 Q_{ox}，Q_G 和 Q_{ox} 都是正电荷；反型层中的面电荷密度 Q_n，对于 P 型衬底为电子，以及表面耗尽层中受主离子电荷的面电荷密度 Q_{BM}，后两者为负电荷。

在同一 MOS 系统中，正负电荷应相等，故有

$$Q_G + Q_{ox} + Q_n + Q_{BM} = 0 \tag{5.3.7}$$

由于强反型刚出现时 $Q_n \ll Q_{BM}$，故 Q_n 可忽略不计，于是有

$$Q_G + Q_{ox} + Q_{BM} = 0 \tag{5.3.8}$$

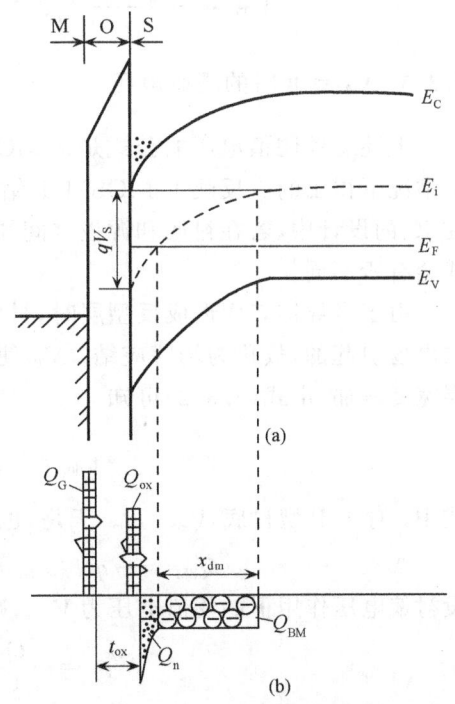

图 5.3.2 MOS(Al-SiO$_2$-Si)电荷分布

5.3.4 阈值电压表示式

如果先不计其 ϕ_{ms} 及 Q_{ox} 对表面反型的影响,即对理想 MOS 而言,外加栅压将分别降落在氧化层和半导体表面

$$V_{GS} = V_{ox} + V_S \tag{5.3.9}$$

将 MOS 结构看成一平板电容,则有

$$V_{ox} = \frac{Q_G}{C_{ox}} = -\frac{Q_{BM}}{C_{ox}} \tag{5.3.10}$$

而当 $V_S = 2\varphi_F$ 时的外加栅压即为理想 MOS 的阈值电压。故对 NMOSFET,代入式(5.3.1)及式(5.3.3),则有

$$V_T = -\frac{Q_{BM}}{C_{ox}} + 2\varphi_F = \frac{\sqrt{2\varepsilon_0\varepsilon_s qN_A 2\varphi_F}}{C_{ox}} + 2\frac{kT}{q}\ln\frac{N_A}{n_i} \tag{5.3.11}$$

对于实际 MOSFET 的阈值电压,则必须考虑接触电势差 ϕ_{ms} 及氧化层电荷 Q_{ox} 的影响,综上所述,只要加上平带电压 V_{FB} 即为所求,代入式(5.3.5)有

$$V_T = -\frac{Q_{BM}}{C_{ox}} + 2\varphi_{FP} + \phi_{ms} - \frac{Q_{ox}}{C_{ox}} \tag{5.3.12}$$

代入有关参数,对 N 沟 MOSFET 其阈值电压为

$$V_{TN} = \frac{\sqrt{2\varepsilon_0\varepsilon_s qN_A 2\varphi_{FP}}}{C_{ox}} + 2\frac{kT}{q}\ln\frac{N_A}{n_i} + \phi_{ms} - \frac{Q_{ox}}{C_{ox}} \tag{5.3.13}$$

同理,对于 P 沟 MOSFET,其耗尽层电荷与费米势的符号与 N 沟 MOS 相反,均为负,设其衬底杂质浓度为 N_D,则有

$$V_{TP} = -\frac{\sqrt{2\varepsilon_0\varepsilon_s qN_D |2\varphi_{FN}|}}{C_{ox}} - 2\frac{KT}{q}\ln\frac{N_D}{n_i} + \phi_{ms} - \frac{Q_{ox}}{C_{ox}} \tag{5.3.14}$$

5.3.5 $V_{BS} \neq 0$ 时的阈值电压

上述有关阈值电压的公式是在 MOSFET 没有外加漏源电压 V_{DS} 及衬偏电压 V_{BS} 的平衡情况下得出的。反映了 MOSFET 结构、材料、工艺等方面参数和 V_T 的基本关系。但在 IC 的设计中,若在衬底和源极之间加一反向偏置电压 V_{BS},这将使阈值电压 V_T 的表示式会有所不同。

由于半导体表面形成反型层时,衬底和反型层间同样形成 PN 结,因是由半导体表面的电场引起的,故称为场感应结。V_{BS} 使场感应结反偏,且主要降落在耗尽层上,则其耗尽层宽度增加,由式(5.3.2)可知

$$x'_{dm} = \sqrt{\frac{2\varepsilon_0\varepsilon_s(2\varphi_{FP} - V_{BS})}{qN_A}} \tag{5.3.15}$$

式中,对 P 型衬底,$V_{BS} < 0$。于是,也就意味着耗尽层电荷的增加,耗尽层宽度增大,即

$$Q'_{BM} = -qN_A x_{dm} = -\sqrt{2\varepsilon_0\varepsilon_s qN_A(2\varphi_{FP} - V_{BS})} \tag{5.3.16}$$

设衬偏电压作用下的阈值电压为 V'_{TN},则

$$V'_{TN} = -\frac{Q'_{BM}}{C_{ox}} + 2\varphi_{FP} + \phi_{ms} - \frac{Q_{ox}}{C_{ox}} \tag{5.3.17}$$

故 NMOSFET 阈值电压变化量为

$$\Delta V_{\mathrm{TN}} = V'_{\mathrm{TN}} - V_{\mathrm{TN}} = -\frac{Q_{\mathrm{BM}}}{C_{\mathrm{ox}}}\left[\left(\frac{2\varphi_{\mathrm{FP}} - V_{\mathrm{BS}}}{2\varphi_{\mathrm{FP}}}\right)^{1/2} - 1\right] = \frac{qN_{\mathrm{A}}x_{\mathrm{dm}}}{C_{\mathrm{ox}}}\left[\left(\frac{2\varphi_{\mathrm{FP}} - V_{\mathrm{BS}}}{2\varphi_{\mathrm{FP}}}\right)^{1/2} - 1\right]$$
(5.3.18)

代入式(5.3.3)，即得

$$\Delta V_{\mathrm{TN}} = \frac{\sqrt{2\varepsilon_0\varepsilon_s q N_{\mathrm{A}}}}{C_{\mathrm{ox}}}\left(\sqrt{2\varphi_{\mathrm{FP}} - V_{\mathrm{BS}}} - \sqrt{2\varphi_{\mathrm{FP}}}\right) \tag{5.3.18'}$$

令 $\gamma_{\mathrm{n}} = \frac{\sqrt{2\varepsilon_0\varepsilon_s q N_{\mathrm{A}}}}{C_{\mathrm{ox}}}$，故有 $\Delta V_{\mathrm{TN}} = \gamma_{\mathrm{n}}\left(\sqrt{2\varphi_{\mathrm{FP}} - V_{\mathrm{BS}}} - \sqrt{2\varphi_{\mathrm{FP}}}\right)$。

同理可求 PMOSFET 阈值电压变化量

$$\Delta V_{\mathrm{TP}} = V_{\mathrm{TP}}' - V_{\mathrm{TP}} = -\frac{Q_{\mathrm{BM}}}{C_{\mathrm{ox}}}\left[\left(\frac{V_{\mathrm{BS}} - 2\varphi_{\mathrm{FN}}}{-2\varphi_{\mathrm{FN}}}\right)^{1/2} - 1\right] = \frac{qN_{\mathrm{D}}x_{\mathrm{dm}}}{C_{\mathrm{ox}}}\left[\left(\frac{V_{\mathrm{BS}} - 2\varphi_{\mathrm{FN}}}{-2\varphi_{\mathrm{FN}}}\right)^{1/2} - 1\right]$$
$$= \gamma_{\mathrm{p}}\left(\sqrt{V_{\mathrm{BS}} - 2\varphi_{\mathrm{FN}}} - \sqrt{-2\varphi_{\mathrm{FN}}}\right) \tag{5.3.19}$$

式中，$\gamma_{\mathrm{p}} = -\frac{\sqrt{2\varepsilon_0\varepsilon_s q N_{\mathrm{D}}}}{C_{\mathrm{ox}}}$。一般情况下令 $\gamma = \frac{\sqrt{2\varepsilon_0\varepsilon_s q N_{\mathrm{B}}}}{C_{\mathrm{ox}}}$，$\gamma$ 称为衬底偏置调制系数或体效应系数，N_{B} 为衬底杂质浓度。

因 $V_{\mathrm{BS}} = V_{\mathrm{B}} - V_{\mathrm{S}}$，故对 N 型衬底 $V_{\mathrm{BS}} < 0$。由以上两式不难看出，无论是 NMOSFET 还是 PMOSFET，衬偏电压 V_{BS} 都会使之向增强型方向变化。从使用的要求考虑，希望阈值电压随 V_{BS} 的变化尽可能小，故需降低衬底的掺杂浓度及减小 SiO_2 层的厚度。

5.3.6 影响阈值电压的因素

由式(5.3.13)及式(5.3.14)不难看出，阈值电压主要由栅电容 C_{ox}、衬底杂质浓度、氧化层电荷密度 Q_{ox} 等因素决定。

由 $C_{\mathrm{ox}} = \frac{\varepsilon_0\varepsilon_{\mathrm{ox}}}{t_{\mathrm{ox}}}$ 可知，栅氧化层的介电系数 $\varepsilon_{\mathrm{ox}}$ 越大，氧化层厚度 t_{ox} 越薄，则 C_{ox} 变大，使 V_{T} 降低。但氧化层太薄，就易被击穿，因此，越是阈值电压低的器件越要求制作薄而致密的栅氧化层。

根据 5.1 节的式(5.1.4)及式(5.1.5)，对于 NMOSFET 及 PMOSFET 其费米势分别如下：

对 N 沟 MOS 有 $\qquad \varphi_{\mathrm{FP}} = \frac{KT}{q}\ln\frac{N_{\mathrm{A}}}{n_{\mathrm{i}}}$ (5.3.20)

对 P 沟 MOS 有 $\qquad \varphi_{\mathrm{FN}} = -\frac{KT}{q}\ln\frac{N_{\mathrm{D}}}{n_{\mathrm{i}}}$ (5.3.21)

显然，费米势随杂质浓度的增加而升高即绝对值增大，但增加的量很小，由图 5.3.3 可以看出，当杂质浓度增加两个数量级时，费米势仅变化 0.1V。

根据式(5.3.4)和式(5.3.5)，由于金属和半导体的功函数不同，故二者接触会产生功函数差 $q\phi_{\mathrm{ms}}$，NMOS 和 PMOS 的功函数差如下：

对 NMOS 有

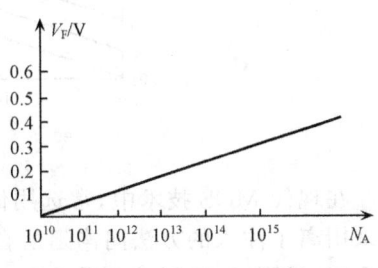

图 5.3.3 φ_{F} 与杂质浓度

$$q\phi_{ms} = q\phi'_m - \left(q\chi' + Eg/2 + kT\ln\frac{N_A}{n_i}\right) \tag{5.3.22}$$

对 PMOS 有

$$q\phi_{ms} = q\phi'_m - \left(q\chi' + Eg/2 - kT\ln\frac{N_D}{n_i}\right) \tag{5.3.23}$$

由此二式可知,功函数差 $q\phi_{ms}$ 随着衬底杂质浓度的变化而变化,也与栅金属材料有关。图 5.3.4 给出了常用栅金属材料 Al、Au 以及掺杂多晶硅和不同浓度衬底的功函数差 $q\phi_{ms}$。图中数据显示,杂质浓度增加 4 个数量级,功函数差变化 0.2eV,可见变化不大。

在 VLSI 中大多采用硅栅工艺即采用掺杂多晶硅代替铝作为栅极。多晶硅膜耐热性好,可用栅极本身作为掩模进行高温下的源、漏扩散,实现源、漏与栅的自动对准,从而减小寄生效应,提高 MOSFET 的性能。由于 N^+ 多晶硅膜的薄层电阻较 P^+ 多晶硅膜的小,故 N^+ 多晶硅膜用得较多。但由图 5.3.4 可以看出,若采用 N^+ 硅栅,无论 NMOS 还是 PMOS 其 $q\phi_{ms}$ 都是负值。

表面形成强反型后,随着 V_{GS} 的增加,耗尽区宽度将保持不变,使耗尽层的电荷密度达到最大值 Q_{BM}。由式(5.3.3)可知,Q_{BM} 随杂质浓度的增加而增加,从而给阈值电压带来明显影响。

费米势 φ_F、功函数差 $q\phi_{ms}$ 及耗尽层电荷 Q_{BM} 都反映了杂质浓度对阈值电压的影响,其中以 Q_{BM} 的影响最大。图 5.3.5 综合描述了不同栅氧化层厚度下阈值电压 V_T 随衬底杂质浓度的变化规律。由图可以看出,当杂质浓度较低时,V_T

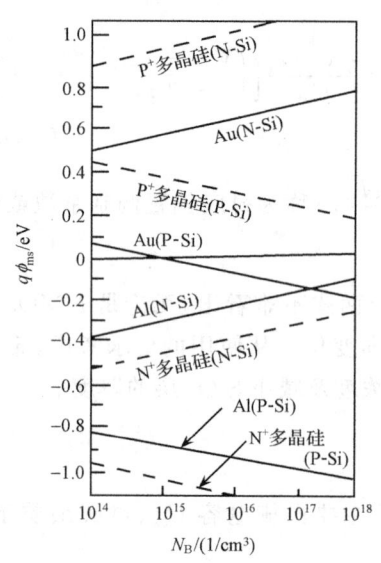

图 5.3.4 功函数差 $q\phi_{ms}$ 和衬底浓度 N_B

随衬底杂质浓度增加的变化不大,但当杂质浓度增大到 $10^{15}/cm^3$ 以上,V_T 的变化将增大,可达数伏之多。

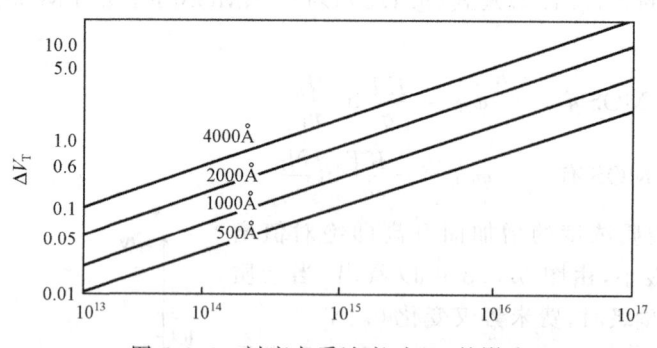

图 5.3.5 衬底杂质浓度对 V_T 的影响

在现代 MOS 技术中,常选用低掺杂的材料作为衬底,为了达到预期的阈值电压,一般采用离子注入的方法向沟道所在区域注入一定量的杂质离子,通过控制注入剂量和注入深度以调整沟道区的杂质分布,从而达到调整阈值电压的目的。这一方法既适用表面沟道器件,也适用埋沟器件。但对于 NMOSFET 或 PMOSFET,增强型或耗尽型,其注入杂质的类型与注入深度均有所不同,应根据具体器件的结构予以确定。

离子注入的杂质分布可作 δ 函数近似或阶跃函数近似,如图 5.3.6 所示。当 MOS 器件处于耗尽或反型状态时,并且注入杂质原子处于空间电荷区内,即注入深度 $x_1 < x_d$,则阈值电压由空间电荷密度决定。若将受主杂质注入 P 型或 N 型衬底,阈值电压的变化量均为正值;若注入施主杂质,则阈值电压的变化量均为负值。

设被注入衬底为 P 型且靠近氧化层与半导体界面,杂质分布可用 δ 函数近似,如图 5.3.6(a)所示。D_I 为单位面积的受主杂质浓度,采用一级近似,阈值电压的变化量为

$$\Delta V_T = + \frac{qD_I}{C_{ox}} \tag{5.3.24}$$

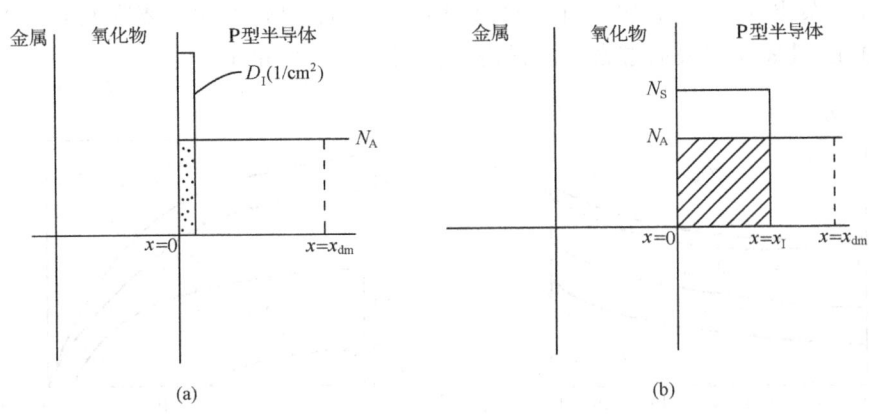

图 5.3.6
(a) 离子注入的 δ 函数近似;(b) 阶跃函数近似

如注入杂质后可近似为阶梯形结,且空间电荷区宽度小于 x_I,则阈值电压将取决于杂质浓度 N_s。若空间电荷区宽度大于 x_I,如图 5.3.6(b)所示,利用泊松方程可以得到最大空间电荷区宽度为

$$x_{dm} = \sqrt{\frac{2\varepsilon_0 \varepsilon_s}{qN_A} \left[2\varphi_{FP} - \frac{qx_I^2}{2\varepsilon_0 \varepsilon_s}(N_s - N_A) \right]^{\frac{1}{2}}} \tag{5.3.25}$$

故当 $x_I < X_{dm}$,经过一次阶梯注入后,阈值电压可调整为

$$V_T = V_{T0} + \frac{qD_I}{C_{ox}} \tag{5.3.26}$$

式中,V_{T0} 为注入前的阈值电压,其中单位面积注入的离子数应为

$$D_I = (N_s - N_A)x_I \tag{5.3.27}$$

栅氧化层中的电荷密度 Q_{ox} 严重地影响着 MOSFET 的工作模式(D 型或 E 型)及阈值电压的高低。在 MOS 器件发展的过程中,早期曾因这一因素的影响而使之控制不灵、性能不稳以致不能实际应用。SiO_2 层中的电荷包括可动电荷、固定电荷及陷阱电荷等。可动电荷主要包括多种金属离子,如钠离子沾污,钠离子随着器件温度的升高而快速漂移,致使阈值电压随之漂移。陷阱电荷由辐射引起,它会通过俘获热电子而带负电,同样引起阈电压的漂移。固定电荷则来源于界面附近 SiO_2 层中的硅离子过剩,由热氧化过程引起,它强烈地依赖于晶体取向和氧化及退火的条件,(100)面的固定电荷面密度最低,(111)面的固定电荷面密度最高,故 MOS 器件常选用(100)面的硅晶片作为衬底。

经过20世纪70年代前后的深入研究,已基本弄清了硅的表面及界面特性。

图5.3.7(a)示出了铝栅 NMOSFET 阈值电压 V_T 与氧化层电荷 Q_{ox} 及 N_A 的关系曲线。由图可知,当表面态密度(Q_{ox}/q)达到 $10^{12}/cm^2$ 时,要制造增强型 NMOS 是很困难的。当衬底杂质浓度 $N_A < 10^{15}/cm^3$ 时,V_T 不随 N_A 而变化,主要由 Q_{ox} 决定;当 $N_A \geqslant 10^{15}/cm^3$ 时,V_T 才随 N_A 的增大而增大;只有在表面态密度低于 $10^{11}/cm^2$,且衬底杂质浓度 N_A 高于 $10^{15}/cm^3$ 时,其阈值电压 V_T 才为正。故制得增强型 NMOSFET 的关键在于严格控制并降低表面态电荷密度 Q_{ox},同时适当提高衬底杂质浓度 N_A。由于 SiO_2 层中的电荷总是正电荷,故对于 P 沟 MOSFET,其阈值电压总为负值,故常为增强型,如图5.3.7(b)所示。当 N 型衬底杂质浓度 $N_D < 10^{14}/cm^3$ 时,其阈值电压 V_T 主要由 Q_{ox} 决定。只有在杂质浓度 $N_D \geqslant 10^{15}/cm^3$ 时,其 V_T 才随 N_D 迅速变化。要降低 P 沟 MOSFET 的阈值电压,其氧化层表面态密度同样需要控制在 $10^{11}/cm^2$ 以下。

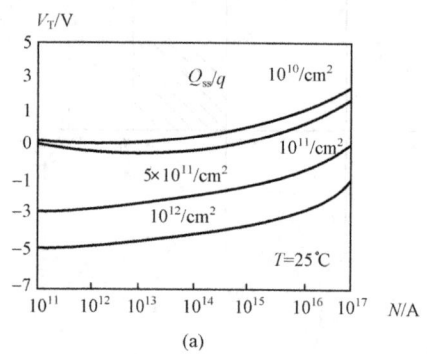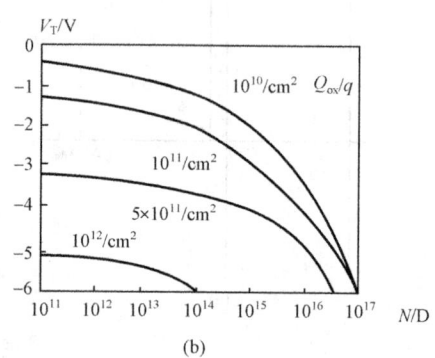

图5.3.7 阈值电压 V_T 与 Q_{ox} 及 N_A、N_D
(a) NMOSFET;(b) PMOSFET

在现代 MOS 工艺中,经过退火处理及采用磷硅玻璃(PSG)一类的钝化膜能将钠沾污及辐射等因素引起的氧化层电荷加以消除,氧化层电荷主要为固定电荷。在"超净"的环境下可使氧化层表面态密度降低到 $10^{11}/cm^2$ 数量级。故在工艺稳定的条件下,可认为 Q_{ox} 不变,对于结构已定的器件,主要通过调整衬底杂质浓度与 SiO_2 层厚度来控制阈值电压。

同时,阈值电压还和温度有关。虽然氧化层电荷 Q_{ox} 及金属-半导体功函数差在很宽的温度范围内与温度无关,但因本征载流子浓度随温度升高而增加,使费米势 φ_F 随温度而变化;对于 P 型硅衬底,φ_{FP} 随温度升高而减小,故 NMOSFET 的阈值电压随温度升高而下降。相反,PMOSFET 的阈值电压则随温度的升高而增大。

5.4 MOSFET 直流特性

直流特性是 MOSFET 的重要特性之一。主要论述 MOSFET 在直流偏置下其漏源电流 I_{DS} 和栅源电压 V_{GS}、漏源电压 V_{DS} 之函数关系,也称静态特性。

5.4.1 萨支唐方程

萨支唐方程即 Sah 方程,是 MOSFET 最基本的漏源电流方程,是一种针对长沟道器件的分段模型,由于比较简单,在器件设计及电路模拟中用得较多。

首先提出理想模型。以 N 沟道 MOSFET 为例,如图 5.4.1 所示,设 MOSFET 沟道的长、宽、厚分别为 L、W 及 X_C。(b) 图为其坐标系,以沟道长度方向为 y,以沟道宽度及厚度方向分别为 z、x。

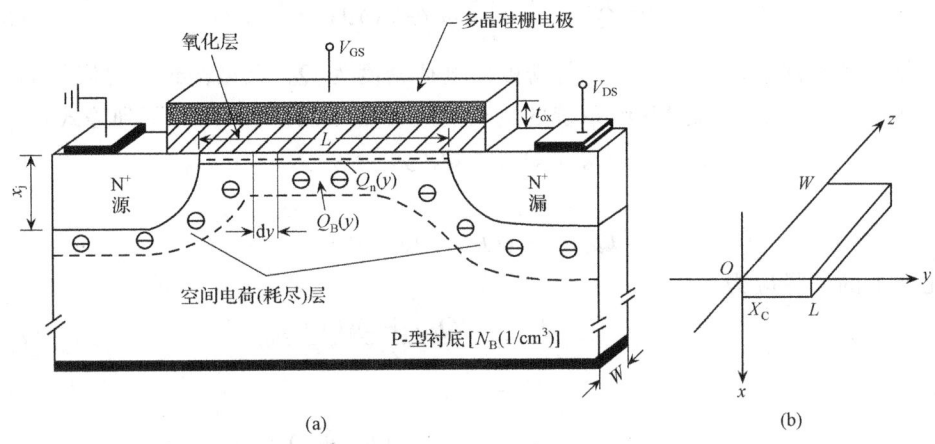

图 5.4.1 MOSFET 及坐标
(a) N 沟道 MOSFET;(b) MOSFET 的坐标

该理想模型具有下列近似:

(1) 一维近似,只考虑沟道电流沿 y 方向的变化;

(2) 强反型近似(当 $V_s > 2\varphi_F$ 时,反型沟道开始形成);

(3) 缓变沟道近似(GCA):在沟道任一点 y 处,沟道垂直方向的电场 E_x 远大于其横向电场即电流流动方向的电场 E_y,即 $|E_x| \gg |E_y|$;

(4) 忽略扩散电流,只考虑漂移电流;

(5) 忽略漏、源与衬底间及沟道-衬底间的反向泄漏电流;

(6) 忽略漏、源扩散区和金属电极的接触电阻及体电阻;

(7) 沟道杂质均匀分布;

(8) 沟道载流子迁移率为常数;

(9) 耗尽层电荷密度 Q_B 为常数。

设 MOSFET 外加栅源电压为 V_{GS},且 $V_{GS} > V_T$,漏源电压为 V_{DS},根据以上近似,外加电压 V_{DS} 将全部降落在沟道上,产生从源到漏的电位分布 $V(y)$,沟道横向电场为

$$E_y = -\frac{dV(y)}{dy} \tag{5.4.1}$$

设沟道某点电荷密度为 $qn(x,y)$,其迁移率为 μ_n,根据欧姆定律的微分形式,则沟道电流密度为

$$J_y(x,y) = -qn(x,y)\mu_n \frac{dV(y)}{dy} \tag{5.4.2}$$

将式(5.4.2)在整个沟道横截面上积分,即得该截面上的电流,亦即沟道电流

$$I_y = \int_0^W \int_0^{X_C} \left[-qn(x,y)\mu_n \frac{dV(y)}{dy}\right]dxdz \tag{5.4.3}$$

在一维情况下，$n(x,y)$ 不随 z 而改变，故沟道电流可化为

$$I_y = -\mu_n W \frac{dV(y)}{dy} \int_0^{x_C} qn(x,y) dx \tag{5.4.4}$$

令 $Q_n(y)$ 为沟道 y-z 面单位截面上的电荷总量，即反型层中的面电荷密度，则

$$Q_n(y) = \int_0^{x_C} qn(x,y) dx \tag{5.4.5}$$

在强反型条件下，沟道已形成，若栅极面电荷密度为 Q_G，反型沟道与衬底间的耗尽层最大面电荷密度为 Q_{BM}，故 MOS 系统的电荷应遵循电中性条件，即有下列等式：

$$Q_G + Q_{BM} + Q_n(y) = 0 \tag{5.4.6}$$

即

$$Q_G = -(Q_{BM} + Q_n(y))$$

又氧化层上的压降应为

$$V_{ox} = \frac{Q_G}{C_{ox}} = -\frac{Q_{BM} + Q_n(y)}{C_{ox}} \tag{5.4.7}$$

而

$$V_{GS} = 2\varphi_F + V_{ox} + V_{FB} + V(y) = 2\varphi_F - \frac{Q_{BM} + Q_n(y)}{C_{ox}} + V_{FB} + V(y)$$

故

$$\begin{aligned}Q_n(y) &= -C_{ox}[V_{GS} - V_{FB} - 2\varphi_F - V(y)] - Q_{BM}\\ &= -C_{ox}\left[V_{GS} - \left(-\frac{Q_{BM}}{C_{ox}} + 2\varphi_F + V_{FB}\right) - V(y)\right]\\ &= -C_{ox}[V_{GS} - V_T - V(y)]\end{aligned} \tag{5.4.8}$$

将上述结果代入式(5.4.4)即 I_y 的表示式，并取漏电流方向和 y 的正方向相反，即 I_D 从漏(D)流向源(S)为正，则得

$$I_{DS} = -W\mu_n Q_n(y) \frac{dV(y)}{dy} = W\mu_n C_{ox}[V_{GS} - V_T - V(y)] \frac{dV(y)}{dy} \tag{5.4.9}$$

将式(5.4.9)沿沟道从 0 至 L 对 dy 积分，相应 $dV(y)$ 则从 0 到 V_{DS} 积分

$$I_{DS} \int_0^L dy = W\mu_n C_{ox} \int_0^{V_{DS}} [V_{GS} - V_T - V(y)] dV(y)$$

于是得到

$$I_{DS} = \frac{W\mu_n C_{ox}}{L}\left[(V_{GS} - V_T)V_{DS} - \frac{1}{2}V_{DS}^2\right] \tag{5.4.10}$$

即为 Sah 方程，由 C. T. Sah 最先于 1954 年提出。令

$$\beta = \frac{\mu_n W C_{ox}}{L} \tag{5.4.11}$$

常称 β 为增益因子，或称几何跨导参数。

5.2.5 节已对 MOSFET 的输出特性曲线作了定性讨论，这里根据式(5.4.10)给出的 Sah 方程作进一步定量分析。

1. $V_{DS} \ll (V_{GS} - V_T)$

由于 V_{DS} 很小，如小于 0.1V，忽略 V_{DS}^2 项，可得

$$I_{DS} = \beta(V_{GS} - V_T)V_{DS} \qquad (5.4.12)$$

I_{DS} 随 V_{DS} 而线性增加,故称为线性区。实际上忽略了沟道上电位的变化,当栅源电压一定,沟道相当于一恒定电阻,只不过 V_{GS} 不同,阻值不同罢了,这时源-漏之间的有效电阻即沟道电阻,也常称导通电阻 R_{on},由式(5.4.12)确定

$$R_{on} = \frac{V_{DS}}{I_{DS}} = [\beta(V_{GS} - V_T)]^{-1} \qquad (5.4.13)$$

R_{on} 随 $(V_{GS} - V_T)$ 而线性变化,$(V_{GS} - V_T)$ 为有效栅压。说明在这种情况下,MOSFET 可看作为一压控可变电阻。

2. $V_{DS} < (V_{GS} - V_T)$

V_{DS} 增大,但仍小于 $(V_{GS} - V_T)$,V_{DS} 在沟道上产生一从源到漏的电位分布,故从源到漏沟道反型层厚度越来越小。在一定栅源电压下,V_{DS} 越大,沟道越窄,则沟道电阻越大,曲线斜率越小。常将该区称为可变电阻区,或非饱和。由于 V_{DS} 不能忽略,故即是

$$I_{DS} = \beta\left[(V_{GS} - V_T)V_{DS} - \frac{V_{DS}^2}{2}\right]$$

依据上式,在不同 V_{GS} 下,I_{DS}-V_{DS} 为一通过原点的抛物线。如图 5.4.2 所示,I_{DS} 随 V_{DS} 增加而增加,达到峰值后,则随 V_{DS} 增加而下降。峰值电流下的漏源电压 $V_{DS} = (V_{GS} - V_T)$,在该电压下,I_{DS}-V_{DS} 曲线斜率 $\frac{dI_{DS}}{dV_{DS}} = 0$,但实际上并未观察到 I_{DS} 随 V_{DS} 而减小的现象,这是因为 I_{DS} 达到峰值后,即不再遵循 Sah 方程。

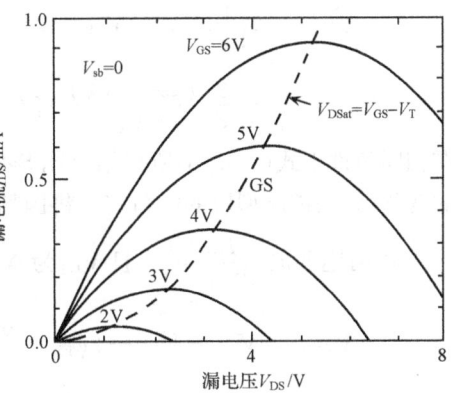

图 5.4.2 Sah 方程伏安特性

3. $V_{DS} \geqslant (V_{GS} - V_T)$

将 $V_{DS} = (V_{GS} - V_T)$ 代入式(5.4.10),则得

$$I_{DSat} = \frac{W\mu_n C_{ox}}{2L}(V_{GS} - V_T)^2 = \frac{\beta}{2}(V_{GS} - V_T)^2$$
$$(5.4.14)$$

此式表示漏电流 I_{DS} 与漏源电压 V_{DS} 无关,即达到饱和,称为饱和漏电流 I_{DSat},并令

$$V_{DSat} = (V_{GS} - V_T) \qquad (5.4.15)$$

V_{DSat} 称为饱和漏源电压。

因为这时在漏端有 $V_{GS} - V_{DS} = V_T$,又 $V(L) = V_{DS}$,由式(5.4.8)可求得沟道漏端的电荷密度为

$$Q_n(L) = -C_{ox}[V_{GS} - V_T - V(L)] = 0 \qquad (5.4.16)$$

说明在漏端沟道反型层消失,沟道在漏端被夹断,即沟道电荷为 0。

当 $V_{DS} > (V_{GS} - V_T)$,反型沟道区的压降仍维持在 V_{DSat} 不变;$(V_{DS} - V_{DSat})$ 这部分电压将降落在沟道夹断点与漏区之间的耗尽层上,漏源电流仍维持为饱和漏电流 I_{DSat}。

在 $V_{DS} \geqslant (V_{GS} - V_T)$ 的电压范围内,漏电流达到饱和,故称为饱和区。

正是因为在 $V_{DS} \geqslant V_{DSat}$ 时,沟道电荷为零,即反型沟道已不存在,故式(5.4.10)失效,不能用该方程模拟饱和区的特性,缓变沟道近似不再成立。

由式(5.4.14)可知，I_{DSat}是栅电压V_{GS}的函数，随栅电压的平方而增加，故常称MOSFET为平方律器件。

5.4.2 影响直流特性的因素

上述直流特性是在理想模型下导出的。实际上，还有一些其他因素会对MOSFET的直流特性产生影响。

1. 耗尽层电荷的变化

在理想模型中，曾假设耗尽层电荷密度Q_B为常数，沿沟道长度方向耗尽层宽度也不发生变化。但事实上，当MOSFET加有外加直流偏置电压时，表面空间电荷区宽度将随沟道压降的增加而展宽，就必须考虑从源到漏耗尽层内电荷密度的变化。设这时的耗尽层电荷密度为Q''_{BM}，Q''_{BM}随V_{DS}的变化为

$$Q''_{BM} = -qN_A x'_{dm} = -\{2\varepsilon_0 qN_A[2\varphi_{FP} - V_{BS} + V(y)]\}^{\frac{1}{2}} \quad (5.4.17)$$

代入式(5.4.9)的有关项，并进行类似的演算，可得

$$I_{DS} = \beta\left\{\left[(V_{GS} - V_{FB} - 2\varphi_{FP})V_{DS} - \frac{V_{DS}^2}{2}\right]\right.$$
$$\left. - \frac{2}{3}\frac{(2\varepsilon_0 qN_A)^{\frac{1}{2}}}{C_{ox}}\left[(V_{DS} + 2\varphi_{FP} - V_{BS})^{\frac{3}{2}} - (2\varphi_{FP} - V_{BS})^{\frac{3}{2}}\right]\right\} \quad (5.4.18)$$

在相同条件下式(5.4.18)所得结果比Sah方程的结果要小。这是因为考虑了耗尽层电荷密度的变化后，沟道反型层的电荷密度将因耗尽层电荷密度的增加而减少，故导致漏电流变小。

利用饱和时$\dfrac{dI_{DS}}{dV_{DS}} = 0$且$V_{GS}$为常数，由式(5.4.18)可求得饱和漏源电压如下：

$$V_{DSat} = V_{GS} - V_{FB} - 2\varphi_{FP} - \frac{\varepsilon_0 qN_A}{C_{ox}^2}\left\{\left[1 + \frac{2C_{ox}^2}{\varepsilon_0 qN_A}(V_{GS} - V_{FB})\right]^{\frac{1}{2}} - 1\right\}$$
$$(5.4.19)$$

将式(5.4.19)的V_{DSat}代入式(5.4.18)，即可求得饱和区的漏源电流。显然，考虑了耗尽层电荷影响后的饱和漏源电压V_{DSat}比理想模型下的饱和漏源电压要低，饱和漏源电流也会相应变小，但应更精确。具体变化的值不但与偏置电压有关，还与衬底杂质浓度如N_A、氧化层电容C_{ox}、氧化层厚度t_{ox}等参数有关。

2. 沟长调制效应（CLM）

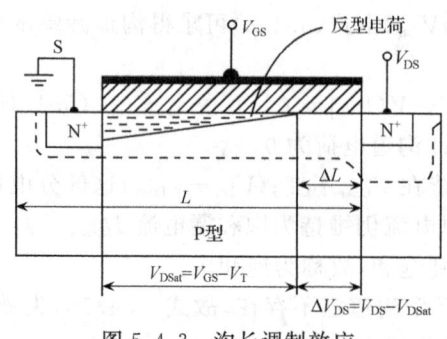

图5.4.3 沟长调制效应

在直流伏安特性的讨论中，假设了沟道长度为常数，对于长沟道器件，其计算结果与实验基本相符，对于短沟道器件则存在一定误差。如图5.4.3所示，当MOSFET工作在饱和区时，漏衬耗尽区向沟道横向扩展，从而减少了有效沟道长度。设有效沟道长度为L_{eff}，扩展的宽度为ΔL，当$V_{DS} > V_{DSat}$时，有

$$L_{\text{eff}} = L - \Delta L \tag{5.4.20}$$

将漏衬 N^+P 结看作单边突变结,大部分反偏压降落在低掺杂的 P 区,漏衬结空间电荷区扩展进 PN 结 P 型区的宽度应为

$$x_p = \sqrt{\frac{2\varepsilon_0\varepsilon_s}{qN_A}(\varphi_{\text{FP}} + V_{\text{DS}})} \tag{5.4.21}$$

但是,正如图 5.4.2 所示,L 受空间电荷区宽度 ΔL 调制,是在 $V_{\text{DS}} > V_{\text{DSat}}$ 后。作为一级近似,可以认为 ΔL 是在 $V_{\text{DS}} > V_{\text{DSat}}$ 时,总的空间电荷区的宽度扣除饱和时的空间电荷区的宽度,即

$$\Delta L = \sqrt{\frac{2\varepsilon_0\varepsilon_s}{qN_A}}\left(\sqrt{\varphi_{\text{FP}} + V_{\text{DSat}} + \Delta V_{\text{DS}}} - \sqrt{\varphi_{\text{FP}} + V_{\text{DSat}}}\right) \tag{5.4.22}$$

式中

$$\Delta V_{\text{DS}} = V_{\text{DS}} - V_{\text{DSat}}$$

设施加的漏源电压 $V_{\text{DS}} > V_{\text{DSat}}$,由于耗尽区宽度由偏压决定,有效沟道长度也由偏压决定,即受漏源电压调制。

由式(5.4.14),饱和漏电流与沟道长度成反比,则

$$I'_{\text{DSat}} = \frac{W\mu_n C_{\text{ox}}}{2(L - \Delta L)}(V_{\text{GS}} - V_T)^2 = \frac{I_{\text{DSat}}}{1 - \Delta L/L} \tag{5.4.23}$$

式中,I_{DSat} 为理想模型漏电流,I'_{DSat} 为实际漏电流,由于 ΔL 为 V_{DS} 的函数,即使 MOSFET 处于饱和偏压区,I'_{DSat} 也将随 V_{DS} 增加而略有增大,并不饱和。

作为一级近似,可令

$$\left(1 - \frac{\Delta L}{L}\right)^{-1} = 1 + \frac{\Delta L}{L} = 1 + \lambda V_{\text{DS}} \tag{5.4.24}$$

代入式(5.4.23)

$$I'_{\text{DSat}} = I_{\text{DSat}}\left(1 + \frac{\Delta L}{L}\right) = I_{\text{DSat}}(1 + \lambda V_{\text{DS}}) \tag{5.4.25}$$

式中,λ 称为沟长调制系数,单位为 1/V,是电路模拟中常用的模型参数,它定义为

$$\lambda = \frac{\Delta L}{LV_{\text{DS}}} \tag{5.4.26}$$

如图 5.4.4 所示,图中画出了一典型短沟道 MOSFET 的 I'_{DSat}-V_{DS} 曲线,在饱和区,由于沟长调制效应,斜率均为正值。理想情况下,将 I'_{DSat} 曲线从饱和区沿反方向外推,其延长线将与 V_{DS} 轴相交于 $1/\lambda$。随着 MOSFET 的尺寸越来越小,沟道长度的变化率很大,λ 越大,沟道长度调制效应越明显。

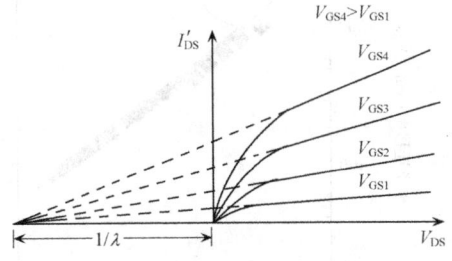

图 5.4.4 沟长调制效应与 λ

3. 迁移率调制效应

理想模型下假定沟道载流子的迁移率为常数,故其漂移速度随电场的增加而上升。但实际上沟道载流子在漂移的过程中,一方面由于栅压所产生的垂直电场会引起迁移率变化;另一方面由于横向电场的增大而使载流子速度接近饱和极限,导致载流子有效迁移

率下降。

1) 栅电场 E_{eff} 的影响

反型层电荷由垂直电场产生,如图 5.4.5(a)所示,在 NMOSFET 中,正向栅压使得反型层中的电子向表面移动,对于沿沟道向漏极漂移的电子,它们也受到表面的吸引,但是受到空间电荷区中固定杂质电荷的排斥,这种效应示于图 5.4.5(b)中,称作表面散射效应,表面散射效应减小了迁移率,同时在 Si-SiO$_2$ 界面存在固定正电荷,由于附加库仑作用,迁移率会进一步下降。

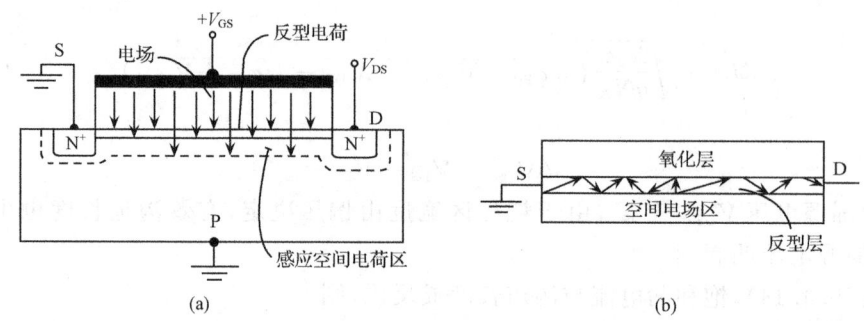

图 5.4.5
(a) N 沟 MOSFET 中的垂直电场;(b) 载流子表面散射效应

设栅电压产生的有效电场为 E_{eff},在 E_{eff} 作用下的有效电子迁移率为 μ_{eff},研究表明,它与栅电场的关系符合下列经验公式:

$$\mu_{eff} = \mu_0 \left(\frac{E_0}{E_{eff}}\right)^\nu \tag{5.4.27}$$

式中,μ_0 为低场迁移率,或称低场表面迁移率,对于电子,μ_0 约为 $400\sim700\text{cm}^2/(\text{V}\cdot\text{s})$;对于空穴 μ_0 约为 $100\sim300\text{cm}^2/(\text{V}\cdot\text{s})$;$E_0$ 为临界电场,当电场低于 E_0 时,$\mu_{eff}=\mu_0$;当电场高于 E_0 时,μ_{eff} 开始下降;ν 为经验常数;E_{eff} 是栅源电压作用于沟道载流子的有效电场,与耗尽层电荷密度及反型层电荷密度有关

$$E_{eff} = \frac{Q_{BM} + 0.5Q_n}{\varepsilon_0 \varepsilon_s} \tag{5.4.28}$$

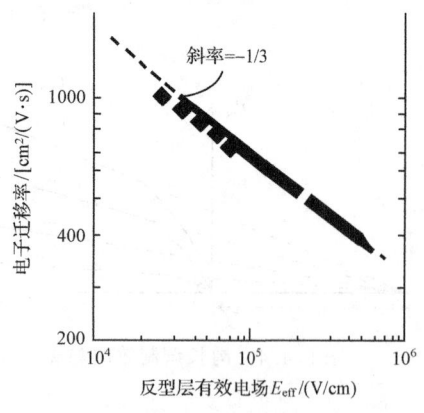

图 5.4.6 反型层电子迁移率与电场的关系

图 5.4.6 画出了在 $T=300\text{K}$ 时,有效电子迁移率在不同掺杂浓度及不同氧化层厚度的变化情况,说明有效迁移率仅仅是反型层电场的函数,而与氧化层厚度和掺杂浓度无关。

由于晶格散射的存在,反型电荷有效迁移率是温度的函数,温度升高时,迁移率减小。

当 V_{DS} 较低时,在电路模拟中可采用下列迁移率模型:

$$\mu_{eff} = \frac{\mu_0}{1+a_0 E_{eff}} \tag{5.4.29}$$

式中，a_0 为散射常数。

式(5.4.28)和式(5.4.29)适应于 $E_{eff} < 5.5 \times 10^5 \text{V/cm}$ 的情况，有研究表明，在 NMOSFET 中，对于高电场电子迁移率 μ_{eff} 按 E_{eff}^{-2} 下降，对于中等电场电子迁移率 μ_{eff} 则按 $E_{eff}^{-0.3}$ 下降。在 PMOSFET 中，空穴迁移率在高电场下按 E_{eff}^{-1} 下降，在中等电场下按 $E_{eff}^{-0.3}$ 下降。

2）横向电场 E_y 的影响

在长沟 MOSFET 中，迁移率为常数，随着电场强度的增加，载流子的漂移速度也跟着持续增加，一直增加到电流达到理想电流为止。但实际上，当电场强度增加到一定值后，载流子速度将达到饱和，速度饱和在短沟器件中尤其突出，原因在于一定漏源电压下，沟道越短，相应的横向电场强度将更大。

设速度饱和时的临界电场为 E_C，它与载流子饱和漂移速度 v_{sl} 的关系为

$$E_C = \frac{v_{sl}}{\mu_{eff}} \tag{5.4.30}$$

电子的饱和漂移速度在 $5 \times 10^5 \sim 9 \times 10^5 \text{cm/s}$，空穴的饱和漂移速度则在 $4 \times 10^5 \sim 8 \times 10^5 \text{cm/s}$。

设沟道横向电场为 E_y，在任一 E_y 下的载流子速度可表示如下：

$$v = \begin{cases} \dfrac{\mu_{eff} E_y}{1 + \dfrac{E_y}{E_C}}, & E_y \leqslant E_C \\ \mu_{eff} E_C = v_{sl}, & E_y > E_C \end{cases} \tag{5.4.31}$$

因 $E_y = \left|\dfrac{dV(y)}{dy}\right|$，故由式(5.4.31)有

$$v = \frac{\mu_{eff} E_y}{1 + \dfrac{E_y}{E_C}} \tag{5.4.32}$$

代入式(5.4.2)相关项，按照类似的方法，可以求得由速度饱和导致的饱和漏源电流为

$$I_{DSv} = WC_{ox}\mu_{eff}E_C\left[\sqrt{(V_{GS}-V_T)^2 + (E_C L)^2} - E_C L\right] \tag{5.4.33}$$

当沟道很短，可近似为

$$I_{DSv} = WC_{ox}(V_{GS}-V_T)v_{sl} \tag{5.4.34}$$

由于垂直电场和表面散射的作用，饱和速度将下降，饱和速度对应的 I_{DSv} 的值将比理想情形低，V_{DSv} 的值也比理想模型下的 V_{DSat} 低，这时的伏安特性如图 5.4.7 所示，图中虚线表示迁移率为常数时的理想伏安特性。当沟道很短时，I_{DSv} 与 V_{GS} 具有线性关系。

在理想伏安特性中，对于 NMOSFET，当漏端反型电荷密度为零时，电流饱和，这时的漏源电压为

$$V_{DSat} = V_{GS} - V_T \tag{5.4.35}$$

当漏源电压达到 V_{DSat} 时，沟道夹断。但是，

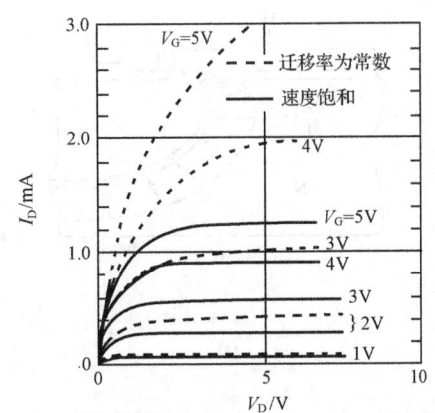

图 5.4.7 速度饱和效应下的伏安特性（实线）

速度饱和时漏源电流也将饱和,而沟道一般不会夹断,即无须满足这一饱和条件。当横向电场强度达到大约 10^4 V/cm 时,速度将达到饱和。如 $V_{DS}=5$V,沟道长度 $L=1\mu$m,则平均电场强度为 5×10^4 V/cm,显然,速度饱和效应更易于在短沟道器件中发生。

4. 温度的影响

温度的变化也会对漏源电流 I_{DS} 产生影响。这是因为载流子的迁移率在一定的温度范围内是温度的函数,随着温度升高,表面迁移率下降,使 β 因子具有负温度系数;同时,阈值电压也具有一定的温度系数。当 $V_{GS}-V_T$ 较大时,漏源电流 I_{DS} 的温度特性主要由迁移率的温度效应确定,具有负温度系数,即温度升高,I_{DS} 会有所下降。而当 $V_{GS}-V_T$ 较小时,I_{DS} 的温度特性则主要由阈值电压的温度效应确定,使 I_{DS} 的温度系数为正,即随着温度升高,I_{DS} 有所增大。因此,MOSFET 和 BJT 不同,当电压选择合适可使其温度系数为零。

5.4.3 击穿特性

当加于 MOSFET 的漏源电压升高到一定值时,其漏源电流急剧增大,即为漏源击穿,这时的漏源电压称为漏源击穿电压 BV_{DS}。如同 PN 结中的击穿一样,MOSFET 中存在几种击穿机制。同时 MOSFET 的栅源电压增高到一定值也会使栅氧化层发生击穿,从而造成栅源短路,电流增大,栅源击穿使 MOSFET 损坏,这时的栅源电压称栅源击穿电压 BV_{GS}。

这里论述 MOSFET 中导致电流剧增的几种击穿机制及相应的击穿电压,以漏源击穿电压 BV_{DS} 为主。

1. 栅调制击穿

MOSFET 的击穿电压 BV_{DS} 受栅漏边缘电场的影响,与栅电压 V_{GS} 的高低密切相关,故称栅调制击穿。如图 5.4.8(a)所示,漏区边缘常存在被栅电极覆盖的交叠部分,普通 MOS 栅氧化层较薄,漏衬 PN 结耗尽层宽度随 V_{DS} 的升高而展宽,对于 PMOS,栅漏之间的电势差 $V_{GD}=|V_{DS}|-|V_{GS}|$。当 V_{DS} 较高时,漏结耗尽层宽度可能与栅氧化层厚度相近,这时,漏衬结边缘的电力线将大部分集中于栅极,从而在金属栅极与漏区棱角处形成

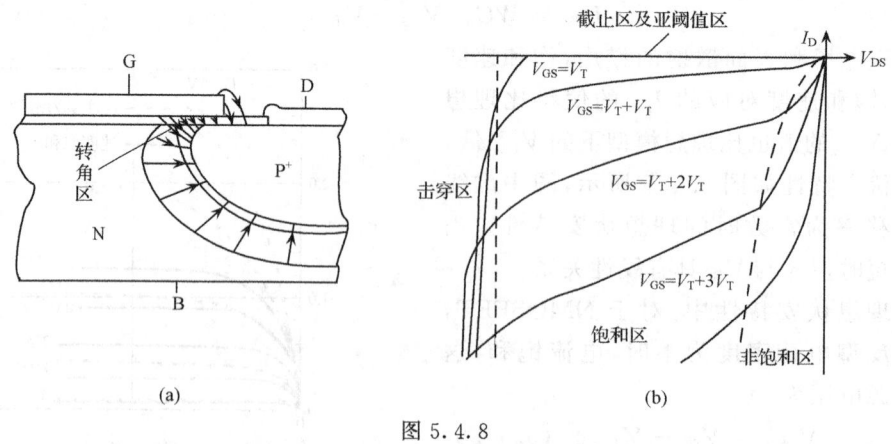

图 5.4.8
(a) 栅漏转角电场;(b) PMOSFET 栅调制击穿特性

附加电场。氧化层厚度 t_{ox} 又小,则附加电场往往比原来 PN 耗尽区中的电场高得多。实验证明,当衬底电阻率 $\rho > 1\Omega \cdot cm$,BV_{DS} 基本上由覆盖区附加电场的大小决定,即由栅极电位的极性、大小和栅氧化层厚度决定,而与衬底杂质浓度无关,故发生栅调制击穿时,大多数 MOSFET 的 BV_{DS} 都在 25~40V,比单个没有栅电极的漏衬 PN 结击穿电压要低。

栅调制击穿主要发生在长沟道 NMOSFET 和 PMOSFET 中,PMOSFET 漏源击穿特性的实验曲线如图 5.4.8(b)所示。由图可以看出,在 PMOS 导通时,即 $|V_{GS}| > |V_T|$,漏源击穿电压随负栅压的升高而增加。因为 V_{DS} 为负,电场由栅极指向漏区,当栅极加上负栅压,其电力线由衬底指向栅极,二者方向相反,使漏区和栅极间的电力线数目随负栅压的增加而减少,则漏结边缘电场减弱,故击穿电压 BV_{DS} 升高。但在截止区,随着 $|V_{GS}|$ 的减小,则 BV_{DS} 降低。

2. 沟道雪崩击穿

雪崩击穿由漏端附近空间电荷区的碰撞电离引起,为漏衬 PN 结雪崩击穿。这种击穿发生在 NMOS 短沟道器件中,当 $V_{GS} > V_T$,NMOS 导通,沟道载流子进入夹断区,大部分在距表面的次表面流动,电子的电离率大且随电场的增加而快速上升,故容易在到达漏衬 PN 结时引发电离倍增效应而致雪崩击穿。

对于理想的平面单边突变结,击穿电压为轻掺杂侧杂质浓度的函数,MOSFET 轻掺杂区对应半导体衬底。例如,对于平面结,P 型衬底掺杂浓度为 $N_A = 3 \times 10^{16}/cm^3$,击穿电压大约为 25V,但是,$N^+$ 漏端为一相对窄的扩散区,耗尽区转角处弯曲厉害,电场相对集中在转角处,称为棱角电场,比平面处大得多,这使得击穿电压降低,如图 5.4.9(a)所示。

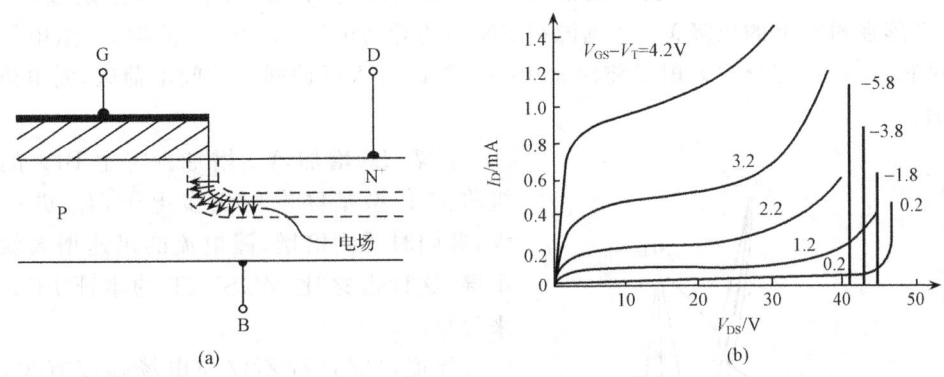

图 5.4.9
(a) 漏衬 PN 结的棱角电场;(b) NMOS 击穿特性

NMOSFET 典型的雪崩击穿特性曲线簇如图 5.4.9(b)所示。其显著的特点是 BV_{DS} 随 V_{GS} 增加而下降,且为软击穿。这是因为在导通时,V_{GS} 越高,沟道反型层越厚,载流子越多,倍增得越快,故越容易发生击穿,即击穿电压越低,由于载流子碰撞电离而发生倍增效应需要一过程,故呈现软击穿的特点。但在 $V_{GS} < V_T$ 的截止区则不同,BV_{DS} 是随着 $|V_{GS}|$ 增加而下降,其击穿机制应为栅调制击穿。

3. 寄生 NPN 击穿

这种击穿呈现负阻特性,多发生在高阻衬底的短沟道 NMOS 中,是一种二级效应。N 沟增强型 MOSFET 的几何结构如图 5.4.10(a)所示,源、漏区均为 N^+ 区,衬底为 P 型,源极及衬底接地,从而形成了 NPN 寄生双极晶体管,图 5.4.10(b)为其等效电路。

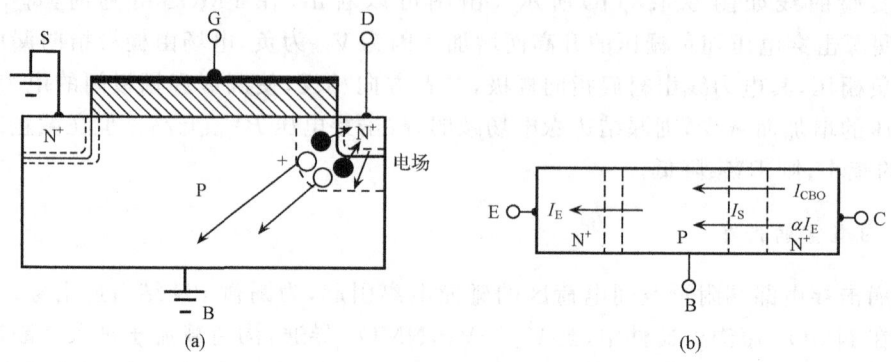

图 5.4.10
(a) NMOS 漏端雪崩倍增;(b) 寄生 NPN 晶体管

一般认为雪崩击穿会在某一外加电压下发生,实际上,雪崩击穿是一渐进过程,在电流较小且电场略低于击穿场强时,由雪崩倍增过程产生的电子流入漏端形成漏电流,由此产生的空穴通过衬底流向体电极,形成衬底电流 I_{sub}。在源端附近,I_{sub} 在衬底串联电阻上产生压降 V_{BS},源衬短接,该电阻跨接在源衬 PN 结上,V_{BS} 相当于给源衬结加上正向偏置电压,正偏的源衬 N^+P 结和反偏的漏衬 N^+P 形成寄生双极晶体管。源区是重掺杂 N^+ 区,当降落在衬底上的压降 V_{BS} 达到源衬 PN 结的导通电压 0.6~0.7V 时,大量电子从源区向衬底注入,一部分注入电子将沿寄生基区扩散进入反偏漏端空间电荷区,漏电流也因此增加。

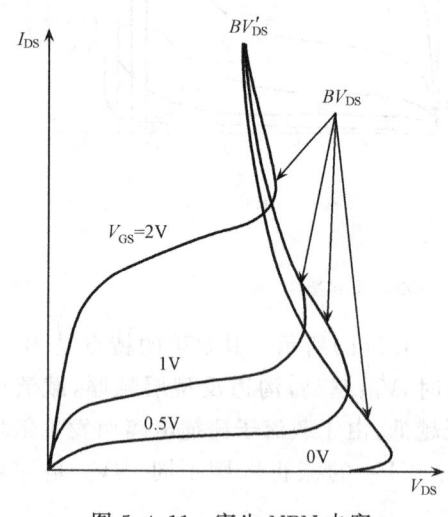

图 5.4.11 寄生 NPN 击穿

随着 I_{sub} 增加,V_{BS} 增加。寄生 BJT 的发射极将向 P 型基区发射更多电子,I_{sub} 进一步增大,并同时受到倍增,漏电流的迅速增大就导致击穿,这种击穿比 MOSFET 的本征 FET 击穿来得早。

雪崩击穿过程不仅与电场强度有关,而且与载流子数量有关,当漏端空间电荷区的载流子数量增加时,雪崩击穿概率增加。这是一种再生或正反馈机制,漏端附近的雪崩击穿产生了衬底电流,从而产生了正向偏置的源衬 PN 结电压。正向偏置结注入载流子又扩散回漏端从而进一步加剧了雪崩倍增,正反馈形成不稳定因素,容易引发二次击穿。

其输出特性曲线如图 5.4.11 所示。击穿时的负阻效应可通过寄生双极晶体管作如下解释:由于雪崩击穿产生的衬底电流与外加电压无关,即意味着寄生双极晶体管基极电位几乎不变,故相当于一基极开路的双极型晶体管;MOSFET 的漏电流相当于寄生晶体管的集电极电流

$$I_C = \alpha_0 I_E + I_{CBO} \tag{5.4.36}$$

式中,α_0 为共基极电流增益,I_{CBO} 为基极-集电极反向截止电流,基极开路时,$I_C = I_E$,故方程(5.4.35)可写作

$$I_C = \alpha_0 I_C + I_{CBO} \tag{5.4.37}$$

击穿时,BC 结电流具有雪崩效应,设倍增因子为 M,则有

$$I_C = M(\alpha_0 I_C + I_{CBO}) \tag{5.4.38}$$

由此解得

$$I_C = \frac{M I_{CBO}}{1 - \alpha_0 M} \tag{5.4.39}$$

因此,当 $\alpha_0 M \to 1$ 或基极开路下当 $M \to \dfrac{1}{\alpha_0}$ 时发生击穿,其倍增因子比单一 PN 结小得多,相当于晶体管共射极击穿特性。

倍增因子的常用经验公式为

$$M = \frac{1}{1 - \left(\dfrac{BV_{CE}}{BV_{BD}}\right)^m} \tag{5.4.40}$$

式中,m 是经验常数,为 3~5,BV_{BD} 为结的雪崩击穿电压,BV_{CE} 相当于 BV_{DS}。

共基极电流增益 α_0 强烈地依赖于集电极电流,尤其在集电极电流较小时,BE 结复合电流占总电流很大一部分,因此共基极增益较小。当集电极电流增加时,α_0 值也增加。雪崩击穿开始时,I_C 较小,M 及 BV_{CE} 具体的值必须满足 $\alpha_0 M = 1$,当集电极电流增加时,α_0 增加,因此,发生雪崩击穿所需的 M 及 V_{CE} 均更小,负阻特性就显而易见了。负阻效应可通过降低衬底重掺杂实现,以防止任何压降的突变。

因为电子的电离率随电场增加上升快,易于引发雪崩效应,而且空穴迁移率比电子的小,P 型衬底电阻率高,衬底电流流过时容易造成源衬正偏,故寄生 NPN 击穿常发生在 NMOS 中。

4. 漏源穿通效应

漏源穿通效应是指漏衬空间电荷区完全通过沟道区扩展至源衬空间电荷区,源、漏结的耗尽区连在一起,漏、源势垒完全被消除,从而导致漏电流增大,即发生漏源击穿。这种击穿主要发生在短沟道高阻衬底的 MOS 器件中。

事实上在穿通还未形成前,漏电流开始增加。当 MOSFET 漏源电压较小时,较高的势垒防止了漏源之间的大电流。随着漏源电压 V_{DS} 升高,漏衬耗尽层向源端靠近,漏端附近的空间电荷区与源空间电荷区相互作用,势垒高度降低。由于电流是势垒高度的函数,一旦达到穿通,在漏端电压作用下,电流将迅速增加。

图 5.4.12 所示为漏源穿通时,短沟器件一典型的 I_D-V_S 特性曲线。

当漏结耗尽区和源衬耗尽区相连时的漏源电压称穿通电压,记为 V_{PT}。相对于双极晶体管中的基区穿通,沟道穿通电压应为

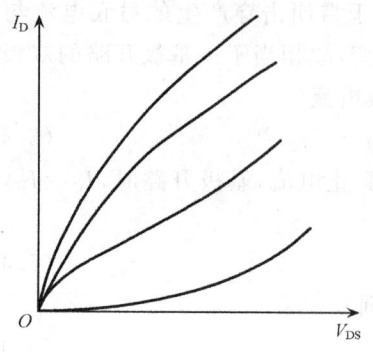

图 5.4.12 MOSFET 漏源穿通时 I_D-V_{DS} 特性

$$V_{PT} = \frac{qN_A L^2}{2\varepsilon_0 \varepsilon_s} - V_D \quad (5.4.41)$$

式中，V_D 为 PN 结接触电势。

如果 $V_{PT} < BV_{DS}$，则限制了器件的正常工作，使用电压受到穿通电压的限制。

5. 氧化层击穿

MOSFET 栅氧化层为良绝缘体，若氧化层内的电场足够强，就会发生介电击穿，造成栅源短路，电流剧增，使器件损坏，永久失效，即称栅源击穿。这时的栅源击穿电压为

$$BV_{GS} = E_B t_{ox} \quad (5.4.42)$$

E_B 是栅氧化层 SiO_2 击穿的临界电场，在 SiO_2 中，击穿时的电场 E_B 一般为 6×10^6 V/cm，比硅中的要大。尽管栅氧化层很薄，大约 30V 的栅压就可使厚度为 50nm 的氧化层被击穿，最常见的保险系数为 3，即在 $t_{ox} = 50$nm 时，允许的最大栅压为 10V。因为在电场低于击穿场强时，氧化层中可能存在一些缺陷，设定保险因子很有必要。除了功率器件和超薄氧化层器件外，氧化层一般不会造成严重后果。但通过栅电容的感应电场 $E = Q/t_{ox} C_{ox}$，t_{ox}、C_{ox} 均小，只需少量电荷，即可产生很强的场强，理论上 E_B 可高达 10^7 V/cm，实际上，在 $E_B > 5 \times 10^5$ V/cm 时 SiO_2 层就可能被击穿。故在使用 MOS 器件或集成电路时必须有良好接地，以免吸附电荷，感应强电场，造成栅 SiO_2 层击穿而损坏电路或器件。

MOS 器件由于栅极及其他因素的影响，使击穿电压比较低，要提高 BV_{DS} 通常采用场板结构以缓和电场集中，或在漏端引入轻掺杂漂移区以提高漏源耐压。

5.4.4 亚阈特性

当栅压小于或等于阈值电压时，理想的 I_{DS}-V_{GS} 特性曲线表明漏电流为零。而实验结果证明，当 $V_{GS} \leq V_T$ 时，I_{DS} 并不为零。图 5.4.13(a) 为实验曲线与理想特性的对比。

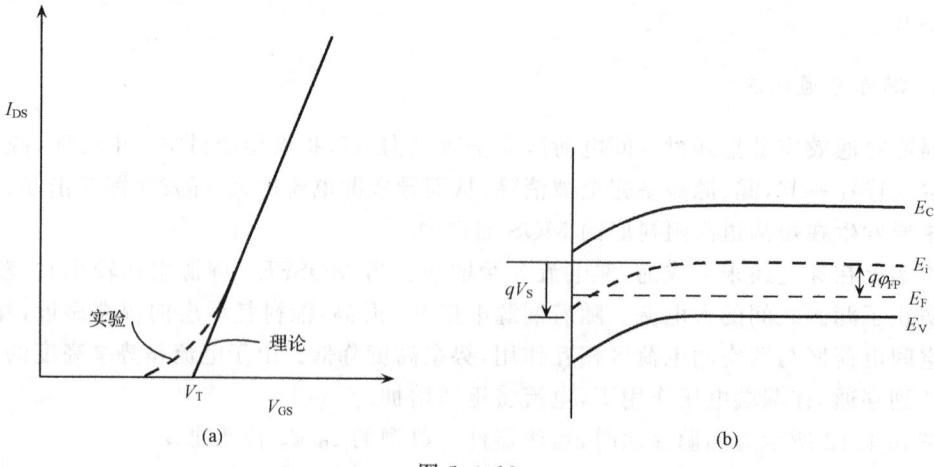

图 5.4.13
(a) I_{DS}-V_{GS} 理论与实验曲线；(b) $\varphi_{FP} < V_S < 2\varphi_{FP}$ 时的能带图

MOS器件工作在$V_{GS}<V_T$即低于阈值电压时,有小的漏电流流过晶体管,这时的工作区即为亚阈区。相应的漏电流为亚阈电流,这时器件处于弱反型状态,类似于BJT的截止区。亚阈电流的大小关系到MOS开关电路在关态时的信号失真、噪声容限及空载功耗等性能,如在CMOS电路中,无论电路处于哪一种状态,总有一只MOS管处于截止状态,所以在无信号时电路的功耗取决于截止状态时漏电流的大小,亚阈电流大,即器件截止时的漏电流大,则会增加静态功耗。对于低压低功耗器件及逻辑电路,尤其是使用了很多个MOSFET的大规模集成电路中,电路设计中必须考虑亚阈值电流的影响,并确保MOSFET在截止态下的偏压低于阈值电压。故如何减小亚阈电流有着实际意义。

由于衬底表面处于弱反型状态,其表面势V_S符合下列关系:

$$\phi_{FP} < V_S < 2\phi_{FP} \tag{5.4.43}$$

图5.4.13(b)为P型衬底MOS结构在$\varphi_S < 2\varphi_{FP}$时的能带图,这时,费米能级更靠近导带,因而半导体表面呈现出轻掺杂N型材料特性。可以通过弱反型沟道来观察N^+源极与漏极之间的导电性能。

假设衬底电位为零,当外加漏源电压V_{DS}较小时,在P型衬底表面处于积累和弱反型状态下,N^+源区和P衬底表面之间存在势垒,由于V_{DS}使漏区和弱反型沟道间的PN结反偏,其势垒更高,故沟道中源端载流子浓度高于漏端,源区电子越过势垒注入到弱反型沟道,并从源端扩散到漏端,所以亚阈电流为扩散电流,这和NPN晶体管中的电流传输相近。而强反型时沟道电流是漂移电流,在强反型时,势垒高度太小以致可以忽略,此时N^+源区和表面N^+沟道可看作欧姆接触。由扩散电流理论及MOS结构的电荷密度函数关系,可求得亚阈电流的表达式如下:

$$I_{DSub} \propto \left[\exp\left(\frac{qV_{GS}}{kT}\right)\right] \cdot \left[1 - \exp\left(\frac{-qV_{DS}}{kT}\right)\right] \tag{5.4.44}$$

该式说明,V_{DS}为常数时,I_{DSub}随V_{GS}增大而指数增加;若V_{GS}为常数,且V_{DS}远大于$\frac{kT}{q}$,则亚阈值电流I_{DSub}与V_{DS}无关。

图5.4.14给出了几组不同衬偏电压下亚阈值电流的变化曲线,同时也标明了阈值电压的值。

以栅压摆幅S来衡量MOS器件亚阈特性的优劣,S定义如下:

$$S = \frac{dV_{GS}}{d(\lg I_{DSub})} \tag{5.4.45}$$

意指弱反型下,半对数亚阈特性曲线梯度的倒数,单位是mV/dec,即亚阈电流减小10倍所需的栅源电压。理想情况下,可算得$S=59.5$mV/dec,即栅源电压大约60mV的变化将会使亚阈值电流发生很大的变化。进一步分析表明,I_{DSub}-V_{DS}是关于半导体掺杂浓度的函数曲线,同时也是界面态密度的函数,测量

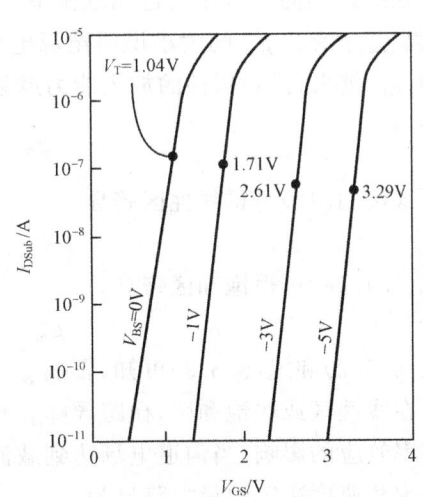

图5.4.14 不同衬偏电压下的亚阈值特性

这些曲线的斜率在实验上可用于确定氧化物-半导体界面态密度。

5.5 MOSFET 小信号特性

MOSFET 作为信号放大时,其输入的信号一般为交流信号,即随时间而变化的电信号。这时器件的特性将因信号变化的大小及快慢而不同,故有小信号、大信号,低频、高频之分。所谓"小信号",意指外加信号电压变化的幅度足够小,如远小于 kT/q 即 26mV。为此,对于器件一定的工作点,电流的变化量和电压的变化量具有线性关系,可以用线性方程组来描述与求解器件的这种小信号特性。随着信号频率的提高,MOSFET 的各种电容包括本征电容和寄生电容的作用就越突显出来,其对信号的放大与控制作用因而降低,故器件的使用频率受到限制。在低频下,可采用"准静态"的分析方法,由于端电压随时间变化足够慢,则电压变化所导致的电荷的分布、储存所需的时间能跟得上电压的变化,即忽略电荷的储存效应,故任意给定时刻端电流瞬时值和端电压瞬时值之间的函数关系和直流伏安特性相同。

5.5.1 交流小信号参数

交流小信号参数用以描述小信号交流运用状态下,其端电流、端电压之间的相互函数关系。

MOSFET 低频小信号参数包括栅跨导 g_m、衬底跨导 g_{mb}、漏导 g_d 及电压放大系数 μ_V。在"准静态"近似下,根据它们各自的定义,将直流伏安特性方程中的参数看成"准静态"参数,即可由此方程直接求得。故理想模型下交流小信号参数是不随信号电压、电流变化的常数。

1. 栅跨导 g_m

在一定的漏源电压及衬偏电压下,漏源电流随栅源电压的变化率即称栅跨导,简称跨导,以 g_m 表示。g_m 的大小说明栅源电压对漏源电流的控制能力,是 MOSFET 最基本的参数,g_m 越大,说明器件的放大能力越强

$$g_m = \frac{\partial I_{DS}}{\partial V_{GS}}\bigg|_{V_{DS}, V_{BS}} \tag{5.5.1}$$

故由式(5.4.12)可得线性区跨导

$$g_{ml} = \beta V_{DS} \tag{5.5.2}$$

由式(5.4.14)可得饱和区跨导

$$g_{ms} = \beta(V_{GS} - V_T) \tag{5.5.3}$$

由式(5.5.2)和式(5.5.3)可知,影响 g_m 的因素是多方面的。

在线性区或非饱和区,栅跨导随 β 的增大而增大,随 V_{DS} 的增加而增大。考虑到高场迁移率效应的影响,当沟道电场达到载流子速度饱和临界电场时,由式(5.4.34)可得由载流子饱和速度决定的最大跨导为

$$g_{mv} = WC_{ox}v_{sl} \tag{5.5.4}$$

g_{mv} 与 V_{DS} 及 L 无关。

在饱和区，g_{ms}同样随β的增大而增大，随V_{GS}的升高而增大，但V_{GS}增高会使迁移率μ_n下降，故g_{ms}先是随V_{GS}的升高而增大，当μ_n下降和V_{GS}升高的影响完全抵消时，g_{ms}达到最大；此后，μ_n下降起主要作用，V_{GS}增加，g_{ms}减小。

考虑到源、漏区存在的串联电阻R_S、R_D，包括源、漏区都存在的体电阻及欧姆接触电阻，当漏源电流流过时，必然在串联电阻上产生压降，使实际加在沟道区上的栅源电压及漏源电压减小，因此，MOSFET的实际跨导比上述理论值低。

设有效栅源电压为V'_{GS}，有

$$V'_{GS} = V_{GS} - I_{DS}R_S \tag{5.5.5}$$

同理，实际加在沟道上的有效漏源电压为V'_{DS}，则

$$V'_{DS} = V_{DS} - I_{DS}(R_S + R_D) \tag{5.5.6}$$

将式(5.5.5)和式(5.5.6)依次代入式(5.4.12)及式(5.4.14)中的V_{GS}、V_{DS}，再求导并整理即可得线性区或非饱和区的有效跨导为

$$g_m^* = \frac{g_m}{1 + g_m R_S + g_{ms}(R_S + R_D)} \tag{5.5.7}$$

饱和区的有效跨导为

$$g_{ms}^* = \frac{g_{ms}}{1 + g_{ms}R_S} \tag{5.5.8}$$

可见，串联电阻越大，有效跨导越小。

根据以上分析，总结提高跨导的措施有：

(1) 选用迁移率高的衬底材料和晶向，提高表面迁移率，提高工艺水平，使界面尽量平整；

(2) 制作高质量、尽可能薄的栅氧化层；

(3) 设计宽长比大的图形结构；

(4) 尽可能减小源、漏区串联电阻。

2. 衬底跨导 g_{mb}

当衬底和源极之间加有负偏压V_{BS}时，在一定的漏源电压及栅源电压下，漏源电流随衬底偏压的变化率称为衬底跨导，以g_{mb}表示，即

$$g_{mb} = \frac{\partial I_{DS}}{\partial V_{BS}}\Big|_{V_{DS},V_{GS}} \tag{5.5.9}$$

g_{mb}表达衬偏电压对漏源电流的控制能力。根据式(5.4.18)，可求得

$$g_{mb} = -\frac{W\mu(2\varepsilon_0\varepsilon_s qN_A)^{\frac{1}{2}}}{L}\left[(2\varphi_{FP} - V_{BS} + V_{DS})^{\frac{1}{2}} - (2\varphi_{FP} - V_{BS})^{\frac{1}{2}}\right] \tag{5.5.10}$$

式中，V_{BS}取负值，g_{mb}主要由N_A、W/L、V_{BS}和V_{DS}等参数决定。由式(5.4.17)可知，V_{BS}越高(即绝对值越大)，耗尽层电荷越多，反型层电荷越小，则漏源电流越小，故g_{mb}越小。通过在源极和衬底之间加一衬偏电压，控制耗尽层和反型层的电荷分配之比以达到控制漏源电流的目的，说明一定条件下，衬底也能起到栅极的作用，故常将衬底称为"背栅"。

3. 漏源电导 g_d

在一定栅源电压及衬底偏压下，漏源电流随漏源电压的变化率称为漏源电导，或简称

漏导，即

$$g_\mathrm{d} = \frac{\partial I_\mathrm{DS}}{\partial V_\mathrm{DS}}\Big|_{V_\mathrm{GS}, V_\mathrm{BS}} \tag{5.5.11}$$

反映了漏源电压对漏源电流的控制能力。

由非饱和区的 Sah 方程，对 V_DS 求导可得

$$g_\mathrm{d} = \beta(V_\mathrm{GS} - V_\mathrm{T} - V_\mathrm{DS}) \tag{5.5.12}$$

当在 $V_\mathrm{DS} \ll (V_\mathrm{GS} - V_\mathrm{T})$ 时，可忽略式(5.5.12)中的 V_DS，即得线性区的漏源电导

$$g_\mathrm{dl} = \beta(V_\mathrm{GS} - V_\mathrm{T}) \tag{5.5.13}$$

同样，考虑源、漏区存在的串联电阻 R_S，R_D，则

$$g_\mathrm{dl}^* = \frac{g_\mathrm{dl}}{1 + g_\mathrm{dl}(R_\mathrm{S} + R_\mathrm{D})} \tag{5.5.14}$$

显然，R_S、R_D 的存在使漏源电导下降。

若考虑迁移率随栅压的增加而下降，则在漏电流较大时，漏电导随栅压增加而上升的速率将下降。

在饱和区，由式(5.4.14)可知 $g_\mathrm{ds} = 0$，但这只是理想模型下的结果，对长沟道 MOS 器件较符合。实际上，根据 5.4.2 节的讨论，由于存在沟道长度调制效应，在饱和区，有效沟道长度随 V_DS 升高而变短，漏源电流增大，故 $g_\mathrm{ds} \neq 0$，只是很小而已。

此外，在高阻衬底及短沟道 MOS 器件中，还要考虑漏区电场静电反馈效应及空间电荷限制效应的影响。

4. 电压放大系数

在一定的漏源电流下，漏源电压的微分与栅源电压的微分之比称为电压放大系数，以 K_V 表示，即

$$K_\mathrm{V} = -\frac{\partial V_\mathrm{DS}}{\partial V_\mathrm{GS}}\Big|_{I_\mathrm{DS}} \tag{5.5.15}$$

在非饱和区，由 Sah 方程求全微分，即得

$$K_\mathrm{V} = \frac{V_\mathrm{DS}}{V_\mathrm{GS} - V_\mathrm{T} - V_\mathrm{DS}} \tag{5.5.16}$$

对照式(5.5.2)及式(5.5.12)，可知

$$K_\mathrm{V} = \frac{g_\mathrm{ml}}{g_\mathrm{d}} \tag{5.5.17}$$

在饱和区，g_ms 具有最大值，g_ds 为有限小值，故有

$$K_\mathrm{V} = \frac{g_\mathrm{ms}}{g_\mathrm{ds}} \tag{5.5.18}$$

可见，MOSFET 在饱和区的电压放大系数具有最大值。

5.5.2 本征电容

MOS 结构本身可看成是一平板电容，当 MOSFET 的输入电压发生变化时，其输出电流随之而变，即意味着栅极电荷、沟道电荷等随 MOS 端电压而变化，即存在电容效应，故引入了动态工作模式下的栅源电容及栅漏电容，常称本征电容。

在衬底偏压 $V_{BS}=0$ 时,设 MOSFET 漏源电压为常数,即输出交流短路,栅源电压变化引起的栅极总电荷 Q_{GT} 的变化称为栅源电容 C_{gs},即

$$C_{gs} = \frac{\partial Q_{GT}}{\partial V_{GS}}\Big|_{V_{DS}} \tag{5.5.19}$$

在漏极和源极交流短路的情况下,不考虑体电荷即耗尽层空间电荷变化即认为空间电荷密度为常数,则栅电荷的变化和沟道反型层电荷的变化相同,只是电荷的极性相反而已,即 $\Delta Q_{GT} = \Delta Q_{nT}$。在"准静态"近似下,利用直流特性的有关方程式可以求得 Q_{GT},因栅极和沟道间的电压即氧化层上压降为 $V_{GS} - V(y)$,故栅极总电荷 Q_{GT} 为

$$Q_{GT} = WC_{ox}\int_0^L [V_{GS} - V(y)]\mathrm{d}y \tag{5.5.20}$$

由推导 Sah 方程的式(5.4.9),有 $\mathrm{d}y = \frac{\mu_n C_{ox} W}{I_D}[V_{GS} - V_T - V(y)]\mathrm{d}V$,代入式(5.5.20),即得

$$Q_{GT} = C_{ox}WL\left\{V_{GS} - \frac{3(V_{GS}-V_T)V_{DS} - 2V_{DS}^2}{3[2(V_{GS}-V_T)-V_{DS}]}\right\} \tag{5.5.21}$$

将以上结果代入式(5.5.19)求微分即得

$$C_{gs} = C_G\left\{1 - \frac{V_{DS}^2}{3[2(V_{GS}-V_T)-V_{DS}]^2}\right\} \tag{5.5.22}$$

式中,$C_G = WLC_{ox}$,是栅极总电容。根据式(5.5.22)可以看出:

(1) 当 V_{DS} 很小,可忽略不计时,即在线性区

$$C_{gs} \approx C_G \tag{5.5.23}$$

(2) 当 $V_{DS} = V_{GS} - V_T = V_{DSat}$,即在饱和区

$$C_{gs} \approx \frac{2}{3}C_G \tag{5.5.24}$$

同理,栅漏电容 C_{gd} 是在栅源电压为常数时,即输入交流短路时,栅电荷随栅漏电压的变化率,即

$$C_{gd} = \frac{\partial Q_{GT}}{\partial V_{GD}}\Big|_{V_{GS}} = \frac{\partial Q_{GT}}{\partial V_{DS}}\Big|_{V_{GS}} \tag{5.5.25}$$

式中,$V_{GD} = V_{GS} - V_{DS}$。电容具有对称性,C_{gd} 和 C_{dg} 等价,电荷的变化可以是 V_{GS} 引起,也可以是 V_{DS} 引起,在这里是由 V_{DS} 引起,可不计及正负。

设沟道反型层总电荷为 Q_{nT},因为

$$Q_{nT} = WLQ_n$$

又沟道反型层面电荷密度

$$Q_n(y) = C_{ox}[V_{GS} - V_T - V(y)]$$

$$Q_{nT} = W\int_0^L Q_n(y)\mathrm{d}y = WC_{ox}\int_0^L [V_{GS} - V_T - V(y)]\mathrm{d}y \tag{5.5.26}$$

将式中 $\mathrm{d}y$ 换成 $\mathrm{d}V$,即可求得栅源交流短路时的沟道电荷为

$$Q_{nT} = C_{ox}WL\left\{(V_{GS}-V_T) - \frac{3(V_{GS}-V_T)V_{DS} - 2V_{DS}^2}{3[2(V_{GS}-V_T)-V_{DS}]}\right\} \tag{5.5.27}$$

将式(5.5.27)的 Q_{nT} 代入式(5.5.25)求微分可得栅漏电容

$$C_{gd} = \frac{2}{3}C_G\left\{1 - \frac{(V_{GS}-V_T)^2}{[2(V_{GS}-V_T)-V_{DS}]^2}\right\} \tag{5.5.28}$$

在线性区以 $V_{DS}\approx 0$ 代入有

$$C_{gd} \approx \frac{1}{2}C_G \tag{5.5.29}$$

在饱和区以 $V_{DS}=V_{GS}-V_T=V_{DSat}$ 代入得

$$C_{gd} \approx 0 \tag{5.5.30}$$

5.5.3 交流小信号等效电路

MOSFET 在交流动态工作时,其电路连接如图 5.5.1 所示,这是一增强型 NMOSFET 的共源电路。当输入端输入交变信号 v_{gs},则其输出电压及电流都将随时间而变化,这时总的电流、电压都应是直流分量和交流分量之和,即

$$V_{GS} = V_{GS0} + v_{gs} \tag{5.5.31}$$

$$I_{DS} = I_{D0} + i_{ds} \tag{5.5.32}$$

式中,V_{GS} 表示交流小信号下总的栅源电压,I_{DS} 表示总的漏源电流,V_{GS0}、I_{D0} 分别表示漏源电压及漏源电流的直流分量,v_{gs}、i_{ds} 则分别表示栅源电压及漏源电流的交流分量。

MOS 器件作为电压控制器件,漏极输出电流是栅源电压和漏源电压的函数,可表示为

$$I_{DS} = f(V_{GS}, V_{DS}) \tag{5.5.33}$$

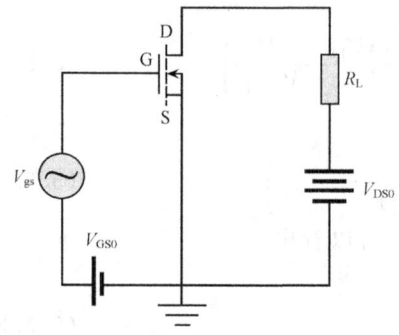

图 5.5.1 NMOSFET 交流共源电路

对式(5.5.33)两边求全微分可得

$$dI_{DS} = \frac{\partial I_{DS}}{\partial V_{GS}}\bigg|_{v_{DS}} dV_{GS} + \frac{\partial I_{DS}}{\partial V_{DS}}\bigg|_{v_{GS}} dV_{DS} \tag{5.5.34}$$

对照式(5.5.1)及式(5.5.11),并考虑到小信号工作状态下,微分增量即可看成交流电流或电压分量,故式(5.5.34)变为

$$i_{ds} = g_m v_{gs} + g_d v_{ds} \tag{5.5.35}$$

该式说明 MOSFET 交流小信号漏极输出电流由两部分组成,其中由栅源电压控制的恒流源是其主要部分。

同理,也可求得输入端栅极交流电流分量如下:

$$i_g = C_{gs}\frac{dv_{gs}}{dt} + C_{gd}\frac{dv_{gd}}{dt} \tag{5.5.36}$$

根据前面对本征电容作出的分析,对于 MOS 器件,其栅极和源、漏端的沟道之间可看成两个并联的电容,故当输入信号变化时,即意味着对其充电或放电,从而形成栅极交流电流。

依据上述分析,可得到 MOSFET 交流小信号低频等效电路如图 5.5.2 所示。图中,$r_d = 1/g_d$,该等效电路反映了 MOSFET 低频交流小信号工作状态下内部的基本特性,常称

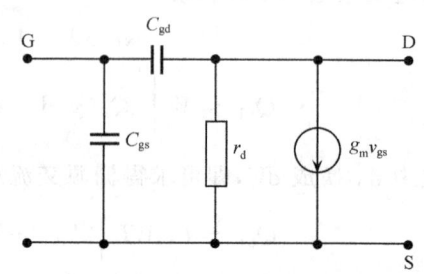

图 5.5.2 MOSFET 小信号本征等效电路

本征等效电路。

实际上,MOSFET 在交流工作时,还应考虑其寄生电容及串联电阻的影响,如源极串联电阻 R_S、漏极串联电阻 R_D、栅源寄生电容 C'_{gs}、栅漏寄生电容 C'_{gd},以及漏衬 PN 结耗尽层电容 C_{ds}、衬底寄生电容等,其实际的物理模型如图 5.5.3(a)所示。依据这一物理模型,画出的实际等效电路示于图 5.5.3(b)中。图中,$C_{gsT}=C_{gs}+C'_{gs}$,$C_{gdT}=C_{gd}+C'_{gd}$。

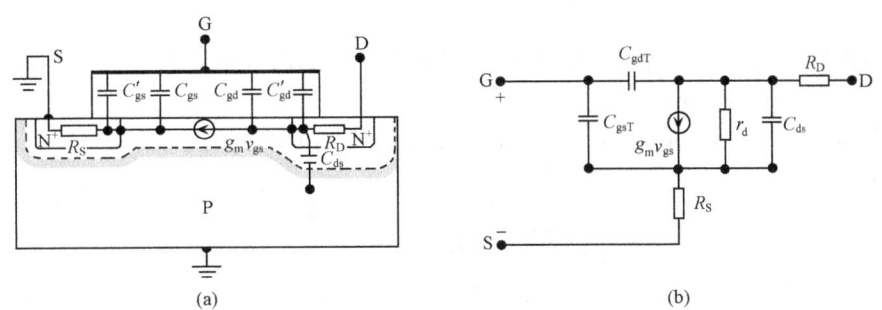

图 5.5.3
(a) MOSFET 物理模型;(b) 实际等效电路

由于电子器件在电路中的工作状态不同,故有各种等效电路,如低频等效电路、中频或高频等效电路,还有小信号等效电路、开关应用的大信号等效电路等;此外,由于对电路参数的定义会有所不同,又形成了多种不同参数体系的等效电路,这里所列举的仅仅是 MOSFET 中最基本的常用等效模型。

5.5.4 截止频率

MOSFET 中存在本征电容和寄生电容,随着器件工作频率的升高,电容充放电时间延长,同时载流子通过沟道也需要渡越时间,这些时间的存在就造成输出和输入的延迟,使得高频下器件的特性参数变坏,如跨导减小,故器件的使用频率受到限制。

NMOSFET 在中、高频下的共源连接等效电路如图 5.5.4 所示,各极间的等效电容在充放电时要通过电阻产生电流,在这里引入了栅源输入回路等效电阻 R_{gs},相当于栅源之间的沟道电阻,可以求得

$$R_{gs} = \frac{2}{5} \cdot \frac{1}{\beta(V_{GS}-V_T)}$$

同时还考虑到高频跨导与频率有关,故引入 $g_m(\omega)$ 以表示高频跨导。

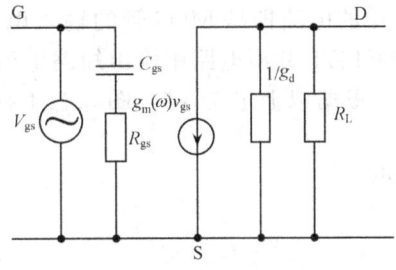

图 5.5.4 MOSFET 高频共源等效电路

低频时,输入端电容 C_{gs} 的阻抗很大,栅极回路的电流很小,电阻上的压降可忽略不计,信号电压的改变量就等于栅源电容 C_{gs} 两端电压的变化量,即栅压的变化在栅源电容 C_{gs} 两端感应出符号相反的电荷,使沟道电荷随栅压的变化而变化,产生相应的漏电流 ΔI_{DS}。

高频下,C_{gs} 的阻抗下降,使栅极回路的电流增大,外加栅源电压必然要在 C_{gs} 和 R_{gs} 上分压,电阻上的压降不能忽略,加在电容上的电压随频率的升高而下降,使得输出端得到的漏电流增量 ΔI_{DS} 减小。只有在输入信号电压更大时才能在沟道中得到和低频时同样的漏电流增量,因此,可求得高频跨导的表示式如下:

$$g_m(\omega) = \frac{g_m}{1+j\omega R_{gs}C_{gs}} \tag{5.5.37}$$

由式(5.5.37)可知,随着信号频率提高,跨导将减小。为了保证 MOSFET 在高频下仍有一定的放大能力,特定义了 f_{gm} 和 f_T 两个截止频率,以限制器件的使用频率。

1. **跨导截止频率 f_{gm}**

当高频跨导 $g_m(\omega)$ 下降到低频值的 $\frac{1}{\sqrt{2}}$ 时的频率称为跨导截止频率。

即当 $\omega = \omega_{gm}$ 时, $|g_m(\omega)| = \frac{g_m}{\sqrt{2}}$,代入式(5.5.37)则有

$$\frac{g_m}{\sqrt{1+(\omega_{gm}R_{gs}C_{gs})^2}} = \frac{g_m}{\sqrt{2}}$$

故得

$$\omega_{gm} = \frac{1}{R_{gs}C_{gs}} \tag{5.5.38}$$

将 $C_{gs} = \frac{2}{3}C_G = \frac{2}{3}C_{ox}WL$ 及 $R_{gs} = \frac{2}{5} \cdot \frac{1}{\beta(V_{GS}-V_T)}$ 代入式(5.5.38)即得

$$\omega_{gm} = \frac{15}{4}\frac{\mu_n(V_{GS}-V_T)}{L^2} \tag{5.5.39}$$

或者

$$f_{gm} = \frac{15}{8\pi}\frac{\mu_n(V_{GS}-V_T)}{L^2} \tag{5.5.40}$$

2. **截止频率 f_T**

在双极晶体管中,曾定义 $\beta=1$ 时的频率 f_T 为特征频率。在 MOS 管中,当流过输入电容 C_{gs} 中的电流正好等于电压控制电流源 $g_m V_{gs}$ 之电流时的频率也称为 f_T。因为流过 C_{gs} 中的电流即是 MOS 管的输入电流,$g_m V_{gs}$ 正是漏极输出电流的主要部分,故 f_T 表示 MOSFET 共源电路中输出短路电流放大系数等于 1 时的截止频率。

根据以上定义,结合图 5.5.4 有

$$\omega_T C_{gs} v_{gs} = g_m v_{gs}$$

即得

$$\omega_T = \frac{g_{ms}}{C_{gs}} \tag{5.5.41}$$

代入式(5.5.3)的 g_{ms} 及饱和区 C_{gs} 的式(5.5.24),得到饱和区的截止频率

$$f_T = \frac{3\mu_n(V_{GS}-V_T)}{4\pi L^2} \tag{5.5.42}$$

当图 5.5.4 中的负载 R_L 满足 $R_L \gg \frac{1}{g_m}$ 这一条件时,可以求证 MOSFET 饱和区的增益带宽乘积 $|G_V| \cdot f$ 和式(5.5.42)的结果完全相同,故有时也将 f_T 称为 MOSFET 的增益带宽乘积,即电压增益 $|G_V|$ 和工作频率 f 的乘积为一常数。

由以上两个截止频率的公式不难看见,要提高 MOSFET 的 f_T,即提高它的增益带宽乘积,主要有下列几个方面:

(1) 缩短沟道长度 L，这对于提高 MOSFET 的频率特性最为重要。

(2) 增大沟道载流子的迁移率 μ，首先选择 μ 高的材料，从这一意义上说，使用 NMOS 比 PMOS 有利，因为电子的迁移率比空穴的迁移率大得多。

(3) 减少界面态、表面态，这有利于载流子表面迁移率的提高。

(4) 采用埋沟器件，避免表面散射的影响，也有利于提高迁移率。

(5) 减小寄生电容，这对于改善 MOSFET 的频率特性至关重要，如减小 C'_{gs}，特别是减小栅漏寄生电容 C'_{gd}，长期以来，人们从工艺方面、器件结构方面已进行了大量卓有成效的工作，通过采用扩散自对准工艺和偏置栅结构以减小栅源、栅漏之间的交叠电容已取得了明显的效果；同时，采用 SOI 结构，即将器件制作在绝缘衬底上，也能显著减小衬底的寄生电容。

5.6 MOSFET 开关特性

MOSFET 不仅能对模拟电信号进行放大，还能作为电路开关广泛地应用于各种开关及数字电路中。近代大规模集成电路中 90% 是 MOS 集成电路，作为数字 MOSIC 的基础就是 MOSFET 的开关作用。

5.6.1 开关原理

对于增强型 MOSFET，当栅源电压 V_{GS} 高于其阈值电压 V_T 时，MOS 管有大的漏电流流过，即为导通；相反，当栅源电压低于阈值电压时，通过 MOS 管的电流近似为零，即为截止。对于耗尽型 MOSFET，栅源电压为零时就导通；栅源电压等于或高于夹断电压 V_P 时就截止。若 MOS 管在导通和截止两种状态间转换就能起到电子开关的作用，这是 MOSFET 的基本功能之一。

如图 5.6.1(a) 为一 NMOS 开关。当栅极输入 V_{GS} 为高电平，MOS 管有一定漏源电流，即开关导通，因 MOS 管的导通电阻 $R_{on} \ll R_L$，电源电压大都降落在负载 R_L 上，因此，

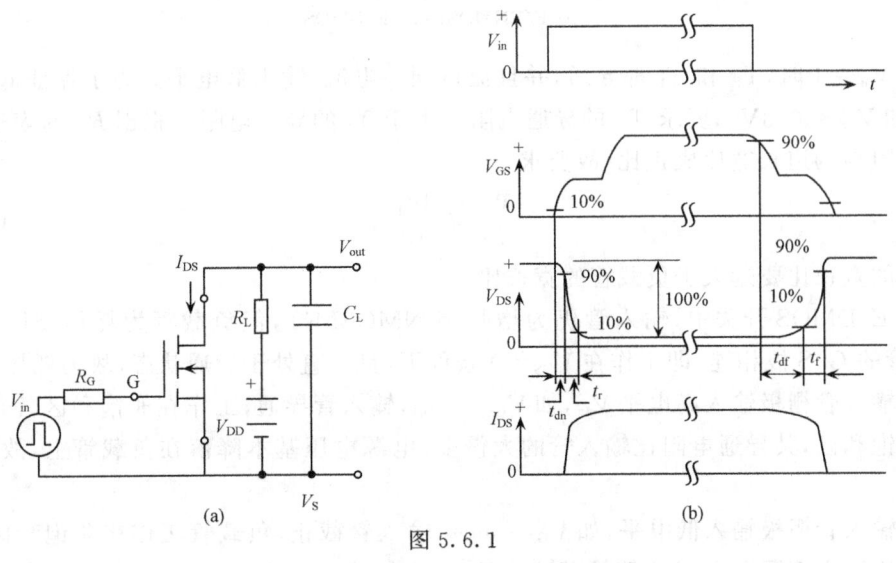

图 5.6.1
(a) NMOS 开关；(b) MOS 开关波形

输出电压近似为零,即为低电平;当栅极 $V_{GS}=0$ 时,则 NMOS 管漏电流近似为零,即开关截止,电源电压降落在 MOS 管上,输出高电平。所以 MOSFET 开关为一反相器,其电压电流波形示于图 5.6.1(b)中,对 PMOSFET 开关可作相应分析,只是电源电压的接法不同罢了。

实际 NMOS 开关由 NMOS 管充当负载,其中以增强型管为负载的称为 E/ENMOS 开关;以耗尽型管为负载的称为 E/DMOS 开关。其电路连接分别如图 5.6.2(a)、(b)所示。在 E/EMOS 中,负载 T_L 管的 G、D 都与 V_{DD} 相连。因此 T_L 管总满足 $V_{DSL}>(V_{GSL}-V_{TL})$,V_{TL} 是负载管的阈值电压。当 $V_{in}=0$ 时,输入管 T_I 截止,流过其中的电流近似于零,仅有 PN 结的反向泄漏电流,T_L 仍饱和导通,输出高电平为

$$V_{out} = V_{DD} - V_{TL} \tag{5.6.1}$$

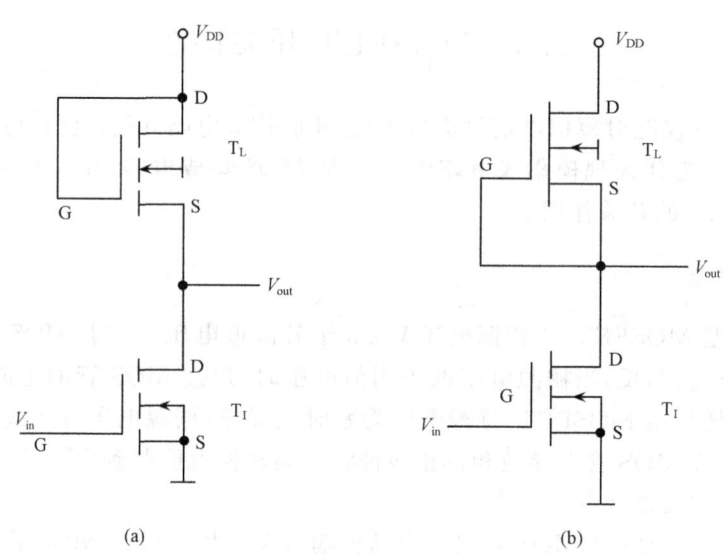

图 5.6.2
(a) E/ENMOS;(b) E/DMOS

当 $V_{in}=1$ 时,T_L 和 T_I 都导通,并且流过同一电流,输出低电平。为了保证低电平足够低(如 $V_{OL}<0.3V$),要求 T_L 的导通电阻远大于 T_I 的导通电阻。根据 R_{on} 的表达式知,导通电阻与沟道长宽比成正比,故要求

$$\frac{W_I}{L_I} \gg \frac{W_L}{L_L} \tag{5.6.2}$$

输入管的宽长比要远大于负载管的宽长比。

在 E/DMOS 开关中,输入管仍为增强型 NMOSFET,但负载管为耗尽型即 DMOS 管,该管的 G、S 极相连,即工作在 $V_{GS}=0$ 条件下,且一直处于导通状态,故为耗尽型。

当输入管栅极输入高电平 V_{in},如 $V_{GS}=V_{DD}$,输入管导通,工作在非饱和区,而负载管工作在饱和区,其导通电阻比输入管的大得多,电源电压基本降落在负载管上,故输出低电平。

当输入管栅极输入低电平,如 $V_{GS}=0$ 时,输入管截止,负载管工作在非饱和区,其导通电阻比输入管漏源之间的等效截止电阻小得多,故 V_{DD} 基本上降落在输入管上,输出

V_{out} 为高电平。

但无论 NMOS 还是 PMOS 都不是一个理想开关,如当 NMOS 传输电平为 V_{DD} 时,输出电平最高为 ($V_{DD}-V_{TN}$),即存在阈值损失。当然还会受到衬偏调制效应及沟道长度的影响。最佳组合是 CMOS 即互补 MOS 对管,由一个增强型 PMOS 和一个增强型 NMOS 并联组成,通常以 PMOS 为负载管,NMOS 为输入管,如图 5.6.3 所示。

由两管的栅极相连作为输入端,NMOS 的源极接地,PMOS 的源极接电源,两个漏极并联一起作为输出。当栅极输入低电平,如 $V_{in}=0$,NMOS 截止,PMOS 导通,输出高电平。当输入高电平,如 $V_{in}=V_{DD}$,NMOS 管导通,PMOS 管截止,则输

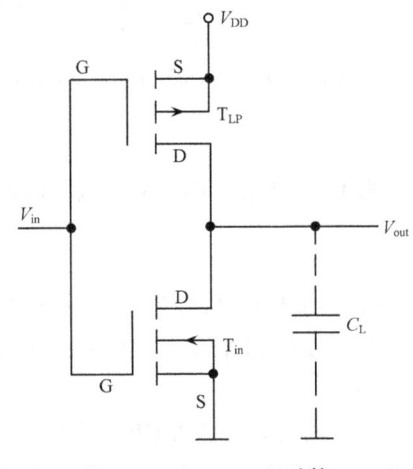

图 5.6.3 CMOS 对管

出低电平。无论输入是低电平还是高电平,两管中总有一管截止,而截止电阻约为 $10^{12}\Omega$,静态电流极小,静态功耗极低,仅在毫微瓦级,所以,输出高电平接近 V_{DD},低电平接近地电位。

具体特性及集成电路结构将在后面章节中详细叙述。

5.6.2 开关时间

由图 5.6.1(b) 可以看出,MOS 开关的输出电压波形比起输入脉冲存在一定的时间延迟,即需要一定的开关时间。图中,MOSFET 开关时间的定义和双极晶体管的类似,导通时间 t_{on} 包括导通延迟时间 t_{dn} 和上升时间 t_r,关断时间 t_{off} 包括关断延迟时间 t_{df} 和下降时间 t_f。

MOSFET 的开关时间来源于两个方面:一是载流子通过沟道输运所造成的时间延迟,可称为本征延迟;二是 MOS 管的 PN 结电容、引线电容及其杂散电容和负载电容的输入电容,可统称为负载延迟。

先讨论本征延迟时间。

设本征延迟时间为 t_{ch},亦即载流子从源到漏总的渡越时间,选取沟道长度 L 内某一微小单元 dy,载流子在该处的漂移速度为 v,则

$$t_{ch} = \int_0^L \frac{dy}{v} \tag{5.6.3}$$

又因为 $v=\mu_n E_y=-\mu_n \dfrac{dv(y)}{dy}$,依据式(5.4.9)有 $\dfrac{dv(y)}{dy}=-\dfrac{I_{DS}}{\mu_n W Q_n(y)}$,故

$$v = \frac{I_{DS}}{W Q_n(y)} \tag{5.6.4}$$

代入式(5.6.3),即得沟道渡越时间

$$t_{ch} = \frac{W}{I_{DS}} \int_0^L Q_n(y) dy = \frac{Q_{nT}}{I_D} \tag{5.6.5}$$

代入 I_{DS} 的表达式(5.4.10)及沟道总电荷 Q_{nT} 的式(5.5.27),可得

$$t_{\text{ch}} = \frac{4L^2}{3\mu_n} \frac{3(V_{\text{GS}}-V_{\text{T}})^2 - 3(V_{\text{GS}}-V_{\text{T}})V_{\text{DS}} + V_{\text{DS}}^2}{V_{\text{DS}}[2(V_{\text{GS}}-V_{\text{T}})-V_{\text{DS}}]^2} \tag{5.6.6}$$

当 $V_{\text{DS}} \to 0$，代入式(5.6.6)，即得线性区的渡越时间

$$t_{\text{chl}} = \frac{L^2}{\mu_n V_{\text{DS}}} \tag{5.6.7}$$

当 $V_{\text{DS}} = V_{\text{GS}} - V_{\text{T}}$，即得饱和区的渡越时间

$$t_{\text{chs}} = \frac{4L^2}{3\mu_n(V_{\text{GS}}-V_{\text{T}})} \tag{5.6.8}$$

以上两式说明，缩短沟道长度 L，是减小本征延迟时间的最佳途径，故 MOS 集成电路从 LSI 发展到 VSLI，就是一个 L 不断缩小的过程，至今已达到 $0.07\mu m$ 量级，接近极限尺寸。

一般而言，当 MOSFET 沟道长度小于 $5\mu m$，则 MOS 数字集成电路的开关速度将主要由负载延迟决定。以 C_{LT} 表示 MOS 开关的下一级负载电容及 MOS 管本身的各种电容，即总的对地电容，如图 5.6.4 所示。

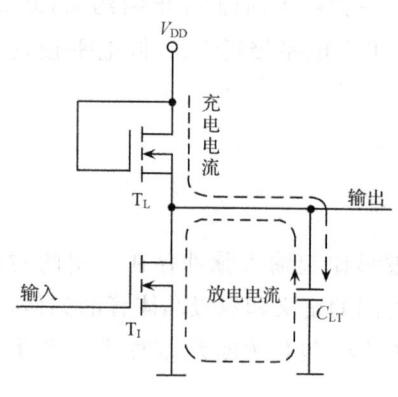

图 5.6.4 负载延迟时间

当 MOS 管由截止转向导通，即输入信号由"0"转向"1"时，C_{LT} 将通过 MOS 输入管放电，故需要一定的开启时间 t_{on}，经一定的分析可知，t_{on} 与 C_{LT} 成正比，与输入管的跨导 g_{mI} 成反比。当 MOS 管由导通转向截止，输出电平 V_{out} 上升，电源电压 V_{DD} 经负载管向负载电容 C_{LT} 充电，由于负载管的导通电阻较大，即使 C_{LT} 很小，其充电时间仍较大，故关断时间 t_{off} 也与 C_{LT} 成正比，而与负载管的跨导 g_{mL} 成反比。故减少负载延迟时间首先要减小 MOS 管的各种寄生电容。提高跨导也是减小负载延迟时间的措施之一。在 E/EMOS 中，输入管的跨导一般在 $100 \sim 200\mu A/V$，而负载管的跨导一般在 $5 \sim 15\mu A/V$，二者的比值要在 $10:1$ 以上，确定这一比值时，除了提高开关速度，还需要全面考虑其他静态特性。

5.7 短沟道效应及按比例缩小规则

前述有关 MOSFET 的理论都是建立在理想模型的基础上，包括阈值电压的表达式、直流伏安特性及交流小信号特性等。这些理论采用缓变沟道近似的一维模型，适合于长沟道 MOS 器件。

5.7.1 短沟道效应的含义

随着大规模集成电路的不断发展，要求 MOSFET 单元器件的尺寸越来越小，不仅要求沟道长度的减小，也要求沟道宽度减小；同时，减小沟道长度 L 对提高器件的多项性能有利，如跨导、截止频率及开关时间等。故此，缩短沟道长度已成为微电子技术不断追求的目标。目前，最小沟道长度减小到了 $0.07\mu m$，已接近微电子器件工艺水平的极限。

实际上，当沟道长度减小到可以和源、漏扩散结的耗尽区宽度相比拟时，缓变沟道近

似的一维模型不再适应,就会出现一些偏离长沟道器件特性的现象,即所谓短沟道效应。广义上的短沟道效应包括以下几方面:① 阈值电压随沟道长度的减小及沟道宽度的变窄而变化;② 沟道电场因沟道变短而增大导致迁移率调制效应,使载流子速度饱和,饱和漏源电压和饱和漏电流相比于长沟器件的理论值减小,I_{DSat} 和 $(V_{GS}-V_T)$ 近似为线性关系而不完全饱和,漏源电导随沟道长度的进一步缩短而增大,跨导下降以至于近似常数;③ 亚阈特性变坏,亚阈电流 I_{DSub} 随 V_{DS} 而变化。有关迁移率调制效应及亚阈特性在5.4节已作叙述,不再细说,这里重点讨论阈值电压的变化。

5.7.2 短沟道对阈值电压的影响

在理想 MOSFET 求解阈值电压表达式时,假设了栅极面积与半导体有源区面积相等,只考虑等效的表面电荷,忽略任何由于漏源空间电荷区扩展进有源沟道区而引起的空间电荷变化,即把反型沟道及下面的耗尽层看成是一规则的矩形,忽略了沟道在源、漏两端的边缘效应。

实际上,源衬及漏衬两个 PN 结耗尽层不可避免地要延伸进沟道区。在长沟道器件中,这一延伸区只占整个沟道区的一小部分,可忽略不计;在反型情形下,栅电压基本上能控制在沟道区产生的空间电荷量。但当沟道长度变短时,源衬及漏衬耗尽区靠得很近,源、漏耗尽层延伸至沟道耗尽层的部分不能忽略,栅下空间电荷区在漏源两端的电力线将有一部分分别终止于源区和漏区,使终止于栅极的电力线减小,因此使栅极控制的表面空间电荷将随沟道长度缩短而减小,从而引起阈值电压 V_T 的变化,这也是短沟道效应的具体表现。这实际上说明,当考虑漏端和源端耗尽层的边缘效应时,表面耗尽层电荷将同时受到漏压和栅压的控制,沟道电势由横向电场和纵向电场的梯度所决定。而在长沟道模型中,则认为沟道耗尽层的空间电荷只受栅压控制,而与漏源电压的横向电场无关;故在短、窄沟 MOS 器件中不能采用缓变沟道近似的一维模型,而需进行二维分析。

采用几何近似及电荷分享理论来分析沟道长度变短对 V_T 的影响。设短沟 NMOSFET 漏源电压 V_{DS} 为零,栅源电压为 V_{GS},其源、漏与沟道耗尽层结构模型如图 5.7.1 所示。图中,ΔL 为源、漏耗尽层延伸至沟道耗尽层的长度,x_j 为源、漏扩散区的结深。根据以上分析,考虑到 ΔL 的存在,沟道空间电荷区由理想的矩形变成为梯形,梯形的顶边为沟长 L,底边则为 $L' = L - 2\Delta L$。由此可求得短沟道 MOSFET 沟道空间电荷总量 Q_{BTS} 为

$$Q_{BTS} = -qN_A x_{dm} W \left(\frac{L+L'}{2} \right) = Q_{BM} \cdot W(L - \Delta L) \quad (5.7.1)$$

单位面积平均空间电荷密度

$$Q'_{BM} = Q_{BM} \left(1 - \frac{\Delta L}{L}\right) \quad (5.7.2)$$

由于梯形区域的体电荷由栅极控制,达到反型时,沟道空间电荷区的电势差为 $2\varphi_{FP}$,漏衬及源衬结的内建电势也近似为 $2\varphi_{FP}$,故可假定源衬、漏衬及沟道三处的空间电荷区宽度基本相等,即

$$x_{ds} \approx x_{dd} \approx x_{dm} \quad (5.7.3)$$

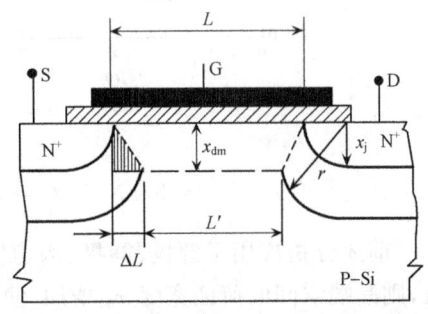

图 5.7.1 短沟 NMOSFET 耗尽层结构

式中，x_{ds}、x_{dd} 分别表示源衬及漏衬 PN 结空间电荷区宽度，x_{dm} 是沟道耗尽层最大宽度。为此，由图 5.7.1 可以证明

$$\Delta L = x_j \left(\sqrt{1 + \frac{2x_{dm}}{x_j}} - 1 \right) \tag{5.7.4}$$

设短沟 NMOSFET 的阈值电压为 $V_{T(S)}$，根据 5.3 节阈值电压的公式有

$$V_{T(S)} = V_{FB} + 2\varphi_{FP} - \frac{Q'_{BM}}{C_{ox}} \tag{5.7.5}$$

理想模型下长沟道 NMOSFET 的阈值电压为

$$V_{TN} = V_{FB} + 2\varphi_{FP} - \frac{Q_{BM}}{C_{ox}} \tag{5.7.6}$$

比较以上两式可得

$$\Delta V_T = V_{T(S)} - V_{TN} = \frac{Q_{BM} \Delta L}{C_{ox} L} = -\frac{qN_A x_{dm}}{C_{ox}} \left[\frac{x_j}{L} \left(\sqrt{1 + \frac{2x_{dm}}{x_j}} - 1 \right) \right] \tag{5.7.7}$$

由式(5.7.7)可知，$\Delta V_T < 0$，考虑沟道变短的影响后，MOSFET 的阈值电压 $V_{T(S)}$ 变小，即沟道长度减小，短沟 NMOSFET 向耗尽型变化；沟长 L 越小，$|\Delta V_T|$ 越大，变化越严重。

同时，阈值电压随沟长 L 的减小而变化还与杂质浓度 N_A、漏源电压 V_{DS}、衬偏电压 V_{BS} 等有关。

不同杂质浓度下 N 沟 MOSFET 阈值电压随沟道长度的变化如图 5.7.2(a)所示，当衬底掺杂浓度 N_A 增加时，阈值电压会增加，而且短沟阈值变化更大。当沟道长度变到 $2\mu m$ 以下时，短沟效应将很明显，阈值电压的变化随着结深 x_j 的变小而变小，因此浅结将减少阈值电压受沟道长度的影响。

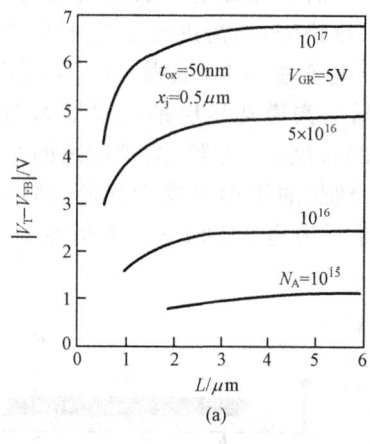
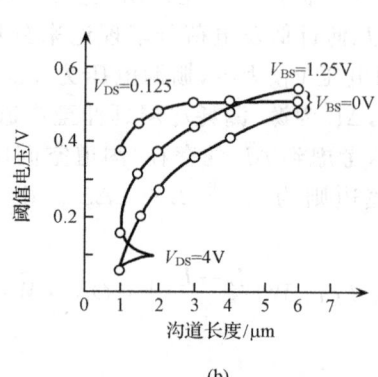

图 5.7.2
(a)不同 N_A 下 $V_{T(S)}$-L 关系；(b)不同 V_{DS}、V_{BS} 下 $V_{T(S)}$-L 关系

前述分析应用了源极、漏极、沟道空间电荷区宽度相等这一假设。现若在漏端施加电压，则漏端空间电荷区宽度 x_{dd} 增加，使得 L' 减小，由栅控制的体电荷减少，将使得阈值电压成为漏源电压的函数。当漏源电压增加时，N 沟 MOSFET 阈值电压降低。衬源间加上反向偏压 V_{BS} 时，表面耗尽层宽度 x_{dm} 增大，漏源端的耗尽层电荷量的影响增大，短沟道效应将更显著。两组不同漏源电压 V_{DS} 及衬源电压 V_{BS} 下 V_T-L 关系曲线如图 5.7.2(b)所示。

5.7.3 窄沟道对阈值电压的影响

实际上，MOSFE 沟道宽度方向的耗尽层也不是规则的矩形，而是如图 5.7.3 所示。当 MOS 结构加上一定栅压后，耗尽区在向衬底扩展的同时，也会向宽度方向的两侧扩展，图中示出了一 N 沟道 MOSFET 沟道宽度方向实际耗尽层的截面图，当器件偏置在反型区时由反型电荷形成的电流垂直于沟道宽度方向。由图可以看到在沟道宽度方向的两边存在附加的空间电荷区，这一附加电荷由栅压控制，在理想 MOS 的阈值电压表达式中忽略了这一部分。对于长沟道器件，由于沟道长度、宽度都较大，忽略这很小部分电荷，对阈值电压的值不会带来影响，但当沟道长度变短，沟道宽度也相应变窄，相对本来就很少的空间电荷，就不能忽略这部分电荷。在考虑了沟宽方向耗尽层附加电荷的影响后，将使得窄沟道 MOSFET 的阈值电压比起理想模型下阈值电压表达式所预期的值有所变化，这一现象常称窄沟道效应。

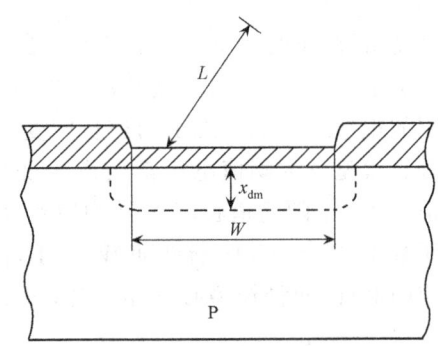

图 5.7.3 NMOSFET 沟道宽度方向耗尽区截面图

设沟道宽度方向耗尽层扩展的体积为 1/4 圆柱体，则沟宽两侧扩展的总体积为 $\frac{\pi}{2}x_{dm}^2 L$。若忽略沟道变短效应，对一均匀掺杂 P 型半导体衬底，则耗尽层内总电荷为

$$Q_{BTN} = -qN_A\left(x_{dm}LW + \frac{\pi}{2}x_{dm}^2 L\right) \tag{5.7.8}$$

耗尽层平均电荷密度增加到

$$Q''_{BM} = -qN_A x_{dm} - \frac{\pi}{2W}qN_A x_{dm}^2 = Q_{BM} + \Delta Q_B \tag{5.7.9}$$

式中，Q_{BM} 为理想长沟道模型的耗尽层单位面积电荷，ΔQ_B 为沟道宽度方向两端单位面积附加电荷。根据阈值电压表达式，窄沟道 NMOSFET 阈值电压 $V_{T(N)}$ 应为

$$V_{T(N)} = V_{FB} + 2\varphi_{FP} - \frac{Q''_{BM}}{C_{ox}} \tag{5.7.10}$$

$$\Delta V_T = V_{T(N)} - V_{TN} = -\frac{\Delta Q_B}{C_{ox}} = \frac{qN_A x_{dm}}{C_{ox}}\left(\frac{\pi x_{dm}}{2W}\right) \tag{5.7.11}$$

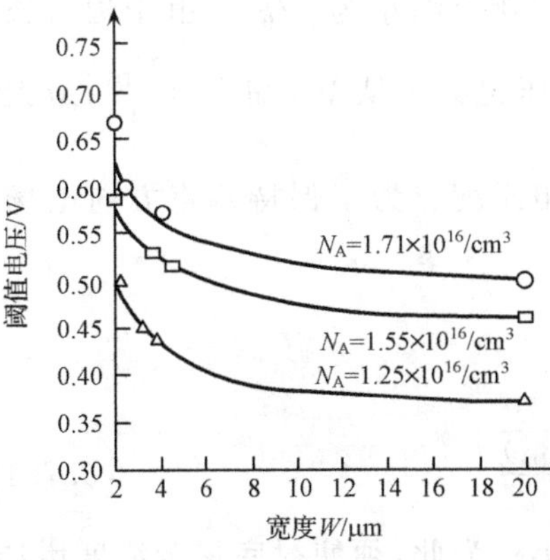

因此，对于 NMOSFET，考虑窄沟道效应的影响，阈值电压 $V_{T(N)}$ 将增大，即沿正方向变化。W 越小，ΔV_T 越大，两侧扩展耗尽层范围内空间电荷对 V_T 的影响越大。不同杂质浓度 N_A 下，阈值电压随沟道宽度的变化关系如图 5.7.4 所示。因为衬底杂质浓度越低，沟道耗尽层越宽，故窄沟道效应越显著。

图 5.7.4 不同 N_A 下 $V_{T(N)}$-W 关系

由于沟道宽度两侧边缘氧化区要厚一些或者

由于离子注入造成的非均匀掺杂导致横向扩展空间电荷区并不规则,其宽度与垂直宽度 x_{dm} 不等,故很难用统一模型来计算 ΔQ_B。一般情况下,引用拟合系数 ξ 来表示边缘扩展耗尽层宽度与原耗尽层垂直宽度的关系,则有

$$\Delta V_T = \frac{qN_A x_{dm}}{C_{ox}}\left(\frac{\xi x_{dm}}{W}\right) \tag{5.7.12}$$

当宽度 W 减小时,ξ 越大,沟道变窄效应就越明显。

综上所述,当沟道长度和沟道宽度变小以后,沟道耗尽层的实际形状是一楔形,而非规则的矩形。分别考虑了沟道长度变短及沟道宽度变窄效应的影响后,其阈值电压相对于理想模型下的阈值电压都会发生变化。图 5.7.5(a)和(b)形象地描绘了 NMOSFET 阈值电压 V_T 随沟道长度 L 及沟道宽度 W 的变化趋势。短沟 MOS 器件随 L 变小,阈值电压减小;窄沟 MOS 器件随 W 变小,阈值电压增大。对于同时表现出短沟效应和窄沟效应的器件,两种模型必须相结合,采用三维空间电荷区近似,进行综合分析。

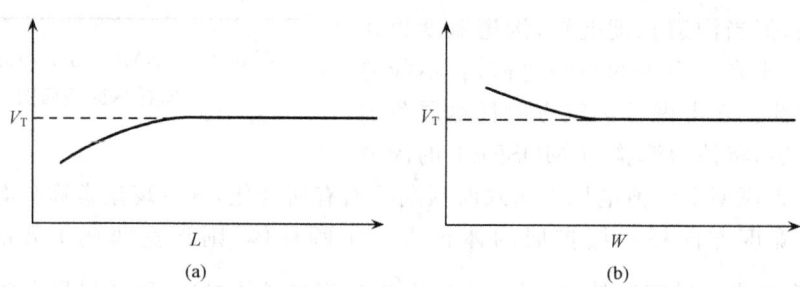

图 5.7.5　阈值电压关于沟道长度 L(a)和沟道宽度 W 的变化趋势(b)

5.7.4　按比例缩小规则

短沟道效应并不是我们所希望的。为了在不断减小沟道长度、提高集成度的同时,又能避免短沟道效应的不利影响,可按同一比例缩小 MOSFET 的所有尺寸和偏置电压,从而得到相同的沟道电场,以保持小尺寸器件仍具有长沟道器件特性,这一方法称为恒定电场等比缩小规则。

恒定电场缩小规则是:将器件的结构尺寸包括沟道长度 L、沟道宽度 W、栅氧化层厚度 t_{ox} 及结深 x_j 按同一比例缩小 k 倍,这样器件的面积就会缩小为 $1/k^2$。由于沟道长度由 L 缩放至 $\frac{L}{k}$,为了保持水平方向的电场不变,漏电压也必须从 V_{DS} 缩小至 $\frac{V_{DS}}{k}$,最大栅电压也将从 V_{GS} 缩小至 $\frac{V_{GS}}{k}$,以保持栅电压与漏电压相匹配。为了保持垂直方向电场不变,氧化层厚度也需从 t_{ox} 缩小至 $\frac{t_{ox}}{k}$。

对于单边突变 PN 结,耗尽层最大宽度为

$$x_{dm} = \sqrt{\frac{2\varepsilon_0 \varepsilon_s (V_D + V_{DS})}{qN_A}} \tag{5.7.13}$$

由于沟道长度变短,耗尽层宽度也必然相应的减小。为此,须使衬底掺杂浓度增加 k 倍。又因 V_{DS} 减少为原来的 $1/k$ 倍,所以耗尽层宽度将减小为大约原来的 $1/k$ 倍。

当 MOSFET 处于饱和偏压区时，单位沟道宽度的漏源电流可写作

$$\frac{I_{\text{DSat}}}{W} = \frac{\mu_n \varepsilon_0 \varepsilon_{\text{ox}}}{2 t_{\text{ox}} L}(V_G - V_T)^2 \tag{5.7.14}$$

代入相关 k 值，可得

$$\frac{I_{\text{DSat}}}{W} = = \frac{\mu_n \varepsilon_0 \varepsilon_{\text{ox}}}{2\left(\dfrac{t_{\text{ox}}}{k}\right)\left(\dfrac{L}{k}\right)} \left(\frac{V_{\text{GS}}}{k} - V_T\right)^2 \tag{5.7.15}$$

式(5.7.15)说明单位沟道宽度的漂移电流也应近似为常数。因此如果沟道宽度缩小为原来的 $1/k$ 倍，漏电流也将减少为原来的 $1/k$ 倍。这样，虽然器件的面积变为原来的 $1/k^2$ 倍，但片子的功率密度仍然不变，近似为 1。

表 5.7.1 总结了 MOSFET 按比例缩小规则器件各项参数的缩小比例及电路参数的变化比例。注意互连线的宽度和长度也假设缩小相同的倍数。

表 5.7.1　MOSFET 按比例缩小规则

器件参数	缩小比例(k)	电路参数	缩小比例(k)
沟道长度 $L/\mu m$	$1/k$	电压 V	$1/k$
沟道宽度 $W/\mu m$	$1/k$	电场强度 E	1
栅氧化层厚度 $t_{\text{ox}}/\mu m$	$1/k$	漂移电流 I	$1/k$
结深 $x_j/\mu m$	$1/k$	布线电容 $C_{\text{ml}} = \dfrac{\varepsilon_0 \varepsilon_s}{d_{\text{ox}}}A$	$1/k$
掺杂浓度 $N_A, N_D/(1/\text{cm}^3)$	k	布线电阻 $R_{\text{ml}} = \dfrac{\rho_m l_m}{s_m d_m}$	k
耗尽层宽度 $x_d/\mu m$	$1/k$	功率密度	1
器件面积 A/cm^2	$1/k^2$	单位面积功耗 $P = VI$	$1/k^2$
单位面积栅电容 $C_{\text{ox}} = \dfrac{\varepsilon_0 \varepsilon_s}{t_{\text{ox}}}$	k	延迟时间 $\dfrac{CV}{I}$	$1/k$
栅电容 $C_G = \dfrac{\varepsilon_0 \varepsilon_s A}{t_{\text{ox}}}$	$1/k$	开关能量 $Pt = CV^2$	$1/k^3$
器件密度	k^2	载流子速度 v	1

表 5.7.1 中，d_{ox} 为场氧化层厚度，l_m、s_m、d_m 分别为金属引线电极条的长度、宽度和厚度，ρ_m 是电极金属的电阻率。

由于沟道长度的缩小有效地减小了本征延迟时间，同时，器件面积的大大缩小又使负载延迟同时被减小，这对提高开关速度有利。但是器件的密度即单位面积的晶体管数增大，这对降低功率密度不利，故引进功率-延迟积即功率与延迟时间的乘积来评价这一性能。功率-延迟积又称开关能量，以 E_{SW} 表示。根据定义，E_{SW} 近似为

$$E_{\text{SW}} = I_{\text{DS}} V_{\text{DS}} t_{\text{ch}} = Q_{\text{GT}} V_{\text{DS}} \tag{5.7.16}$$

在饱和区，代入 Q_{GT} 表达式，可得

$$E_{SW} = \frac{2}{3}C_{ox}WL(V_{GS}-V_T)^2 \tag{5.7.17}$$

根据上表所列数据，虽然单位面积栅电容增加 k 倍，但 W、L、V_{GS} 均缩小 $1/k$，故 E_{SW} 减小为 $1/k^3$。

正是按照这一原则来设计集成电路，才使得 LSI 及 VLSI 电路得以实现，并取得了长足的发展，器件的尺寸越来越小，集成度越来越高，功能越来越强。

但需要指出的是，恒定电场按比例缩小规则中，器件的电压参数减小为原来的 $1/k$ 倍，这样看来似乎阈值电压也应缩小相同的比例。对于均匀掺杂的衬底，阈值电压可写作

$$V_T = V_{FB} + 2\varphi_{FP} + \frac{\sqrt{2\varepsilon_0\varepsilon_s qN_A(2\varphi_{FP})}}{C_{ox}} \tag{5.7.18}$$

前两项是关于材料参数的函数，材料参数不按比例缩放，故 V_T 仅与掺杂浓度有关，最后一项与 $\frac{1}{\sqrt{k}}$ 近似成比例，因而阈值电压的缩小与 k 没有直接关系。在前面关于阈值电压的短、窄沟效应讨论中已证明这一点。

此外，按比例缩小规则并非没有问题，在恒定电场按比例缩小规则中，施加的电压参数均和器件尺寸一样缩小 k 倍。但是，在现代工艺技术中，电压参数并不是以相同的比例缩小，例如，要改变在各种电路中业已使用的标准电源电压就存在困难，因此，其他一些参数诸如阈值电压、亚阈电流等就不能按比例缩小。结果，MOS 器件中的电场趋向于随着器件尺寸的缩小而增加。

电场强度的增加降低了器件的可靠性，同时也增加了器件功率密度。随着器件功耗的增加，器件温度升高，从而影响器件的可靠性。氧化层厚度减小时，电场强度增加，栅氧化层越容易被击穿，越难保持氧化层的完整性。此外，载流子直接隧穿氧化层现象易于发生，电场的增加也加大了热载流子效应发生的概率，因此，器件尺寸的进一步减小仍然存在一些尚待解决的问题。

思 考 题 5

5.1 MOSFET 和 BJT 相比，具有哪些特点？

5.2 试论 MOSFET 的工作原理和 BJT 有何不同？

5.3 何为 EMOSFET 和 DMOSFET？怎样实现 NMOSFET 的增强型工作方式？

5.4 什么是阈值电压？影响阈值电压的因素有哪些？

5.5 什么是强反型？什么是缓变沟道近似？

5.6 试述 MOSFET 伏安特性的分段模型？影响直流特性的因素有哪些？

5.7 导致漏源击穿的机制有哪几种？各有何特点？

5.8 什么是 MOSFET 的跨导？怎样提高跨导？

5.9 什么是 MOSFET 的漏导？漏导不饱和的原因是什么？

5.10 画出 MOSFET 交流小信号等效电路，并说明其中每一元件的名称和含义。

5.11 MOSFET 的截止频率参数有哪几个？怎样提高截止频率？

5.12 常用的 MOS 开关有哪几种组合？开关时间是怎样形成的？

5.13 什么是短沟道效应？按比例缩小规则的含义是什么？

5.14 什么是 MOSFET 的沟道电阻？它对 MOSFET 的哪些特性带来影响？

5.15 综述 MOSFET W/L 的大小对其性能参数有何影响？

习 题 5

5.1 试制一硅 NMOSFET，衬底掺杂浓度为 $5\times10^{15}/cm^3$，表面态密度为 $10^{12}/cm^2$，设金属铝和 P-Si 的功函数差为 0.8V，试确定该 NMOSFET 是耗尽型还是增强型器件？若要制得相反类型的 NMOSFET，应对上述工艺条件进行怎样调整？

5.2 设 PMOSFET 其 N 衬底杂质浓度 $N_D=10^{15}/cm^3$，栅氧化层厚度 $t_{ox}=80nm$，已知金属 Al 及 Si 的功函数分别为 3.16V、3.36V，试求：(1) $V_{BS}=0$，$N_{ox}=10^{11}/cm^2$ 时的阈值电压 V_{TP}；(2) $V_{TP}=-2V$ 时的 Q_{ox}；(3) $V_{BS}=-3V$ 时的耗尽层宽度及阈值电压变化量 ΔV_{TP}。

5.3 在一掺杂为 $10^{15}/cm^3$ 的 (100)N-Si 片上制作 Al 栅 MOSFET。氧化层厚度为 120nm，在 SiO_2-Si 界面上的表面电荷为 $3\times10^{11}/cm^2$。试计算其阈值电压。若是 P-Si 片呢？将计算结果进行分析。

5.4 5.3 题中的 MOS 晶体管具有下列参数：$L=10\mu m$，$W=300\mu m$，$\mu_p=230cm^2/(V\cdot s)$。试计算 $V_{GS}=-4V$ 和 $V_{GS}=-8V$ 时的 I_{DSat}。

5.5 E 型 NMOSFET，已知其 $t_{ox}=100nm$，$W=100\mu m$，$L=2\mu m$，$V_T=0.8V$，试求其在 $V_{DS}=2.5V$，$V_{GS}=3V$ 时的漏源电流（设 $\mu_n=600cm^2/(V\cdot s)$，且 $\varepsilon_0=8.85\times10^{-14}F/cm$，$\varepsilon_{ox}=3.9$）。

5.6 E 型 NMOSFET，在 $V_{GS}=5.5V$ 时测得其饱和漏源电流 $I_{DSat}=3mA$，跨导 $g_{ms}=1.5ms$，若其栅氧化层厚度 $t_{ox}=120nm$，试求其 V_T 及 W/L。

5.7 3DO1 型 MOSFET，$t_{ox}=150nm$，$\dfrac{W}{L}=45$，$L=12\mu m$，已知饱和时漏源电压 $V_{DSat}=10V$，试求其跨导及最高工作频率 $[\mu_n=500cm^2/(V\cdot s)]$。

5.8 已知某 N 沟 MOSFET 具有下列参数：$N_A=1\times10^{15}/cm^3$，$t_{ox}=150nm$，$\mu_n=500cm^2/(V\cdot s)$，$L=4\mu m$，$W=100\mu m$，$V_T=0.5V$。(1) 计算 $V_{GS}=4V$ 时的跨导 g_{ms}；(2) 计算该器件截止频率 f_T 和跨导截止频率 f_{gm}。

第 6 章 集成电路概论

6.1 什么是集成电路

集成电路(integrated circuit,IC)是一种微型电子器件或部件。采用一定的工艺,把一个电路中所需的晶体管、二极管、电阻、电容和电感等元件及布线互联在一起,制作在一小块或几小块半导体晶片或介质基片上,然后封装在一个管壳内,成为具有所需电路功能的微型结构。其中所有元件在结构上已组成一个整体,这样,整个电路的体积大大缩小,且引出线和焊接点的数目也大为减少,从而使电子元件向着微小型化、低功耗和高可靠性方面迈进了一大步。

集成电路具有体积小、重量轻、引出线和焊接点少、寿命长、可靠性高、性能好等优点,同时成本低,便于大规模生产。它不仅在工、民用电子设备如收录机、电视机、计算机等方面得到广泛的应用,同时在军事、通信、遥控等方面也得到广泛的应用。用集成电路来装配电子设备,其装配密度比晶体管可提高几十倍至几千倍,设备的稳定工作时间也可大大提高。

集成电路的发明和应用是人类 20 世纪最重要的科技进步之一,它开辟了电子元器件及电子设备微小化的新纪元。集成电路对国民经济建设、国防建设以及社会发展具有至关重要的战略地位和不可替代的核心关键作用。没有集成电路,就没有今天的信息社会,集成电路是信息社会的基础。它是现代科学技术的重要组成部分,是改造和提升传统产业的核心技术。

6.2 集成电路的发展历史

从 1947 年发明半导体晶体管,1958 年第一块半导体集成电路诞生以来,集成电路的发展共经历了几个阶段:1958 年小/中规模集成(SSI/ MSI),集成度为 $10^2 \sim 10^3$;1966 年大规模集成(LSI),集成度为 $10^3 \sim 10^5$;1978 年超大规模集成(VLSI),集成度为 $10^5 \sim 10^7$;1986 年甚大规模集成(ULSI),集成度为 $10^7 \sim 10^9$,以及现今的片上系统 SoC(system on chip)、片上网络 NoC(network on chip)及片上实验室 LoC(lab-on-a-chip)。伴随着芯片设计技术的发展,芯片的功能增强,设计技术也日益完善。IC 芯片的发展基本上遵循了 Intel 公司创始人之一的 Gordon E. Moore 1965 年预言的摩尔定律,该定律说:芯片上可容纳的晶体管数目每 18 个月便可增加一倍,即芯片集成度每 18 个月翻一番,这被视为引导半导体技术前进的经验法则。

从芯片制造的角度来说,SSI/MSI 时代的生产主流技术是双极技术(TTL)。SSI/MSI 时代,不但主流技术 TTL 迅速发展、广泛应用,而且新技术、新工艺层出不穷。1960 年在美国诞生了 MOSFET,1964 年 MOS IC 开始兴起,1966 年离子注入及硅自对准技术应用到了 MOS IC 生产中,1968 年又应用了 Si_3N_4 钝化及局部氧化工艺,MOS IC 的基础工艺逐渐建立起来是 SSI/MSI 时代的特点之一。

LSI 时代的主流是 MOS,在这个时期提出了诸如 DRAM、MPU、按比例缩小理论、RISC、摩尔定律等理论,这些均为此后的 IC 发展奠定了基础;HMOS、VMOS、CMOS 相继诞生,促进 IC 迅速发展。从 1972~1976 年,NMOS 工艺从单层多晶硅发展到双层多晶硅,并结合局部氧化等平面隔离及 E/D 来提高性能,从而形成了标准的 N 沟道硅栅工艺(典型代表产品有 6800、8080、Z80 及 2115 等),此工艺为 $6\mu m$ 工艺。Intel 公司于 1976 年末到 1977 年初开始由标准 N 沟道硅栅工艺转变到 HMOS 工艺(即按比例缩小的均匀短沟道 NMOS 工艺),从而使 LSI 集成度及其性能方面有了重大突破。其代表产品即为集成度超过 10 万管的 64KB DRAM 和 16KB SRAM 以及 16 位 MPU,从此揭开了 VLSI 序幕。

VLSI 时代的 IC 工艺从 $3\mu m$ NMOS 发展到了 $0.18\mu m$ NMOS 和 $1\mu m$ CMOS。20 世纪 80 年代中期之后,IC 的主流工艺已从 NMOS 转向 CMOS,IC 工艺开始进入 150nm 及亚微米阶段。80 年代以后,随着 IC 工艺的迅速发展,DRAM 进入 M(兆)位时代,MPU 进入 32 位时代,微型计算机开始进入家庭等明显地加快了信息化进程。

ULSI 时代的 IC 工艺从 $0.18\mu m$ 发展到 $0.15\mu m$,从亚微米进入到深亚微米,从 CMOS 转向 BiCMOS,使用硅圆片的直径达到 200mm。300mm 的硅单晶及 300mm 生产设备进入开发阶段,IC 技术达到了空前境地。ULSI 时代是 DRAM 的 M 位时代,又是微型计算机进入家庭的时代。

在硬件制造技术日益先进的今天,软件设计也越来越摆在重要的位置上,芯片设计的开发周期要求越来越短,但开发的复杂度也越来越大,于是 SOC 技术应运而生,并逐渐成为 IC 设计技术的主流。SOC 的关键在于 IP(intellectual property) 复用的思想,因为 IP 复用可以有效提高设计能力,节省设计人员,给 SOC 带来了很大的灵活;缩短产品上市的周期;能够充分利用现有的资源,降低产品的成本。SOC 即是在一个硅片上实现的一个具有复杂功能的系统,系统级芯片并不是简单地将功能复杂的若干逻辑电路放在一个芯片上,一个完整的单芯片系统,在芯片上还包括了其他类型的电子功能部件,如模拟部件、信号采集/转换电路、存储部件等。由于系统级芯片在速度、功耗和成本方面和多芯片系统相比占较大的优势,加上现在对专用领域电路系统的需求越来越多,性能要求越来越高,所以,系统级芯片在未来的集成电路设计技术中将占重要的地位。

现代集成电路集成工艺的日益提高,使得芯片的功能也越来越强大,但是制造和设计的复杂度也在加大,现代微电子学的发展给芯片带来了更高的集成度,基于 IP 的 SOC 设计技术也基本解决了当前的设计难题,但这些新的技术还需要不断的改进和完善。不过,可以肯定,新的集成电路技术将带来相关技术的新发展。

6.3 集成电路相关产业及发展概况

20 世纪最伟大成就之一是集成电路的诞生,集成电路"日新月异"的发展,则一次又一次地谱写了世界经济发展的新篇章。作为信息产业原动力的集成电路产业的重要性日益凸显,飞速发展的电子信息业也为全球集成电路产业提供了广阔的发展空间。现在,世界国民生产总值的65%都与半导体集成电路产业相关。集成电路产业将成为21世纪国民经济发展的支柱产业。

集成电路发展如此之快，除了技术本身对国民经济的巨大贡献之外，还与它极强的渗透性有关。几乎所有的传统产业只要与微电子技术结合，用集成电路芯片进行智能改造，就会使传统产业重新焕发青春。微电子技术不仅在节能、节材等方面能够使传统产业升级换代，而且还可以使传统产品结构和性能发生革命性的变化。此外，进入信息化社会，IC成为武器的一个组成元，军用微电子技术是"打赢一场现代化高技术局部战争"的重要技术支柱。

而对于集成电路本身，在全世界以芯片制造、封装、测试为主题的IC制造业，经过多年的高速发展，现已步入较成熟的时期，"产品"与"加工"分业，没有工厂的、面向所有Foundry线的IC设计公司大量涌现。而纯粹中性开放的Foundry线已经成为当今国际半导体业的潮流。这不仅标志者IC生产加工工艺走向成熟，也使整个IC产业进入一个新的发展阶段。

6.4 集成电路分类

集成电路按其功能、结构的不同，可以分为模拟集成电路和数字集成电路两大类。模拟集成电路用来产生、放大和处理各种模拟信号（指幅度随时间连续变化的信号，如半导体收音机的音频信号、录放机的磁带信号等），而数字集成电路用来产生、放大和处理各种数字信号（指在时间上和幅度上离散取值的信号，如VCD、DVD播放的音频信号和视频信号）。

如按其制作工艺则可分为半导体集成电路和膜集成电路。膜集成电路又分为厚膜集成电路和薄膜集成电路。

集成电路按集成度高低的不同可分为小规模集成电路、中规模集成电路、大规模集成电路、超大规模集成电路和甚大规模集成电路。

若按晶体管的导电类型分类则可分为双极型集成电路（电子、空穴同时参与导电过程）和MOS集成电路（仅有一种载流子参与导电过程——电子或空穴）。其中双极型集成电路的制作工艺复杂，功耗较大，代表集成电路有TTL、ECL、HTL、LST-TL、STTL等类型。近年来随着双极型工艺与MOS集成电路工艺的兼容技术的发展，又出现了Bi-CMOS集成电路，如图6.4.1所示。

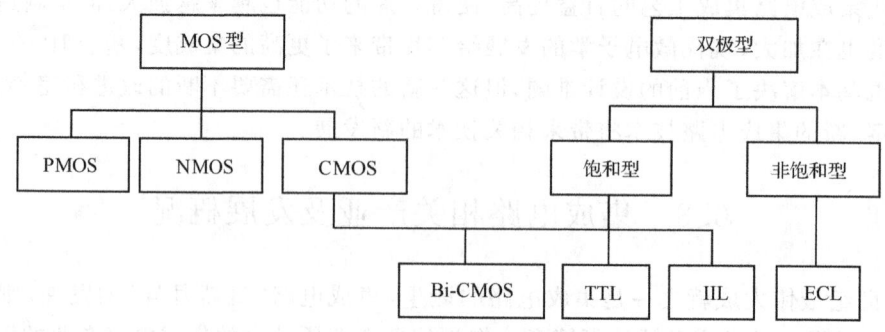

图6.4.1 集成电路分类

双极型集成电路速度快、驱动能力强,但因其功耗较大,集成度相对较低。MOS集成电路的主要优点为输入阻抗高、功耗低,适合于大规模集成。CMOS更有着特殊的优点,如静态功耗低(几乎为零),输出电平为V_{DD}或V_{SS},上升和下降时间几乎相等,因而CMOS集成电路产品已成为集成电路的主流产品之一。

集成电路按用途则可分为电视机用集成电路、音响用集成电路、影碟机用集成电路、录像机用集成电路、电脑(微机)用集成电路、电子琴用集成电路、通信用集成电路、照相机用集成电路、遥控集成电路、语言集成电路、报警器用集成电路及各种专用集成电路。

电视机用集成电路包括行、场扫描集成电路、中放集成电路、伴音集成电路、彩色解码集成电路、AV/TV转换集成电路、开关电源集成电路、遥控集成电路、丽音解码集成电路、画中画处理集成电路、微处理器(CPU)集成电路、存储器集成电路等。

音频用集成电路包括AM/FM高中频电路、立体声解码电路、音频前置放大电路、音频运算放大集成电路、音频功率放大集成电路、环绕声处理集成电路、电平驱动集成电路、电子音量控制集成电路、延时混响集成电路、电子开关集成电路等。

视频用集成电路有系统控制集成电路、视频编码集成电路、MPEG解码集成电路、音频信号处理集成电路、音响效果集成电路、RF信号处理集成电路、数字信号处理集成电路、伺服集成电路、电动机驱动集成电路等。

录像机用集成电路有系统控制集成电路、伺服集成电路、驱动集成电路、音频处理集成电路、视频处理集成电路。

6.5　集成电路工艺概述

集成电路是指通过一系列特定的加工工艺,将多个晶体管、二极管等有源器件,多个电阻、电容等无源器件,以及它们之间的互联集成在一块半导体晶片(如硅、锗、砷化镓)或陶瓷基片上,成为一个不可分割的整体去完成某个特定功能的电路子系统或系统。但依照其结构不同,IC可分为半导体单片集成电路、薄膜电路、厚膜电路以及混合集成电路。其中,以半导体单片集成电路发展最快,应用最广泛。

集成电路工艺主要包括外延生长、掩膜(mask)制造、曝光、氧化、掺杂、光刻、刻蚀、淀积、表面钝化、隔离技术等。在此仅对主要工艺进行介绍。

6.5.1　外延生长

外延生长为在单晶衬底(基片)上生长一层有一定要求的、与衬底晶向相同的单晶层的方法。生长外延层有多种方法,但采用最多的是气相外延工艺,常使用高频感应炉加热,衬底置于包有碳化硅、玻璃态石墨或热分解石墨的高纯石墨加热体上,然后放进石英反应器中,也可采用红外辐照加热。为了克服外延工艺中的某些缺点,外延生长工艺已有很多新的进展:减压外延、低温外延、选择外延、抑制外延和分子束外延等。外延生长可分为多种,按照衬底和外延层的化学成分不同,可分为同质外延和异质外延;按照反应机理可分为利用化学反应的外延生长和利用物理反应的外延生长;按生长过程中的相变方式可分为气相外延、液相外延和固相外延等。

6.5.2 氧化

SiO_2 在集成电路的制造中起着非常重要的作用,它不仅是器件掺杂的掩蔽膜,而且还是器件表面的保护层和钝化膜,因此在现代集成电路工艺中,氧化工艺是不可缺少的基本工艺技术。生长 SiO_2 层的方法不止一种,但在大规模集成电路的制造中主要采用热氧化法形成 SiO_2 层,其原因是以热氧化法生长的 SiO_2 层质量最好。用热氧化法生成 SiO_2 薄膜,其方法是将硅片置于高温炉内,在氧化气氛中硅片表面与氧化物质作用生长成 SiO_2 层。氧化气氛可以是水气、湿氧或干氧。不同的氧化气氛和条件生长得到的 SiO_2 层的质量是不同的。此外还有氢氧合成氧化及高压氧化等制备 SiO_2 膜的方法。

6.5.3 掺杂

掺杂是指将需要的杂质掺入到半导体特定的区域中的技术。掺杂的目的是改变半导体的电学性质,制造 PN 结二极管、NPN 和 PNP 晶体管、电阻器等。在集成电路生产中扩散和离子注入掺杂是常用的两种掺杂技术。

6.5.4 光刻

在集成电路的光刻工艺中,采用照相复印的方法,将光刻版上的图形精确地复制在涂有感光胶的二氧化硅膜或者金属蒸发薄层上,利用光刻胶的抗蚀作用,对二氧化硅或金属层进行选择性的化学腐蚀,从而将光刻版(也叫掩膜版)上的图形完全准确地复制在二氧化硅层或金属层上。

在集成电路的制造工艺中,加工工艺次数最多的是光刻,如在 MOS 晶体管的制造过程中,在二氧化硅薄膜上开窗口、制造多晶硅极、引出铝电极连线等都必须利用光刻工艺。图 6.5.1 所示为在二氧化硅薄膜上开窗口的光刻工艺步骤。

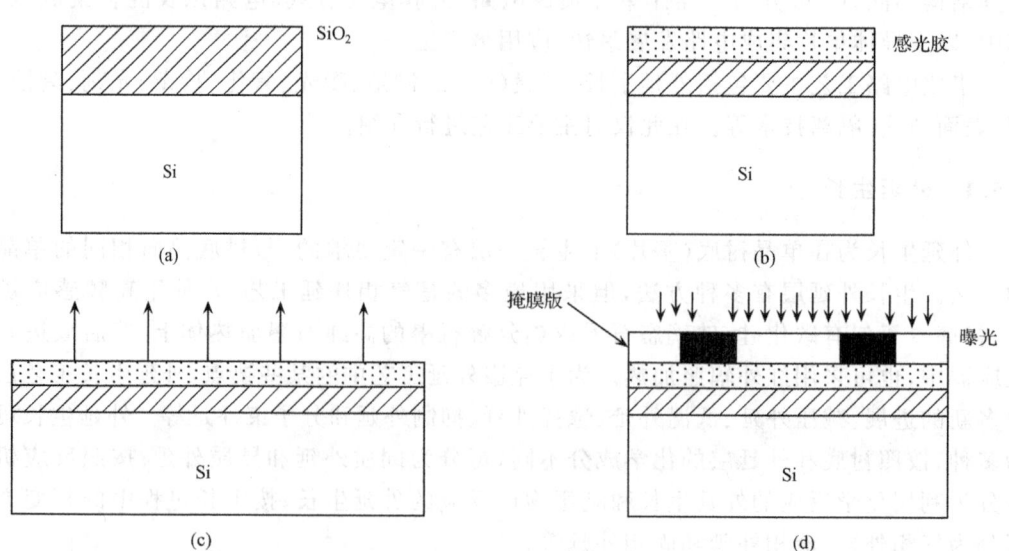

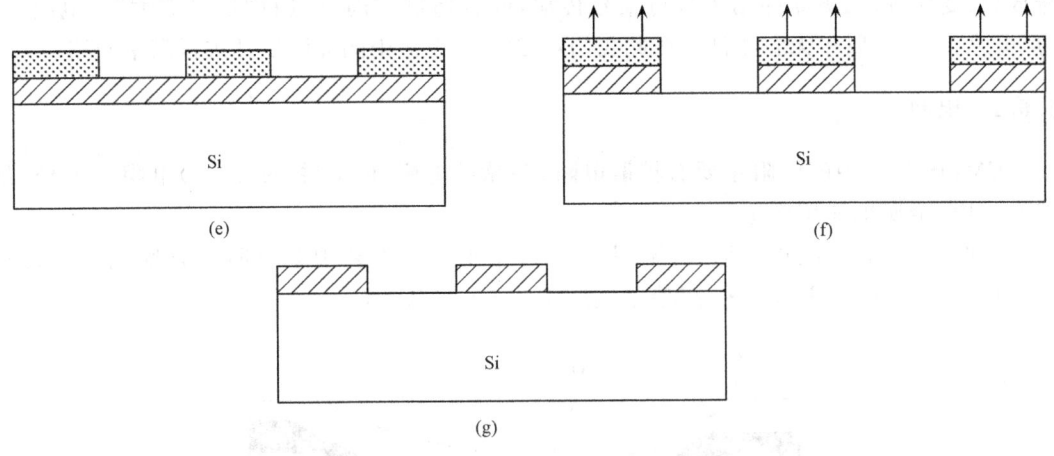

图 6.5.1 光刻工艺流程
(a) 清洗后的硅片；(b) 涂感光胶；(c) 前烘；(d) 曝光；(e) 显影；(f) 坚膜及腐蚀；(g) 去胶

6.5.5 刻蚀

将光刻得到的抗蚀膜图形完全转换到晶片表面上的方法之一就是将未被抗蚀膜掩蔽的部分有选择性地腐蚀掉。在集成电路制造工艺中常用的腐蚀方法有湿法刻蚀和干法刻蚀两类。湿法刻蚀就是将晶片置于液态的化学刻蚀液中进行腐蚀。根据被刻蚀膜层材料的不同，配制不同的刻蚀液进行腐蚀。由于湿法刻蚀存在侧向钻蚀现象，使其图形控制性差，因此在精细图形光刻时，常采用干法刻蚀。干法刻蚀是使腐蚀剂处于"活性气态"情况下，与被腐蚀的晶片表面接触而实现腐蚀。干法刻蚀分为等离子体腐蚀、物理腐蚀和反应离子腐蚀三类。

6.5.6 淀积

淀积工艺是指在晶片上淀积一层薄膜的过程。其主要用于制造导电的电极、元器件之间的互联线以及绝缘膜、钝化膜等。淀积不同性质的膜，其工艺方法也不同，多晶硅膜和氮化硅膜主要采用低压气相化学淀积工艺，金属膜常用真空蒸发法和溅射法。

6.5.7 钝化

为了防止外界因素和气氛对半导体器件的电性能产生影响，除将器件芯片密封在一个特制的外壳外，还要在器件的最外层覆盖一层保护膜或叫钝化膜，这种对半导体器件表面进行适当处理，使其电性能不受内外因素影响的方法，称为钝化。形成表面钝化膜和为克服表面缺陷所采用的工艺统称为表面钝化技术。

6.6 CMOS工艺中的无源器件及版图

从电路的观点看，集成电路可以认为是由有源和无源两类元件组成的。简单地讲需要能(电)源的器件叫有源器件，不需要能(电)源的器件就是无源器件。有源器件一般用来信号放大、变换等,无源器件用来进行信号传输,或者通过方向性进行"信号放大"。电阻、电容、电感、开关等属于无源器件。在此我们对 CMOS 工艺中的无源器件进行简单介绍。

6.6.1 电阻

CMOS 工艺中的电阻主要有扩散电阻、多晶硅电阻和 N 阱(或 P 阱)电阻。另外,虽然不常用,金属也能用作电阻。

扩散电阻用源/漏扩散形成,见图 6.6.1,在非硅化工艺中此电阻的方块电阻通常在 $50 \sim 150\Omega/\square$,对于硅化工艺,阻值范围通常为 $5 \sim 15\Omega/\square$。

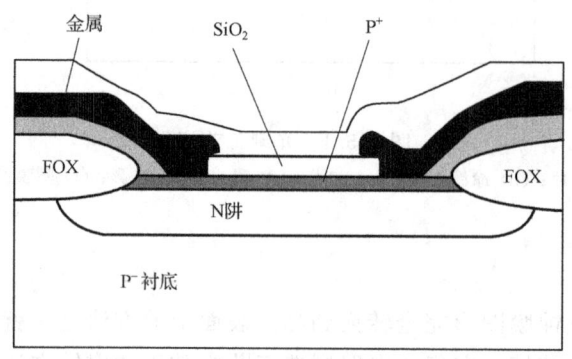

图 6.6.1 扩散电阻

多晶硅电阻如图 6.6.2 所示。这种电阻被厚氧化物所包围,方块电阻为 $30 \sim 200\Omega/\square$,其值取决于掺杂浓度。多晶硅化物工艺中,多晶硅的有效电阻约为 $10\Omega/\square$。

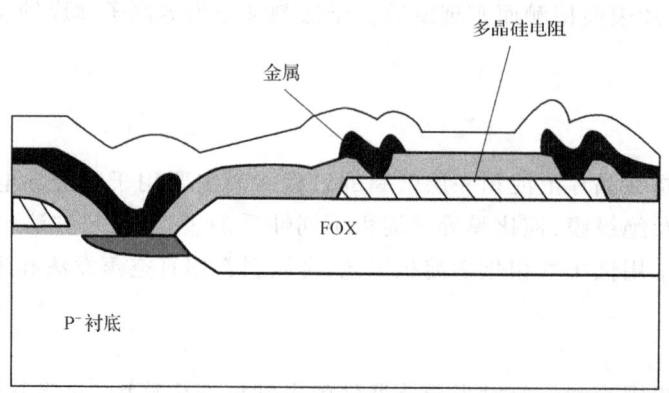

图 6.6.2 多晶硅电阻

图 6.6.3 所示的 N 阱电阻是在 N 阱两端用 N^+ 源/漏极扩散做接触区而构成的。这种电阻的方块电阻为 $(1 \sim 10)k\Omega/\square$,且电压系数很大。在精度要求不高的情况下,如上拉电阻或保护电阻,这种结构很有用。

图 6.6.4 所示为扩散或多晶硅电阻的版图,图 6.6.5 为阱区电阻的版图。

图 6.6.4 和图 6.6.5 所示电阻的阻值由 L/W 和各自的方块电阻决定。事实上,电流流过电阻是既不均匀又不具有单向性的,因此,人们很想知道 L 和 W 的实际值。通常按图中所示测 L 和 W,并把电阻分成两部分:电阻的主体部分(顺着长度 L 的部分)和接触

孔部分。人们可以选择不同的方法,只要能够利用测量技术来描述器件特性。

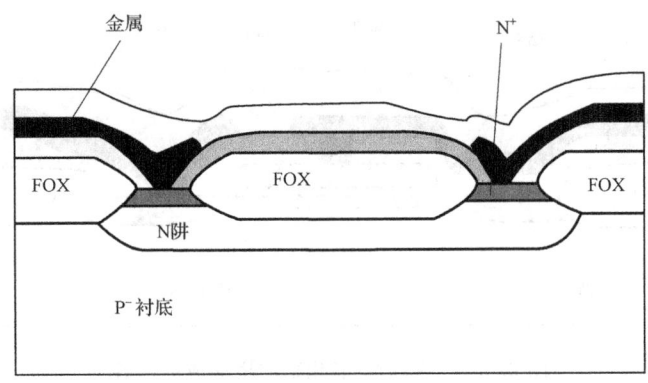

图 6.6.3 N 阱电阻

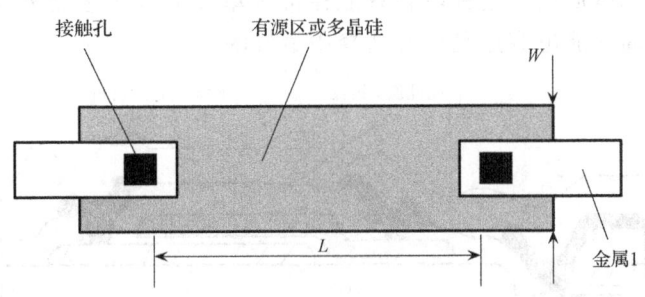

图 6.6.4 扩散或多晶硅电阻版图

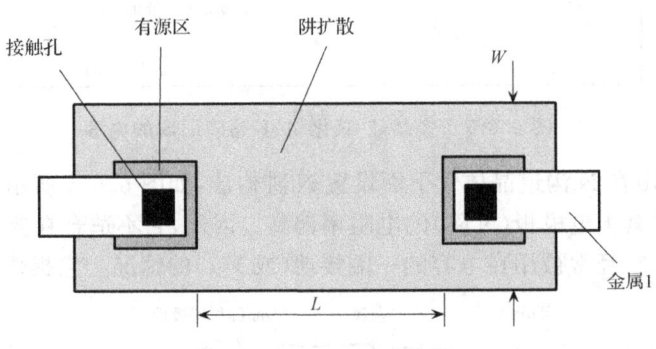

图 6.6.5 阱区电阻版图

6.6.2 电容

CMOS 工艺中的电容也主要有三种。一种称作 MOS 电容,由一层有效互联层(金属或多晶硅)、中间介质(二氧化硅)层和其下的硅晶体形成。图 6.6.6 给出了这种电容的一个例子,使用了多晶硅作为顶层导电极板。为了获得低电压系数的电容,底层极板一定要重掺杂扩散(类似于源和漏)。这样的重掺杂扩散通常不能在多晶硅下获得,因为源/漏注入工艺总是在多晶硅生成之后。为了解决这个问题,一定要先于多晶硅的沉积增加一次注入工序。掩膜定义的注入区成为电容的底层极板,用这一技术构成的电容与栅氧化层的厚度成反比。

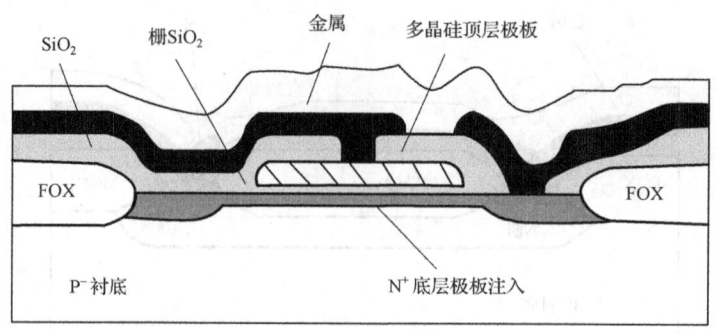

图 6.6.6　多晶硅-氧化物沟道形成的电容

第二种类型的电容是在栅多晶硅上再形成多晶硅层（由介质隔离），如图 6.6.7 所示，其介质是一层薄的 SiO_2 层。这种电容只能在常规单多晶硅工艺之外增加几道工序来实现。事实上，作为高性能电容这是所有选择中最好的方法。

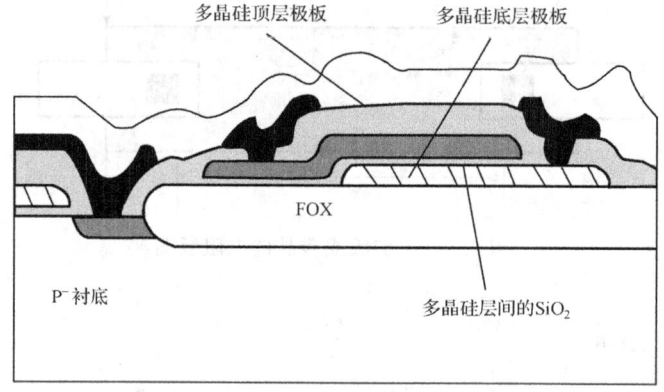

图 6.6.7　多晶硅-氧化物-多晶硅形成的电容

第三种电容由在 N 沟道晶体管下面设置 N 阱构成，如图 6.6.8 所示。这种结构与第一种电容类似，只是其下电极板（N 阱）的电阻率偏高。因此，它不适合在要求低电压系数的电路中使用。但是，它经常被用在电容的一端接地（或 V_{SS}）的情况。它提供很高的单位面积电

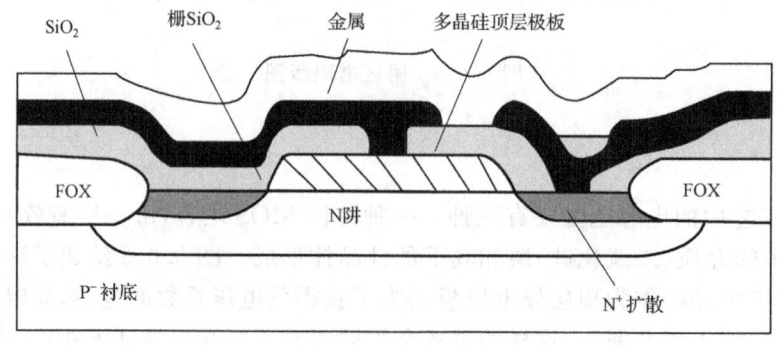

图 6.6.8　存储 CMOS 电容

容,匹配性好,因其不要求特殊的步骤和掩膜,在所有的 CMOS 工艺中均可实现。

图 6.6.9 为双多晶硅电容版图。从图中我们可以看出,第二层多晶硅边界完全落在第一多晶硅层(栅极)边界内且顶板接触孔位于第二多晶硅层中心。这种技术可使顶板寄生电容值最小,如果顶层多晶硅从多晶硅栅边缘引线与外部金属接触,则寄生电容变大。

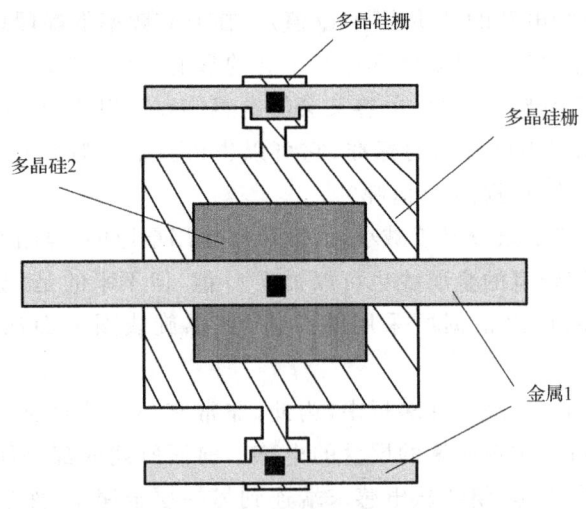

图 6.6.9 双多晶硅电容版图

6.6.3 电感

电感就是导线内通过交流电流时,在导线的内部及其周围产生交变磁通,导线的磁通量与产生此磁通的电流之比。因此,电感可作为稳定电流的组件,还可作为相位匹配的组件,还可作为低通的组件。当然,电感的用途更有多样的变化,如储能、放能、谐振、旁路等。

电感是一种十分有用的电路元器件,但是为了要得到所需要的电感量,导线可能会相当长,因此可以通过制作螺旋电感的方法来节省空间。简单地说,螺旋电感就是将导线绕成螺旋形状,如图 6.6.10 所示。但螺旋电感仍然会耗费很大的版图面积。

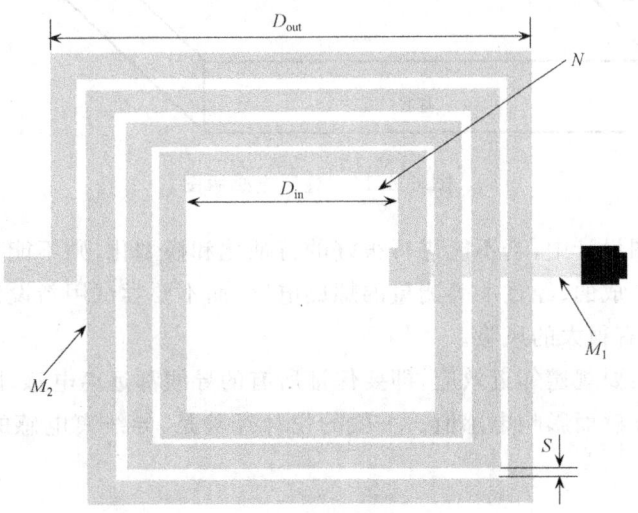

图 6.6.10 螺旋电感版图

将导线绕成螺旋形状还可以带来另外一种好处,这就是在螺旋线中,每一圈形成的磁场会与其他圈产生的磁场相互作用,使总的电感比相同长度直导线产生的电感量大,这种相互作用即互感。

螺旋电感金属层性质对器件性能有严重影响。电感的金属层很薄,就会有寄生电阻,金属的电阻特性会影响电感的品质因子（Q 值）。在所有频率下都理想的电感是不可能制成的,寄生电阻与寄生电容会对电感性能有不利的影响。在低频时,串联电阻会使电感偏离理想的频率响应;在高频时,寄生电容又会使电感偏离理想的频率响应。

电感的 Q 值是衡量电感好坏的标准,它可以告诉我们在频率点上,电感的寄生效应如何。如何减小寄生效应,提高 Q 值呢？

首先螺旋线的串联电阻较易于减小,因而可以使用最厚的、电阻率最低的金属来制作螺旋电感。其次,采用较宽的金属线也可以提高 Q 值,但不幸的是,金属线宽的增加会使寄生电容增加。另外,可以根据所采用的工艺,在螺旋线圈下面加入一些结构以减少电容。

在设计电感版图时,要进行许多折中,为此,非常有必要了解所采用的工艺。如果有足够多的金属层,就可以实现所谓的层叠的电感。前面所述的都是使用一层金属绕制的电感,而叠层电感的实现是:绕线从电感末端连到另一层金属上,然后在原来的电感之上再堆叠一个电感,而绕线的方向与前一个电感的方向相同,如图 6.6.11 所示。

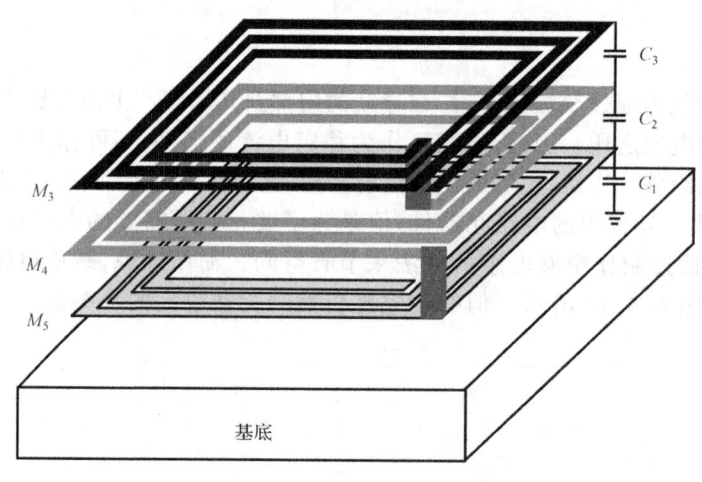

图 6.6.11　叠层电感版图

在实际的版图设计中,若不能进行很好的特征化和模型化,则不能直接使用这种层叠电感。最好使用现成的、经过准确测量的螺旋电感,而不要尝试用新设计的叠层电感去作电路设计,否则将有很大的风险。

电感设计还需要规避邻近效应,即要保证所有的导线都远离电感,因为靠近电感的导线会与电感产生互感而影响电感值。一般的设计经验是,导线离电感的最小距离为 5 倍线宽。

6.7 CMOS 工艺中的有源器件及版图

有源器件是 CMOS 工艺中的主要器件,从物理结构、电路功能和工程参数上,有源器件可以分为分立器件和集成电路两大类。三极管及各种晶体管属于分立有源器件,运算放大器、比较器、锁相环、触发器、寄存器等属于集成电路有源器件。

6.7.1 NMOS

金属-氧化物-半导体场效应晶体管是一种可以广泛使用在模拟电路与数字电路的场效应晶体管。MOSFET 依照其"通道"的极性不同,可分为 N 型与 P 型的 MOSFET,通常又称为 NMOSFET 与 PMOSFET,其他简称还包括 NMOS FET、PMOS FET、NMOS-FET、PMOSFET 等。

单个 MOS 管的版图及其剖面图如图 6.7.1 所示。晶体管的宽、长与漏、源的面积和周边长度一样都是管子的重要物理参数。调整管子导通的主要尺寸参数是 W/L,漏、源面积和周边长度决定着器件的电容值。

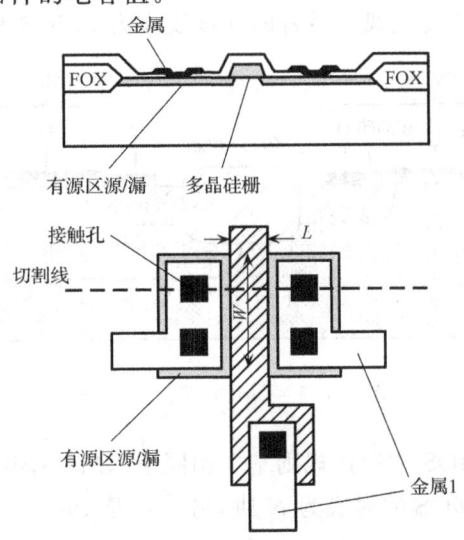

图 6.7.1 MOS 管版图、俯视图和切割线处的剖面图

为了让晶体管匹配,可采用单位匹配原理或同质心方法。采用了这种方法后,晶体管源、漏区的方向是同一方向还是镜像对称成为了一个问题。图 6.7.2(a)中晶体管是镜像对称,而图 6.7.2(b)中晶体管是同一方向,或者是照相平版印刷恒定性。通常源/漏区注入是以一定的角度进行的。由于多晶硅的高度(厚度),它会在一边或另一边遮蔽注入,使栅源间电容不等于栅漏间电容。通过应用照相平版印刷恒定性版图技术,注入角效应得到匹配,因此两个

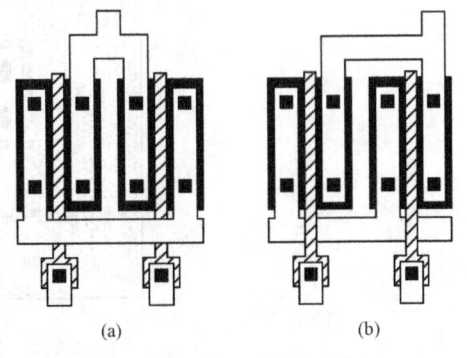

图 6.7.2 MOS 管版图布局
(a)晶体管镜像对称;(b)晶体管同一方向

C_{gs} 和两个 C_{gd} 都得到匹配。

6.7.2 PMOS

P 沟道增强型 MOSFET 制造在 N 型衬底上,并有 P^+ 型源区和漏区,载流子是空穴。该器件工作方式与 N 沟道器件相同,除了 VGS 和 VDS 的极性为负以及开启电压为负以外,电流流入源极,流出漏极。

最初,PMOS 技术是 MOS 制造的主导技术。但是,因为 NMOS 器件可以做得更小、运行更快,并且 NMOS 比 PMOS 需要的电源电压更低,因此 NMOS 技术实际上已经取代了 PMOS 技术。但是,熟悉 PMOS 晶体管还是很重要的,这是因为下面两个原因:①PMOS 器件仍然在分立电路设计中使用;②更重要的是 PMOS 和 NMOS 晶体管在互补 MOS 或 CMOS 电路中使用,这是目前占主导的 MOS 技术。

图 6.7.3 所示为 CMOS 芯片的截面,它说明了如何制造 PMOS 和 NMOS 晶体管。可以看出,NMOS 晶体管直接在 P 型衬底上实现,而 PMOS 晶体管制造在专门制作的称为 N 阱的 N 区内。这两种器件之间通过一层厚的氧化物区域互相隔离。在图中没有画出到 P 型衬底和到 N 阱的连接线。后者的连接线作为 PMOS 晶体管的衬底极。

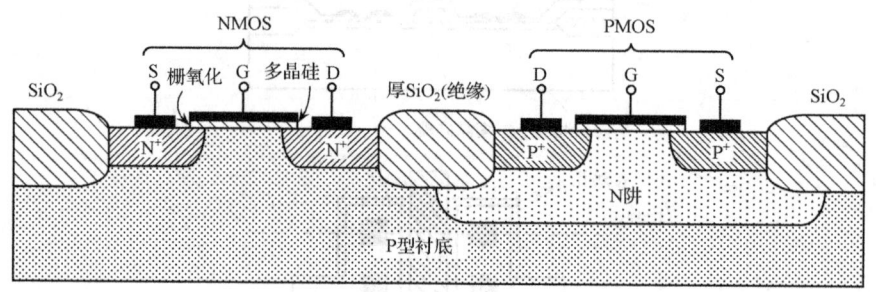

图 6.7.3 CMOS 芯片的截面

在版图的设计上,PMOS 的设计规则基本相同于 NMOS,但 PMOS 相比 NMOS 来说有两个不同点,一个是 PMOS 的衬底为 N 阱,另一个是 PMOS 有源区为 P 型有源区,其版图示意图如图 6.7.4 所示。

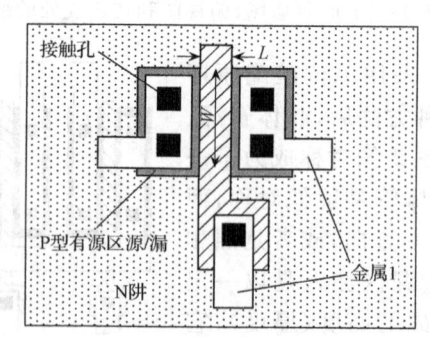

图 6.7.4 PMOS 管版图示意图

6.7.3 NPN

标准双极型工艺上制作的 NPN 晶体管的剖面图如图 6.7.5 所示。标准双极型 NPN 可以从下面几个方面来优化管子的性能,包括发射区重掺杂,精确制作基区掺杂分布,厚的、轻掺杂的 N 外延,重掺杂的 NBL,以及 N^+ 沉阱。

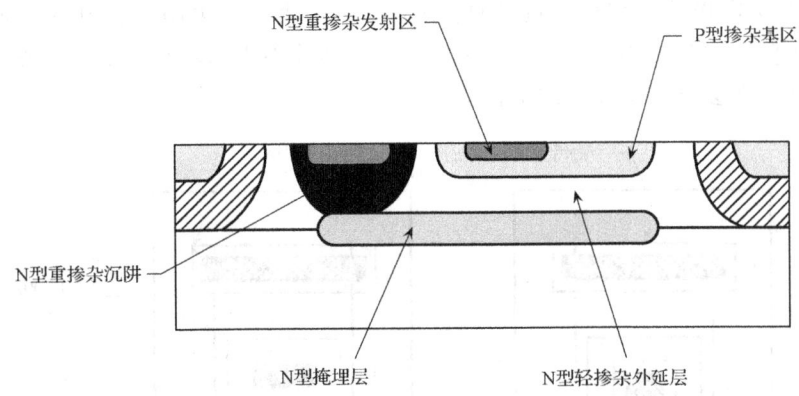

图 6.7.5 标准双极型工艺上制作的 NPN 晶体管剖面图

发射极扩散通过磷重掺杂来最大限度地增加发射极注入效率。磷在硅中的固溶度可以超过 $10^{20}/cm^3$ 个原子,允许充分利用精确制作的基区掺杂分布构造高效的发射极。有时候把砷添加到发射区扩散中来补偿由于重的磷掺杂引起的晶格应力。

标准双极型基极扩散已经可以提供高 β 值、高 Early 电压和适中的 V_{CEO} 的组合。轻掺杂有助于维持 β 值,因为它允许使用更宽的基区,因而也就更具有可控性的中性基区。一个轻掺杂的基极也会提高平面 V_{CBO},进而提高垂直 NPN 的 V_{CEO}。标准双极型基区扩散必须包含足量的掺杂以允许直接的欧姆接触,因为在这个工艺中不存在浅的 P^+ 扩散。表面掺杂浓度太低也可能造成表面倒置和寄生通道的形成,从而降低晶体管的电流 β 值。对这些相互矛盾的要求的折中使得基区方块电阻的范围一般为 $100\sim200\Omega/\square$。

NPN 集电极由三个分立的区域组成:轻掺杂 N 外延、N^+ 掩埋层和 N^+ 沉阱。与集电极-基极结相邻的轻掺杂层通过允许形成延伸到集电极的宽耗尽区来提高 V_{CEO} 和 Early 电压。这个轻掺杂漂移区夹在基极和重掺杂外部集电极之间形成三明治结构。在标准双极型工艺中,漂移区由基极扩散区之下和 NBL 之上留存的轻掺杂 N 型外延层组成,而外部集电极由 NBL 和 N^+ 沉阱组成。该漂移区尽管为轻掺杂,但只要保持完全耗尽,就不会阻止集电极电流的流动。漂移区在大电流和高的集电极-发射极电压下开始耗尽,大电流是因为速度饱和造成的,而高的集电极-发射极电压是由于基极-集电极耗尽区的延伸造成的。在这两个极端情况之间,集电极电压和电流有一个范围,其中漂移区不能完全耗尽,引起中性的集电极有效电阻增加(有时称此现象为准饱和)。保持漂移区尽可能薄,并与工艺的 V_{CEO} 相符合,就可以使准饱和达到最小。

NBL 在晶体管底部产生了一条低阻通道,但是电流还必须向上流到集电极接触区。把接触区与下面的 NBL 隔离开来的轻掺杂外延层是高阻的,所以 N^+ 沉阱的掺杂能够将整个集电极电阻减少一个数量级。例如,含有 NBL 但是没有深 N^+ 的最小尺寸的 NPN 晶体管的集电极电阻大约为 1kΩ,而同样的结构加了 N⁺ 沉阱之后,集电极电阻只有约 100Ω。

小信号 NPN 晶体管采用正方形或矩形发射极。图 6.7.6 给出了两个例子,这些晶体管仅在基极和发射极接触的布置上不同。图 6.7.6(a)中的结构是把发射极放在集电极和基极接触之间,形成集电极-发射极-基极(CEB)版图。而图 6.7.6(b)中的结构是把基极接触放在集电极接触和发射极之间,形成集电极-基极-发射极(CBE)版图。CEB 版图使发射极和集电极接触靠得很近,因此稍微减小了集电极电阻。在其他方面都相同的情况下,CEB 版图要比 CBE 版图好。然而两者差别并不大,设计者可以交替地使用这两种版图,以简化单层金属设计布线的问题。

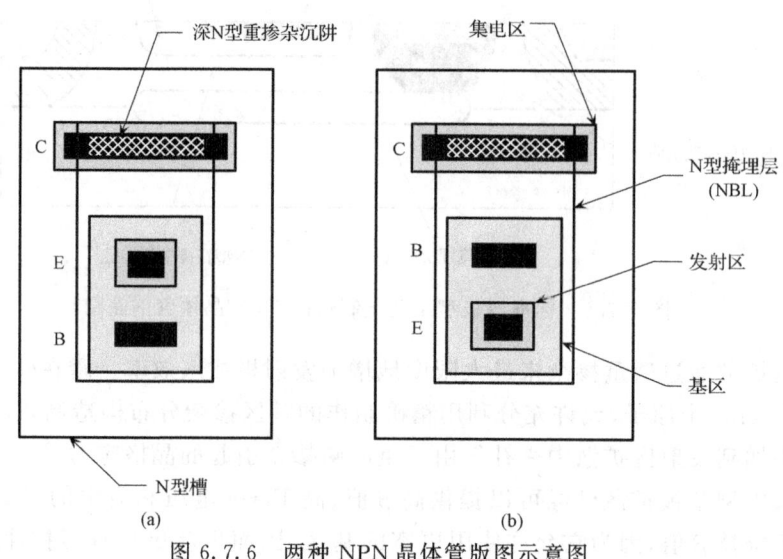

图 6.7.6　两种 NPN 晶体管版图示意图
(a) CEB 版图；(b) CBE 版图

6.7.4　PNP

因为 NPN 和 PNP 晶体管仅仅是在掺杂的极性上有差异,所以理论上可以通过转化标准双极型工艺的掺杂极性来产生 PNP 晶体管。但标准双极型工艺不能制造出全隔离的垂直 PNP 晶体管。尽管有些工艺提供垂直 NPN 和垂直 PNP 晶体管,这些互补的双极型工艺需要多道附加的工序。作为折中,标准双极型工艺提供一种称作衬底 PNP 的垂直 PNP 晶体管类型。这种晶体管没有实现全隔离,因为它采用 P 型衬底作为集电极,其基极由 N 型外延层形成,发射区由基区扩散区形成。衬底 PNP 晶体管的剖面图如图 6.7.7 所示。集电极电流必定通过衬底和隔离区,而所有的隔离区都通过衬底彼此电连接,所以集电极的接触点不必挨着衬底 PNP 管。

虽然采用标准双极型工艺不能够制作一个隔离的垂直 PNP,它却提供由放置在同一个塘内的两个分离的基极扩散区形成的横向 PNP。横向 PNP 晶体管的版图和剖面图如图 6.7.8 所示,其中,一个基极扩散区用作发射极,另一个作为集电极。当发射结正向偏置时,空穴流入塘里,横向渡越到集电极。横向晶体管的开关速度和 β 值一般情况下比垂直器件要低。虽然难以显著地提高开关速度,但是适当的设计可以大幅度提高 β 值。版图设计者还可以通过同时移动发射区和集电区使之靠近或拉远来改变横向 PNP 的基区宽度。窄的基区能够形成高的 β 值和低的 Early 电压，但不管基区宽度是多少，β 值与 Early 电压的乘积基本不变。

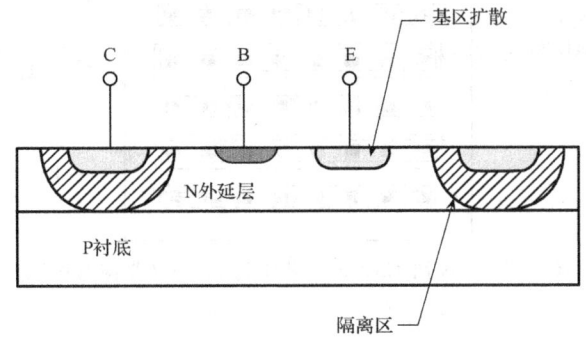

图 6.7.7　衬底 PNP 晶体管剖面图

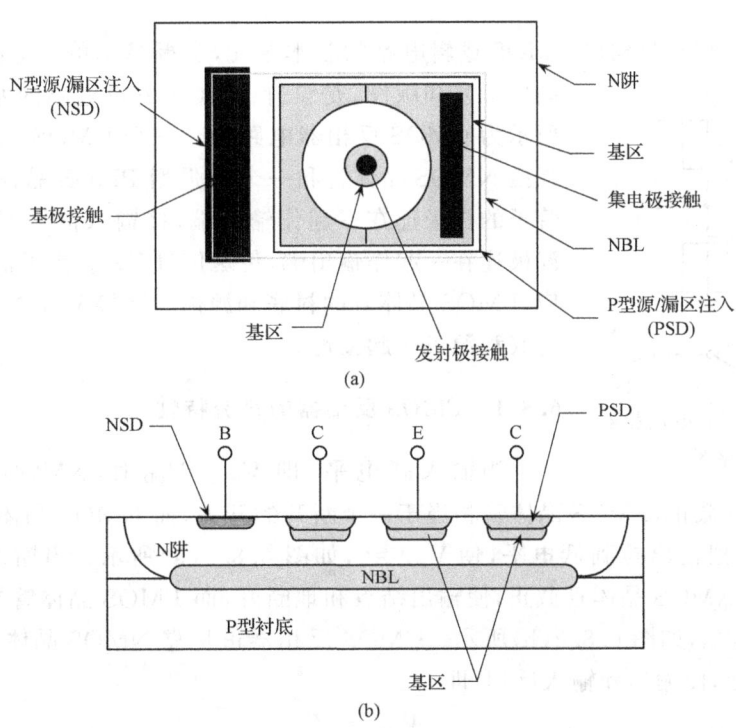

图 6.7.8　横向 PNP 晶体管的版图和剖面图
(a) 版图；(b) 剖面图

直接的 CMOS 工艺很少提供制作双极型晶体管的可选择度，仅能获得的双极型器件是在 N 阱 CMOS 工艺中的衬底 PNP 管。这类晶体管用的扩散区与模拟 BiCMOS 器件的类似，由 PSD 发射区、N 阱基区和 P 衬底集电区组成，版图如图 6.7.9 所示。不幸的是，这种器件比模拟 BiCMOS 工艺中对应的器件的性能差了很多，造成性能差别的主要原因是 N 阱掺杂的不同和浅覆盖边沟的应用。

有些设计者曾直接在 CMOS 工艺中做横向 PNP 晶体管，但是这些晶体管增益低且集电极效率低，有效 β 值不会超过 1，同时 β 值变化的影响变得更加显著，即使很差的匹配也难以满足要求。

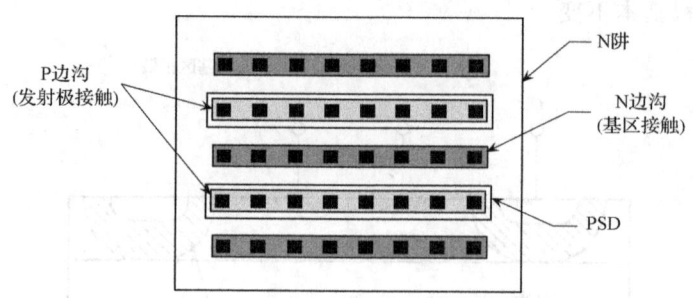

图 6.7.9 N 阱 CMOS 工艺中衬底 PNP 晶体管版图

6.8 CMOS 反相器

CMOS 反相器是构成 CMOS 逻辑电路的基本单元，掌握基本单元电路的工作原理、制作工艺和版图，是设计 CMOS 逻辑电路的基础。图 6.8.1 所示为 CMOS 反相器电路图。一个 CMOS 反相器由一个增强型 NMOS 晶体管和一个增强型 PMOS 晶体管组成。两个管子的栅极连在一起作输入端，接输入信号 V_{in}，两个管子的漏极连在一起作输出端，传送信号 V_{out}。为了消除衬底偏置效应，PMOS 晶体管的衬底和源极一起接 V_{DD}，NMOS 晶体管的衬底和源极一起接地。

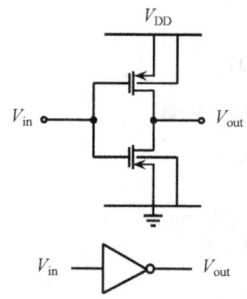

图 6.8.1 CMOS 反相器电路图

6.8.1 CMOS 反相器的直流特性

当输入高电平，即 $V_{in}=V_{DD}$ 时，NMOS 晶体管导通，PMOS 晶体管截止，PMOS 晶体管相当于一个断开的开关，而 NMOS 晶体管相当于一个接通的开关，把输出拉到低电平，使 $V_{out}=0$，如图 6.8.2(a)所示。当输入为低电平，即 $V_{in}=0$ 时，则 NMOS 晶体管截止，使输出结点和地断开，而 PMOS 晶体管导通，把输出上拉到高电平 V_{DD}，如图 6.8.2(b)所示。CMOS 反相器正是靠 NMOS 晶体管和 PMOS 晶体管轮流导通，使输出和输入反相，即

$$V_{out} = \overline{V}_{in} \tag{6.8.1}$$

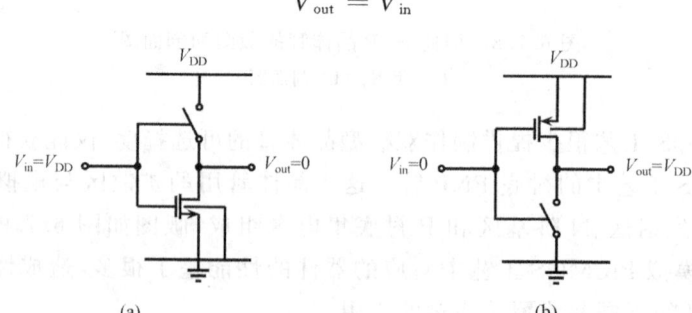

图 6.8.2 CMOS 反相器的开关特性
(a) NMOS 晶体管导通，PMOS 晶体管截止；(b) NMOS 晶体管截止，PMOS 晶体管导通

从以上分析看出,不论在输出高电平状态,还是在输出低电平状态,CMOS 反相器中都只有一个 MOS 晶体管导通,不存在直流导通电流,因而没有静态功耗,这是 CMOS 电路的最大优点。

CMOS 反相器的直流特性主要是它的电平转移特性。首先分析一下在输入电平变化过程中 NMOS 晶体管和 PMOS 晶体管的工作状态。考虑输入信号 V_{in} 从 0 逐渐增大到 V_{DD},则 NMOS 晶体管从截止态到导通态,首先它处在饱和区,最终进入到线性区;而 PMOS 晶体管则是从导通态变到截止态,首先是处在线性区,然后进入到饱和区,最后进入到截止态。图 6.8.3 说明了 NMOS 晶体管和 PMOS 晶体管的工作状态随输入电平的变化,在某一特定的输入电平 V_{it} 时,NMOS 晶体管和 PMOS 晶体管都处在饱和区。

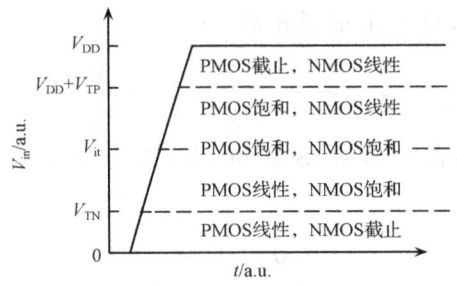

图 6.8.3 CMOS 反相器中器件工作状态随输入电平的变化

下面推导直流情况下 CMOS 反相器输出电平随输入电平的变化关系,即直流电压传输特性。在直流情况下,反相器没有输出电流,总是满足

$$I_{DN} = I_{DP} \tag{6.8.2}$$

下标 N 和 P 分别代表 NMOS 晶体管和 PMOS 晶体管。

(1) $V_{in} - V_{TN} \leqslant 0$,在这个范围内,NMOS 晶体管截止,PMOS 晶体管工作在线性区,因此有

$$I_{DN} = I_{DP} = 0 \tag{6.8.3}$$

即

$$K_P [(V_{in} - V_{TP} - V_{DD})^2 - (V_{in} - V_{TP} - V_{out})^2] = 0 \tag{6.8.4}$$

由此得到

$$V_{out} = V_{DD} \tag{6.8.5}$$

这就是输出高电平区,故 CMOS 反相器的输出高电平等于电源电压 V_{DD}

$$V_{OH} = V_{DD} \tag{6.8.6}$$

(2) $V_{TN} < V_{in} < V_{out} + V_{TP}$,在这个区域,NMOS 晶体管导通,工作在饱和区,而 PMOS 晶体管仍然在线性区,根据 $I_{DN} = I_{DP}$ 可得到

$$V_{out} = (V_{in} - V_{TP}) + \left[(V_{in} - V_{TP} - V_{DD})^2 - \frac{1}{\beta_0}(V_{in} - V_{TN})^2\right]^{\frac{1}{2}} \tag{6.8.7}$$

其中

$$\beta_0 = K_P / K_N \tag{6.8.8}$$

叫做 CMOS 反相器的比例因子,它是 CMOS 反相器的重要设计参数,在一定工艺条件下 β_0 决定 PMOS 晶体管和 NMOS 晶体管的宽度比。

(3) $V_{out}+V_{TP} \leqslant V_{in} \leqslant V_{out}+V_{TN}$，在这个区域，NMOS 晶体管和 PMOS 晶体管都处在饱和区，因此有

$$K_N(V_{in}-V_{TN})^2 = K_P(V_{in}-V_{TP}-V_{DD})^2 \tag{6.8.9}$$

由此得到

$$V_{in} = \frac{V_{TN}+\sqrt{\beta_0}(V_{DD}+V_{TP})}{1+\sqrt{\beta_0}} \tag{6.8.10}$$

对应这个输入电平，输出电平从 $(V_{in}-V_{TP})$ 一直下降到 $(V_{in}-V_{TN})$，传输特性曲线成为一段垂直线。这个输入电平是使 CMOS 反相器输出发生显著变化的一个转折点，因此叫做反相器的转换电平，一般也叫做 CMOS 反相器的转换电平，用 V_{it} 表示，它也是对应于 $V_{in}=V_{out}$ 那点的电平，对 CMOS 反相器，有

$$V_{it} = \frac{V_{TN}+\sqrt{\beta_0}(V_{DD}+V_{TP})}{1+\sqrt{\beta_0}} \tag{6.8.11}$$

显然，若构成 CMOS 反相器的 NMOS 管和 PMOS 管性能完全对称，即 $V_{TN}=-V_{TP}$，$K_N=K_P$ 时，有

$$V_{it} = \frac{V_{DD}}{2} \tag{6.8.12}$$

(4) $V_{out}+V_{TN} < V_{in} < V_{DD}+V_{TP}$，在这个区域 NMOS 管进入线性导通区，而 PMOS 管仍在饱和区。根据 NMOS 管和 PMOS 管直流电流相等的条件，可以得到这个区域的电压传输特性

$$V_{out} = (V_{in}-V_{TN}) - [(V_{in}-V_{TN})^2 - \beta_0(V_{in}-V_{TP}-V_{DD})^2]^{\frac{1}{2}} \tag{6.8.13}$$

(5) $V_{DD}+V_{TP} \leqslant V_{in} \leqslant V_{DD}$，在这个区域，PMOS 管由导通变为截止，而 NMOS 管仍然在线性导通区。由于 PMOS 管截止，使得

$$I_{DN} = I_{DP} = 0 \tag{6.8.14}$$

即

$$K_N[(V_{in}-V_{TN})^2 - (V_{in}-V_{TN}-V_{out})^2] = 0 \tag{6.8.15}$$

由此得到

$$V_{out} = 0 \tag{6.8.16}$$

这就是 CMOS 反相器的输出低电平，因此 CMOS 反相器的输出低电平为

$$V_{OL} = 0 \tag{6.8.17}$$

为简单起见，可以用归一化输入、输出电平表示 CMOS 反相器的电压传输特性。定义归一化电平

$$\alpha_N = \frac{V_{TN}}{V_{DD}}, \quad \alpha_P = \frac{V_{TP}}{V_{DD}}$$
$$u = \frac{V_{out}}{V_{DD}}, \quad v = \frac{V_{in}}{V_{DD}} \tag{6.8.18}$$

在对称情况下，CMOS 反相器的传输特性可以简单地表示为

(1) $v \leqslant \alpha_N, u=1$；

(2) $\alpha_N < v < v_{it}, u = v+\alpha_N+\sqrt{(1-2\alpha_N)(1-2v)}$；

(3) $v = v_{it} = \dfrac{\alpha_N + \sqrt{\beta_0}(1-\alpha_P)}{1+\sqrt{\beta_0}} = 0.5$；

(4) $v_{it} < v < 1-\alpha_P, u = v - \alpha_N - \sqrt{(1-2\alpha_N)(1-2v)}$；

(5) $1-\alpha_P \leqslant v, u = 0$。

图 6.8.4 画出了对称情况下 CMOS 反相器的直流电压传输特性曲线。要注意的是，在 NMOS 晶体管和 PMOS 晶体管都饱和时传输特性曲线为一段垂直线，这只是一个近似的处理，即认为饱和区电流不随 V_{DS} 电压变化。实际上，饱和区电流并不完全饱和，考虑到饱和区沟长调制效应以及小尺寸器件中的其他二级效应，饱和区电流是随 V_{DS} 的增加而略有增加的，这就使得 NMOS 管和 PMOS 管在饱和区的电流都与 V_{out} 有关，因此在图 6.8.4 中 3 区 CMOS 反相器的传输特性曲线是一段变化很陡的曲线。曲线的斜率就是电路的电压增益，即 $A_V = -\dfrac{dV_{out}}{dV_{in}}$，在转变区 CMOS 反相器有很大的增益。

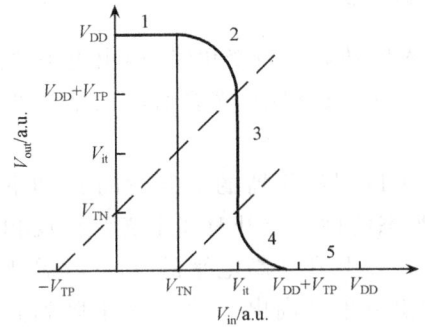

图 6.8.4 理想 CMOS 反相器的直流电压传输特性曲线

CMOS 反相器直流电压传输特性曲线的形状直接取决于构成反相器的 NMOS 晶体管和 PMOS 晶体管的参数，若两个管子性能不对称，则传输特性曲线的形状也是不对称的。在 $\alpha_N = \alpha_P$ 的情况下，若 $\beta_0 = 1$，则反相器的阈值电平 $V_{it} = 0.5$；若 $\beta_0 < 1$，则 $V_{it} < 0.5$；若 $\beta_0 > 1$，则 $V_{it} > 0.5$。在 $\alpha_N \neq \alpha_P$ 的情况下，α_N 减小使输出电平更早地开始下降，传输特性曲线向左偏移，若 α_N 增大，则使输出电平更晚地到达低电平(0V)，传输特性曲线将向右偏移。图 6.8.5 说明了器件参数对 CMOS 反相器直流电压传输特性的影响。

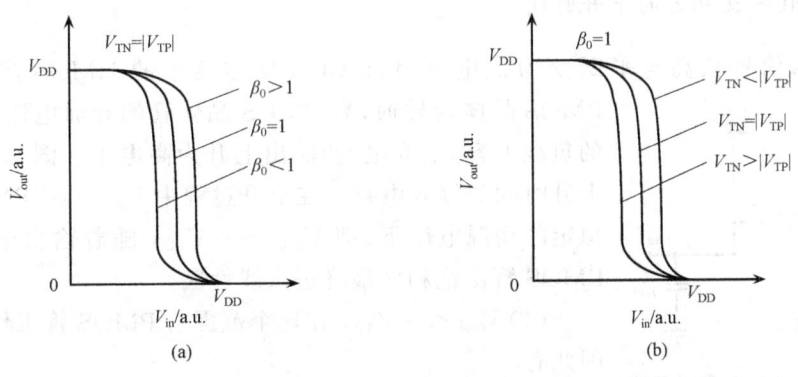

图 6.8.5 器件参数对 CMOS 反相器电压传输特性的影响
(a) 导电因子的影响；(b) 阈值电压的影响

CMOS 反相器在稳定的输入低电平（输出高电平）状态或输入高电平（输出低电平）状态，没有直流导通电流。但是，在输入介于高低电平之间的一段范围内，两个管子都导通，存在直流导通电流

$$I_{on} = I_{DN} = I_{DP} \tag{6.8.19}$$

直流导通电流随输入、输出电平的变化而变化，在 $V_{in} = V_{it}$ 时，导通电流达到最大值，即

$$I_m = K_N(V_{it} - V_{TN})^2 = K_P(V_{it} - V_{TP} - V_{DD})^2 \tag{6.8.20}$$

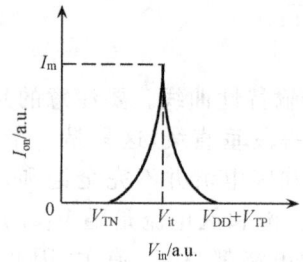

图 6.8.6 CMOS 反相器的电流转移特性

图 6.8.6 画出了 CMOS 反相器的直流导通电流随输入电平的变化，即电流转移特性曲线。电流转移特性曲线也与器件参数密切有关，且在 $V_{in} = V_{it}$ 时有极大值 I_m。

6.8.2 CMOS 反相器的瞬态特性

当 CMOS 反相器的输入信号随时间变化时，输出电平要随之变化，由于输出结点存在着容性负载，在输出电平变化的过程中，需要对输出结点的负载电容充放电，由此决定了电路的瞬态特性。

在阶跃输入的近似下，可以用反相器的上升时间 t_r 和下降时间 t_f 来反映反相器的瞬态特性。上升时间定义为使反相器的输出电平从高电平的 10% 上升到高电平的 90% 所需要的时间，下降时间定义为输出电平从高电平的 90% 下降到高电平的 10% 所需要的时间，如图 6.8.7 所示。

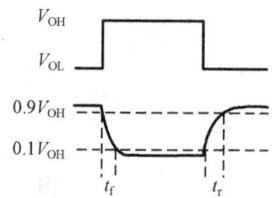

图 6.8.7 上升时间和下降时间的定义

为了简单起见，分析上升时间和下降时间中采用了以下近似：

（1）输入信号是理想的方波；
（2）忽略 MOS 晶体管本身的弛豫时间；
（3）把与输出结点相联系的所有本征电容和寄生电容等效为一个常值的集总负载电容 C_L。

1. CMOS 反相器的上升时间

当输入信号从高电平跃变为低电平时，CMOS 反相器中的 NMOS 晶体管截止，PMOS 晶体管导通，靠 PMOS 晶体管的导通电流对输出结点的负载电容 C_L 充电，使输出上升为高电平。图 6.8.8 是分析上升时间的等效电路。在上升过程中 $V_{in} = 0$，PMOS 管是在恒定的栅源电压下，即 $V_{GSP} = -V_{DD}$，随着输出电平的上升，PMOS 管由饱和区最终进入线性区。

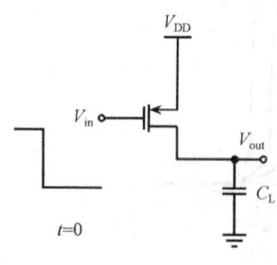

图 6.8.8 分析上升时间的等效电路

（1）$V_{out} < -V_{TP}$，在这个范围内 PMOS 管工作在饱和区，因此有

$$C_L \frac{dV_{out}}{dt} = K_P(V_{TP} - V_{DD})^2 \tag{6.8.21}$$

引入归一化电平,则式(6.3.21)可表示为

$$\frac{\mathrm{d}u}{\mathrm{d}t} = \frac{1}{\tau_P}(1-\alpha_P)^2 \tag{6.8.22}$$

其中

$$\tau_P = \frac{C_L}{K_P V_{DD}} \tag{6.8.23}$$

为上升时间常数。在 u 从 0 上升到 α_P 期间 PMOS 管是在饱和区,对式(6.8.22)积分,可得到饱和区充电时间

$$t_1 = \frac{\tau_P \alpha_P}{(1-\alpha_P)^2} \tag{6.8.24}$$

(2) $V_{out} > -V_{TP}$,当 $V_{out} > -V_{TP}$ 以后,PMOS 晶体管进入线性区,根据线性区电流公式可以建立充电的微分方程

$$\frac{\mathrm{d}u}{\mathrm{d}t} = \frac{1}{\tau_P}[(1-\alpha_P)^2 - (\alpha_P - u)^2] \tag{6.8.25}$$

由此可以得到 PMOS 管在非饱和区充电的时间

$$t_2 = \frac{\tau_P}{2(1-\alpha_P)} \ln\left(\frac{1+u-2\alpha_P}{1-u}\right) \tag{6.8.26}$$

总的上升过程包括饱和区充电与非饱和区充电两段时间。根据式(6.8.25)和式(6.8.26)可以得到使 u 从 0.1 达到 0.9 所需要的上升时间

$$t_r = \tau_P \left[\frac{\alpha_P - 0.1}{(1-\alpha_P)^2} + \frac{1}{2(1-\alpha_P)} \ln\left(\frac{1.9-2\alpha_P}{0.1}\right)\right] \tag{6.8.27}$$

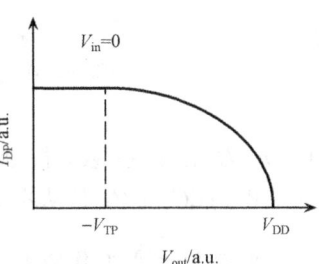

图 6.8.9 PMOS 管的充电电流的变化

式(6.8.27)适用于 $0.1 \leqslant \alpha_P \leqslant 0.9$,即若 $\alpha_P < 0.1$,则 u 从 0.1 达到 0.9 的过程中 PMOS 管都是在非饱和区;反之若 $\alpha_P > 0.9$,则整个上升过程 PMOS 管都工作在饱和区。图 6.8.9 画出了 $0.1 \leqslant \alpha_P \leqslant 0.9$ 的情况下 PMOS 管的充电电流变化过程。

2. CMOS 反相器的下降时间

当输入信号从低电平跃变到高电平时,PMOS 晶体管由导通变为截止,而 NMOS 晶体管从截止变为导通。由于输入信号恒定为 V_{DD},即 $V_{in} = V_{DD}$,NMOS 管有恒定的栅源电压,$V_{GSN} = V_{DD}$,靠 NMOS 管导通,使输出结点的负载电容 C_L 放电到低电平。图 6.8.10 是分析 CMOS 反相器下降时间的等效电路。在 V_{out} 从 V_{DD} 下降到 $(V_{DD} - V_{TN})$ 这段变化范围内,NMOS 管是处在饱和区;当 V_{out} 下降到小于 $(V_{DD} - V_{TN})$ 以后,NMOS 管是处在非饱和区。

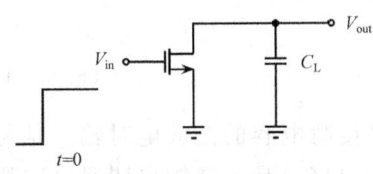

图 6.8.10 分析下降过程的等效电路

类似于上升时间的推导,可以得到 u 从 0.9 下降到 0.1 所需要的下降时间

$$t_f = \tau_N \left[\frac{\alpha_N - 0.1}{(1-\alpha_N)^2} + \frac{1}{2(1-\alpha_N)} \ln\left(\frac{1.9 - 2\alpha_N}{0.1}\right) \right], \quad 0.1 \leqslant \alpha_N \leqslant 0.9 \quad (6.8.28)$$

$$\tau_N = \frac{C_L}{K_N V_{DD}} \quad (6.8.29)$$

是 CMOS 反相器的下降时间常数。

可以看出，CMOS 反相器的上升时间和下降时间的表达式是类似的。若 CMOS 反相器中的 NMOS 管和 PMOS 管性能完全对称，即 $\alpha_P = \alpha_N, \tau_P = \tau_N$，在这种情况下，CMOS 反相器的上升时间和下降时间相等。

3. 负载电容的计算

与输出结点相联系的负载电容主要包括三部分电容：

(1) 本级输出电容，主要是 NMOS 管和 PMOS 管漏-衬底 PN 结电容。

(2) 下一级电路的输入电容，主要是下一级电路中 NMOS 管和 PMOS 管的栅电容。当电路的扇出系数大于 1 时，要把它所驱动的所有电路的输入电容都计入。

(3) 连线寄生电容。

若把输出结点的负载电容作为常值电容处理，可用下面的公式近似计算负载电容：

$$C_L = C_0 + \sum_{i=1}^{n} C_{G_i} + C_1 \quad (6.8.30)$$

$$C_0 = A_{DN} C_{jA,av} + P_{DN} C_{jP,av} + A_{DP} C_{jA,av} + P_{DP} C_{jP,av} \quad (6.8.31)$$

$$C_{G_i} = (W_{N_i} + W_{P_i}) L C_{ox} \quad (6.8.32)$$

式中，n 为扇出系数，若驱动 n 个相同的反相器，则负载电容中的第二项为 $(W_N + W_P) L C_{ox}$；C_1 是从本级输出到下级管子栅极之间的连线寄生电容。

4. 电路的最高工作频率

从以上分析看出，对 CMOS 反相器，当输入信号从高电平变到低电平或者从低电平变到高电平时，输出信号并不能马上对输入反相，而是要经过一定的下降时间或上升时间才能达到所要求的逻辑电平。因此上升时间和下降时间限制了工作信号的变化频率。为了保证输出达到合格的逻辑电平，必须使输入脉冲信号的脉宽大于反相器的上升时间和下降时间中较大的一个。若输入脉冲的占空比为 1 : 1，则有

$$\frac{T}{2} \geqslant \max(t_r, t_f) \quad (6.8.33)$$

由此限制了最高的工作频率，即

$$f_m \frac{1}{2\max(t_r, t_f)} \quad (6.8.34)$$

若脉宽小于上升时间或下降时间，则在电路还没有完成对负载电容的充放电时输入信号已经变化，这将使输出波形畸变，输出信号被衰减。图 6.8.11(a) 是正常输出情况，(b) 则是非正常输出情况。

反相器的另一个重要的瞬态特性就是延迟时间。在非阶跃输入情况下，常用对延迟时间来反映电路的瞬态特性。当输入信号经过二级反相器后，得到和输入同相的信号。对延迟时间定义为从输入上升沿的 50% 到同相输出信号上升沿的 50% 所对应的时间，如

图 6.8.12 所示。同样也可以用下降沿的 50% 定义对延迟时间，对延迟时间用 t_D 表示。

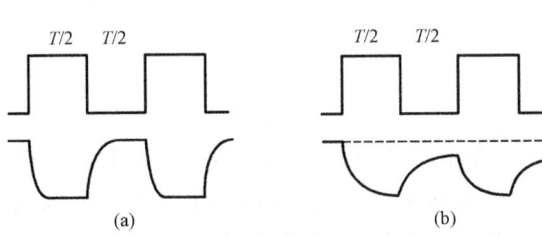

图 6.8.11　反相器上升、下降时间对工作频率的限制
(a) 正常输出波形；(b) 非正常输出波形

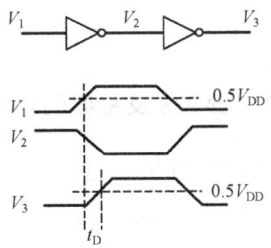

图 6.8.12　反相器的对延迟时间

在瞬态情况，反相器输出电平由下式决定：

$$V_{out}(t) = \frac{1}{C_L}\int_0^t i_0(t)\,dt \tag{6.8.35}$$

式中，$i_0(t)$ 是反相器的输出电流，也就是对负载电容充放电的电流。

根据前面分析可知，在输出电平上升过程中，i_0 近似等于 PMOS 晶体管的导通电流；在输出电平下降过程中，i_0 近似等于 NMOS 晶体管的导通电流。在负载电容不很大的情况下，i_0 是一个三角形的变化波形，具有峰值电流 I_S。在输出信号的上升、下降时间与输入信号的上升、下降时间差不多的情况，可以近似认为输出电流的三角波形从 $V_{in} = V_{DD}/2$ 开始，在 $V_{out} = V_{DD}/2$ 时达到峰值 I_S。若把 $i_0(t)$ 的波形看作等腰三角形，则有

$$i_0(t) = \frac{I_S}{t_d}t, \quad 0 < t < t_d \tag{6.8.36}$$

把式 (6.8.36) 代入式 (6.8.35)，就可以求出从输入上升沿的 50% 到输出下降沿的 50% 所用的时间

$$t_{d1} = \frac{C_L V_{DD}}{I_{SN}} \tag{6.8.37}$$

式中，I_{SN} 是 NMOS 管的饱和电流。同样也可以求出输入下降沿的 50% 到输出上升沿的 50% 所对应的延迟时间

$$t_{d2} = \frac{C_L V_{DD}}{I_{SP}} \tag{6.8.38}$$

式中，I_{SP} 是 PMOS 管对负载电容充电的峰值饱和电流。反相器的对延时间为

$$t_D = t_{d1} + t_{d2} \tag{6.8.39}$$

对于 CMOS，在 $\alpha_P + \alpha_N < 1$ 且 $\beta_0 \geq 0.2$ 的条件下，对延迟时间可以用下式近似计算：

$$t_D = 0.9\tau_N\left[\frac{1}{(1-\alpha_N)^2} + \frac{1}{\beta_0(1-\alpha_P)^2}\right] \tag{6.8.40}$$

反相器的对延迟时间可以用环形振荡器测量。用 n 级（n 是奇数）相同的反相器首尾相接成环状，就构成了环形振荡器。环形振荡器的工作频率为

$$f = \frac{1}{T} = \frac{1}{nt_D} \tag{6.8.41}$$

测量出环形振荡器的信号变化频率 f 或周期 T，就可以求出对延迟时间。对延迟时间是

信号经过二级反相器的延迟时间,每级反相器的平均延迟时间为

$$t_d = \frac{t_D}{2} = \frac{1}{2nf} \tag{6.8.42}$$

6.8.3 CMOS 反相器的功耗与设计

从前面分析知道,在稳定地输出高电平或输出低电平状态,CMOS 反相器中都有一个管子截止,因此不存在静态功耗。但是在开关过程中,要使输出电平从高向低或从低向高变化,则要对负载电容充放电,要消耗能量,因此 CMOS 反相器有动态功耗。

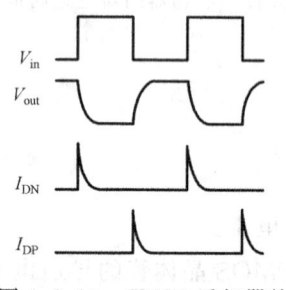

图 6.8.13 CMOS 反相器的充放电电流

图 6.8.13 画出了 CMOS 反相器在开关过程中的输入、输出波形和充放电电流。仍假设输入是阶跃信号,在输入信号变化的一个周期内,反相器消耗的功耗是 PMOS 晶体管对负载电容充电所消耗的功耗加上 NMOS 晶体管对负载电容放电所消耗的功耗,即

$$P_D = \frac{1}{T}\left(\int_0^{\frac{T}{2}} I_{DN}V_{DSN}dt + \int_{\frac{T}{2}}^{T} |I_{DP}V_{DSP}| dt\right) \tag{6.8.43}$$

由此可以求出 CMOS 反相器的平均动态功耗是

$$P_D = C_L f V_{DD}^2 \tag{6.8.44}$$

在非阶跃输入情况下,对应输入信号的上升沿和下降沿,会出现 NMOS 和 PMOS 两管同时导通的情况,这将引起附加的短路功耗 P_{SO}。这部分功耗不仅与输入信号的频率、上升和下降时间以及电源电压有关,还与构成反相器的器件参数有关。假设输入信号的上升沿和下降沿是完全线性的,且 CMOS 反相器的电流转移特性曲线近似为等腰三角形,如图 6.8.14 所示,则可以得到 P_{SO} 的近似计算公式

$$P_{SO} \approx \frac{1}{2} f V_{DD} I_{DM}(t_r + t_f) \tag{6.8.45}$$

式中,I_{DM} 是 CMOS 反相器的最大直流导通电流,t_r 和 t_f 分别是输入波形的上升时间和下降时间。

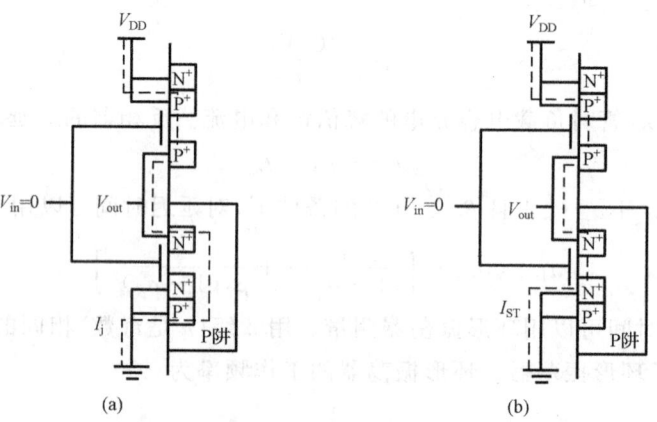

图 6.8.14 CMOS 反相器中的泄漏电流
(a) PN 结漏电;(b) 亚阈值漏电

考虑到 CMOS 电路中存在着 PN 结漏电和 MOS 晶体管的亚阈值漏电,因此,实际的 CMOS 电路的静态功耗并不为零。图 6.8.14 说明了 PN 结漏电 I_j 和亚阈值漏电 I_{ST} 构成了反相器中从电源到地的泄漏电流,引起了反相器的静态功耗

$$P_S = V_{DD} \cdot I_{leak} \tag{6.8.46}$$

式中,I_{leak} 表示总的泄漏电流。

电路在开关操作过程中,对负载电容充放电所消耗的动态功耗是主要的。随着负载电容的增大和工作频率提高,动态功耗将迅速增大。泄漏电流引起的静态功耗决定了电路的备用功耗。

为了使 CMOS 反相器获得最佳性能,常采用对称设计,使反相器中的 NMOS 晶体管和 PMOS 晶体管性能完全对称,即满足

$$V_{TN} = -V_{TP}, \quad K_N = K_P \tag{6.8.47}$$

由于电子迁移率约为空穴迁移率的 2 倍,因此在取同样沟道长度情况下要求 $W_P = 2W_N$,在这种对称设计下,CMOS 反相器有对称的直流电压传输特性曲线,有最大的直流噪声容限,即

$$V_{NLM} = V_{NHM} = \frac{1}{2} V_{DD} \tag{6.8.48}$$

而且反相器的上升时间等于下降时间。

在实际的工艺中往往造成 NMOS 晶体管和 PMOS 晶体管的阈值电压数值不完全相等。在阈值电压不完全相等时,可以通过调节 K_N 和 K_P 的设计值,来获得最佳的电路性能。为了获得好的直流特性,要求 $V_{it} = V_{DD}/2$,由此可得到对管子设计参数的要求

$$\frac{K_P}{K_N} = \left(\frac{1-2\alpha_N}{1-2\alpha_P}\right)^2 \tag{6.8.49}$$

为了获得较好的瞬态特性,希望上升时间和下降时间相等,即要求 $t_r = t_f$,这就要求

$$\frac{K_P}{K_N} = \left(\frac{1-\alpha_N}{1-\alpha_P}\right)^2 \tag{6.8.50}$$

从式(6.8.49)和式(6.8.50)看出,直流特性和瞬态特性的要求并不相同。另外,从直流特性看,为了有尽可能陡的交直流电压传输特性,希望 α_N 和 α_P 尽量大。但是从瞬态特性看,希望 α_N 和 α_P 减小,这样在一定的工作电压和不增大管子导电因子情况下,使驱动电流增大。由于直流设计的要求和瞬态设计的要求有矛盾,在实际设计时要根据需要有所侧重或折中。对集成电路来说,减小每个单元电路占有的面积对提高集成度是非常关键的,因此在速度要求不高的情况下,应以减小面积为主要目标,可以取

$$L_N = L_P, \quad W_N = W_P \tag{6.8.51}$$

6.8.4 CMOS 反相器的制作工艺及版图

图 6.8.15 所示为 CMOS 反相器的主要工艺制作步骤,图 6.8.16 为 CMOS 反相器的版图。

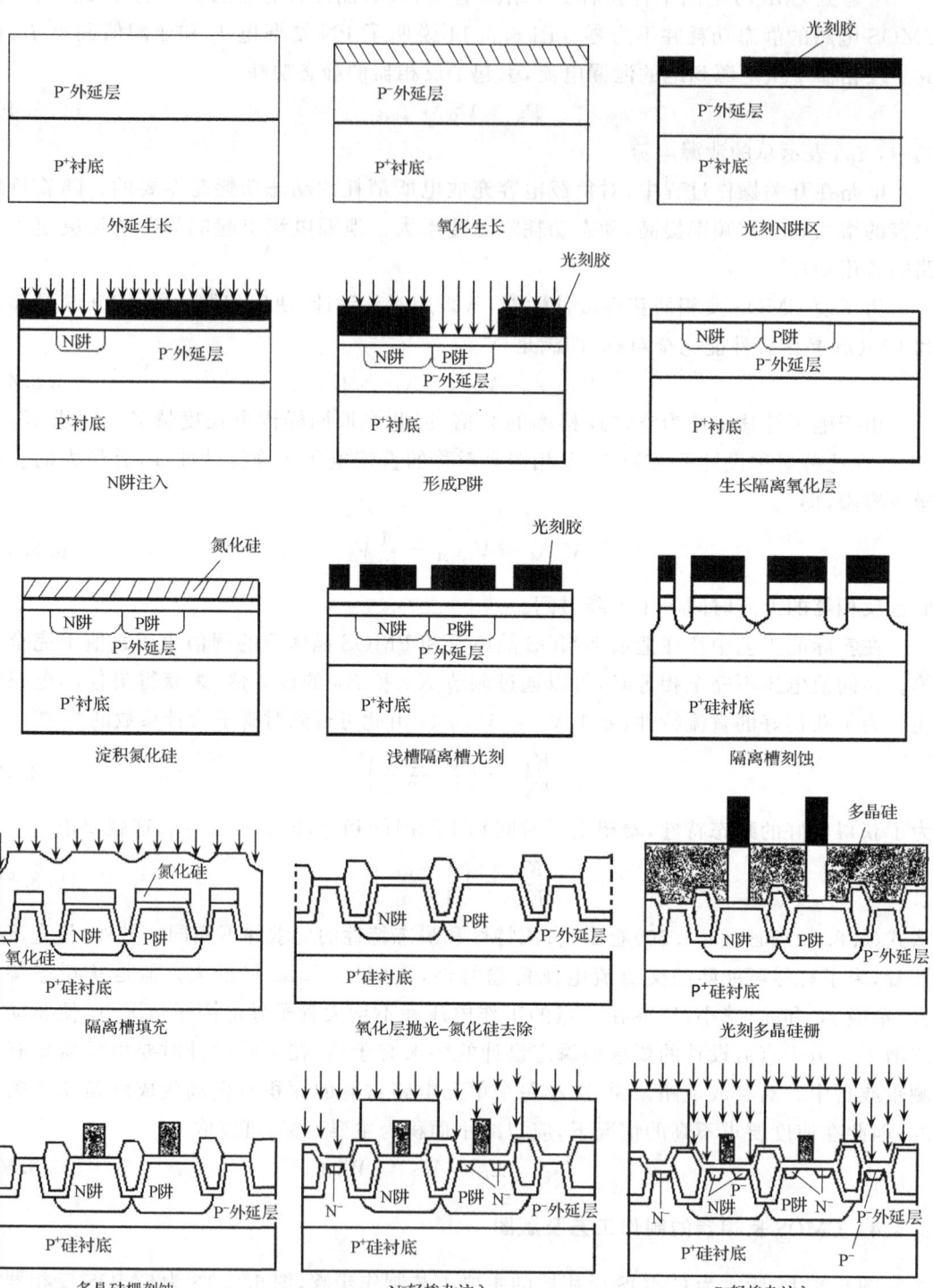

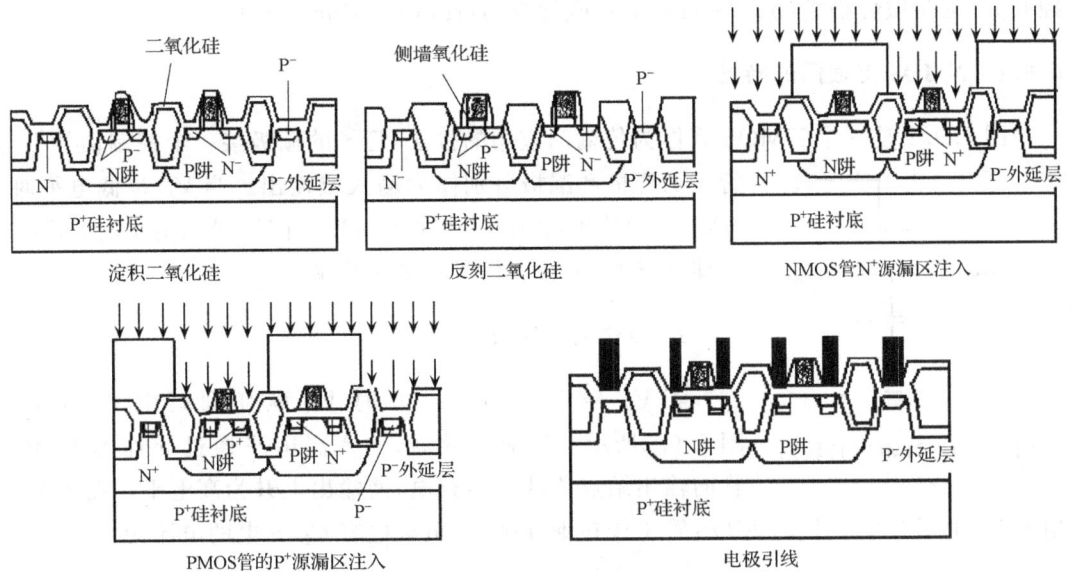

图 6.8.15　CMOS 反相器的工艺制作步骤

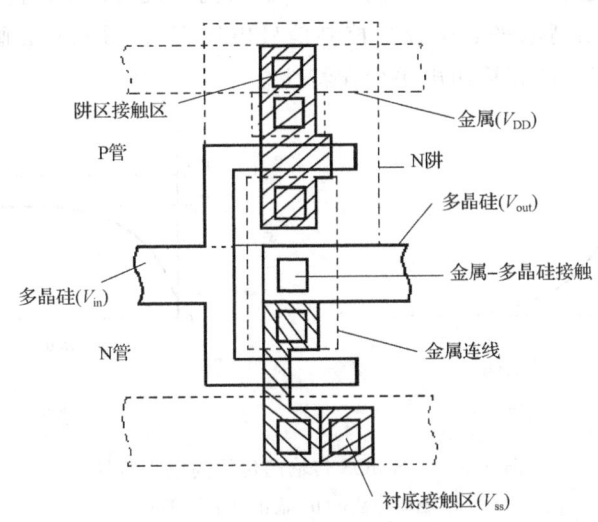

图 6.8.16　CMOS 反相器版图

CMOS 集成电路具有功耗低、抗干扰能力强及速度快等一系列特点,它已经以绝对优势成了 MOS 集成电路的主流技术。CMOS 集成电路的主要制造方法有:标准工艺、离子注入工艺、铝栅工艺、硅栅工艺、复合栅工艺、SOS 工艺和平面氧化工艺等。

6.9　CMOS 传输门

MOS 晶体管的源、漏区是完全对称的结构,这种结构特点给 MOS 晶体管的应用带来了灵活性。MOS 晶体管作为双向导通器件可以在电路中作为一个控制信号传送的可控开关,也叫做传输管(pass transistor)或传输门(transmission gate)。

6.9.1 NMOS 传输门的特性

图 6.9.1 是一个 NMOS 管作为传输门应用的接法,管子的栅极接一个控制信号 V_C,管子的源极和漏极分别作为输入或输出。当 V_C 是低电平时,NMOS 管截止,把输出和输入隔开;当 V_C 是高电平时,NMOS 晶体管导通,使输入信号传到输出端。

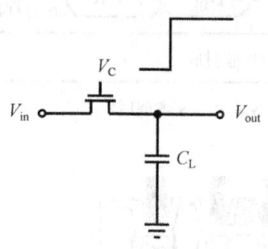

图 6.9.1 NMOS 传输门

1. 传输高电平过程

若 $V_{in} = V_{DD}$,在 $t = 0$ 时 V_C 跃变到高电平 V_{DD},如图 6.9.2 所示。传输门导通,输入高电平通过导通的 NMOS 管向输出结点负载电容充电,使输出上升为高电平。在传输高电平时,由于 $V_{GS} = V_{DS}$,MOS 管工作在饱和区,对负载电容 C_L 充电的电流为

$$I_D = K(V_{DD} - V_T - V_{out})^2 \qquad (6.9.1)$$

当 $V_{out} = V_{DD} - V_T$ 时,MOS 管截止,传输高电平过程结束。尽管输入信号和栅极控制信号都是 V_{DD},输出高电平只能达到 $(V_{DD} - V_T)$。也就是说,NMOS 传输门传输高电平有阈值损失,要提高输出高电平必须提高控制信号电压 V_C。图 6.9.2 画出了 NMOS 传输门传输高电平的电流特性和输出电平变化特性。

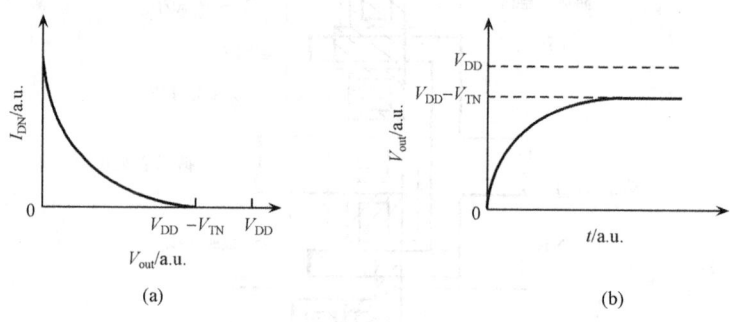

图 6.9.2 NMOS 传输门传输高电平特性
(a) 电流特性;(b) 输出电平的变化

2. 传输低电平过程

若 $V_{in} = 0$,$t = 0$ 时,V_C 跃变到 V_{DD} 且 $V_{out} = V_{DD}$,传输门导通,使 C_L 通过导通的 NMOS 管放电。由于 NMOS 管处在恒定的栅源电压下,随着输出电平的下降,将从饱和区最终进入到线性区导通,直到 $V_{DS} = 0$,即 $V_{out} = V_{in} = 0$ 时电流为零,传输低电平过程才结束。因此 NMOS 传输门可以使低电平无损失地传送到输出端。图 6.9.3 画出了 NMOS 传输门传输低电平的特性。

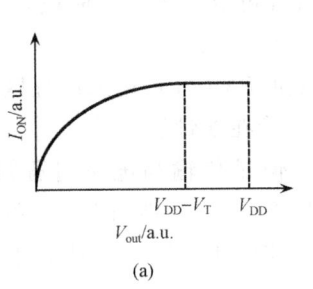 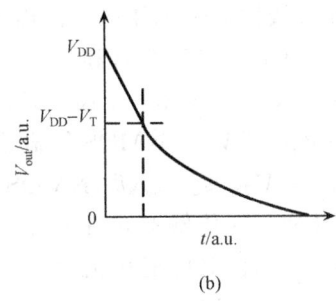

图 6.9.3 NMOS 传输门传输低电平特性
(a) 电流特性；(b) 输出电平的变化

6.9.2 PMOS 传输门的特性

由于 PMOS 晶体管的互补性能，PMOS 传输门的控制信号 V_C 是低电平有效，PMOS 晶体管传输高电平的特性和 NMOS 晶体管传输低电平的特性类似，PMOS 晶体管传输低电平特性和 NMOS 传输高电平特性类似。也就是说，PMOS 传输门可以无损失地传输高电平，但是传输低电平时有阈值损失。若 $V_{in} = V_C = 0$，初始时 $V_{in} = V_{DD}$，则当 $V_{out} = -V_{TP}$ 时，PMOS 管截止，传输过程结束，输出低电平达不到 0。

6.9.3 CMOS 传输门的特性

为了克服 NMOS 或 PMOS 晶体管传输门的阈值损失问题，可以把 NMOS 和 PMOS 晶体管并联使用，这样就构成了 CMOS 传输门，如图 6.9.4 所示。用一对互补信号分别接到 NMOS 管和 PMOS 管的栅极，当 $V_C = V_{DD}$ 时，NMOS 和 PMOS 管都导通，传输门打开，把输入信号传送到输出端；当 $V_C = 0$ 时，NMOS 和 PMOS 晶体管都截止，传输门关断，使输出与输入隔离。

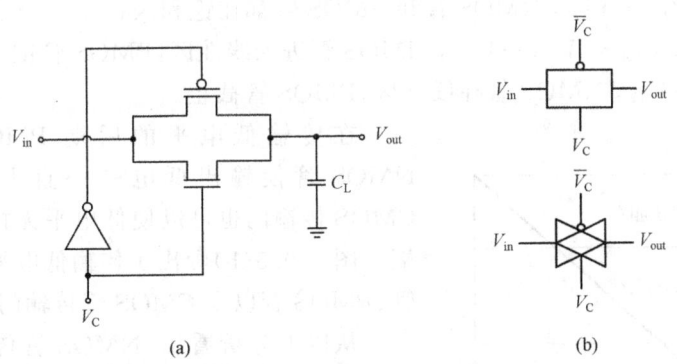

图 6.9.4 CMOS 传输门
(a) 电路图；(b) 逻辑符号

1. CMOS 传输门的电压传输特性

在传输高电平过程中，NMOS 管始终工作在饱和区，而 PMOS 管是在恒定的栅源电

压下,经历饱和及线性两个工作区。高电平传输过程可以分为三个阶段:

(1) $V_{out} < -V_{TP}$,NMOS 管和 PMOS 管都在饱和区;
(2) $-V_{TP} < V_{out} < V_{DD} - V_{TN}$,NMOS 管饱和,PMOS 管进入线性区;
(3) $V_{DD} - V_{TN} \leqslant V_{out}$,NMOS 管截止,PMOS 管在线性区。

尽管当 $V_{DD} - V_{TN} \leqslant V_{out}$ 后 NMOS 管截止,但是传输高电平过程没有结束,因为 PMOS 管仍然导通。在传输高电平的后期 PMOS 管工作在线性区,直到 $V_{DSP} = 0$,即 $V_{out} = V_{in} = V_{DD}$ 时,PMOS 管电流为零,传输过程才停止。因此 CMOS 传输门可以使高电平无损失地传到输出端。

图 6.9.5(a)画出了传输高电平过程中 NMOS 管和 PMOS 管的电流变化以及 CMOS 传输门总电流的变化。可以看出,CMOS 传输门利用了 NMOS 管和 PMOS 管的互补性能,使传输特性比单个 MOS 传输管有很大改善。

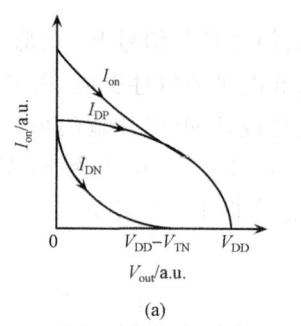 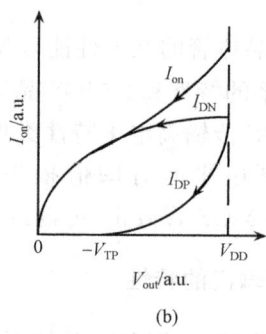

(a) (b)

图 6.9.5 CMOS 传输门电流特性
(a) 传输高电平过程;(b) 传输低电平过程

传输低电平情况刚好相反,PMOS 管始终工作在饱和区,NMOS 管处在恒定的栅源电压低电平传输过程可以分为以下三个阶段:

(1) $V_{out} \geqslant V_{DD} - V_{TN}$,NMOS 管和 PMOS 管都在饱和区;
(2) $-V_{TP} < V_{out} < V_{DD} - V_{TN}$,NMOS 管进入线性区,PMOS 管饱和;
(3) $V_{out} < -V_{TP}$,NMOS 管在线性区,PMOS 管截止。

在传输低电平的后期 PMOS 管截止,靠 NMOS 管使输出低电平一直下降到零。因此 CMOS 传输门也可以使低电平无损失地传到输出端。图 6.9.5(b)画出了传输低电平过程中 NMOS 管、PMOS 管以及 CMOS 管传输门总电流的变化。

从以上分析看出,NMOS 管传输高电平会有阈值损失,但传输低电平性能好;PMOS 管传输高电平性能好,但传输低电平会有阈值损失。CMOS 传输门正是利用了 NMOS 管和 PMOS 管的互补性能,获得了比单个传输管优越的传输特性。图 6.9.6 给出了 CMOS 传输门的直流电压传输特性。

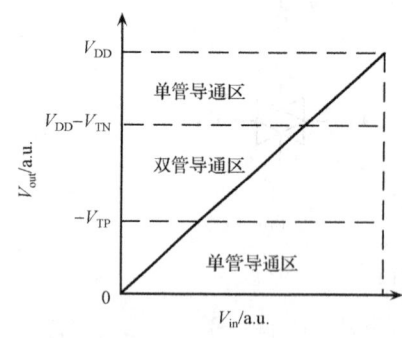

图 6.9.6 CMOS 传输门的直流电压传输特性

2. CMOS 传输门的导通电阻

CMOS 传输门在电路中作为一个可控开关使用。一个理想的开关，断开时电阻应无穷大，接通后电阻应趋于零。对 CMOS 传输门，希望它截止时电阻尽可能大，而导通后电阻应尽量小且应该接近线性。

CMOS 传输门关断时，其电阻就是 MOS 晶体管截止态电阻，这个电阻虽然不是无穷大，但只要 PN 结漏电和 MOS 管亚阈值漏电足够小，截止态电阻是很大的。

CMOS 传输门接通时，其导通电阻由 NMOS 管与 PMOS 管导通电阻并联组成。

在传输高电平时，NMOS 管导通电阻由下式决定：

$$r_N = \frac{dV_{DSN}}{dI_{DN}} = \frac{1}{2K_N(V_{DSN} - V_{TN})} \quad (6.9.2)$$

式中，$V_{DSN} = V_{in} - V_{out}$。当 $V_{DSN} = V_{TN}$ 时，NMOS 管截止，$r_N \to \infty$；当 $V_{DSN} = V_{DD}$ 时，r_N 有极小值。图 6.9.7 表示了传输高电平过程中 NMOS 管导通电阻的变化。

在传输高电平过程中，PMOS 管导通电阻应分为两个区考虑，当 $|V_{DSP}| = V_{in} - V_{out} \geqslant V_{DD} + V_{TP}$ 时，PMOS 管工作在饱和区，$r_P \to \infty$；当 $|V_{DSP}| < V_{DD} + V_{TP}$ 后，PMOS 管进入线性区，则

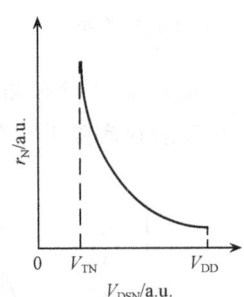

图 6.9.7 传输高电平过程中 NMOS 管导通电阻的变化

$$r_P \left| \frac{dV_{DSP}}{dI_{DP}} \right| = \frac{1}{2K_P(V_{DD} + V_{TP} - |V_{DSP}|)} \quad (6.9.3)$$

当 $|V_{DSP}| = 0$ 即 $V_{in} = V_{out}$ 时，PMOS 管导通电阻最小。图 6.9.8 画出了传输高电平过程中 PMOS 导通电阻的变化。

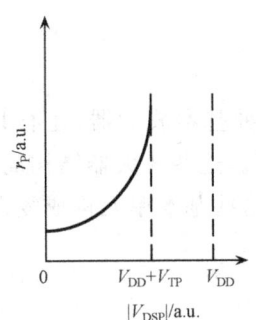

图 6.9.8 传输高电平过程中 PMOS 导通电阻的变化

CMOS 传输门的导通电阻 r_{on} 是 NMOS 管和 PMOS 管导通电阻并联的结果，即

$$\frac{1}{r_{ON}} = \frac{1}{r_N} + \frac{1}{r_P} \quad (6.9.4)$$

当 $V_{in} - V_{out} \leqslant V_{TN}$ 时，$r_N \to \infty$，$r_{on} = r_P$；当 $V_{in} - V_{out} \geqslant V_{DD} + V_{TP}$ 时，$r_P \to \infty$，$r_{on} = r_N$。在 $V_{TN} \leqslant V_{in} - V_{out} \leqslant V_{DD} + V_{TP}$ 范围内，可根据式(6.9.4)计算 r_{on}，若 $K_N = K_P = K$，$V_{TN} = -V_{TP} = V_T$，则在这个区域内

$$r_{on} = \frac{1}{2K(V_{DD} - 2V_T)} \quad (6.9.5)$$

对传输低电平的情况可得到类似的结果。图 6.9.9 画出了 CMOS 传输门导通电阻的变化及 r_N 和 r_P 的变化，可以看出，尽管 NMOS 晶体管和 PMOS 晶体管的导通电阻都是非线性电阻且变化很大，但是 CMOS 传输门的导通电阻变化很小，在双管导通区是线性电阻，这进一步证明了 CMOS 传输门的性能比单个 MOS 晶体管做传输门性能优越。

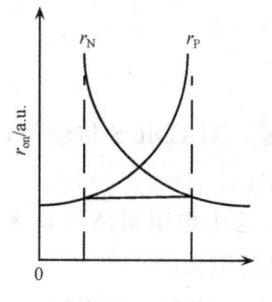

图 6.9.9　CMOS 传输门导通电阻的变化

3. 衬偏效应对 CMOS 传输门性能的影响

在 CMOS 反相器中，NMOS 管的源和衬底共同接地，PMOS 管的源和衬底共同接 V_{DD}，都不存在衬底偏压。在 CMOS 传输门中，尽管 NMOS 管和 PMOS 管的衬底分别接地和 V_{DD}，但是源电位是变化的，V_{BS} 不等于零。衬偏效应引起管子阈值电压和导通电流的变化，从而影响 CMOS 传输门性能。对 P 阱 CMOS 工艺，由于 P 阱浓度较高，使 NMOS 管衬偏效应更严重。图 6.9.10 说明了衬偏效应对 CMOS 传输门导通电阻的影响。为了消除 NMOS 管的衬偏效应，可以用一个 PMOS 管把 NMOS 管的衬底和输入端相接，如图 6.9.11 所示。当传输门导通时 M_3 导通，使 NMOS 管的衬底随源电位一起变化，从而消除了衬偏效应。

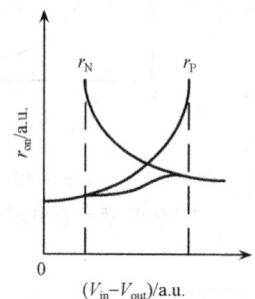

图 6.9.10　衬偏效应对 CMOS 传输门导通电阻的影响

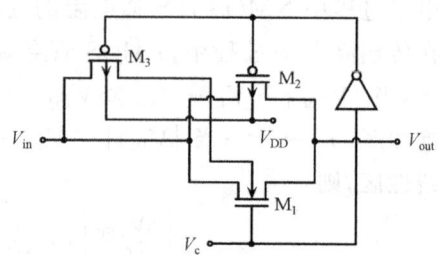

图 6.9.11　消除衬偏效应的措施

6.10　CMOS 放大器

CMOS 放大器包括共源放大器、共栅放大器、源极跟随器三种基本放大器，还有共源共栅结构的放大器，以及集成电路中普遍使用的差分结构放大器。这些放大器结构简单，是基本的电路单元。它们可以单独使用放大信号，更多情况下，这些基本单元构成复杂电路，实现不同的功能。

6.10.1　共源放大器

共源放大器是指输入、输出回路中都包含 MOS 管的源极，即信号从 MOS 管的栅极输入，从 MOS 管的漏极输出。根据放大器的负载不同，共源放大器可以分为无源负载共源放大器和有源负载共源放大器两种形式。无源负载主要有电阻、电感和电容，有源负载主要有二极管连接的 MOS 管及栅极固定电位的 MOS 管。下面将主要讨论电阻负载、二极管连接的负载、电流源负载及工作在线性区的 MOS 管负载时共源放大器的特性。

1. 电阻负载共源放大器

电阻负载共源放大器结构如图 6.10.1 所示。

电压信号从 MOS 管栅极输入,借助其跨导,MOS 管将栅源电压的变化转换成小信号漏极电流流过电阻产生输出电压。下面对此进行大信号分析和小信号分析。需要注意的是电路的输入阻抗在低频时非常高,所以分析时可不考虑输入阻抗的影响。

1) 大信号分析

考虑输入电压从零逐渐增大的过程:

(1) $V_{in} < V_{TH}$,MOS 管截止,$V_{out} = V_{DD}$;

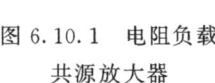

图 6.10.1 电阻负载共源放大器

(2) $V_{in} > V_{TH}$,且 $V_{in} - V_{TH} < V_{out}$ 时,MOS 管处于饱和区,有

$$V_{out} = V_{DD} - R_D \cdot \frac{1}{2}\mu_n C_{ox} \frac{W}{L}(V_{in} - V_{TH})^2 \quad (6.10.1)$$

(3) $V_{out} < V_{in} - V_{TH}$ 时,MOS 管进入线性区,有

$$V_{out} = V_{DD} - R_D \cdot \mu_n C_{ox} \frac{W}{L}\left[(V_{in} - V_{TH})V_{out} - \frac{1}{2}V_{out}^2\right] \quad (6.10.2)$$

(4) 当 $V_{out} \ll 2(V_{in} - V_{TH})$ 时,MOS 管进入深线性区,此时 MOS 管可等效为一压控电阻,其等效电阻为

$$R_{on} = \frac{1}{\mu_n C_{ox} \frac{W}{L}(V_{in} - V_T)}$$

$$V_{out} = V_{DD} \frac{R_{on}}{R_{on} + R_D} = \frac{V_{DD}}{1 + \mu_n C_{ox} \frac{W}{L} R_D (V_{in} - V_{TH})} \quad (6.10.3)$$

根据以上分析,可以得到电阻负载共源放大器的输入-输出特性曲线,如图 6.10.2 所示。

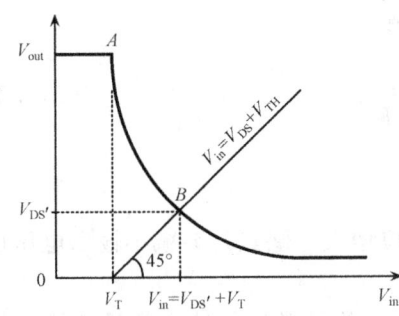

图 6.10.2 输入-输出特性曲线

图中的 B 点满足 $V_{in} = V_{DS} + V_{TH}$,所对应的 V_{in} 是 M_1 从饱和区到线性区的临界电压。由于线性区跨导将下降,因此需要为放大器设定合适的直流工作点,以得到合适的电压放大增益及输入、输出电压摆幅。对于电阻负载的共源放大器,V_{in} 输入范围应为 $V_{TH} < V_{in} < V'_{DS} + V_{TH}$,$V_{out}$ 动态输入范围为 $V'_{in} - V_{TH} \leqslant V_{out} \leqslant V_{DD}$。

2) 小信号分析

小信号是指对偏置影响非常小的信号,通常小信号工作是指在饱和区某一直流状态上做微弱信号变化。忽略沟道调制效应,根据 MOS 管的交流小信号模型,图 6.10.1 所示电路的小信号等效电路如图 6.10.3 所示。

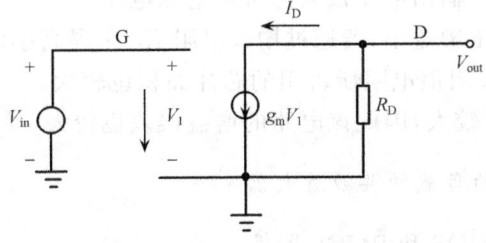

图 6.10.3 忽略沟长调制效应的小信号等效电路

根据小信号等效电路可以计算出电阻负载的共源放大器的电压增益为

$$A_\text{V} = \frac{V_\text{out}}{V_\text{in}} = \frac{-g_\text{m}V_1 \cdot R_\text{D}}{V_\text{in}} = \frac{-g_\text{m}V_\text{in} \cdot R_\text{D}}{V_\text{in}} = -g_\text{m}R_\text{D} \tag{6.10.4}$$

式中，$g_\text{m} = \mu_\text{n}C_\text{ox}\dfrac{W}{L}(V_\text{GS}-V_\text{TH})$，式中的负号表示输出电压与输入电压的极性相反。

考虑沟长调制效应后的小信号等效电路如图6.10.4所示。

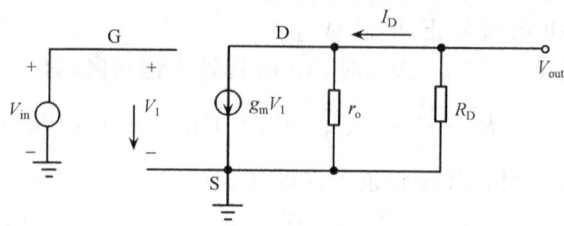

图6.10.4　考虑沟长调制效应的小信号等效电路

根据该等效电路可得到交流小信号电压增益为

$$A_\text{V} = \frac{V_\text{out}}{V_\text{in}} = \frac{-g_\text{m}V_1(r_\text{o}//R_\text{D})}{V_\text{in}} = -g_\text{m}(R_\text{D}//r_\text{o}) \tag{6.10.5}$$

根据 $I_\text{D} = \dfrac{1}{2}\mu_\text{n}C_\text{ox}\dfrac{W}{L}(V_\text{GS}-V_\text{T})^2(1+\lambda V_\text{DS})$ 有

$$r_\text{o} = \partial V_\text{DS}/\partial I_\text{D} = 1/(I_\text{D} \cdot \lambda) \tag{6.10.6}$$

对比式(6.10.5)、式(6.10.6)可以看出，沟长调制效应使得交流小信号增益减小，且R_D值越大，M_1的沟长调制效应越明显。

另外由式(6.8.4)、式(6.8.5)，变换A_V的表达式得

$$A_\text{V} = -\sqrt{2\mu_\text{n}C_\text{ox}\frac{W}{L}}\frac{V_\text{RD}}{\sqrt{I_\text{D}}} \tag{6.10.7}$$

由式(6.10.7)可知，提高A_V的方法有

(1) 增大W/L，缺点是会导致大的器件寄生电容。

(2) 增大负载电阻R_D，则在同样的I_D时V_RD也相应增大。缺点是会减小输出电压摆幅及输入信号范围。

(3) 减小I_D，但注意要同时增大负载电阻以保证V_RD为一常数。缺点是导致输出结点的时间常数变大，减小了带宽。

因此设计电路时需在增益，输入、输出电压摆幅，带宽之间进行折中。

由以上分析可以看出，电阻负载共源放大器具有以下特点：

(1) 负载为线性器件，输出电压最大值可达电源电压。

(2) 输出阻抗小，电压增益小，若通过增大电阻R_D来提高小信号电压增益，则必然使M_1很快进入线性区，且大阻值电阻所占用的芯片面积也较大。

(3) 电阻的工艺误差较大，因此该电路的增益误差也较大，易产生非线性失真。

2. 采用二极管连接的负载的共源放大器

1) 二极管连接的NMOS和PMOS器件

将MOS管的栅极和漏极短接，则该MOS管即可等效为一个"二极管连接"器件。

图 6.10.5(a)给出了采用二极管连接的 NMOS 和 PMOS 器件。

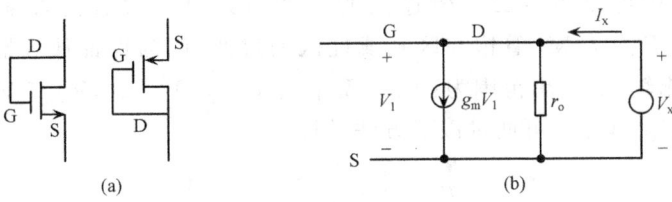

图 6.10.5
(a) 二极管连接的 NMOS 和 PMOS 器件；(b) 小信号等效电路

由于二极管连接的 MOS 管总是满足 $V_{DS} > V_{GS} - V_{TH}$，因此总是工作于饱和区。根据图 6.10.5(b) 的小信号等效电路有

$$V_1 = V_x \quad (6.10.8)$$

$$I_x = g_m V_1 + \frac{V_x}{r_o} = \left(g_m + \frac{1}{r_o}\right)V_x \quad (6.10.9)$$

可以得到器件的阻抗为

$$\frac{V_x}{I_x} = \frac{1}{g_m + \frac{1}{r_o}} = \frac{r_o}{1 + g_m r_o} = \frac{\frac{1}{g_m} \cdot r_o}{\frac{1}{g_m} + r_o} = \frac{1}{g_m} // r_o \quad (6.10.10)$$

由于 MOS 管的输出电阻 $r_o \gg 1/g_m$，于是二极管连接等效电阻可近似为 $\frac{1}{g_m} // r_o \cong \frac{1}{g_m}$。考虑用 NMOS 的二极管连接存在衬底偏置效应，根据由图 6.10.6 所示的小信号等效电路重新计算其阻抗为

$$\frac{V_x}{I_x} = \frac{1}{g_m + g_{mb}} // r_o \cong \frac{1}{g_m + g_{mb}} = \frac{1}{g_m} // \frac{1}{g_{mb}} \quad (6.10.11)$$

2) 大信号分析

带二极管负载的共源放大器的电路结构如图 6.10.7 所示，即将一个二极管连接的 MOS 管作为负载。

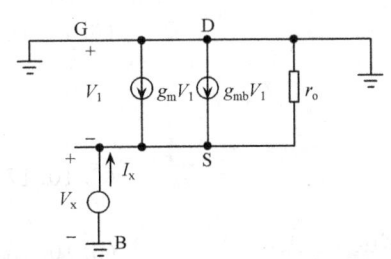
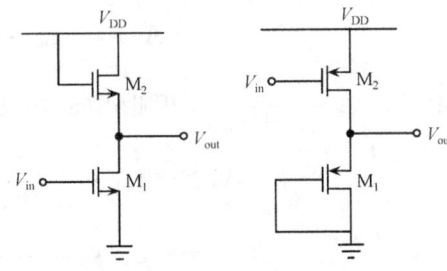

图 6.10.6 二极管负载的衬底偏置效应　　图 6.10.7 两种采用二极管连接的负载的共源放大器

考虑输入电压从零逐渐增大的过程：
(1) $V_{in} < V_{TH1}$，M_1 截止，$I_D = 0$，$V_{out} = V_{DD} - V_{TH2}$；
(2) $V_{in} > V_{TH1}$，且 $V_{out} \geqslant V_{in} - V_{TH1}$，$M_1$ 处于饱和区，随着 V_{in} 的增大，V_{out} 下降，$I_{D1} = I_{D2}$；

(3) $V_{in} > V_{TH1}$，且 $V_{out} < V_{in} - V_{TH1}$，$M_1$ 进入线性区。

根据以上分析可以得到二极管连接的负载的共源放大器输入-输出特性曲线，如图 6.10.8 所示。P 点为 M_1 管饱和区到线性区的过渡点，为保证放大器中的 MOS 管处于饱和区，则要求输入、输出范围为：$V_{in} - V_{TH} \leqslant V_{out} \leqslant V_{out,max}$，$V_T \leqslant V_{in} \leqslant V_{in,max}$。其中 $V_{out,max}$ 为 $V_{DD} - V_{TH}$，$V_{in,max}$ 可通过以下方法计算：

$$I_1 = \frac{1}{2}\mu_n C_{ox} \left(\frac{W}{L}\right)_1 (V_{in,max} - V_{TH})^2 \quad (6.10.12)$$

$$= \frac{1}{2}\mu_n C_{ox} \left(\frac{W}{L}\right)_1 V_{out,min}^2 \quad (6.10.13)$$

$$I_2 = I_1 = \frac{1}{2}\mu_n C_{ox} \left(\frac{W}{L}\right)_2 (V_{GS2} - V_{TH})^2 \quad (6.10.14)$$

$$= \frac{1}{2}\mu_n C_{ox} \left(\frac{W}{L}\right)_2 (V_{DD} - V_{out,min} - V_{TH})^2 \quad (6.10.15)$$

联立可计算出 $V_{out,min}$，$V_{in,max}$。

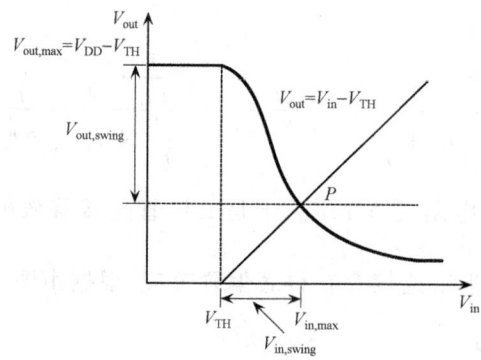

图 6.10.8　二极管连接的负载的共源放大器输入-输出特性曲线

3）小信号分析

当 M_1 工作在饱和区时，根据图 6.10.4 的交流小信号等效电路，考虑沟长调制效应，计算出二极管连接的负载的共源放大器的电压增益为

$$A_V = -g_{m1} \cdot \left(\frac{1}{g_{m2} + g_{mb2}} // r_o\right) \quad (6.10.16)$$

由于 $r_o \geqslant \dfrac{1}{g_{m2} + g_{mb2}}$，因此式(6.10.16)可简化为

$$A_V \cong -g_{m1} \cdot \frac{1}{g_{m2} + g_{mb2}} \quad (6.10.17)$$

$$= -g_{m1} \cdot \frac{1}{g_{m2}\left(1 + \dfrac{g_{mb2}}{g_{m2}}\right)} = -\frac{g_{m1}}{g_{m2}} \cdot \frac{1}{1+\eta} \quad (6.10.18)$$

式中，$\eta = \dfrac{g_{mb2}}{g_{m2}}$，如果忽略 η，则有

$$A_V \cong -\frac{g_{m1}}{g_{m2}} \quad (6.10.19)$$

根据 $g_m = \sqrt{2\mu_n C_{ox} \dfrac{W}{L} I_D}$ 得

$$A_V = -\sqrt{\dfrac{\left(\dfrac{W}{L}\right)_1}{\left(\dfrac{W}{L}\right)_2}} \qquad (6.10.20)$$

由式(6.10.20)可看出,如果忽略 η 随输出电压的变化,增益和偏置电压或电流没有关系,而为两个 MOS 管的器件尺寸的弱相关函数,增益相对稳定,输入-输出特性呈线性。

另外,从以上分析可以看出,图 6.10.7 中用二极管连接的负载采用 NMOS 器件实现。由于存在衬底偏置效应,降低了放大器的交流小信号增益,若改用 PMOS 器件实现,则可以使该电路不受衬底偏置效应的影响。忽略沟长调制效应,得到其交流小信号电压增益为

$$A_V = -\sqrt{\dfrac{\mu_n \left(\dfrac{W}{L}\right)_1}{\mu_p \left(\dfrac{W}{L}\right)_2}} \qquad (6.10.21)$$

该放大器要获得一定的电压增益要求输入器件的 $(W/L)_1$ 与负载器件的 $(W/L)_2$ 的比值足够大。例如,要实现 $A_V = 10$,在 $\mu_n \approx 2\mu_p$ 的条件下,必须使得 $(W/L)_1 \approx 50(W/L)_2$。这样不仅会造成晶体管的沟道宽度或沟道长度过大而不均衡从而导致大的器件电容,而且还会限制输出电压摆幅。我们可以从以下计算得到:

$$I_{D1} = |I_{D2}| \qquad (6.10.22)$$

$$\mu_n \left(\dfrac{W}{L}\right)_1 (V_{GS1} - V_{TH1})^2 \approx \mu_p \left(\dfrac{W}{L}\right)_2 (V_{GS2} - V_{TH2})^2 \qquad (6.10.23)$$

因此得到

$$A_V = \dfrac{|V_{GS2} - V_{TH2}|}{V_{GS1} - V_{TH1}} \qquad (6.10.24)$$

从式(6.10.24)可以看出该电路的电压增益可表示为两个 MOS 管的过驱动电压之比,对于较高的电压增益,M_2 的过驱动电压也较大,从而严重限制了输出电压摆幅。从上述分析可以看出通过增大输入管 M_1 的宽长比提高增益会使得在直流 $I_{D1} = |I_{D2}|$ 的情况下负载管 M_2 过驱动电压较大,改进的方法可以通过一恒流源对 M_2 的电流分流,使得流过 M_2 的电流减小从而过驱动电压减小。由于电流源内阻可视为 ∞,因此并联一个电流源不会影响负载电阻,如图 6.10.9 所示。

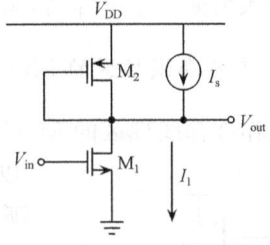

图 6.10.9 采用恒流源分流的互补型二极管负载共源放大器

3. 采用电流源负载的共源级

从单级放大器的增益表达式 $A_V = -g_m R$ 可以看出,增大共源放大器的负载电阻可以提高增益,对于电阻或者二极管连接的负载而言,增大阻值会限制输出电压的摆幅,可考

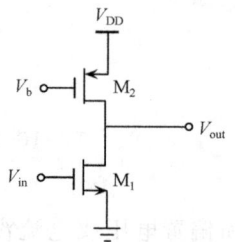

图 6.10.10 采用电流源
负载的共源放大器

虑采用电流源作为负载,如图 6.10.10 所示。工作于饱和区的 MOS 管可以作为一个恒流源,合理设置其偏置电压 V_b 即可。

1) 大信号分析

考虑输入电压从零逐渐增大的过程:

(1) $V_{in} < V_{TH1}$ 时,M_1 截止,$I_{D1} = 0$,$V_{out} = V_{DD}$;

(2) $V_{in} > V_{TH1}$,M_1 导通且处于饱和区,随着 V_{in} 的增大,V_{out} 下降,当下降到一定值时,M_2 管由线性区进入饱和区,此时 M_1 和 M_2 均工作与饱和区,满足下列方程:

$$\mu_n \left(\frac{W}{L}\right)_1 (V_{GS1} - V_{TH1})^2 (1 + \lambda_n V_{out})$$
$$\approx \mu_p \left(\frac{W}{L}\right)_2 (V_{GS2} - V_{TH2})^2 [1 + \lambda_p (V_{DD} - V_{out})] \qquad (6.10.25)$$

(3) 随着 V_{in} 继续增大,V_{out} 迅速下降,当 $V_{in} > V_{out} + V_{TH1}$ 时,M_1 进入线性区。

2) 小信号分析

图 6.10.11 所示是电流源负载共源放大器的小信号等效电路,可以得到其增益为

$$A_V = -g_m (r_{o1} // r_{o2}) \qquad (6.10.26)$$

从式(6.10.26)知,可通过以下两个途径来提高增益:

(1) 增大 r_{o1}、r_{o2}。由 $r_o = \frac{1}{\lambda I_D}$ 及 $\lambda \propto \frac{1}{L}$,有 $r_o \propto \frac{L}{I_D}$,因此可以通过增大沟道长度 L 增大 A_V。

(2) 增大 g_{m1}。根据 $g_{m1} = \mu_n C_{ox} \frac{W}{L} (V_{GS} - V_{TH})$,在 $V_{od} = V_{GS} - V_{TH}$ 及 L 不变的情况下,增大 W 可提高 g_{m1}。

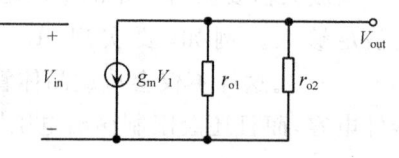

图 6.10.11 电流源负载共源放大器
小信号等效电路

这里需要注意的是,增大 M_1 的沟道长度 L 虽然可以增大 r_{o1},但也会使得 g_{m1} 变小,因此起不到增大 A_V 的作用。另外,增大相应的器件尺寸虽然有利于增益的提高,但同时也会引入大的寄生电容,影响电路的频率特性,因此设计时应该进行折中考虑。

4. 工作在线性区的 MOS 为负载的共源级

工作在深线性区的 MOS 器件可以作为一个阻值由过驱动电压控制的电阻,因此可以作为共源放大器的负载,如图 6.10.12 所示。将 M_2 的栅压偏置到足够低的电平,保证 M_2 在全部输出电压摆幅范围内工作在深线性区。

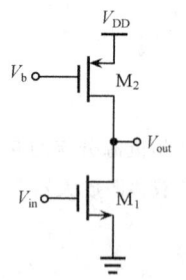

图 6.10.12 工作在线性区的
MOS 为负载的共源放大器

可以得到此放大器的增益为

$$A_V = -g_{m1} (r_{o1} // R_{on2}) \approx -g_{m1} R_{on2} \qquad (6.10.27)$$

式中,R_{on2} 为 M_2 的导通电阻

$$R_{on2} = \frac{1}{\mu_p C_{ox} (W/L)_2 (V_{DD} - V_b - |V_{THP}|)}$$

$$(6.10.28)$$

此类放大器的优点是由于深线性区的 MOS 管漏源电压很

· 234 ·

小,因此可以获得最大的输出电压摆幅,输出电压最大可接近电源电压。但也存在一些缺点:

(1) 该电路增益小,因为深线性区的 MOS 管的导通电阻较小。

(2) 增益不稳定,根据式(6.10.28)可以看出,R_{on2} 与 $\mu_p C_{ox}$、V_b、V_{THP} 相关,而 $\mu_p C_{ox}$、V_{THP} 随工艺及温度的变化而变化,而且产生一个精确的 V_b 需要额外的辅助电路。

因此,实际电路设计中一般不采用这种形式的放大器。

6.10.2 源极跟随器

源极跟随器也称共漏极放大器,信号从栅极输入,从源极输出,源极电势跟随栅压,因此称为源极跟随器,如图 6.10.13 所示。其输入阻抗对于低频小信号而言为无穷大。

1) 大信号分析

(1) $V_{in} < V_{TH}$ 时,M_1 截止,$V_{out} = 0$;

(2) $V_{in} > V_{TH}$,且 V_{DS} 大于过驱动电压时,M_1 处于饱和区,I_{D1} 流过电阻 R_S,随着 V_{in} 增大,输出电压 V_{out} 跟随输入电压变化,且两者之差为 V_{GS},输入输出特性可以表示为

$$\frac{1}{2}\mu_n C_{ox} \frac{W}{L}(V_{in} - V_{TH} - V_{out})^2 R_S = V_{out} \tag{6.10.29}$$

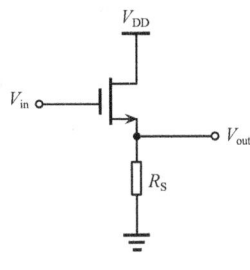

图 6.10.13 源极跟随器

(3) 当 $V_{DD} < V_{in} - V_{TH}$ 时 M_1 进入线性区,一般 V_{in} 不会高于电源电压,因此这种情况一般不用考虑。

为了保证图 6.10.13 所示的源极跟随器工作在饱和区,要求其信号输入、输出范围为(图 6.10.14)

  输入范围 $V_{TH} < V_{in} \leqslant V_{DD} + V_{TH}$

  输出范围 $0 < V_{out} \leqslant V_{DD}$

2) 小信号分析

图 6.10.15 所示为源极跟随器的小信号等效电路。

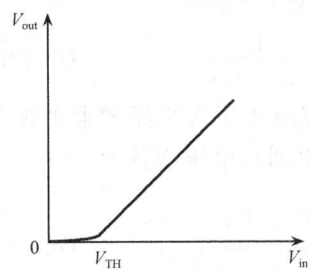
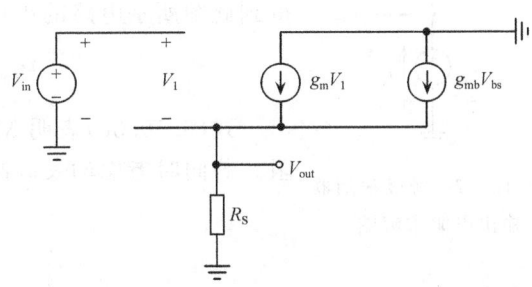

图 6.10.14 输入-输出特性曲线 图 6.10.15 源极跟随器的小信号等效电路

考虑衬底偏置效应,不考虑沟长调制效应,可以得到

$$V_1 = V_{in} - V_{out} \tag{6.10.30}$$

$$V_{bs} = -V_{out} \tag{6.10.31}$$

$$V_{out} = g_m(V_{in} - V_{out})R_S + g_{mb}(-V_{out})R_S \tag{6.10.32}$$

由以上三式可解得

$$A_V = \frac{V_{out}}{V_{in}} = \frac{g_m R_S}{1 + (g_m + g_{mb}) \cdot R_S} \tag{6.10.33}$$

从以上分析可知,当 $V_{in} \approx V_{TH}$ 时,增益 A_V 从零开始单调增大,且漏电流和 g_m 变大,得到

$$A_V \cong \frac{g_m}{g_m + g_{mb}} = \frac{1}{1+\eta} \tag{6.10.34}$$

另外,若 R_S 很大满足 $(g_m + g_{mb}) \cdot R_S \gg 1$,也可以将 A_V 近似等于 $\frac{1}{1+\eta}$。如果忽略 η,可以看到 A_V 近似为 1,但对于一般允许的源衬电压而言,η 约为 0.2,因此 $A_V \cong 0.83$。

由于图 6.10.13 中所示的源极跟随器中,M_1 的漏电流会受到输入直流电平的强烈影响,导致跨导变化以及电路增益的非线性。可采用电流源作为负载构成源极跟随器,电流源由一个工作在饱和区的 NMOS 管实现,如图 6.10.16 所示。

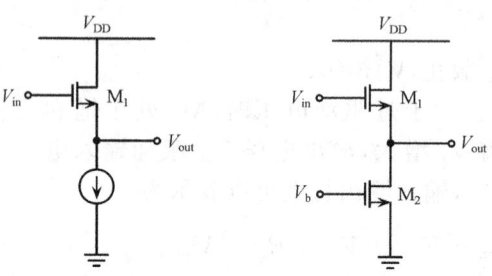

图 6.10.16 用 NMOS 管实现电流源负载的源极跟随器

恒流源一般可将其内阻看成无穷大,即 $R_S = \infty$,代入式(6.10.33)可得到

$$A_V \cong \frac{g_m}{g_m + g_{mb}} = \frac{1}{1+\eta} \tag{6.10.35}$$

由图 6.10.16 电路的小信号等效电路也可得到上述结论。

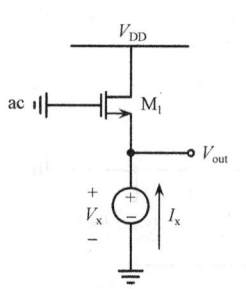

图 6.10.17 源极跟随器输出电阻求解图

为了更好地认识源极跟随器,我们计算图 6.10.16 所示电路的小信号输出电阻。将 V_{in} 交流短路,如图 6.10.17 所示。

为了简化分析计算,考虑衬底偏置效应,忽略沟长调制效应,得到此图所示电路的小信号等效电路,并求得

$$R_{out} = \frac{V_x}{I_x} \cong \frac{1}{g_m + g_{mb}} \tag{6.10.36}$$

式(6.10.36)表明 M_1 的体效应减小了源极跟随器的输出电阻。若同时考虑沟长调制效应,可得到其电压增益为

$$A_V = \frac{\dfrac{1}{g_{mb}}//r_{o1}//r_{o2}}{\dfrac{1}{g_{m1}} + \dfrac{1}{g_{mb}}//r_{o1}//r_{o2}} \tag{6.10.37}$$

输出电阻为

$$R_o = \frac{\dfrac{1}{g_{mb}}//r_{o1}//r_{o2}}{1 + \dfrac{g_m}{g_{mb}}//r_{o1}//r_{o2}} \tag{6.10.38}$$

读者可自行证明。

由以上分析可知,源极跟随器具有高输入阻抗和中等的输出阻抗。采用电流源作为负载构成源极跟随器虽然在一定程度上解决了由输入电压影响跨导而导致的非线性问

题,但是由于衬底偏置效应的存在使得阈值电压V_{TH}对源极点位存在非线性,沟长调制效应也会使得晶体管的输出电阻r_o随V_{DS}显著变化,因此输入-输出特性仍表现出一定的非线性。另外,由于源极跟随器会使信号的直流电平产生V_{GS}的电平移动,因此消耗电压余度,限制了电压摆幅。这些缺点限制了源极跟随器的应用,一般用于完成电平移动。

6.10.3 共栅放大器

共栅放大器信号从源极输入,从漏极输出,栅极接一个直流电压以便建立适当的工作条件,M_1管的偏置电流流过输入信号源,如图6.10.18所示。

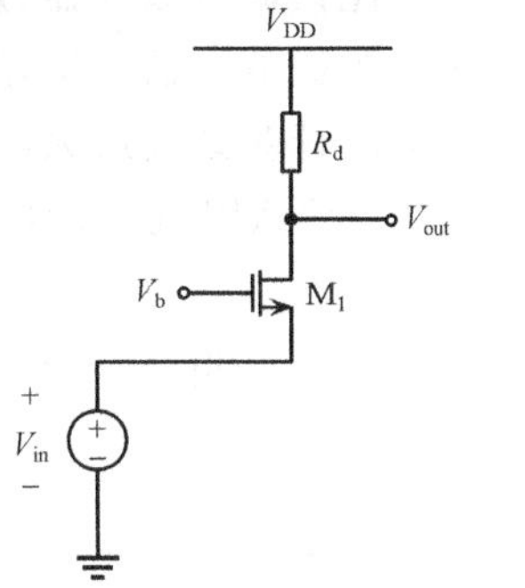

1) 大信号分析

考虑V_{in}从某一个大的值减小的过程:

(1) $V_{in} > V_b - V_{TH}$,M_1截止,$V_{out} = V_{DD}$;

(2) 对于较小的V_{in},M_1处于饱和区,此时有

$$I_D = \frac{1}{2}\mu_n C_{ox} \frac{W}{L}(V_b - V_{in} - V_{TH})^2 \quad (6.10.39)$$

$$V_{out} = V_{DD} - I_D R_D \quad (6.10.40)$$

图6.10.18 共栅放大器

随着V_{in}的减小,漏极电流增大,V_{out}下降。

(3) 当$V_{out} - V_{in} = V_b - V_{in} - V_T$时,$M_1$进入线性区,有

$$V_{out} = V_{DD} - R_D \left\{ \mu_n C_{ox} \frac{W}{L} \left[(V_b - V_{in} - V_{TH})(V_{out} - V_{in}) - \frac{1}{2}(V_{out} - V_{in})^2 \right] \right\}$$

$$(6.10.41)$$

根据以上分析可得到共栅放大器的输入-输出特性,如图6.10.19所示。在饱和区和线性区,V_{out}随着V_{in}的上升而上升,为同向变化。

2) 小信号分析

共栅放大器的小信号等效电路如图6.10.20所示。

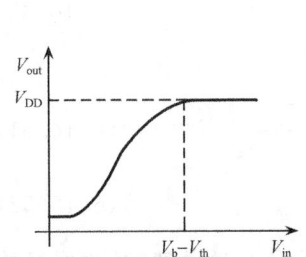

图6.10.19 共栅放大器的输入-
输出特性

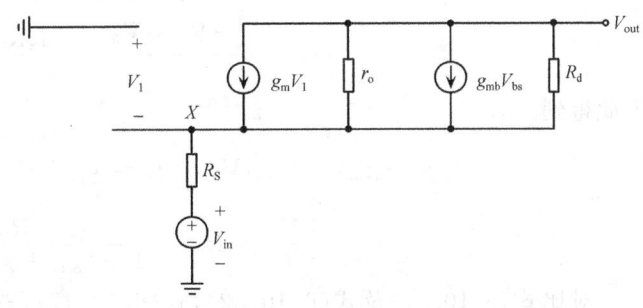

图6.10.20 共栅放大器的小信号
等效电路

当不考虑沟长调制效应,即在小信号等效电路中忽略r_o和R_S,可得到

$$V_1 = -V_{in} \quad (6.10.42)$$

$$V_{bs} = -V_{in} \quad (6.10.43)$$

$$V_{out} = -I_D R_D = (g_m V_{in} + g_{mb} V_{in}) R_D = (g_m + g_{mb}) R_D V_{in} \quad (6.10.44)$$

$$A_v = (g_m + g_{mb})R_D = g_m(1+\eta)R_D \tag{6.10.45}$$

考虑沟长调制效应,即在小信号等效电路中考虑 r_o 和 R_S,可得到

$$\frac{V_{out}}{V_{in}} = \frac{(g_m + g_{mb})r_o + 1}{r_o + (g_m + g_{mb})r_o R_S + R_S + R_D} R_D \tag{6.10.46}$$

对比共源极放大器,从以上分析可以看出,衬底偏置效应使得共栅极放大器的增益略大于共源极放大器的增益。

下面计算共栅放大器的输入输出阻抗。

(1) 输入阻抗。计算共栅放大器输入阻抗的等效电路如图 6.10.21 所示。

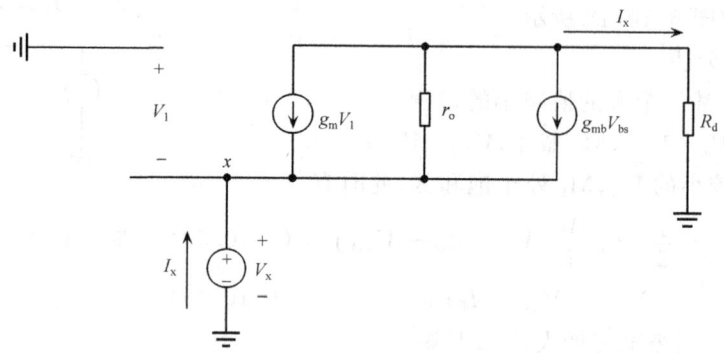

图 6.10.21 计算共栅放大器输入阻抗的等效电路

忽略沟长调制效应,由等效电路计算可得

$$R_{in} = \frac{1}{g_m + g_{mb}} = \frac{1}{g_m(1+\eta)} \tag{6.10.47}$$

可以看出,衬底偏置效应降低了共栅放大器的输入阻抗。

考虑沟长调制效应,由等效电路计算

$$V_1 = V_{bs} = -V_x \tag{6.10.48}$$

$$V_{R_D} = I_x \cdot R_D \tag{6.10.49}$$

$$I_{r_o} = \frac{-V_x + V_{R_D}}{r_o} = \frac{I_x R_D - V_x}{r_o} \tag{6.10.50}$$

因此得到

$$I_x = -g_m V_1 - g_{mb} V_{bs} - I_r = g_m V_x + g_{mb} V_x + \frac{V_x - I_x R_D}{r_o} \tag{6.10.51}$$

$$\frac{V_x}{I_x} = R_{in} = \frac{r_o + R_D}{1 + (g_m + g_{mb})r_o} \tag{6.10.52}$$

对比式(6.10.47)及式(6.10.52),式(6.10.47)是在 r_o 为无穷大时得到的,共栅极放大器的输入电阻与 R_D 成正比,当 $R_D = 0$ 时,其输入阻抗与源极跟随器从源极看到的输出阻抗一致,为 $\frac{1}{g_m + g_{mb}}$。而当 $R_D = \infty$ 时,即负载为恒流源时,由式(6.10.52)可得到共栅放大器的输入阻抗接近无穷大,不过实际情况下,即使负载为恒流源,R_D 的数值也只有 r_o 的数量级,此时输入阻抗趋近于 $\frac{2}{g_m + g_{mb}}$。

(2) 输出阻抗。计算输出阻抗的电路如图 6.10.22 所示,根据图 6.10.23 所示的小

信号等效电路即可求得其输出阻抗为

$$R_{out} = \frac{V_x}{I_x} = r_o + R_S[1 + (g_m + g_{mb}) \cdot r_o] \qquad (6.10.53)$$

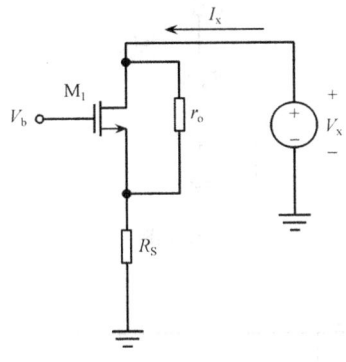
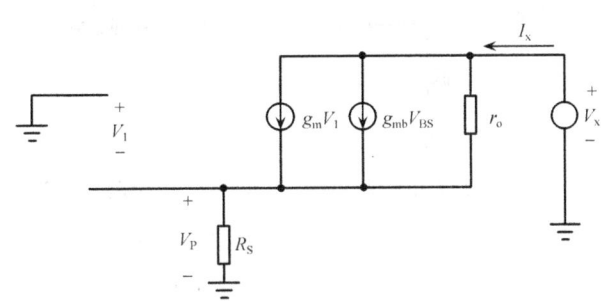

图 6.10.22 计算输出阻抗的电路　　　图 6.10.23 计算输出阻抗电路的小信号等效电路

思 考 题 6

6.1 集成电路的发展历史是怎样的？

6.2 集成电路的产业状况如何？

6.3 集成电路如何分类？

6.4 CMOS 无源器件有哪几种？

6.5 电阻、电容有哪几种类型？

6.6 CMOS 无源器件和有源器件的区别是什么？

6.7 MOS 单级放大器有几种类型？

6.8 差分放大器有什么优点？

6.9 CMOS 反相器的功耗如何计算？

6.10 为什么 CMOS 反相器的静态功耗特别低？

习 题 6

6.1 简述摩尔定律的基本内容。

6.2 集成电路有哪几种分类？试简述每一种分类的具体内容。

6.3 CMOS 工艺中，外延生长的分类是什么？氧化的目的是什么？有几种掺杂方式？

6.4 假设习题 6.4 图中 M_1 被偏置在饱和区，计算电路的小信号增益。

6.5 作图表示习题 6.5 图所示电路的小信号电压增益与输入偏压的函数关系。

6.6 假设 $\lambda = \gamma = 0$，计算习题 6.6 图所示电路的小信号增益。

6.7 假设 I_0 是理想电流源，计算习题 6.7 图所示电路电压增益。

6.8 (1) 如习题 6.8 图(a)所示，如果在所关心的频率下电容 C_1 交流短路，计算电路的电压增益。要使 M_1 工作在饱和区，则输入端允许的最大直流电平是多少？

(2) 为了允许接近 V_{DD} 的输入直流电平，将习题 6.8 图(a)的电路修改为(b)所示电路。M_1 和 M_3 的栅极电压应满足什么样的关系才能保证使 M_1 工作在饱和区？

6.9 假设 $\lambda \neq 0$ 且 $\gamma \neq 0$，计算习题 6.9 图所示电路的电压增益。

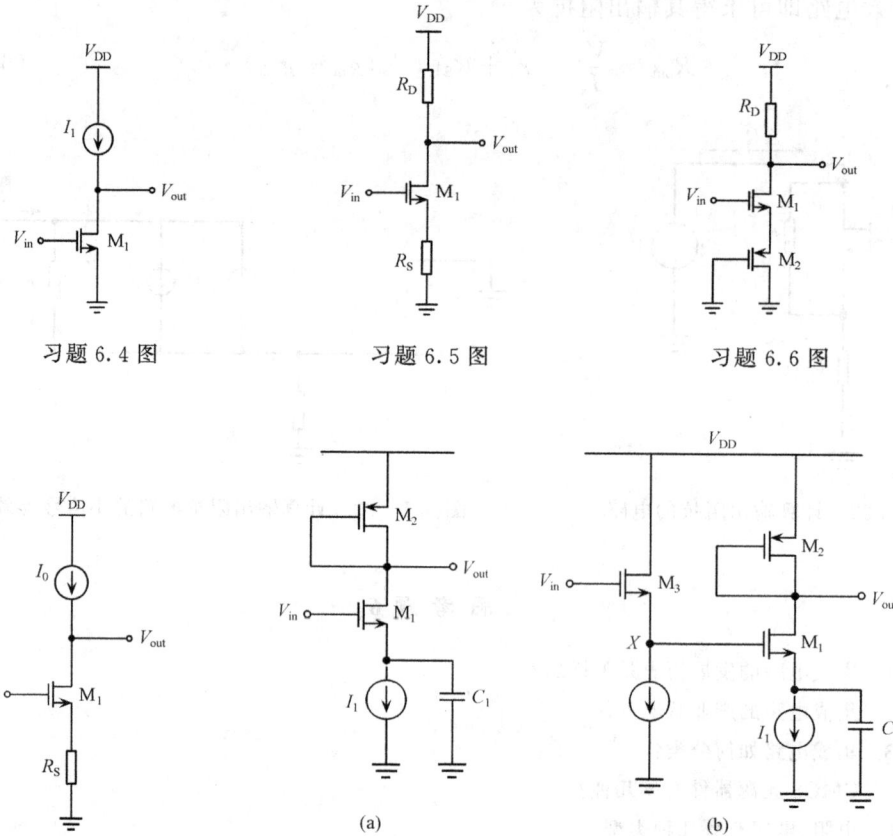

习题 6.4 图   习题 6.5 图   习题 6.6 图

习题 6.7 图   习题 6.8 图

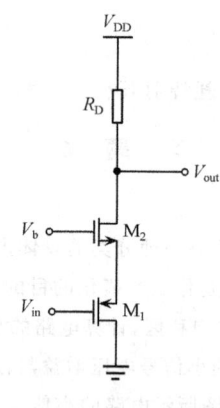

习题 6.9 图

第7章 集成电路设计基础

7.1 模拟集成电路设计概述

早在20世纪80年代初期,有人就预言模拟电路即将消失。当时,数字信号处理算法的功能日益增强,而VLSI技术的发展又使得在一块芯片上集成数百万、上千万个晶体管成为可能。由于这些算法可以在硅片上紧凑而又有效地实现,所以许多传统上采用模拟电路形式来实现的功能很容易在数字领域内完成。例如,数字音频和无线蜂窝电话的出现。

尽管许多类型的信号处理确实已经转移到数字领域,但是,在现代许多复杂高性能系统中模拟电路从根本上被证明是不可或缺的。其根本原因在于就宏观角度而言,自然界产生的信号就是模拟量。例如,汽车上的温度传感器的输出,射频信号在空间和天线中的形态均为模拟量。由于这些信号最终都会在数字领域进行一系列的处理,所以每个这样的系统都会需要一个模数转换器(ADC)。如果处理后的结果还需要提供模拟信号的特征,那么一个数模转换器(DAC)也是需要的。实际上,很多时候一个数字处理前或数字处理后的模拟信号处理电路也是需要的,以便进行放大、滤波、均衡等处理。一个实际工程设计中系统的抽象如图7.1.1所示。

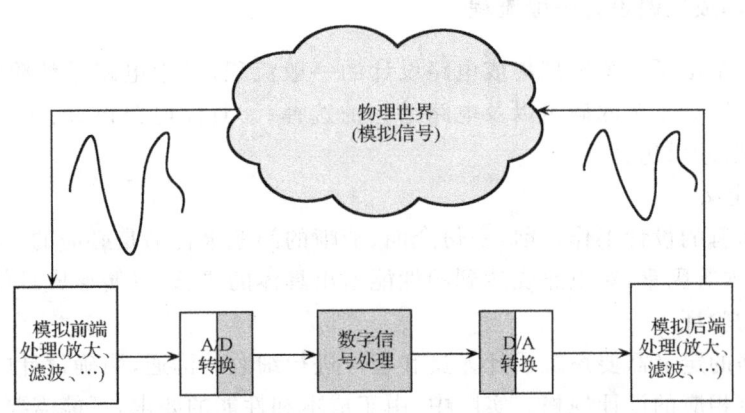

图7.1.1 一个与实际物理世界接口的数据处理系统结构抽象

一方面,现代工业中模拟电路仍然被广泛应用着;另一方面,与数字电路相比,模拟电路的设计还存在着如下所述许多困难:

(1)模拟电路的设计本质上就是速度、功耗、增益、面积、精度、电源电压、线性以及输入/输出阻抗等多种性能指标间的折中,而数字电路基本上只需要兼顾速度和功耗。

(2)模拟电路对噪声、串扰以及其他干扰(包括工艺的偏差、温度的漂移)比数字电路更加敏感。

(3) 器件的二级效应对模拟电路性能的影响比对数字电路来得更加严重。

(4) 高性能模拟电路的自动设计缺乏 EDA 工具的支持,通常需要设计人员关注每一个器件的设计;相反,许多数字电路都可以通过自动综合布局来实现。

(5) 尽管 EDA 工具已经得到很大的发展,但是模拟电路许多效应的建模以及仿真过程都存在着不少难题,如仿真精度和时间的矛盾、收敛问题等,这就迫使电路设计人员需要利用经验和直觉来进行设计和仿真结果分析。

(6) 业界的一个重要目标就是采用制造数字电路的主流集成电路工艺技术来完成模拟电路的设计,从而进一步加大设计的难度。很多时候为了实现高性能而不得不开发新颖的电路结构。

今天,模拟电路设计本身已经与集成电路工艺和所要求的电路性能在共同发展,同时,由于器件尺寸缩小、电源电压降低,以及同一块芯片上可同时制造数字电路和模拟电路,这种趋势要求在分析和设计电路时应从新技术的局限性出发,对电路的优缺点有一个全面、深入的了解。

7.2 模拟集成电路的设计流程及 EDA

完成一个集成电路的设计需要多个步骤,不管是数字集成电路、模拟集成电路还是混合信号集成电路的设计,都遵循一般的设计流程,在设计流程的不同阶段,对应有不同的 EDA 工具。本节重点介绍模拟集成电路设计的一般流程,并简要介绍各个设计阶段可能采用的 EDA 工具。

7.2.1 模拟集成电路设计一般流程

图 7.2.1 给出了一个模拟集成电路设计的一般流程,其中电路设计阶段的主要步骤有:①规格定义;②工艺的确定以及电路结构的选择;③具体电路设计;④电路仿真;⑤版图设计与验证;⑥后仿真。

1) 规格定义

在进行所有的设计工作之前,一份全面、清晰的问题报告书是必需的。报告书根据具体的应用、成本等因素,对电路要达到的性能给出具体的要求,以便形成具体的设计目标,并方便结果的验证。

设计规格的定义需要系统设计人员和客户进行细致的沟通,明确设计的目标,然后由设计人员制定相应的设计规格。实际中,由于成本和性能的要求,可能需要在各种性能之间进行折中,有些折中是相当复杂甚至是非常痛苦的。不管怎样,一个清晰、完善、合理的设计规格对整个设计是至关重要的。

2) 电路结构选择和工艺确定

规格定义给出的设计指标在很大程度上影响着所能选用的工艺和具体的结构,通常在设计规格定义好了之后,都会尽可能广泛地选择工艺流程,并精心设计电路结构以满足规格定义的要求。工艺的选择一般都会在设计阶段的初期完成,工艺的选择可能会基于成本、性能指标,或者代工厂的产能、上市时间等因素。

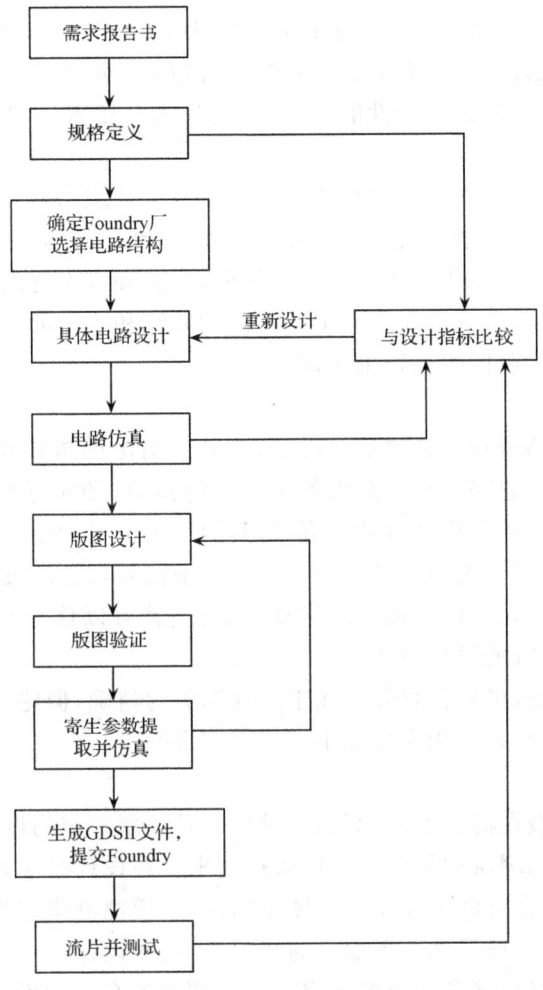

图 7.2.1 模拟集成电路设计的一般流程

  模拟集成电路常用的三种工艺分别是标准的双极型晶体管(bipolar transistor)、多晶硅栅 CMOS 和双极型 CMOS(BiCMOS)工艺。
  双极型的优点主要是开关速度快、电流驱动能力强,所以主要应用于高速电路、功率放大器电路、大电流和大功率器件上。而由于其功耗大、面积大,不用于大规模集成电路芯片中。
  CMOS 的主要优点是面积小、功耗低、噪声容限好,主要用于数字电路的微处理器和动态存储器上。由于其模拟性能不断提高,同时速度不断改进,在模拟电路中已经逐步取代了双极型工艺,从而得到了广泛的使用。由于尺寸小的优势,CMOS 已经成为大规模集成电路的主要工艺。
  BiCMOS 集中了双极型和 CMOS 电路两者的优点,主要应用于无线通信设备的收发器、放大器及振荡器、带隙基准等电路上。某些性能要求较高的数模混合电路也往往采用 BiCMOS 工艺。

3）电路设计

电路设计是整个设计过程中最具创造性的环节，也是逐步实现规格定义中各个性能指标的过程，它要求设计人员具有对实际系统进行建模的能力，所建立的模型要能全面体现系统的特性，并且思考改进系统性能的方法，设计人员要根据建模得到的结果，找出合适的电路结构。

在电路设计过程当中，设计人员需要明白如何修改系统，如何设计器件的参数来得到期望的结果，通常这是个复杂而具有挑战性的工作，因为它需要设计人员对系统结构、电路性能以及器件的特性都有很深入的了解。另外，性能和成本之间，以及性能指标之间的折中，在这个阶段表现得尤为突出。对电路的深刻认识和丰富的设计经验，将会在各种指标的平衡和折中过程中起巨大的帮助作用。

4）电路仿真

由手工计算对电路进行设计之后，应用仿真软件对电路进行仿真是必不可少的。因为手工计算的模型都是忽略了很多高阶效应之后的模型，和实际的电路性能还有一定的差距。而仿真软件可以计算更高阶的效应，得到的结果也更为精确。

在电路仿真之前，需要电路设计人员在计算机中输入自己的设计，可以是图形方式也可以是网表文件。然后导入设计选定的仿真库文件，就可以比较真实地分析所设计电路的性能，并及时修订原有的设计方案。

另外需要指出的是，虽然仿真软件比手工计算更为精确，但绝不意味着仿真可以代替手工的设计和计算，仿真只是用来验证手工计算结果的。

5）版图设计

最终的电路是要做在硅片上的，版图的设计就是按照一定的设计规则，将电路仿真阶段得到验证的结构用物理层次的几何图形表达出来。在设计时要充分考虑到模拟版图对电路性能的影响，要有合理的电路芯片版图布局，一个模拟电路芯片的成败有一半取决于版图的设计，特别是在特征尺寸不断缩小的情况下，版图设计显得更加重要。一个有经验的版图设计师可以很好地将各种模拟效应通过版图来避免，从而在相同设计的情况下得到性能更好的芯片设计。

对于不同的工艺，版图规则可能有不同的要求，设计人员需要在版图设计之前认真地研读，模拟集成电路的版图设计几乎都是全定制的设计方法，需要设计人员对工艺知识和版图规则有比较深刻的认识。

6）版图验证

版图的设计是一个复杂和烦琐的过程，难免出现错误，因此对版图的验证是必不可少的。版图验证是依据一定的设计规则对完整的版图进行检查，这个规则可以是代工厂提供的设计规则文件，也可能是设计上的电器要求，如短路、开路检查。

版图验证会进行设计规则检查（DRC）、版图和原理图一致性比较检测（LVS），以及有时会提到的电气规则检查（ERC），ERC并不是一个单独的工具，它往往嵌套于LVS工具之中。

只有确认所有的检查都完全正确之后，才可以认定设计的有效性，有专门的版图验证软件帮助设计人员完成验证工作。

7) 后仿真

版图验证之后,就可以提取寄生参数,主要是器件互联引入的寄生电阻和电容,加入这些寄生参数对整个电路进行验证,这个过程就称为"后仿真"(post simulation)。寄生参数的提取可以采用分布参数模型,也可采用集总模型,或者两者兼顾。一旦完成寄生参数的抽取,就可以把结果反标回原电路相应节点并形成新的网表文件,从而得到更符合实际版图情况的网表,然后进行后仿真,得到更符合实际芯片工作情况的信号波形。如果得到的结果不满意,就需要返回到版图设计阶段,很多设计中,需要在版图设计和后仿真之间进行多次反复。

7.2.2 模拟集成电路设计相关 EDA

电路图输入 EDA 主要是 Cadence 公司的 Virtuoso Composer。

模拟电路仿真软件则是整个流程中最为重要的软件之一,模拟电路仿真使用的 EDA 软件通常有 Cadence Spectre、Hspice、Pspice、ELDO、Nanosim 及 Hsim 等,这些工具的核心基本都是基于 SPICE(simulation program with integrated circuit emphasis)。其中 Cadence Spectre 和 Star-Hspice 最为常用。

Spectre 是 Cadence 公司庞大 EDA 工具中的重要一员,但并不是直接由 SPICE 继承而来的电路仿真工具。Spectre 现在已经完全被集成到 Cadence 的 AMS 设计环境之中,并作为仿真环境下标准的模拟电路仿真工具。它能够提供 SPICE 仿真具有的直流(DC)、小信号交流(AC)、瞬态(TRAN)标准分析功能,也能提供基于工艺参数的灵敏度(sensitivity)和 Monte Carlo 分析。Spectre 完全集成到 Cadence 的 AMS 设计环境中后,实现了和 Cadence 其他强大工具的无缝连接,将在从行为级到晶体管级、从模拟电路到混合信号电路、从原理图设计到版图提取后仿真等各种集成电路设计自动化中提供全方位的支持,其优点将远远不止是更高的仿真速度和优异的收敛特性。

Synopsys 公司的 Star-Hspice 是高精确度的模拟电路仿真软件,是世界上最广泛应用的电路仿真软件,甚至可以说是事实上的标准。它无与伦比的高精确度和收敛性已经被证明适用于广泛的电路设计,Star-Hspice 能提供设计规格要求的最大可能的准确度。另外,由于 Hspice 在业界 20 多年,有着强大的 model 支持,它在业界有着特别良好的应用。Star-Hspice 有着无与伦比的优势用于快速精确的电路和行为仿真。它使电路性能分析变得容易,并且生成可利用的 Monte Carlo、最坏情况、参数扫描(sweep)、数据表扫描分析,而且还使用了最可靠的自动收敛特性。Star-Hspice 是组成全套 Avant! 工具的基础,并且为那些需要精确的逻辑校验和电路模型库的实际晶体管特性服务。

NanoSim 是 Synopsys 公司 Discovery 验证平台上的一个针对模拟、数字和混合信号设计验证的大容量高性能晶体管级仿真器。它是一个稳定而简单易用的工具,为几百万门的片上系统设计提供了较高的仿真能力。对于 $0.13\mu m$ 或更小工艺下的设计,它可以达到类似于 SPICE 的精度。NanoSim 结合了 Timemill 和 PowerMill 中最先进的仿真技术,在单独的一个工具里就可以同时完成时序和功耗分析。NanoSim 与 Timemill、PowerMill 完全向下兼容,可以使用同样的网表和初始化设置,可以产生高精度、高性能的结果。如果结合使用 VCS,它可以在 RTL 级、门级、晶体管级等各个层次对设计进行仿真。

模拟集成电路版图设计常用工具是 Cadence Virtuoso,即版图大师。现在市面上常见的模拟集成电路版图验证工具包括：Cadence 公司的 Dracula 和 Diva、Synopsys 公司的 Herclues 及 Star-RCXT、Mentor 公司的 Calibre/Xcalibre。

Star-RCXT 用来对全芯片设计、关键路径以及模块级设计进行非常准确和有效的三维寄生参数提取，Star-RCXT 还可以提供内建的电容电阻数据压缩、延时计算以及噪声分析。Star-RCXT 提供层次化处理模式及分布式处理模式以达到最高处理量。Star-RCXT 紧密结合于 Synopsys、SinglePass 流程。

7.2.3 模拟集成电路设计实例

运算放大器(operational amplifier)简称运放(op-amp)，是许多模拟系统和混合信号系统中的一个完整部分，也是模拟电路设计中用途最广、最重要的部分。大量的具有不同复杂程度的运放可用于实现各种功能：从直流偏置的产生到高速放大或滤波。伴随着每一代 CMOS 工艺，由于电源电压和晶体管沟道长度的减小，不断地给运放的设计提出新的难题。

1. 运算放大器的基本特点及电路构成

运放是一种高增益的放大器，它的符号如图 7.2.2 所示。其中图 7.2.2(a)是差分输入-单端输出的运放，图 7.2.2(b)是全差分运放。运放框图上的正、负号代表输入、输出之间的相位关系。

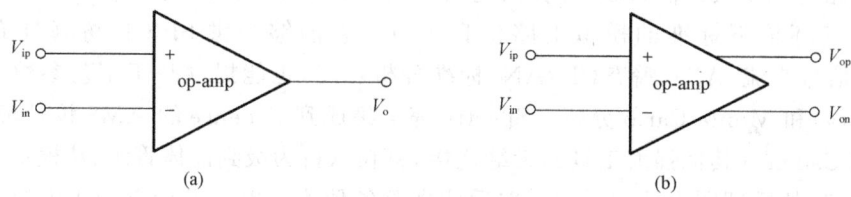

图 7.2.2　运放的符号
(a) 差分输入-单端输出的运放；(b) 全差分运放

运放主要有三个特点：第一是增益高，通常都在 40dB 以上。高增益使得运放在开环工作时，对输入信号的变化十分敏感。微小的差分输入信号经过高倍放大后，输出信号偏置在电源电压或地。这可以用来检测两个输入信号之间的大小关系。高增益又使得运放在闭环工作时很容易地处于深度负反馈，其闭环增益由反馈系数决定，从而可以提高输出的稳定性和线性。第二是输入阻抗很大，CMOS 运放在低频下的输入阻抗可以达到数兆欧姆。通常 CMOS 运放都使用 MOS 管的栅极作为输入端，因为栅极可以等效为电容，所以低频下运放的输入阻抗大，对前级电路的负载效应小。第三是输出阻抗小，一般在几十欧姆以下。作为电压输出器件，它的内阻很小，容易驱动小电阻或大电容等重负载。

运算放大器一般由三个部分构成，如图 7.2.3 所示。首先是差分输入级，它对运放的噪声、线性、失调等性能有很大影响。然后是增益放大级，它可以包括多个级联放大电路，主要提供足够高的增益。最后是输出级，它要有较低的输出阻抗，能起到对后级电路的驱动作用。除此以外，为了保证运放正常工作，提高运放的性能，还有直流偏置电路、共模反馈电路、相位补偿电路、输入输出保护电路等附属电路。实际的运放电路可能难以明显划分成三个部分，如输入级和增益放大级通常结合在一起。各级之间并不是独立的，它们共同决定了运放的整体性能。

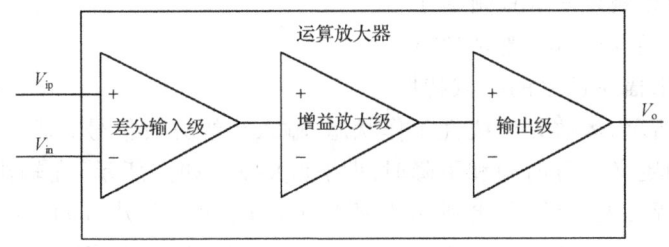

图 7.2.3　运算放大器结构框图

2. 运算放大器的设计指标

运算放大器设计一般分两步进行。

第一步是选择或构造运算放大器的基本结构、描绘所有晶体管互联的草图。多数情况下,这个结构在整个设计中不会改变,但有时,某些选好的设计特性必须通过改变结构来实现。

一旦结构确定,设计者就根据功耗、摆率等要求确定直流偏置电流,设置管子尺寸,并设计补偿电路。这个步骤是设计工作的主要内容。为满足运算放大器的交流和直流要求,所有管子都应有合适的尺寸。在手工计算基础上,计算机电路仿真可帮助设计者完成此阶段的工作。

开始着手实际设计之前,设计者需要十分明确地了解性能要求和边界条件。下面列出必须考虑的问题。

边界条件主要包括:
(1) 工艺规范(V_{TH}、K'、C_{ox} 等);
(2) 电源电压范围;
(3) 电源电流范围;
(4) 工作温度范围。

运放的性能要求主要包括以下几点。

1) 增益

增益 A_V 被定义为

$$A_V = \frac{v_o}{v_{ip} - v_{in}} \quad \text{(单端输出的运放)} \tag{7.2.1}$$

$$A_V = \frac{v_{op} - v_{on}}{v_{ip} - v_{in}} \quad \text{(双端输出的运放)} \tag{7.2.2}$$

运放的开环增益决定了运放的精度。增益越大的电路,其精度越高。

2) 小信号带宽

运放的高频特性在许多应用中起重要作用。例如,当工作频率增加时,开环增益开始下降,如图 7.2.4 所示。小信号带宽通常被定义为单位增益频率 f_u。有时为更容易预测闭

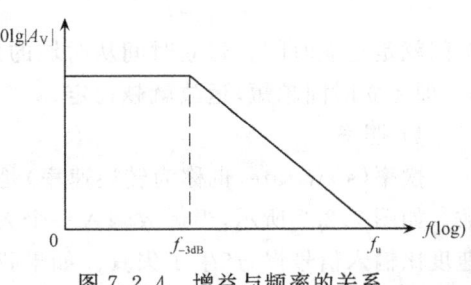

图 7.2.4　增益与频率的关系

环频率特性,也可以规定-3dB频率 f_{-3dB}。

3) 上升时间、下降时间、建立时间

建立时间用来描述运放的时域特性。

如图7.2.5所示,运放处于线性工作状态,输入小幅方波信号。根据信号上升沿和下降沿的变化,我们定义上升时间和下降时间两个参数。如图所示,在输出信号的上升沿,信号幅度从最大幅度的10%变化到90%所用的时间称为上升时间;在输出信号的下降沿,信号幅度从最大幅度的90%变化到10%所用的时间称为下降时间。上升和下降时间所描述的是运放在线性状态下,输出信号从低电平到高电平,以及从高电平到低电平的变化快慢。因为运放输出支路上结构的不对称性,上升时间和下降时间通常不等。其中较慢的指标限制了运放的高速应用。

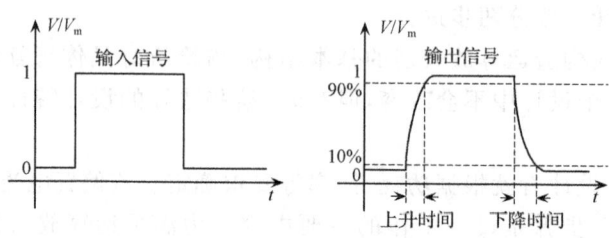

图 7.2.5 上升时间和下降时间

对于单极点运放来说,它的上升时间和3dB带宽之间存在着固定的关系。单极点运放的上升时间和3dB带宽成反比,带宽越宽,上升时间越短,运放的速度越快,它反映了运放时域参数和频域参数之间的内在联系。对于多极点系统,它们之间的关系变得十分复杂,但我们基本可以断定运放带宽越宽,速度越快。

当运放工作在线性状态,输入小幅阶跃信号时,不同运放的时域响应也不同。有时输出信号在达到最终的稳定值之前会出现过冲和衰减振荡现象。为了衡量输出信号从变化开始到最终稳定这一过程的长短,引入建立时间这一参数。设运放的最终输出值是 V_m,输出信号是 $V_m(t)$,在 V_m 上下变化。当在某时刻 t_0 之后,始终满足:$|V_m(t)-V_m| \leqslant \Delta V_m|_{t \geqslant t_0}$,那么 t_0 叫做运放的建立时间。参考图7.2.6,更直观地说,在某时刻之后,输出信号曲线都落在误差上限和误差下限两条线之间,那么从输出信号变化开始到该时刻为止的

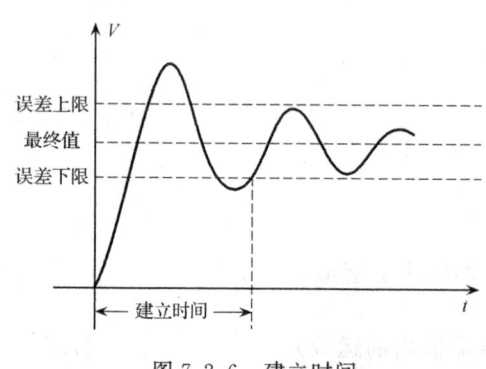

图 7.2.6 建立时间

时间就是建立时间。建立时间从时域的角度反映了运放的稳定性。输出信号振荡时间越短,即建立时间越短,运放就越稳定。

4) 摆率

摆率(slew rate,也称为转换速率)是反映运放处理大信号或高频信号能力的一个参数。如图7.2.7所示,当运放输入一个大阶跃信号时,输出信号的变化速度有限,其上升速度比输入信号慢,产生了失真。如果我们对阶跃信号进行傅里叶分解,它是许多不同频

率的正弦波的叠加。当阶跃信号或一组等效的正弦波输入运放后,由于运放的带宽有限,某些高频正弦波将被运放"过滤"掉,因而输出中只包含了部分较低频率的正弦波分量,而且这些分量的幅度随着频率的升高而下降。这样一组新的正弦波构成了输出信号,它和输入信号相比产生了失真。运放的带宽越宽,能通过的正弦波的分量越多,输出信号的变化越快,波形越接近输入阶跃信号。可是从频域的角度来定义运放对大信号的处理能力却存在困难。由于各个运放的频响特性都不相同,我们无法从频域上给出统一的衡量标准。因此从时域角度出发,直观地定义摆率是大信号下输出电压的最大变化率,即摆率 $SR = \dfrac{dv_{out}}{dt}|_{max}$。从图 7.2.7 中,我们可以通过测量输出波形的变化计算出摆率的值。

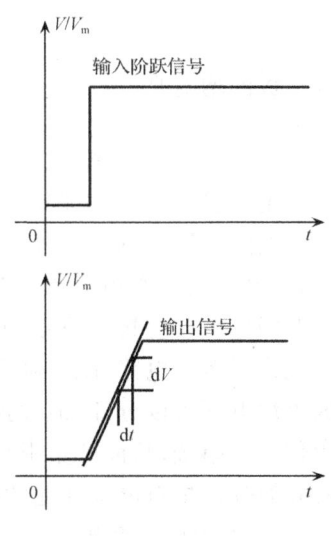

图 7.2.7 摆率

一个运放的摆率是固定的,当输出信号的变化率超过摆率,它就会产生失真。下面让我们来推导当 SR 一定的时候,运放对输出信号的要求。当运放工作在线性状态,也就是输出不发生失真的时候,输入是单频正弦信号,输出也是同频的正弦信号,设输出信号为 $v_{out} = V_m \sin\omega t$,那么输出信号的最大变化率是 $\dfrac{dv_{out}}{dt}|_{max} = |\omega V_m \cos\omega t||_{max} = \omega V_m$,如果输出信号不产生失真,那么应该满足 $SR > \omega V_m$。这是一个有意思的结论,它表明当运放的摆率 SR 一定时,运放在线性状态所能处理的信号的输出幅度 V_m 和其工作频率 ω 成反比。当信号频率较低时,其幅度可以较大;反之,当信号频率较高时,其幅度必须下降,否则会出现失真。或者说,在一定的输出幅度下,相应有一个最高允许的工作频率,该频率称为运放的全功率带宽,即 $BW_p = \dfrac{SR}{2\pi V_m}$。当正弦信号频率超过 BW_p 时,输出信号波形将产生三角波失真。在运放设计中,我们一般先确定摆率以及输出信号幅度的大小,然后,求出全功率带宽,从而确定运放 3dB 带宽。显然运放所要处理的信号频率应该处于全功率带宽之内。

5) 输入共模范围 ICMR

输入共模范围 ICMR(input common-mode range)是指在这个共模信号范围内运放对信号响应且具有同样增益的放大作用。

6) 共模抑制比 CMRR

共模抑制比 CMRR(common-mode rejection rate)是差模增益与共模增益的幅度比。理想运放共模增益为零,因而 CMRR 为无穷大。

7) 电源电压抑制比 PSRR

电源电压抑制比 PSRR(power source rejection rate)用来衡量电源电压 V_{DD} 的变化对输出电压 V_{out} 的影响。当电源电压受到噪声或其他信号的干扰而发生波动时,它相当于是运放的一个输入端,在输出端会产生相应的信号。定义其增益是当输入信号为 0 时,输出信号和电源波动信号之比

$$A_{V_{DD}}\mid_{V_{in}=0}=\frac{V_{out}}{V_{DD}} \tag{7.2.3}$$

令运放的增益是

$$A_{V}\mid_{V_{DD}=0}=\frac{V_{out}}{V_{IN}} \tag{7.2.4}$$

电源抑制比是正常运放增益和由于电源波动产生的增益之比,显然 PSRR 越大,电源对电路的影响越小。PSRR 和运放的工作频率以及电源扰动信号的频率有关,一般来说,随着运放工作频率的上升,PSRR 会变差。对于单电源运放来说,如果地电平"不干净",同样会产生扰动信号,而且在大规模集成电路中,这个问题十分突出。当同一块芯片上制作了多个电路,既有高频(100MHz~10GHz),又有低频(<100MHz)电路单元,它们的电源电压可以分开,但地连接在一起。这样,由于地线的耦合作用,各个电路之间会发生信号的串绕,从而严重影响电路的性能。因此关于地电平的电源抑制也十分重要。通常我们分别把对电源和地的抑制比称为 $PSRR^+$ 和 $PSRR^-$,并分别计算。

8) 输出电压摆幅

使用运放的大多数系统要求大的电压摆幅以适应大信号应用。对大输出摆幅的需求使全差动运放使用相当普遍,这种运放产生互补输出,是单端输出有效幅度的两倍。电压摆幅与器件尺寸、偏置电流、工作速度之间是相互关联的和相互制约的,需要进行权衡设计。

9) 输出电阻

理想的运放要求具有尽可能低的输出电阻。

10) 失调

如图 7.2.8 所示,对于理想的运放来说,当两个输入端加入相等的直流偏置电压,而无交流输入信号时,输出直流电平应该位于指定的某一电平。如果是单电源 V_{DD} 供电,通常输出电平位于 $\frac{V_{DD}}{2}$;如果是双电源 V_{DD} 和 $-V_{SS}$(一般 $V_{DD}=V_{SS}$)供电,通常输出电平位于 0。但实际的运放由于电路中失配等多种因素,当输入交流信号为 0 时,输出直流电平偏离了指定值,需要在输入端加入一个小的偏置电压 V_{OS} 来进行补偿,使得输出电平回到指定值。这个补偿电压 V_{OS} 叫做运放的输入失调电压。当运放的输出电平为指定值时,流入运放两输入端的静态电流之差 I_{OS} 叫做输入失调电流。而此时两输入端静态电流的平均值为 I_{IB},叫做输入偏置电流。失调参数是限制运放检测信号最小值的主要因素,运放一般都设计有输入补偿电路以降低失调电压和失调电流。

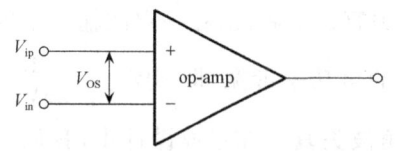

图 7.2.8 运放的失调参数

11) 噪声

运放的噪声主要是由热噪声和 $1/f$ 噪声引起的。在低频范围,$1/f$ 噪声起主要作用,在高频范围,热噪声起主要作用。

12) 版图面积

表 7.2.1 列出了一运算放大器的典型特性,这些参数也是本章设计的运放的基本指标。在本章的第 5 节将以该表中的指标来讨论运放的设计。

表 7.2.1 一例典型的运算放大器特性

边界条件	要求
工艺规范	取决于具体工艺
电源电压	$\pm 2.5V \pm 10\%$
电源电流	$100\mu A$
工作温度范围	$0\sim 70°C$
特性	要求
增益	$\geqslant 60dB$
增益带宽	$\geqslant 5MHz$
建立时间	$\leqslant 1\mu s$
摆率	$\geqslant 5V/\mu s$
|ICMR|	$\geqslant 1.5V$
CMRR	$\geqslant 60dB$
PSRR	$\geqslant 60dB$
输出摆幅	$\geqslant 1.5V$
输出电阻	驱动电容负载
失调	$\leqslant 10mV$
噪声	$\leqslant 100nV/\sqrt{Hz}$（1kHz 时）
版图面积	$\leqslant 5000\times$（最小沟道长度）^{2}

3. 二级运算放大器的设计

通常，二级运算放大器的设计包括如下步骤。

1) 决定合适的结构

仔细研究过技术指标后，确定所需要的结构类型。比如，如果要求非常小的噪声和失调，那么这个结构必须在输入级提供高增益。如果需要低功耗，那么甲乙类输出级也许是必要的，这又决定了必须使用的输入级类型。很多情况下，必须构造一定的结构以满足特定的应用。

2) 确定满足指标所需要的补偿类型

有许多方法可以对运算放大器进行补偿。某些结构或者指标要求一些特别的补偿方式。例如，必须驱动非常大的容性负载的运算放大器应该在输出端进行补偿。

3) 设计管子尺寸以满足直流、交流和瞬态性能

根据近似公式开始手工计算包括补偿元器件在内的器件几何尺寸，接着，用仿真工具进行电路优化设计。

在设计过程中可能会发现，用所选择的结构达到某些指标是困难的，甚至是不可能的。此时设计者必须改进结构或查找资料以寻求能够达到要求的方法。对非常关键的设计，手工计算可以在整个任务的 20% 的时间内完成大约 80% 的工作。剩下的 20% 的工作需要 80% 的时间完成。尽管有时手工计算会因近似处理而带来误导，但这个步骤却是

必需的。它可以使设计者对设计参数变化的灵敏性有一个感性认识。除此之外，没有其他方法能做到这一点。

总体来说，设计过程有两个主要步骤：一是设计的概念，二是设计的优化。设计的概念由提出满足给定指标要求的结构来完成。通常，这一步由手工计算完成。第二步是对初步设计进行验证和优化。这一般通过计算机仿真进行，仿真中可以包含其他诸如环境或工艺变化的影响。

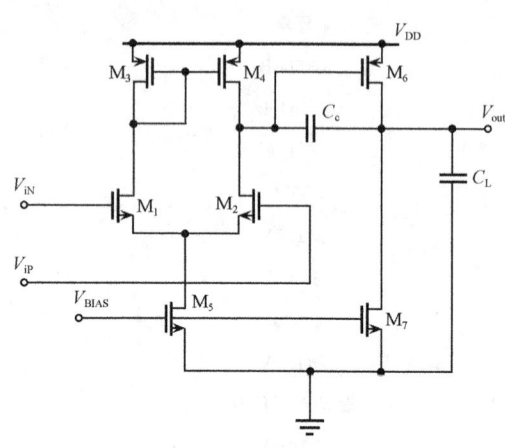

图 7.2.9 具有 N 沟道输入对的两级
CMOS 运算放大器电路

下面以图 7.2.9 所示运算放大器为例具体阐述以上设计过程。

为简化起见，用符号 S_i 表示第 i 个晶体管的 W 和 L 的比，即 $S_i = W_i/L_i = \left(\dfrac{W}{L}\right)_i$，用符号 K'_i 表示第 i 个晶体管的 μ 与 C_{ox} 的乘积，即 $K'_i = (\mu C_{ox})_i = \left(\mu \dfrac{\varepsilon_{ox}}{t_{ox}}\right)_i$，并且令 $\beta_i = S_i \cdot K'_i$，其中对 NMOS 管 $\mu = \mu_n$，对 PMOS 管 $\mu = \mu_p$。

开始介绍设计过程之前，我们先总结一下运算放大器性能的重要关系。假设 $g_{m1} = g_{m2} = g_{mI}$，$g_{m6} = g_{mII}$，$g_{ds6} + g_{ds7} = G_{II}$。

摆率

$$\text{SR} = \frac{I_5}{C_c} \tag{7.2.5}$$

第一级增益

$$A_{V1} = \frac{-g_{m1}}{g_{ds2} + g_{ds4}} = \frac{-2g_{m1}}{I_5(\lambda_2 + \lambda_4)} \tag{7.2.6}$$

第二级增益

$$A_{V2} = \frac{-g_{m6}}{g_{ds6} + g_{ds7}} = \frac{-g_{m6}}{I_6(\lambda_6 + \lambda_7)} \tag{7.2.7}$$

增益带宽

$$\text{GB} = \frac{g_{m1}}{C_c} \tag{7.2.8}$$

输出极点

$$p_2 = \frac{-g_{m6}}{C_L} \tag{7.2.9}$$

RHP 零点

$$z_1 = \frac{g_{m6}}{C_c} \tag{7.2.10}$$

正 ICMR

$$V_{in(max)} = V_{DD} - \sqrt{\frac{I_5}{\beta_3}} - |V_{TH3}| + V_{TH1} \tag{7.2.11}$$

负 ICMR

$$V_{\text{in(min)}} = V_{\text{SS}} + \sqrt{\frac{I_5}{\beta_1}} + V_{\text{DS5(sat)}} + V_{\text{TH1}} \tag{7.2.12}$$

式中，$V_{\text{DS5(sat)}}$ 表示 M_5 管饱和时的源漏电压。

饱和电压

$$V_{\text{DS}i(\text{sat})} = \sqrt{\frac{2I_{\text{DS}i}}{\beta_i}} \tag{7.2.13}$$

注：式(7.2.13)中的饱和电压为临界饱和电压，即 $V_{\text{DS(sat)}} = V_{\text{GS}} - V_{\text{TH}}$。

在上面的关系中，设所有晶体管都工作在饱和区。

在下面的设计过程中，假设下列参数的指标已给出：

(1) 增益 $A_V(0)$；

(2) 增益带宽 GB；

(3) 输入共模范围 ICMR；

(4) 负载电容 C_L；

(5) 摆率 SR；

(6) 输出电压摆幅；

(7) 功耗 P_{diss}。

现在开始设计，首先选择在整个电路中使用的器件栅长，这个值将确定沟道长度调制参数 λ 的值，这是计算放大器增益时所必需的参数。因为 MOS 器件模型随沟道长度变化很大，设计中选用器件栅长的原则是获得更精确的模拟结果。管子栅长选好后，可以确定补偿电容 C_c 的最小值。在前面的分析中已经看到设置输出极点 p_2 高于 2.2GB 可以获得 $60°$ 的相位裕量，又假设 RHP 零点 z_1 高于 10GB 以上，这样的极、零点位置导致对 C_c 的最小值有下面的要求：

$$C_c > (2.2/10)C_L \tag{7.2.14}$$

下面在满足摆率要求的基础上确定尾电流 I_5。由式(7.2.6)，I_5 的值确定为

$$I_5 = \text{SR}(C_c) \tag{7.2.15}$$

如果摆率的指标没有给出，可以按建立时间要求选值。在后面设计中如果有需要还可以修改 I_5 的数值。现在可以确定 $M_3(M_4)$ 的宽长比，它可根据输入共模范围要求来确定。由式(7.2.14)可推出 $(W/L)_3$ 的设计公式

$$S_3 = (W/L)_3 = \frac{I_5}{(K_3')(V_{\text{DD}} - V_{\text{in(max)}} - |V_{\text{TH3}}| + V_{\text{TH1}})^2} \tag{7.2.16}$$

输入管的跨导要求可以由 C_c 和 GB 的知识来确定。跨导 g_{m1} 可以用下面的公式计算：

$$g_{m1} = \text{GB}(C_c) \tag{7.2.17}$$

宽长比 $(W/L)_1$ 直接由 g_{m1} 得出

$$S_1 = (W/L)_1 = \frac{g_{m1}^2}{(K_1')(I_5)} \tag{7.2.18}$$

下面计算 M_5 管的饱和电压。用 ICMR 公式计算 V_{DS5}，由式(7.2.13)推导出下面的关系：

$$V_{\text{DS5}} = V_{\text{in(min)}} - V_{\text{SS}} - \sqrt{\frac{I_5}{\beta_1}} - V_{\text{TH1}} \tag{7.2.19}$$

确定了 V_{DS5} 后，$(W/L)_5$ 可以用式(7.2.14)按下面的方法得到：

$$S_5 = (W/L)_5 = \frac{2(I_5)}{(K'_5)(V_{DS5})^2} \tag{7.2.20}$$

到这里，运算放大器的第一级设计完成了，接下来考虑输出级。

为了有 60°的相位裕度，假定将输出极点设置在 2.2GB 处。基于这个假设和式(7.2.9)中 $|p_2|$ 的关系，跨导 g_{m6} 可以用下面的关系确定：

$$g_{m6} = 2.2(g_{m2})(C_L/C_c) \tag{7.2.21}$$

通常，为了得到合理的相位裕度，g_{m6} 的值近似取输入跨导 g_{m1} 的 10 倍。此时，有两种可能的方法来完成 M_6 的设计，即设计适当的 $(W/L)_6$ 或者适当的 I_6。首先为达到图 7.2.9 中第一级电流镜负载(M_3 和 M_4)的正确镜像，就要求 $V_{SG4} = V_{SG6}$。因为 $g_m = K'(V_{GS} - V_T)$，我们可以写出

$$S_6 = S_4 \frac{g_{m6}}{g_{m4}} \tag{7.2.22}$$

知道了 g_{m6} 和 S_6，就可以用下面的公式来确定直流电流 I_6：

$$I_6 = \frac{g_{m6}^2}{(2)(K'_6)(W/L)_6} = \frac{g_{m6}^2}{2K'_6 S_6} \tag{7.2.23}$$

下面检查最大输出电压是否满足要求。如果不满足，那么可增加电流或 W/L 以获得更小的 $V_{DS(sat)}$。

第二种设计输出级的方法是用 g_{m6} 的值和 M_6 所要求的 $V_{DS(sat)}$ 来确定电流。考虑 g_m 的定义式和 $V_{DS(sat)}$，得出一个与 (W/L)、$V_{DS(sat)}$、g_m 和工艺参数相关联的公式。利用此关系，由输出范围指标得到 $V_{DS(sat)}$ 的要求，可得 (W/L) 如下：

$$S_6 = (W/L)_6 = \frac{g_{m6}}{K'_6 V_{DS(sat)}} \tag{7.2.24}$$

然后，I_6 的值可由式(7.2.23)计算。在确定 I_6 的任何一种方式中，应该检查功耗的要求，因为 I_6 是功耗的主要部分。

M_7 管的尺寸可以由下面给出的平衡方程式决定：

$$S_7 = (W/L)_7 = (W/L)_5 \left(\frac{I_6}{I_5}\right) = S_5 \left(\frac{I_6}{I_5}\right) \tag{7.2.25}$$

至此完成了所有 W/L 值的初步设计。这时，可按下式检查总的放大增益是否满足要求：

$$A_V = \frac{(2)(g_{m2})(g_{m6})}{I_5(\lambda_2 + \lambda_4)I_6(\lambda_6 + \lambda_7)} \tag{7.2.26}$$

如果增益太低，可以对多个参数进行调整。每一步调整也许要求这个设计过程中的其他参数也要调整，以确保所有的指标都得到满足。

下面考虑噪声或 PSRR。输入电压噪声主要由第一级输入管和负载管引起，有热噪声和 $1/f$ 噪声。任何管子的 $1/f$ 噪声可以通过增加管子面积(即增加 W/L)来降低。任何管子的热噪声可以通过增大自身 g_m 来减小。这可以由增大 W/L、增大电流或者同时增大两者来实现。由负载管引起的有效输入噪声电压可以通过减小 $g_{m3}/g_{m1}(g_{m4}/g_{m2})$ 来减小。必须注意，进行噪声性能的调整时不要反过来影响运算放大器的其他重要性能。

电源抑制比在很大程度上是由所采取的结构决定的。对负 PSRR 的改进可通过增

大 M_5 的输出电阻来实现。这通常是在不影响其他性能的情况下成比例地增大 W_5 和 L_5 来完成的。

下面以基准源中用到的二级运放为实例,详细说明运算放大器的设计步骤。

采用 0.18μm、3.3V CMOS 工艺的模型参数,设计一个二级运放,在 60°的相位裕度情况下,满足下面的指标要求(设沟道长度为 1μm):

$A_V > 60\text{dB}$ $V_{DD} = 3.3\text{V}$ $V_{SS} = 0$

$\text{GB} = 5\text{MHz}$ $C_L = 10\text{pF}$ $\text{SR} > 10\text{V}/\mu\text{s}$

建立时间 $\leqslant 1\mu\text{s}$ $\text{CMRR} \geqslant 60\text{dB}$ $\text{PSRR} \geqslant 60\text{dB}$

输出摆幅 $= 1.5 \sim 3\text{V}$ $\text{ICMR} = 1.3 \sim 2.8\text{V}$ $P_{\text{diss}} < 2\text{mW}$

在开始计算之前,需要从工艺库中提取出用于手工计算的一级模型参数。

和舰 0.18μm、3.3V CMOS 工艺的部分模型参数如下:

NMOS:TOX$= 7.00000\text{E}-09$ VTH0$=0.6124070$

     U0$=3.4129650\text{E}-02$

PMOS:TOX$= 7.00000\text{E}-09$ VTH0$=-0.7204355$

     U0$=8.0758510\text{E}-03$

$$K'_N = \mu_N C_{ox} = \mu_N \frac{\varepsilon_{ox}}{t_{ox}} = 3.4129650\text{E}-02 \times \frac{3.45\text{E}-11}{7.00000\text{E}-09} = 1.68 \times 10^{-4}$$

则

$$K'_P = \mu_P C_{ox} = \mu_P \frac{\varepsilon_{ox}}{t_{ox}} = 8.0758510\text{E}-03 \times \frac{3.45\text{E}-11}{7.00000\text{E}-09} = 3.98 \times 10^{-5}$$

首先算出补偿电容 C_c 的最小值

$$C_c > \left(\frac{2.2}{10}\right)C_L = 2.2\text{pF}$$

选定 C_c 为 2.3pF,用摆率指标和 C_c 算出 I_5

$$I_5 = \text{SR}(C_c) > 23\mu\text{A}, \quad 取 I_5 为 30\mu\text{A}$$

下面根据 ICMR 的要求计算 $(W/L)_3$,取 $|V_{TH3}| = 0.72\text{V}$,得到

$$S_3 = (W/L)_3 < \frac{I_5}{K'_3(V_{DD} - V_{in(max)} - |V_{TH3}| + V_{TH1})^2} = 4.96, \quad 取 S_3 = 4$$

下一步计算 g_{m1}

$$g_{m1} > \text{GB} \cdot C_c = 5M \cdot 2\pi \cdot 2.2p = 69\mu\text{S}, \quad 取 g_{m1} 为 95\mu\text{S}$$

有

$$S_1 = (W/L)_1 = \frac{g_{m1}^2}{(K'_1)(I_5)} = 1.8, \quad 取 S_1 为 2$$

计算 V_{DS5},考虑到 M_1 的衬底偏置效应,取 $V_{TH1(max)} = 0.65\text{V}$,则

$$V_{DS5} > V_{in(min)} - V_{SS} - \left(\frac{I_5}{\beta_1}\right)^{\frac{1}{2}} - V_{TH1(max)} = 0.35\text{V}$$

则

$$S_5 = (W/L)_5 = \frac{2(I_5)}{K'_5(V_{DS5})^2} < 2.9, \quad 取 S_5 = 2.5$$

g_{m6} 通常设计为跨导 g_{m1} 的 10 倍,则 g_{m6} 为 $950\mu S$。

$$g_{m4} = (K_4' S_4 I_5)^{\frac{1}{2}} = 69.1\mu S$$

$$S_6 = S_4 \frac{g_{m6}}{g_{m4}} = 54.6, \quad \text{取} \ S_6 = 56$$

$$I_6 = \frac{g_{m6}^2}{(2)(K_6')(W/L)_6} = \frac{g_{m6}^2}{2K_6' S_6} = 202\mu A$$

$$S_7 = (W/L)_7 = (W/L)_5 \left(\frac{I_6}{I_5}\right) = S_5 \left(\frac{I_6}{I_5}\right) = 16.8, \quad \text{取} \ S_7 = 17.5$$

由此得到电路参数如下:

M_1, M_2	$W = 2\mu m$	$L = 1\mu m$
M_3, M_4	$W = 4\mu m$	$L = 1\mu m$
M_5	$W = 2.5\mu m$	$L = 1\mu m$
M_6	$W = 56\mu m$	$L = 1\mu m$
M_7	$W = 17.5\mu m$	$L = 1\mu m$
C_L	10pF	
C_c	2.3pF	

4. 仿真及结果分析

下面利用上述设计参数,使用 Hspice 进行仿真分析,确定计算结果是否满足指标要求(表 7.2.2)。

表 7.2.2 所设计电路的 Hspice 子电路描述

```
*      Definition for project AMP
.SUBCKT   AMP VDD VSS VINP VINN VOUT
M1        N1N9 VINN N1N17 N1N17      N_33_G2 W=2U L=1U M=1
M2        N1N49 VINP N1N17 N1N17     N_33_G2 W=2U L=1U M=1
M3        N1N9 N1N9 VDD VDD          P_33_G2 W=4U L=1U M=1
M4        N1N49 N1N9 VDD VDD         P_33_G2 W=4U L=1U M=1
M5        N1N17 VBIAS VSS VSS        N_33_G2 W=2.5U L=1U M=1
M6        VOUT N1N49 VDD VDD         P_33_G2 W=56U L=1U M=1
M7        VOUT VBIAS VSS VSS         N_33_G2 W=17.5U L=1U M=1
CL        VOUT 0                     10P
CC        VOUT N1N49                 2.3P
VBIAS     VBIAS  VSS                 1.1
.ENDS
```

1) 共模输入范围 ICMR 的仿真

利用单位增益结构来测量或仿真共模输入范围 ICMR 是有效的,图 7.2.10 示出了其结构。仿真时,对 V_{in} 从 0V 扫描到 3.3V,当 V_{in} 较小,刚刚进入共模输入范围时,运放的尾电流 I_5 进入饱和区,达到静态值,以此作为 ICMR 的起点,当 V_{in} 较大,离开共模输入范围时,输出 V_{out} 不再跟随 V_{in} 线性变化,以此作为 ICMR 的终点。表 7.2.3 列出了仿真的网表文件。

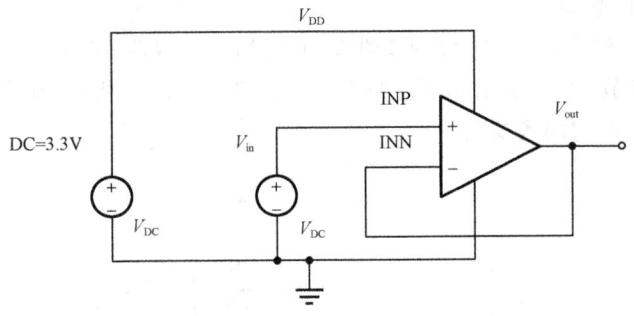

图 7.2.10　ICMR 仿真测试线路图

表 7.2.3　ICMR 的仿真网表

```
* Project AMP_ICMR
X1 VDD VSS VINP VOUT VOUT AMP
……  (Subcircuit of Table 12-2 )
* DICTIONARY 1
* GND = 0
.GLOBAL VDD
VDD VDD 0 3.3
VSS VSS 0   0
VINP VINP 0 2
.OP
.DC VINP 0 3.3 0.01
.PROBE DC V(VOUT)
.PROBE DC I1(M5)
.LIB E:\LCD-controller\amp\process\D_SPM-LA-003\l18u33v_g2.111 l18u33v_tt
.OPTIONS INGOLD = 2 CSDF = 2
.END
```

仿真结果如图 7.2.11 所示,由图可见,ICMR 为 1.36~2.98V。

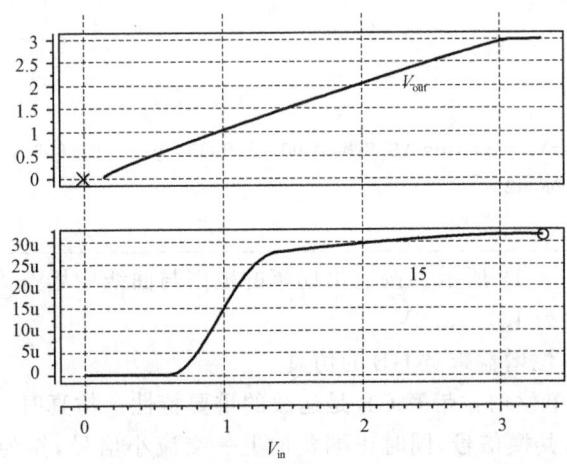

图 7.2.11　V_{in} 从 0V 变化到 3.3V 时,尾电流源 I_5 及输出电压 V_{out} 的变化曲线

2) 输出摆幅的仿真

在单位增益结构中,传输曲线的线性受到 ICMR 的限制,若采用高增益结构,传输曲线的线性部分与放大器输出电压摆幅一致。图 7.2.12 所示为增益为 10 的结构。表 7.2.4 列出了仿真的网表文件。

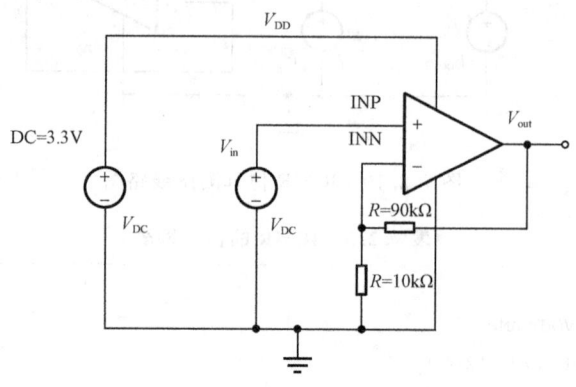

图 7.2.12 输出摆幅的仿真测试图

表 7.2.4 输出摆幅的仿真网表

```
*  Project AMP_OUTPUT
X1 VDD VSS VINP VINN VOUT AMP
R1 VINN 0   10k
R2 VOUT VINN 90k
……  (Subcircuit of Table 12-2 )
*  DICTIONARY 1
*  GND = 0
.GLOBAL VDD
VDD VDD 0 3.3
VSS VSS 0   0
VINP VINP 0 2


.OP
.DC VINP 0 3.3 0.01
.PROBE V(VOUT)
.LIB E:\LCD-controller\amp\process\D_SPM-LA-003\l18u33v_g2.1l1 l18u33v_tt
.OPTIONS INGOLD = 2 CSDF = 2
.END
```

仿真结果如图 7.2.13 所示。按输出摆幅的范围与曲线中增益为 10 的线性范围一致的条件得到输出摆幅为 1.7~3.2V。

3) 增益 A_V 及单位增益带宽 GB 的仿真

开环增益 A_V 及单位增益带宽 GB 是运放的重要特性。仿真时,运放的正负端都加上相同的直流电平作为共模信号,同时正端叠加上一交流小信号,作为差模信号,观察输出 V_{out}。仿真的测试图如图 7.2.14 所示。表 7.2.5 列出了仿真网表文件。

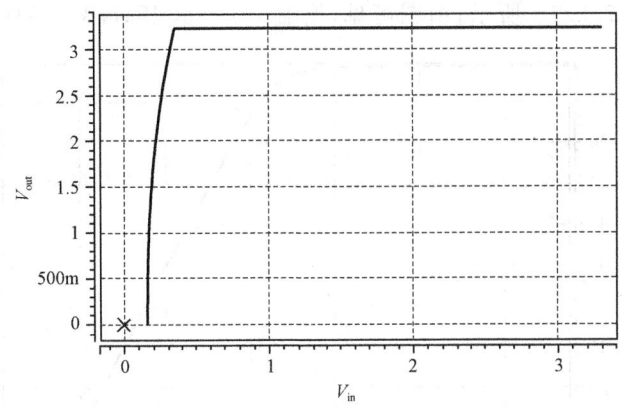

图 7.2.13 V_{in} 从 0V 变化到 3.3V 时,输出电压 V_{out} 的变化曲线

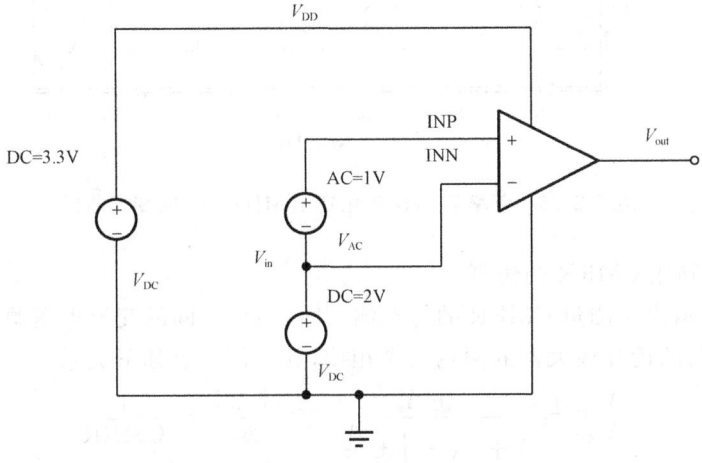

图 7.2.14 A_V 及 GB 仿真测试线路图

表 7.2.5 增益 A_V 及单位增益带宽 GB 的仿真网表

```
* Project AMP_AV AND GB
X1 VDD VSS VINP VINN VOUT AMP
……  (Subcircuit of Table 12-2 )
* DICTIONARY 1
* GND = 0
.GLOBAL VDD
VDD VDD 0 3.3
VSS VSS 0 0
VINP VINP 0 2 AC 1
VINN VINN 0 2

.OP
.AC DEC 10 1 10MEG
.PROBE AC vdb(VOUT)
.LIB E:\LCD-controller\amp\process\D_SPM-LA-003\l18u33v_g2.111 l18u33v_tt
.OPTIONS INGOLD = 2 CSDF = 2
.END
```

仿真结果如图 7.2.15 所示,由图可见,增益 $A_V = 60\text{dB}$,GB>5MHz。

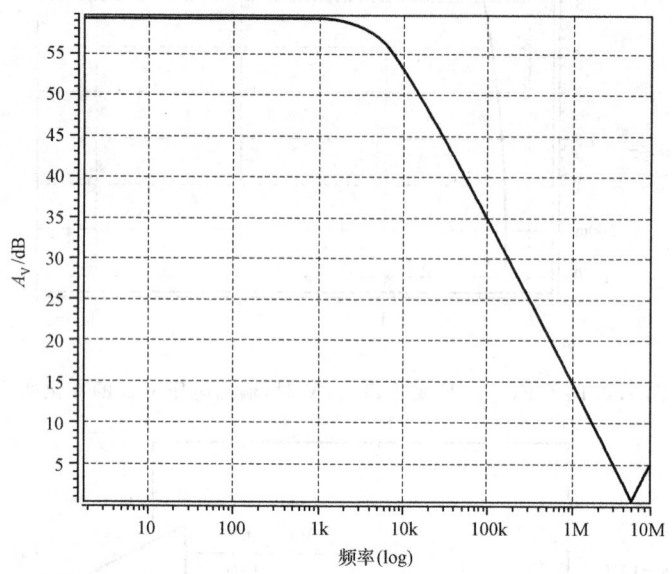

图 7.2.15 频率从 0Hz 变化到 10MHz,A_V 的变化曲线

4) 共模抑制比 CMRR 的仿真

图 7.2.16 示出了测量 CMRR 的仿真测试图,两个相同的交流电压源标有 V_{AC},与接成单位增益结构的运算放大器的两输入端相接,其小信号有如下关系:

$$\frac{V_{\text{out}}}{V_{\text{AC}}} = \frac{\pm A_c}{1 + A_V - \left(\pm \dfrac{A_c}{2}\right)} \cong \frac{|A_c|}{A_V} = \frac{1}{\text{CMRR}} \tag{7.2.27}$$

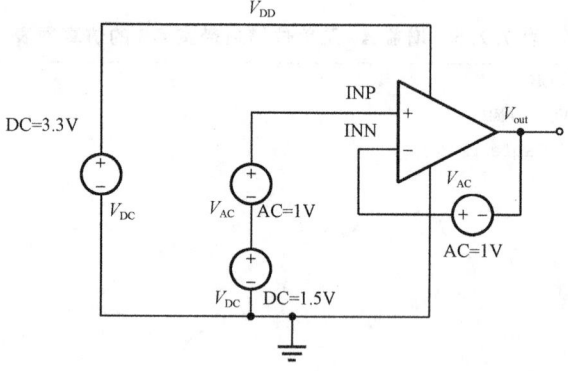

图 7.2.16 CMRR 的仿真测试图

式(7.2.27)中,运放的共模增益为 A_c,$A_c \ll A_V$,并且 $A_V \gg 1$。

若交流信号 $V_{AC} = 1\text{V}$,则在对数坐标下,观察输出 V_{out},即可得到 CMRR 的仿真结果。表 7.2.6 列出了仿真网表文件。

表 7.2.6 共模抑制比 CMRR 的仿真网表

```
* Project   AMP_CMRR
X1 VDD VSS VINP VINN VOUT AMP
……  (Subcircuit of Table 12-2 )
* DICTIONARY 1
* GND = 0
.GLOBAL VDD

VDD VDD 0 3.3
VSS VSS 0 0
VAC1 VINP  VX   AC 1
VDC   VX   0  1.5
VAC2 VINN VOUT  AC 1

.OP
.AC DEC 10 1 10MEG
.PROBE AC vdb(VOUT)
.LIB E:\LCD-controller\amp\process\D_SPM-LA-003\l18u33v_g2.111 l18u33v_tt
.OPTIONS INGOLD = 2 CSDF = 2
.END
```

仿真结果如图 7.2.17,由图可见,直流工作条件下,CMRR=59dB。

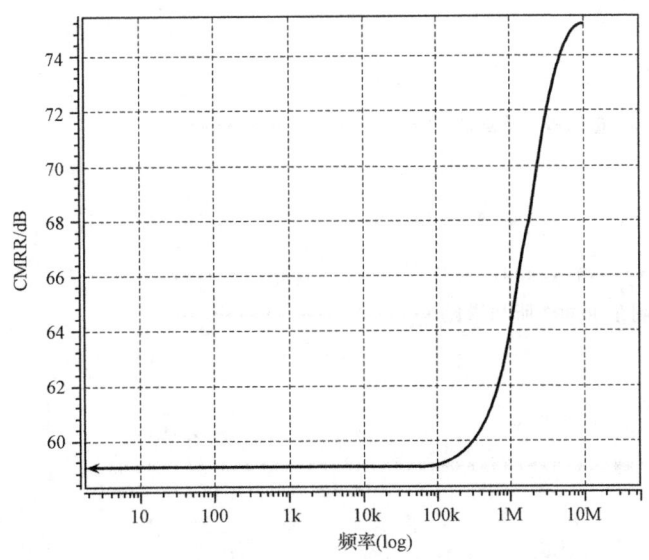

图 7.2.17 频率从 0Hz 变化到 10MHz 时,CMRR 的变化曲线

5) 电源抑制比 PSRR 的仿真

图 7.2.18(图 7.2.20)示出了测量 $PSRR^+$($PSRR^-$)的仿真测试图。交流小信号电压与 V_{DD}(V_{SS})串联后,可测量 $PSRR^+$($PSRR^-$),PSRR 可以表示为

$$\frac{V_{\text{out}}}{V_{\text{DD}}} \cong \frac{1}{\text{PSRR}^+} \quad \text{或} \quad \frac{V_{\text{out}}}{V_{\text{DD}}} \cong \frac{1}{\text{PSRR}^-}$$

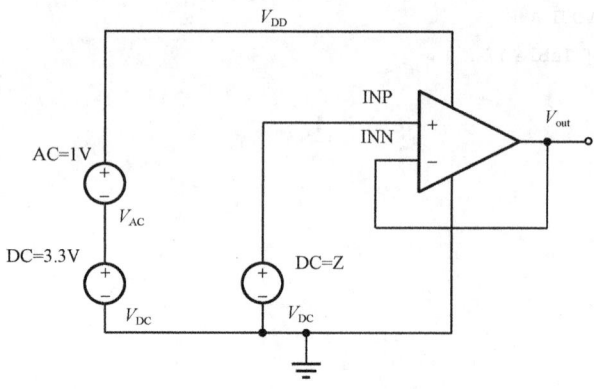

图 7.2.18 PSRR$^+$ 的仿真测试图

若交流信号 $V_{\text{DD}} = 1\text{V}(V_{\text{ss}} = 1\text{V})$，则在对数坐标下，观察输出 V_{out}，即可得到 PSRR$^+$(PSRR$^-$)的仿真结果。表 7.2.7 列出了仿真网表文件。

表 7.2.7 电源抑制比 PSRR 的仿真网表

```
* Project  AMP _PSRR
X1 VDD VSS VINP VOUT VOUT AMP
……  (Subcircuit of Table 12-2 )
* DICTIONARY 1
* GND = 0
.GLOBAL VDD
*************** 测量 PSRR⁺ 所加激励 *********************
VDD VDD 0 3.3 AC 1
VSS VSS 0 0
VINP VINP 0 2
***********************************************************
************** 测量 PSRR⁻ 所加激励 *********************
VDD VDD 0 3.3
VSS VSS 0 0 AC 1
VINP VINP 0 2
***********************************************************
.OP
.AC DEC 10 1 10MEG
.PROBE AC vdb(VOUT)
.LIB E:\LCD - controller\amp\process\D_SPM-LA-003\l18u33v_g2.111 l18u33v_tt
.OPTIONS INGOLD = 2 CSDF = 2
.END
```

仿真结果如图 7.2.19 和图 7.2.21 所示，由图可见，PSRR$^+$ = 71dB，PSRR$^-$ = 60dB。

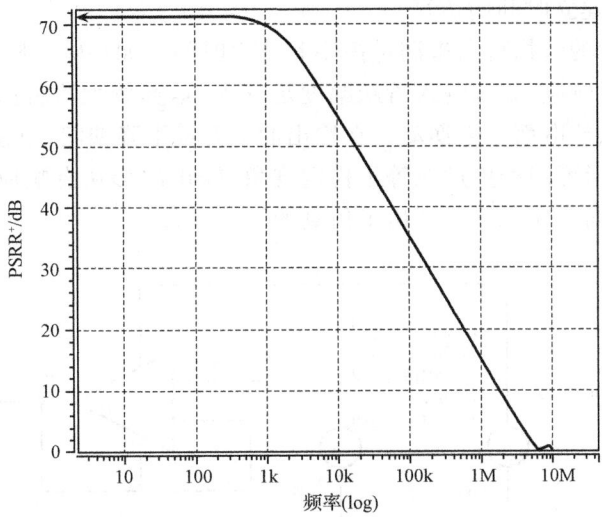

图 7.2.19 频率从 0Hz 变化到 10MHz 时，$PSRR^+$ 的变化曲线

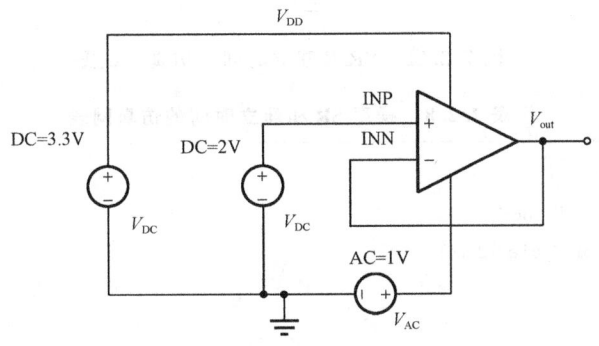

图 7.2.20 $PSRR^-$ 的仿真测试图

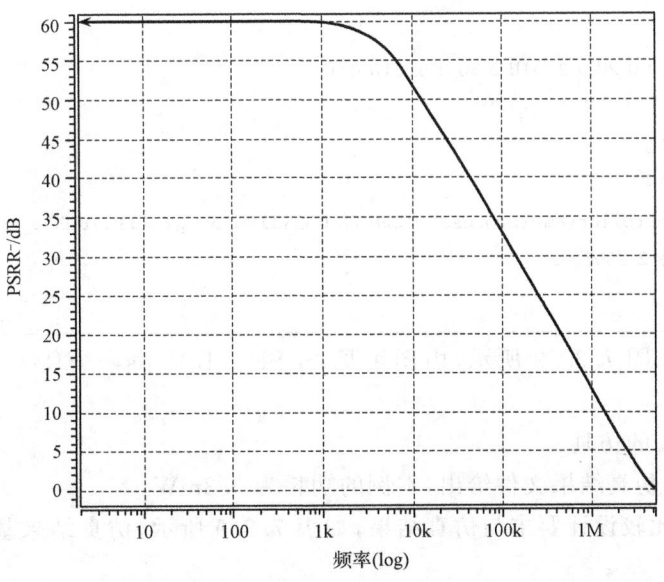

图 7.2.21 频率从 0Hz 变化到 10MHz 时，$PSRR^-$ 的变化曲线

6) 摆率 SR 和建立时间的仿真

图 7.2.22 所示的结构可用来测量摆率和建立时间。如果输入阶跃很小,输出不会摆动,瞬态响应是线性响应,如果输入阶跃幅度足够大,运算放大器将因没有足够的电流为补偿和负载电容充、放电而产生摆动。在输出的上升或下降期间,由输出波形的斜率可以确定摆率。输出波形可能产生过冲等不稳定现象,输出波形从有响应到波形稳定的这一段时间即为建立时间。表 7.2.8 列出了仿真的网表文件。

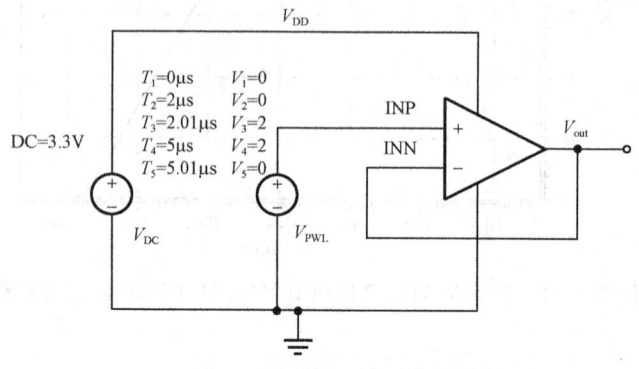

图 7.2.22　SR 及建立时间的仿真测试图

表 7.2.8　摆率 SR 和建立时间的仿真网表

```
* Project    AMP _SR
X1 VDD VSS VINP VOUT VOUT AMP
……   (Subcircuit of Table 12-2 )
* DICTIONARY 1
* GND = 0
.GLOBAL VDD
VDD VDD 0 3.3
VSS VSS 0 0
VINP VINP 0 PWL (0 0 2U 0 2.01U 2 5U 2 5.01U 0 )
.OP
.TRAN 0.01US 7US
.PROBE TRAN V(VOUT)
.LIB E:\LCD - controller\amp\process\D_SPM-LA-003\l18u33v_g2.111-l18u33v_tt
.OPTIONS INGOLD = 2 CSDF = 2
.END
```

仿真结果如图 7.2.23 所示,由图可见,$+\mathrm{SR}=12\mathrm{V}/\mu\mathrm{s}$,$-\mathrm{SR}=10\mathrm{V}/\mu\mathrm{s}$,建立时间为 $0.6\mu\mathrm{s}$。

7) 功耗 P_{diss} 的仿真

功耗由电路仿真结果文件给出,本例的功耗为 0.8mW。

综上所述,比较设计要求与仿真结果,如表 7.2.9 所示,仿真结果基本满足设计指标的要求。

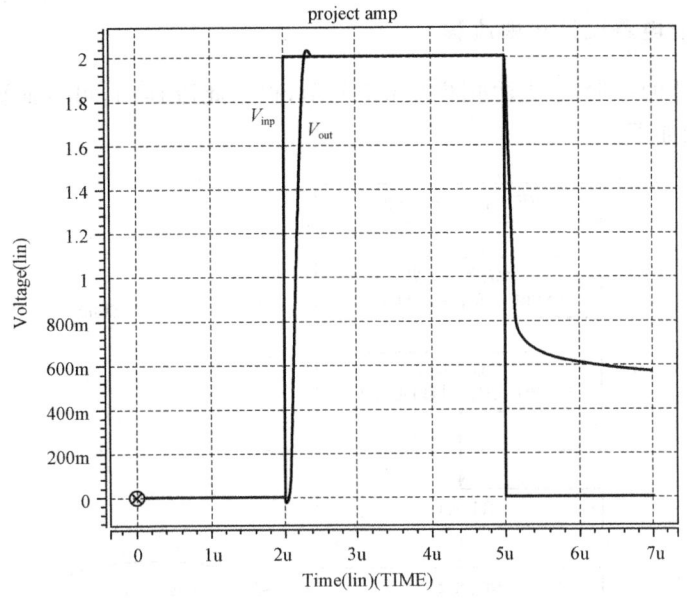

图 7.2.23　INP 端输入方波电压，输出电压 V_{out} 的响应曲线

表 7.2.9　设计指标要求与仿真结果的比较

	设计指标要求	仿真结果
A_V	≥60dB	60dB
GB	5MHz	>5MHz
SR	≥10V/μs	≥10V/μs
建立时间	≤1μs	0.6μs
CMRR	≥60dB	59dB
PSRR	≥60dB	≥60dB
ICMR	1.3～2.8V	1.36～2.98V
输出摆幅	1.5～3V	1.7～3.2V
P_{diss}	<2mW	0.8mW

7.3　数字集成电路设计流程及 EDA

从 20 世纪 90 年代以来，芯片设计方法发生了革命性的变化。出现了高层次设计的自动化，引入了硬件描述语言；行为综合和逻辑综合工具的采用，使得芯片设计能在较高的抽象层次上进行，从而大大提高了设计能力；综合优化工具的采用使芯片的品质如面积、速度、功耗等获得了优化。

对于数字 IC 设计一般采取的是"自顶向下"的设计思想，从顶层功能定义开始，一步步将模块细化，直至能将其通过硬件描述语言来实现。另外，可复用 IP 的使用大大缩短了数字 IC 的设计周期。

7.3.1 数字集成电路设计一般流程

数字 IC 设计的一般流程图如图 7.3.1 所示，根据此流程图，可以简要地说明数字 IC 设计的基本步骤如下。

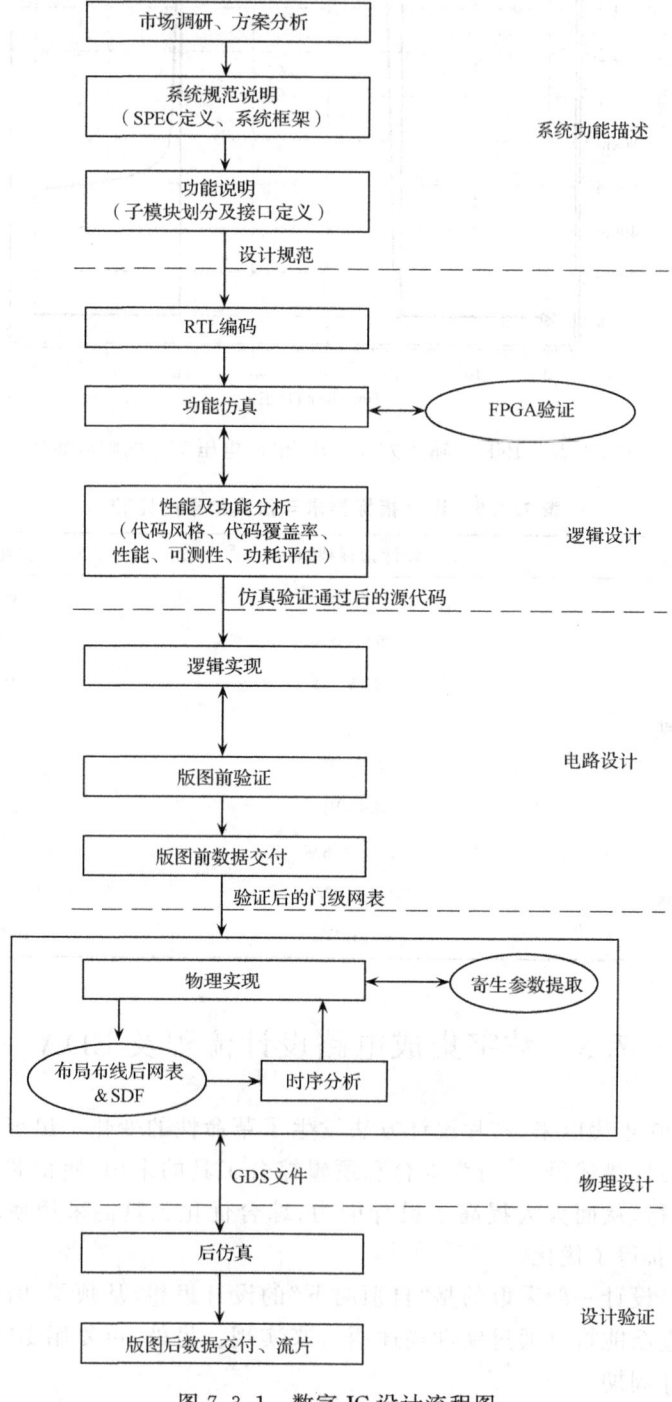

图 7.3.1 数字 IC 设计流程图

(1) 功能定义。设计一个集成电路芯片,一般来说不大可能把整个电路芯片从头到尾作为一个模块来处理。通常根据电路的功能分成各个小模块,然后对各个模块进行设计。为了更经济而有效地实现所需功能,在电路设计之前应详细制定出系统要求。

(2) 设计输入。有两种方法可以实现电路的输入:

① 采用硬件描述语言(hardware description language,HDL)建模;

② 采用直接电路输入方式。

(3) 行为级仿真。对 HDL 描述的电路进行仿真,检验所描述的电路的正确性。

(4) 逻辑综合和优化。该步骤也可称之为高层次综合,或行为级综合(behavioral synthesis),即将系统的行为、各个组成部分的功能及其输入和输出用硬件描述语言加以描述,然后综合出电路的具体形式。

(5) 混合仿真。根据已综合出来的电路结构,提取电路中的延迟信息再次进行仿真。如果仿真结果不符合原先的设计,则需返回相应的步骤进行修改。

(6) 测试生成。在所有的大规模和超大规模集成电路设计中,电路测试是一个关键的要素。

(7) 网表输出。在完成电路设计后,应将电路的网表输出以用于后面的自动布局布线。

(8) 自动布局布线。设计经过综合和优化后,就可以利用所生成的门级网表进行自动布局布线,自动布局布线可以简化从逻辑设计到物理设计的过程。

(9) 版图验证。版图完成后,有必要对版图进行是否符合设计规则的检查,这项工作是由设计规则检查程序来完成的。

(10) 后模拟仿真。加入布局布线增加的各种寄生电学参数之后,再次仿真检查电路能否正常工作。

(11) 最后,将正确的电路版图送交厂商,制成掩膜,并投片生产出所需的芯片。

7.3.2 数字集成电路设计相关 EDA

(1) 在编写代码的过程中可以使用 Ultra Edit 或是其他任何支持 HDL 的软件。

(2) 对于仿真工具,在 Unix 工作站下可使用 Cadence 的 NC-Verilog,在 Windows 工作环境下可使用 Mentor 的 ModelSim。

(3) 对于综合工具,可以使用 Leonardo 或 Synopsys 的 Design Compiler,以及其他的 FPGA 验证工具中附带的综合工具。

(4) 形式验证工具,Synopsys 的 Formality。

(5) 静态时序分析工具,Synopsys 的 PrimeTime。

(6) 布局布线工具,Synopsys 的 Astro。

(7) 版图验证工具,Mentor 的 Calibre。

7.3.3 Veriog HDL 及数字电路设计

将系统设计转化成硬件语言描述是整个数字设计流程的起点,接下来可以通过 EDA 工具将硬件描述代码转化成具体电路和工艺实现。因此,要掌握数字集成电路设计技术,首先应该掌握使用硬件描述语言进行设计的方法。Verilog HDL 语言是目前常用的硬件描述语言之一。本章将系统地介绍 Verilog HDL 的设计方法、设计技巧以及仿真验证，但不会全面地讲解语法。如果需要全面了解 Verilog HDL，可以阅读有关 Verilog HDL 的手册和参考书籍。

1. Verilog HDL 的特点

复杂的数字逻辑电路及系统的传统设计方法是采用电路原理图输入法。不过这种方法所设计的电路及系统比较小，也比较简单。为了满足设计性能指标，工程师需要使用厂家提供的专用电路图输入工具，并且，还要花费很长时间进行艰苦的手工布线。这种低水平的设计方法会大大延长设计周期，当 FPGA 和 ASIC 设计在规模和复杂度方面不断增长的情况下，电路原理图输入法已经不能满足要求。因此，硬件描述语言成为广泛使用的工具。

Verilog HDL 是一种硬件描述语言，用于数字电子系统设计，1995 年正式成为 IEEE 标准，是目前应用最广泛的一种硬件描述语言。由于 Verilog HDL 的标准化，利用 Verilog HDL 设计的电路，可以很容易地把设计移植到不同厂家的不同芯片中去，并且很容易根据不同的应用做出修改。在仿真验证时，仿真测试矢量还可以用同一种描述语言来完成，而且采用 Verilog HDL 综合器生成的数字逻辑是一种标准的电子设计互换格式（EDIF）文件，它独立于所采用的实现工艺。而有关工艺参数的描述可以通过 Verilog HDL 提供的属性包括进去，然后利用不同厂家的布局布线工具，在不同工艺的芯片上实现。

Verilog HDL 语言能形式化地抽象表示电路的结构和行为，支持逻辑设计中层次与领域的描述，可借用高级语言的精巧结构来简化电路的描述；具有电路仿真与验证机制以保证设计的正确性，支持电路描述由高层到低层的综合转换，硬件描述与实现工艺无关（有关工艺参数可通过语言提供的属性包括进去）；便于文档管理，易于理解和设计重用。

Verilog HDL 早在 1983 年就已经推出，至今已有 20 多年的应用历史，因而 Verilog HDL 拥有广泛的设计群体，资源也比较丰富。它是一种非常容易掌握的硬件描述语言，只要有 C 语言的编程基础，通过一段时间的学习，再加上一些实际操作，一般可以在短时间内掌握这种设计技术。Verilog HDL 比较适合系统级（system）、算法级（algorithm）、寄存器传输级（RTL）、逻辑级（logic）、门级（gate）和电路开关（switch）级的数字集成电路设计。

2. Verilog HDL 语法基础

1）基本概念

在 Verilog HDL 语言中，标识符是区分大小写的。

（1）时间定标。在 Verilog HDL 模型中，所有延时都是用单位时间表述，延时单位为 s、ms、μs、ns、ps 或 fs。

'timescale 时间定标指令用于定义延时单位和延时精度，其指令格式为

'timescale 延时单位/延时精度

其中"延时单位"用于指定计时单位，必须为整数，且只能取 1，10 或 100。延时精度也只

能取 1、10 或 100。需要注意的是,在定义 'timescale 时,计时单位必须大于等于精度单位,否则就失去了定标的意义,而且是非法的。

(2) 操作符。Verilog HDL 中的操作符按功能不同可以分为算术运算符、逻辑运算符、关系运算符等 9 大类。表 7.3.1 对 Verilog HDL 中定义的运算符做出了分类及简单的功能说明。

表 7.3.1 Verilog HDL 运算符分类及功能说明

类型	运算符	说明
算术运算符	＋ － * /	算术运算,其中＋和－即可以是单目运算符,又可以是双目运算符
	%	取模
逻辑运算符	!	逻辑非
	&&	逻辑与
	||	逻辑或
关系运算符	<,>,<=,>=	关系运算
相等运算符	==	相等
	!=	不等
	===	全等
	!==	非全等
按位运算符	~	按位非
	&	按位与
	|	按位或
	^	按位异或
	^~ or ~^	按位异或非
归约运算符	&	归约与
	~&	归约与非
	|	归约或
	~|	归约或非
	^	归约异或
	~^ or ^~	归约异或非
移位运算符	<<	左移位
	>>	右移位
条件运算符	?:	条件操作
连接运算符	{}	连接操作

同其他高级语言一样,各类运算符之间也有优先级之分。表 7.3.2 列出了各操作符的优先级顺序,同一行中的运算符具有相同的优先级。

表7.3.2 Verilog中运算符的优先级

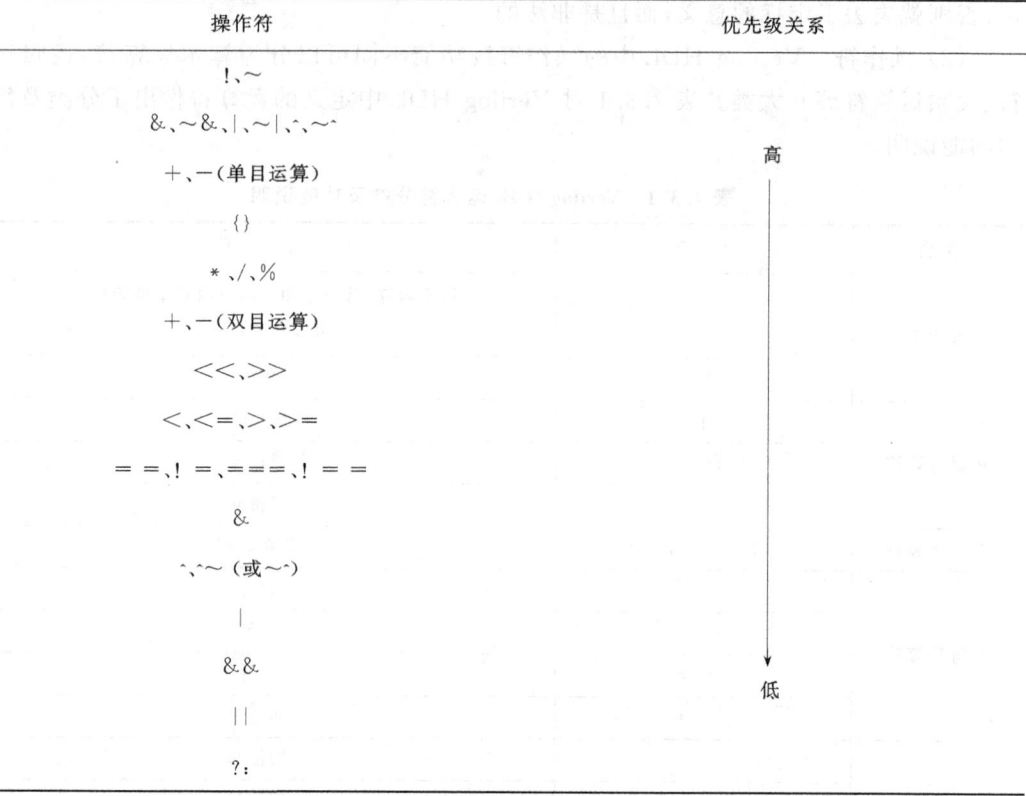

其中,除条件操作符从右向左关联外,其余所有操作符自左向右关联。圆括号能够改变优先级的顺序。

2) 高级程序语句

高级程序语句,就是直接借用高级语言中的程序设计语句对模块进行描述。

(1) 分支语句。

① if-else 条件语句。条件语句就是判定所给定的条件是否满足,根据判定的结果(真或假),确定下一步的操作。if-else 语句的语法如下:

if(表达式1)
    语句1
else if(表达式2)
    语句2
else
    语句3

注意:

• "表达式1"、"表达式2"一般为逻辑表达式或关系表达式。系统对表达式的值进行判断,若为0、x、z,认为是"假",若为1,认为是"真",并执行指定的语句。

• if 和 else 后面可以有多个语句,但要用关键词 begin 和 end 将它们连接起来。

• 在 if 语句中可以有一个或多个 if 语句的嵌套。语法如下:

```
if(表达式 1)
    if(表达式 2)
    语句 1
    else
        语句 2
else
        if(表达式 3)
            语句 3
        else
            语句 4
```

使用时要注意 if 与 else 的配对关系，else 总是与它上面最近的 if 配对。

② case 分支控制语句。case 分支语句是另一种用来实现多路分支选择控制的分支语句。与 if-else 条件分支语句相比，采用 case 分支语句来实现多路选择控制将显得更为方便与直观。case 分支语句通常用于对微处理器指令译码功能的描述以及对有限状态机的描述。case 分支语句有"case"、"casez"和"casex"三种形式。

case 语句的一般格式如下：

```
case(控制表达式)
    分支表达式 1:语句块 1
    分支表达式 2:语句块 2
    ……
    分支表达式 n:语句块 n
    default:语句块 n+1;
endcase
```

关于 case 分支控制语句的说明如下：

• case 语句中控制表达式通常表示为控制信号的某些位，分支表达式则用这些控制信号的具体状态值来表示，因此分支表达式又可以称为常量表达式。

• 当控制表达式的值与分支表达式的值相等时，就执行分支表达式后面的语句。如果所有的分支表达式的值都没有与控制表达式的值相匹配的，则执行 default 后面的语句。

• 一个 case 语句里只能有一个 default 项。

• 各 case 分项的分支表达式的值必须互不相同，否则就会出现矛盾（对表达式的同一个值，有多种执行方案）。

• 执行完 case 分支项后的语句后，则跳出该 case 语句结构，终止 case 语句的执行。

• case 语句在执行时，控制表达式和分支项表达式之间进行的比较是一种按位进行的"全等比较"，即只有在分支项表达式和控制表达式对应的每一位都彼此相等的情况下才认为分支项表达式和控制表达式是相等的。

- 由于 case 语句有上面这种按位进行全等比较的特点，case 语句中的控制表达式和所有分支项表达式必须具有相同的位宽，因为只有这样控制表达式和分支表达式才能进行对应位的比较。当各个分支项表达式以常数形式给出时，必须显式地标明每个常数的位宽，否则 Verilog 编译器会认为它们具有与机器字长相同的位宽（通常是 32 位）。

case 语句与 if-else 语句的区别：

- 与 case 语句中的表达式和多分支表达式这种比较结构相比，if-else 结构中的条件表达式更为直观一些。
- if-else 结构中，表达式 1、表达式 2、……是按优先级的顺序排列的，而 case 语句中不同分支表达式之间没有优先级之分。
- Verilog HDL 针对电路特性提供了 case 语句的另外两种形式——casex 和 casez。它们的功能是可以实现由控制表达式和分支项表达式的一部分数位的比较结果来决定程序的流向。其中，casez 语句用来处理不考虑高阻值 z 的比较过程，casex 语句则将高阻值 z 和不定值 x 都视为不必关心的情况。

（2）循环语句。

与条件分支语句一样，循环控制语句也是一种高级程序语句，它在 Verilog HDL 中被用来进行行为描述。Verilog HDL 语言中提供了 4 种类型的循环语句，用来控制执行语句的执行次数。

- forever 循环语句：无限连续执行的语句，多用在"initial"块中，以生成时钟等周期性的波形用来作为仿真测试信号。
- repeat 循环语句：连续执行一条语句 n 次。
- while 循环语句：执行一条语句直到某个条件不满足。如果一开始条件即不满足，则语句一次也不能被执行。
- for 循环语句：在指定的条件表达式成立时才进行循环。

下面用几个例子来说明这 4 种循环语句的用法。

例 7.3.1 用 forever 循环语句实现的时钟产生器。

```verilog
module clk_gen (clk);
output clk;
initial
begin
    clk = 0;
    #1000;        //时间控制
    forever
    #25 clk = ~clk;    //被指定循环执行的语句
end
endmodule
```

例 7.3.2 用 repeat 循环语句来实现循环移位。

```verilog
module shift_loop (data, num, ctrl);
inout [15:0] data;
input [3:0] num;
input ctrl;
reg [15:0] data;
reg tmp;
always @ (ctrl)
if(ctrl = = 1)
repeat(num)
begin                    //循环体部分语句块
    tmp = data[15];
    data = {data<<1, tmp};
end
endmodule
```

例 7.3.3 while 循环语句。

```verilog
initial
begin
    count = 0;
    while (count<100)
        begin                    //循环体语句块
            #5 count = count + 1;
        end
end
```

例 7.3.4 for 循环语句。

```verilog
initial
for (count = 0; count<100; count = count + 1)
begin
    $display("count = %d", count);
End
```

3. Verilog HDL 程序设计:同步状态机

1) 同步状态机的原理与结构

有限状态机是时序电路的通用模型,任何时序电路都可以表示为有限状态机。从本质上讲,有限状态机是由寄存器与组合逻辑构成的时序电路,各个状态之间的转换总是在时钟的触发下进行的。通常有限状态机可分为两类:Mealy 型和 Moore 型。

如图 7.3.2(a)所示,时序逻辑的输出,即下一状态只由当前状态决定的有限状态机,称为 Moore 型有限状态机。

如图 7.3.2(b)所示,时序逻辑的输出不单与当前状态,而且还与当前输入值有关的与限状态机,称为 Mealy 型有限状态机。

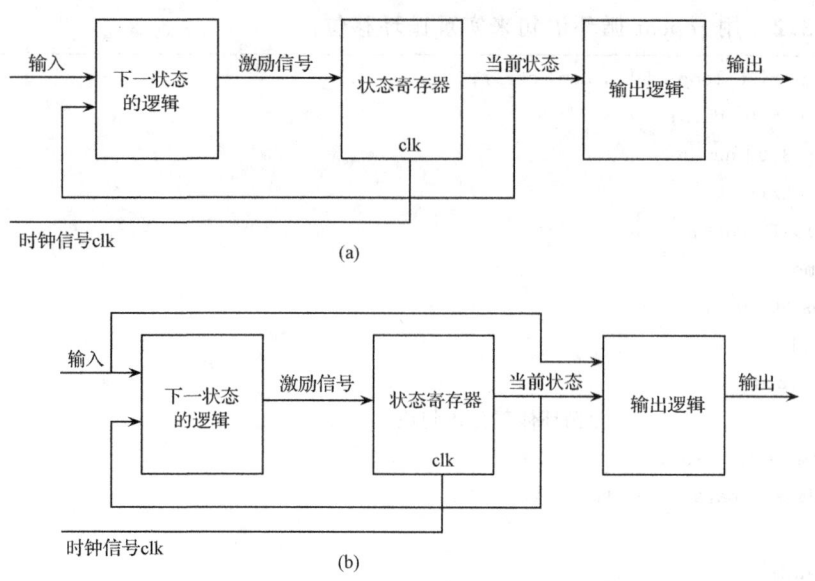

图 7.3.2 有限状态机结构图
(a) Moore 型有限状态机;(b) Mealy 型有限状态机

在设计高速电路时,常常有必要使状态机的输出与时钟几乎完全同步。如图 7.3.3 所示,通常的办法是在状态机输出信号后面加一级与时钟同步的输出寄存器,使所有的输出信号在下一个时钟跳变沿时同时存入寄存器组,即完全同步地输出,以达到设计要求。

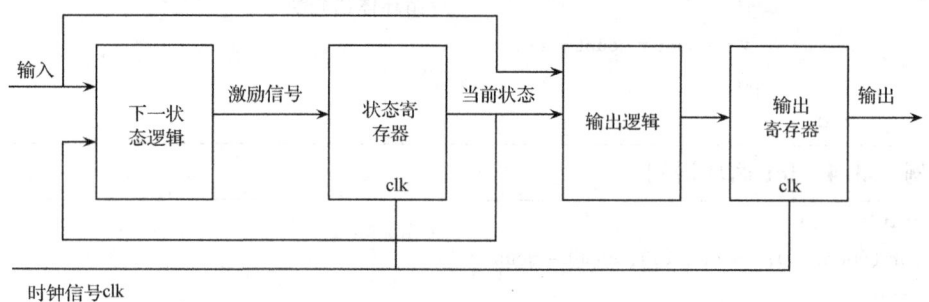

图 7.3.3 加输出级的有限状态机结构图

状态机的精确分类其实并不重要,重要的是设计时如何把握输出的结构,使它能满足设计的整体目标,包括准确性与灵活性。

2) 同步状态机的设计

使用 Verilog HDL 语言设计同步状态机时,通常可使用 always、case、casex、casez 语句来建立状态机的模型,因为这些语句表达清晰明了,可以方便地从当前状态分支转向下一个状态并设置输出。需要注意的是,不要忘记 case 语句的最后一个分支 default,并将状态变量设为'bx,这就相当于告诉综合器 case 语句已经指定了所有的状态。这样,综合器就可以删除不需要的译码电路,使生成的电路简洁,并与设计要求一致。但在有多余状态的情况下,还是应将缺省状态设置为某一确定的有效状态,因为这样做能使状态机在偶然进入多余状态后仍能在下一时钟跳变时返回正常工作状态,否则会引起死锁。

状态机应该有一个异步或同步复位端,以便在通电时将硬件电路复位到有效状态,也可以在操作中将硬件电路复位(大多数 FPGA 结构都允许使用异步复位端)。图 7.3.4 所示的状态转移图表示了一个简单的有限状态机。例 7.3.5 是该有限状态机的典型设计。

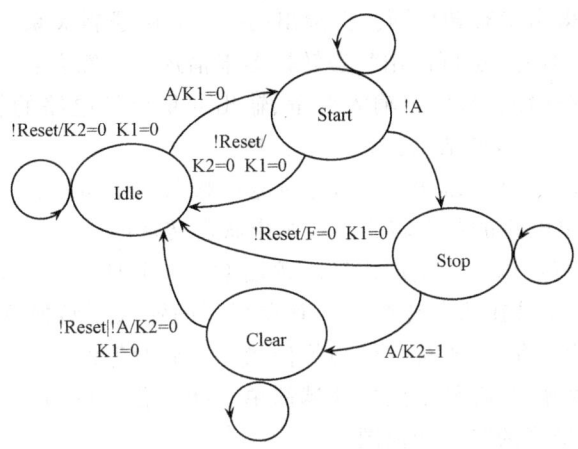

图 7.3.4　状态转移图

图 7.3.4 中所示的状态转移图表示了一个 4 状态的有限状态机,它的同步时钟是 Clock,输入信号是 A 和 Reset,输出信号是 K2 和 K1。状态的转移只能在同步时钟的上升沿时发生,目前状态和输入信号(Reset 和 A)决定了下一个状态。

例 7.3.5　图 7.3.4 所示有限状态机的典型设计。

```
module fsm (Clock, Reset, A, K1, K2);
    input Clock, Reset, A;
    output K1, K2;
    reg K1, K2;
    reg [1:0] state;    //定义状态变量
    parameter Idle = 2'b00, Start = 2'b01, Stop = 2'b10, Clear = 2'b11;

    always @ (posedge Clock)
        if(! Reset) begin state <= Idle; K1<= 0; K2<= 0;end
        else
            case(state)
                Idle : begin
                    if (A) begin state<= Start; K1<= 0; end
                    else state<= Idle;
                    end
                Start : begin
                    if (A) state<= Stop;
                    else   state<= Start;
                 Stop : begin
                    if (A) begin state<= Clear; K1<= 1; end
                    else state<= Stop;
                    end
                Clear : begin
                    if (A) begin state<= Idle; K1<= 1; K2<= 0; end
                    else state<= Clear;
                    end
            endcase
    endmodule
```

上例只是实现有限状态机方法的一种,当采用不同编码方法时,所得到的 Verilog HDL 模型也不同。下面总结一下有限状态机设计的一般步骤:

(1) 逻辑抽象,得出状态转换图。把给出的一个实际逻辑关系表示为时序逻辑函数,可以用状态转换表来描述,也可以用状态转换图来描述。这需要:

① 分析给定的逻辑问题,确定输入变量、输出变量以及电路的状态数。通常是取原因(或条件)作为输入变量,取结果作为输出变量。

② 定义输入、输出逻辑状态的含义,并将电路状态顺序编号。

③ 按照要求列出电路的状态转换表或画出状态转换图。

通过以上几步,就可以将给定的逻辑问题抽象到一个时序逻辑函数了。

(2) 状态化简。如果在状态转换图中有在相同的输入下转换到同一状态去,并得到相同的输出的两个状态存在,则称它们为等价状态。显然等价状态是重复的,可以将它们合并。电路的状态数越少,存储电路也就越简单。状态化简的目的就在于将等价状态尽可能地合并,以得到最简的状态转换图。

(3) 状态分配。状态分配又称状态编码。通常有很多编码方法,编码方案选择得当,设计的电路可以很简单;反之,选得不好,则设计的电路就会复杂许多。在实际设计时,须综合考虑电路复杂度与电路性能这两个因素。采用二进制码,可以使编码简单;使用格雷码,可以使输出稳定;在触发器资源丰富的 FPGA 或 ASIC 设计中,采用独热编码(one-hot-coding)既可以使电路性能得到保证,又可充分利用其触发器数量多的优势;采用输出编码的状态指定可以简化电路结构,并提高状态机的运行速度。

(4) 选定触发器的类型并求出状态方程、驱动方程和输出方程。

(5) 按照方程得出逻辑图。

用 Verilog HDL 来描述有限状态机,可以充分发挥硬件语言的抽象建模能力,使用 always 块语句和 case(if) 等条件语句及赋值语句即可方便实现。具体的逻辑化简、逻辑电路和触发器映射均可由计算机自动完成,上述设计步骤中的第(2)步及第(4)、(5)步不再需要很多人为的干预,使电路设计工作得到简化,效率也有很大的提高。

4. ModelSim 仿真流程

ModelSim 是由 Mentor 技术公司开发的一种用来实现 HDL 仿真的软件,是工业上最通用的仿真器之一。HDL 仿真分为功能仿真、门级仿真和后仿真。本节主要介绍 Verilog HDL 的功能仿真,门级仿真和后仿真在本书后面章节介绍。

对设计进行仿真,需要给被测电路的输入信号加上激励。最直观的方法是用图形化的方法画出波形,如 Quartus、MaxplusII 等软件就支持这种方法。但 ModelSim 软件不支持,ModelSim 仿真中是通过写测试文件(Testbench)来加入激励的。有两种方法使用 ModelSim 对 Verilog 设计进行仿真:

(1) 交互式的命令行(Cmd)。这种方法唯一的界面是控制台的命令行,没有用户界面。

(2) 用户图形界面(GUI)。这种方法能同时接受菜单输入的命令行输入。

由于第二种方法较为形象,因此被广泛使用,本节只介绍第二种方法。在 ModelSim 仿真验证过程中,通过工程(project)对整个目标设计的仿真验证进行管理,工程文件的后缀名是 .mpf。在每个仿真工程中必须有且仅有一个工作库,工作库的名称默认为 work。

多个资源库可以同时出现在一个仿真工程中。下面,我们将介绍 Modelsim 的仿真流程。

1) 创建新工程

创建一个新工程的步骤如下:

(1) 通过下拉菜单 File → New → Project 命令来创建一个新工程。

(2) 弹出 Create Project 窗口,如图 7.3.5 所示。

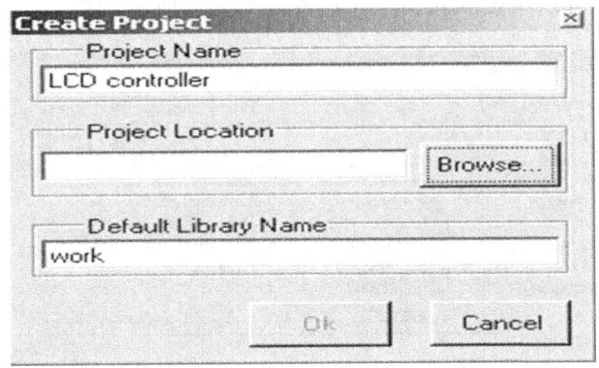

图 7.3.5　Create Project 窗口

输入工程名 Project Name,并选择工程所在目录 Project Location。在这个目录下将存放 .mpf 工程文件和拷贝的源文件。默认的库名称为"work"。ModelSim 用该命令在工程目录下创建一个子目录,即工作库。创建工程后,可以在主窗口的工作空间区域看到一个空的工程标号。

注意,在编译一个设计的源文件之前,需要一个设计库来存放编译的结果。在 ModelSim 中,设计库的名称是 work,如图 7.3.5 所示。这样就在当前目录下建立了一个名为 work 的子目录,即为你的设计库。

2) 为所创建的工程加入源文件

(1) 在 Project 标号区域单击右键,选择 Add file to Project,弹出将文件加入工程的对话框。也可以通过主菜单 Project→Add file to Project 命令,如图 7.3.6 所示。

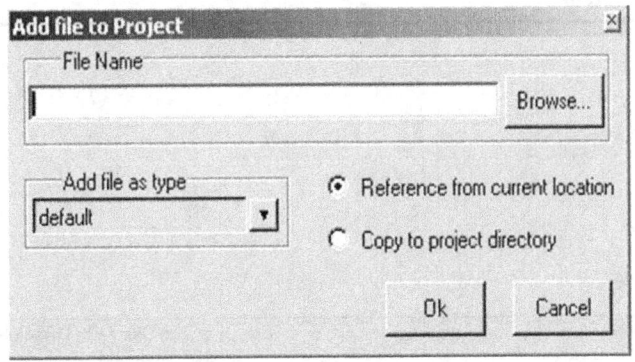

图 7.3.6　Add file to Project 窗口

(2) 选定一个或多个文件加入工程。需要注意的是,本项目中由于要用到 SRAM,所以使用了 ISE CORE Generator,产生另外两种类型的文件,然后在 .v 源文件中例化调用,所以这些文件也要加入工程中,否则会出错。

(3) 对于所选定的文件,可以选择是将它们复制到工程目录中(copy to project directory),还是在原目录下引用(reference from current location)。

3) 编译文件

(1) 在 Project 区域中单击右键,选择 Compile All,也可以在主菜单上选择 Project→CompileAll 命令,还可以单击快捷键,弹出如图 7.3.7 所示的窗口。

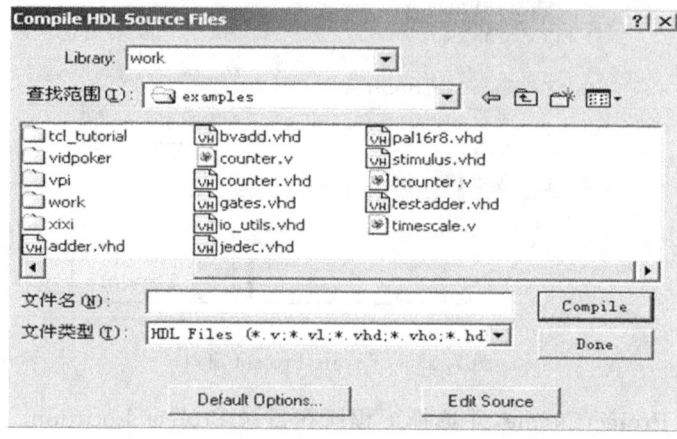

图 7.3.7 Compile HDL Source Files 窗口

在图中选择要编译的文件,单击 Compile 按钮。编译结束,单击 Done 按钮。

(2) 编译结束后,如果有错误,可以根据主窗口中的提示进行调试;如果编译通过,单击 Library 标号,可以看到已编译过的设计。

4) 对设计进行仿真

(1) 单击快捷键 ,弹出 Load Design 对话框,如图 7.3.8 所示。选择一个设计单

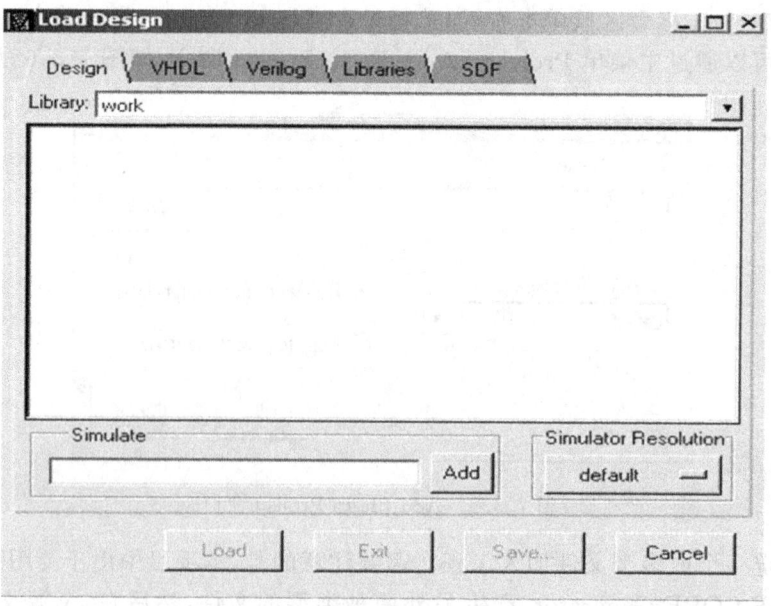

图 7.3.8 Load Design 窗口

元,单击 Load 按钮就可以进行仿真了,还可以选择仿真的精度,默认的仿真精度为 1ns。一般情况下会选择测试文件单元进行仿真。

(2) 单击菜单 View → Structure,可显示仿真结构;单击菜单 View → Signals,可以弹出信号显示窗口;单击菜单 View → Waves,可弹出波形窗口。

(3) 在 Signals 窗口中,选择要显示的信号,单击菜单 View → Waves,将信号加入到 Wave 窗口(Signals in Region 可以将当前模块的信号加入到 Wave 窗口,Signals in Design 可以将该设计中的所有信号加入到 Wave 窗口)。

5) 运行仿真

接下来就可以运行仿真,观察波形了。

可以从工具栏上运行不同的 Run 功能。在主窗口的工具栏上选择 Run 按键,这样就开始运行仿真,并在 100ns(默认的仿真长度)后结束。也可以在提示符后键入 run 1ms,表示运行 1ms 的仿真。键入 run@3000,可以使仿真运行到 3000ns 时停止。

如果在主窗口工具条上选择 Run All 按键,或在提示符后键入 Run-All,或在主菜单上选择 Run→ Run-All,这样仿真会一直进行下去。

可以选择 Break 来中断运行。

选择 Restart 按键,或在主菜单中选择 File → Restart,或在提示符后键入 Restart,可以重新载入设计,并将仿真时间复位为 0。

在 Wave 窗口中,选择菜单 File→Save Format 或者单击存盘快捷键,可以将要仿真的信号保存起来(后缀为.do 或.tcl)。

如果要存储波形,则退出 ModelSim,将 vsim.wlf 改一下名称,如改成 save.wlf。下次运行 ModelSim 时,可以用 vsim → view saved.wlf 来载入此波形,也可以通过 wave 窗口的菜单 File → Open Dataset 来载入。

在 Wave 窗口中,可以将信号合并为总线或组。用 Edit → Combine 菜单,弹出 Combine Selected Signals 对话框。总线是信号的集合,用一定的顺序连接。

在 Source 窗口中,单击行标号,即在这一行设置了断点。在设置了断点的这一行有红色的点显示,仿真时,会停止在断点处。在行数上单击鼠标右键,选择 remove breakpoint,可以删除所设的断点。

注意:断点只能设置在可执行的语句上,这种语句的行标号为绿色。

按 Step 可以单步执行。

键入 quit-sim,结束本次仿真。键入 quit-force,退出仿真器。

ModelSim 还具有波形比较、代码覆盖率的测试等功能,详细的用法可以参阅帮助文件。

7.4 集成电路版图设计

从集成电路诞生至今,集成电路的版图设计经历了从纯人工设计到计算机辅助设计(CAD),进而发展到当今主流的电子设计自动化(EDA)的过程。现在,集成电路版图设计的图形之复杂、设计理论之丰富、设计工具之先进,均达到了前所未有的高度。

7.4.1 集成电路版图设计基本理论

在芯片的制造过程中，为了在芯片上精确确定的区域内进行扩散(diffuse)和最终布线，必须进行多次光刻，这需要一整套光刻掩膜版(mask)。这些掩膜版必须具有相当高的图形精度和定位精度(目前工程化的精度量级已达到纳米)。从某种意义上说，掩膜版的制备是集成电路生产的关键。

版图设计所要解决的问题是：通过对给定电路的元器件描述或单元描述、电路的逻辑描述或连接性关系描述、电路的电性能参数描述及电路的引出接点描述等，确定电路的设计要求，然后根据所采用的集成电路工艺条件，将电路的描述转变为集成电路制造所需要的掩膜图集。简言之，就是根据电路和工艺的要求完成物理芯片上元器件或单元功能模块的安置，并实现它们之间所需要的互联(interconnect)。因此，版图设计也被称为物理设计或物理实现。

版图的设计与验证是集成电路设计的重要步骤。它既涉及前端设计的电路结构、电路的时序约束、电路的性能指标、电路的工作条件等，又与代工厂(foundry)的工艺参数密切相关，加之芯片设计周期越来越短，成本控制要求越来越严格，版图设计在集成电路设计中的重要性日益凸现，引起了人们更多的关注。

随着集成电路进入 VLSI 时代，强调规模化、通用化的数字集成电路和处理模拟信号、注重性能的模拟集成电路，在版图设计上分别体现出各自的特点。为了在短时间内实现数十万到几百万门级数字电路的版图设计，需要充分利用具有高速、便捷、高可靠性特点的 EDA 工具，在基于标准单元和通用模块的条件下进行半定制版图设计。而为了保证物理电路性能的可靠性，并尽可能压缩版图面积，模拟版图设计在很多方面仍然沿用传统人工设计的方式。

7.4.2 版图设计的方式

版图设计的方式可以从不同的角度进行分类。如果按照对布局布线位置的限制和布局模块的限制来分，可以分为半定制(semi-custom)设计和全定制(full-custom)设计。前者使用 Foundry 提供的标准单元库或功能模块等，只需进行相对较少的布局、设计相应的布线及通孔掩膜版即可；后者则完全根据用户的要求进行自动或半自动的设计。对半定制设计而言，由于采用预制的单元或模块，设计灵活性方面或许不如全定制设计，但对于规模庞大、功能复杂的 VLSI 电路，却是降低设计成本、提高设计效率的合理选择。在半定制版图设计中，又有数种设计方式，下面作简要介绍。

1. 传统设计方式

传统设计方式，主要根据设计者的经验和设计素养，从逻辑图或电路图的描述开始，考虑具体的电路要求和工艺要求，进行电路的元器件安置和互联设计；然后将拓扑设计的结果精确地以 1:500 或 1:1000 的比例绘制成分层的掩膜版图；再进行繁复的数字化工作后，由自动制版设备制造成满足工艺要求的整套掩膜版。整个设计过程是一个大量反复调整的过程。人工设计在解决问题的灵活性方面具有不可替代的优势，其最终结果的版图设计密度和质量通常也好于采用自动化系统设计的版图。但对于 LSI/VLSI，尤其是随机逻辑电路,需要处理的数据约有几十万到几百万,仅数字化的工作量就相当可观。传统设计方式周期长、错误率高,设计验证也非常困难,因此不适用于 LSI/VLSI 版图设计。这也促成了以标准单元设计为代表的设计方式和设计自动化的发展。

2. 标准单元设计方式(standard cell)

标准单元设计方式是以预先设计好的功能单元为基础。这些单元在电学上可以是不同类型的各种门电路,也可以是复杂的触发器、全加器等功能电路。但是,不管是哪种类型的电路,要求这些单元的版图具有同样的高度,而宽度可以不同。除电源、地线接点之外,其他连接点要排列在单元的一边或相对的两边上。它们的电学和逻辑特性以及几何尺寸、接点位置信息应该存放在一个标准单元库中,以便于检索和使用。设计时,根据电路的互联要求以及布图面积最小化的设计目标,将单元成行地排列,以此完成单元的布局设计。电路的互联线设计在单元行之间的水平通道和单元行两端的垂直通道区之中。水平通道区的高度和垂直通道区的宽度可以依据布线的要求进行方便地调整(图 7.4.1)。

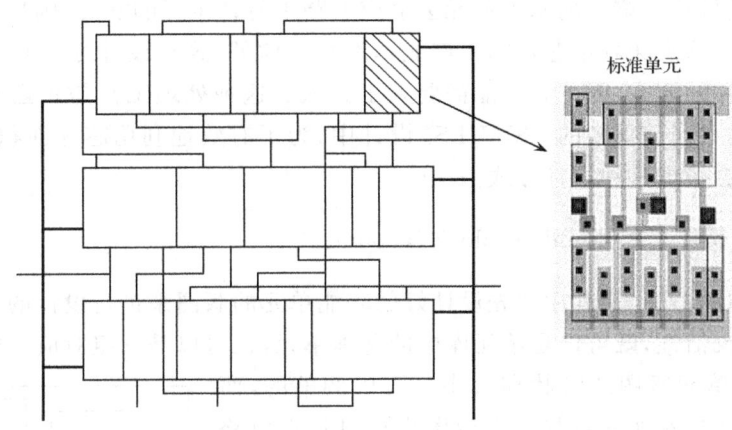

图 7.4.1　标准单元设计方式示意图

标准单元设计方式是最早实现真正自动化布局布线的设计方式。它的设计方法相对来说非常成熟,也是目前主流版图设计中最基层的设计方式。而采用分级设计的标准单元模式则可以成功地进行 VLSI 的版图设计,这一点已经在大量的自动化系统实际应用中得到了验证。

标准单元设计方式面临的问题在于:当单元行的长度增加时,芯片的版图密度将随之下降。此外,由于单元标准化的要求,对某些子电路的设计以及某些单元的外形调整可能会有困难。

3. 门阵列设计方式(gate array)

门阵列设计方式利用预先制造好的所谓"母片(master slice)"来进行版图设计。母片上通常以一定的间距成行成列地排列着大小和形状相同的基本单元电路(通常为门电路)。由于母片是完全规范化的,因此在针对具体电路的版图设计前,母片上各单元电路所含的电路元件可预先制备好。在版图设计时,根据具体电路的要求,首先进行单元的分配,使得电路上的每一个单元都与母片上的某一单元建立起严格的对应关系(通常母片上

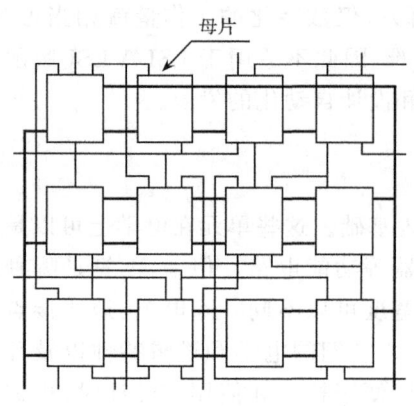

的单元数将大于电路上实际需要的单元数,因此母片上有些单元将是"冗余"的),然后将单元间的布线区域划分为通道区,并以适当的原则将互联线分配到各个通道区。最后应用通道区布线算法实现单元的互联(图 7.4.2)。

门阵列设计方式自动化程度高、设计周期短、设计成本也较低。由于采用了预制的母片,用户在提交了电路要求之后,能相当快地得到所需要的 LSI/VLSI 产品。这种设计方式适合大批量的工业化生产,对设计算法的研究和发展也相当有利,因此也受到了人们的重视。

图 7.4.2 门阵列设计方式示意图

门阵列设计方式的最大问题在于其版图密度偏低。因为母片是统一生产的,品种有限。若用它去满足规模和复杂性各不相同的电路要求,由于需用母片上单一的基本单元去适应电路中各种单元的需要,则势必造成芯片面积利用率下降。这意味着单芯片的生产成本增加。此外,这种设计方式对所需的全部互联不能保证自动地完成,因此有可能需要人工介入。这种处理工作是相当麻烦且耗费时间的。事实上,在当前很多的 LSI/VLSI 设计中,为了有效地利用芯片面积和控制成本,设计者通常不会考虑这种设计方式。

4. 积木块设计方式(building-block layout)

积木块设计方式也是利用预先设计好的功能单元的版图来进行设计的。它的单元设计具有很大的灵活性,既可以是单元库中的基本单元,也可以是一组对应于电路功能块的宏单元。这些单元版图的形状和大小是可以调整的,而且没有固定的布局和布线区域。在版图设计时根据电路的互联要求以及单元的外形参数进行合理布局,可以获得相当高的版图密度。当单元被安置之后,就把单元之间的布线区域划分为通道区。通过合理的连线分配及通道区布线,以实现电路的互联(图 7.4.3)。

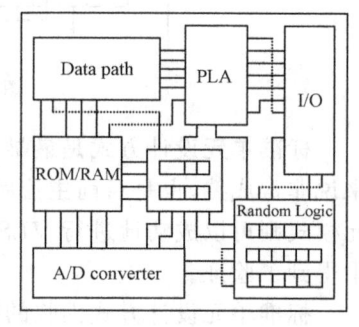

积木块设计方式设计灵活,能够在满足设计规则的条件下使芯片面积最小、连线总长最短,在版图密度和设计质量方面都非常接近传统人工版图设计方式。但也正因为这种灵活性,给相关的版图设计算法带来了一定复杂性,使得迭代、调整和优化都比较困难。它的自动布局布线系统也不如其他设计方式成熟。

图 7.4.3 积木块设计方式示意图

5. 分层设计方式(hierarchical layout)

在分层设计方式中,芯片由各级模块组成。从广义来讲,芯片本身也可以看成是最高一级的模块。分层设计中的每一级模块由其下级模块组合而成。最低一级的模块也就是通常的基本单元(图 7.4.4)。

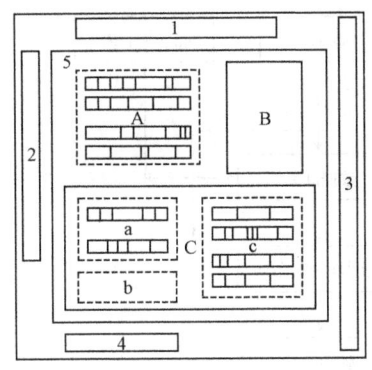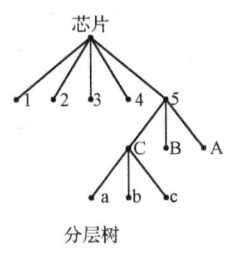

图 7.4.4　分层设计方式示意图

作为有效解决 LSI/VLSI 设计复杂性的版图设计方式之一，分层设计体现了设计思路的变革。通过将复杂的电路结构按一定设计规则（连接关系、逻辑类型、设计方式类型等）层次化，可以分解成若干个子问题。如果子问题仍然十分复杂，还可以继续往下分，直到每次设计所考虑的对象都比较易于处理为止。每个子模块内部设计都可以基于成熟的标准单元设计方式或是灵活多变的积木块设计方式。

在工程中，原则上讲可以使芯片各部分的版图通过若干设计人员的分工并行地进行设计，从而提高设计效率。当然，对于富有经验的版图设计者，通过合理划分模块和布局，并结合性能强大的 EDA 工具，也能够独立完成。

正如其他设计问题一样，在 LSI/VLSI 版图设计中，设计成本和设计效率往往与设计质量是相互制约的。也就是说，如果要求得到一个高质量的设计结果，往往需要付出较高的设计成本，同时使设计效率降低；相反，若要求以较低的设计成本和较高的设计效率获得设计结果，则往往不得不在设计结果的质量方面做出某种牺牲。因此，在实际设计中，应从具体要求和具体情况出发，对设计方法进行适当的选择。

7.4.3　半定制数字集成电路版图设计

1. 半定制数字集成电路版图设计流程

半定制版图设计与验证基本流程如图 7.4.5 所示，版图设计与验证可以分成前期数据准备、版图规划与布局、版图布线、优化、设计验证等几个步骤。

1) 接收正确无误的网表信息

在进行下一步的网表处理之前，应该先对网表进行粗略的检查。例如，综合库与版图库是否对应；电路中是否存在单元库中没有的器件；是否存在文法错误，连接短路；是否存在无任何连接的线网，有无驱动的输入引脚；有无 assign 语句，有无 wire 类型以外的线网；是否使用了由"\"开始的特别字符；数据总线的写法；名字的长度，等等。不同的厂家和软件对此都会有一些限制，为了后续工作的方便，建议定义一套比较严格的网表书写规则。另外要看设计是否需要可测试性（DFT）和自动测试格式生成（ATPG）。如果需要的话，检查是否符合扫描链（scan chain）和存储器内建自测（MBIST）的设计要求。

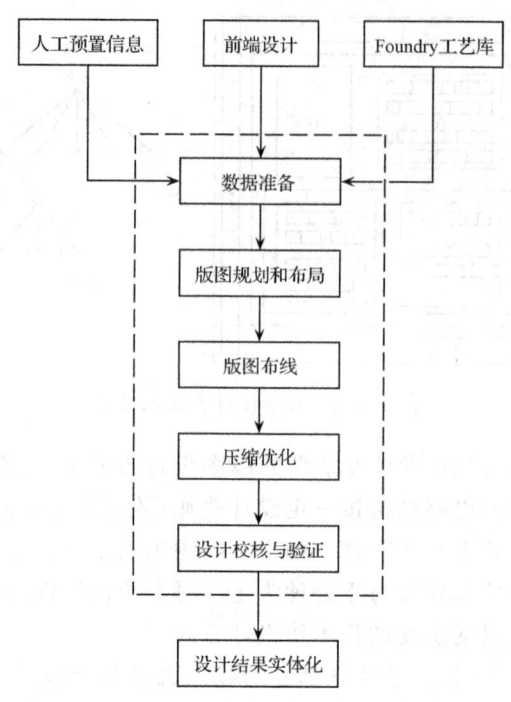

图 7.4.5　半定制版图设计与验证基本流程

2) 查看设计的时序分析报告

检查时序设定是否完整、合理。浏览时序分析报告,如果有 setup 冲突(setup violation)存在的话,一般不允许大于时钟周期的 10%;如果有 hold 冲突(hold violation),可以暂时不解决,留到布线后再去除。

3) 使用 EDA 工具进行布局布线

将网表和时序约束文件导入 EDA 软件中,进行布局布线,生成符合设计要求的 Layout。这部分是整个物理实现的核心,后面将辟出专门的章节进行论述,此处不再赘述。

4) 寄生参数提取

一般布局布线的软件会内嵌一个精度不高的提取软件,以进行布局布线时的时序计算,并进行优化。在完成了全部的 Layout 之后,用精度较高的提取软件进行重新的寄生(parasitic)参数提取,并重新反馈到布局布线软件中,进行时序计算。根据结果重新进行优化,得到结果后再提取,再优化,直到得到满意的时序结果为止。这时可以生成 SDF 文件,供后面静态时序分析时使用。

5) 时序分析和后仿真

通过新的网表更加精确地计算设计的时序关系,由于现在有 SDF 文件,也就是精确的 Layout 上的寄生信息,所以这样的仿真最接近实际芯片的时序。如果出现有关时序的错误,就需要回到布局布线的软件中,进行 ECO,加入器件,以解决这些错误,并重新回到步骤 4),得到新的 SDF 和网表,再进行时序分析,再进行 ECO,直到得到满意的时序结果。

6) 设计验证

时序分析通过后,可以从软件中导出 GDS 格式的 Layout 数据,使用验证工具进行验证。验证通过的数据就可以 Tape Out 了。事实上,版图设计与验证是一个统一的问题。它的每一个步骤之间实际上是相互影响、相互制约的。在整个后端流程中,各步骤间的反复循环、迭代构成了版图设计与验证的特点。

2. 半定制数字集成电路版图设计常用 EDA 工具

为了解决在数百万门深亚微米芯片物理设计实现中的收敛性问题,出现了许多新的设计工具。这些工具可以在深亚微米的尺度下考虑互联效应的影响,减少网表与 Layout 之间的反复次数,有效地提高 IC 设计者的工作效率。后端 EDA 工具,主要分为以下几大类。

1) 布局布线(place & route)工具

布局布线是整个物理实现中的核心步骤。在上百万门的设计中,布局布线工具的性能,直接决定了所得到 Layout 的优劣,而另外一个在选择工具时需要考虑的因素就是软件的速度。目前常用的布局布线工具有 Cadence 公司的 SE 和 FE,Synopsys 公司的 Apollo 和 Astro。

SE 是一款比较老的产品,也是第一代的自动布局布线软件,而 FE 实际上是 SE 的升级版本,当然在功能上和操作上都有了很大的变化。这两款软件均是基于 LEF 和 DEF 的数据库,也就是说,Foundry 提供的标准单元库均会以这两种格式的形式提供给后端工程师。其中 LEF 中主要定义的是标准单元的层次(layer)、边界(boundary)、端口位置(pin location)、走线通道(route channel)等信息,在 LEF 中定义的单元,类似于一个提取过的 Layout,但是并没有所有的层次信息。DEF 中定义的是与网表有关的信息,如器件的走向等,一般用来定义 Pad 的位置。SE 的使用比较简单,可以直接在用户界面中设置的参数不多,现多用在百万门以下的设计。FE 功能较为强大,可以进行上百万门的亚深微米设计的布局布线。

类似于 Cadence 的两款工具,Apollo 与 Astro 也是一脉相承的。Apollo 较之 SE 晚面世,但其友好的界面和强大功能立即受到了大多数工程师的青睐。Apollo 和 Astro 采用的是 Milkyway 数据库,这是 Synopsys 根据自身系列 EDA 工具针对亚深微米设计和分析所建立的一种数据库。Apollo 可以根据芯片底层实际的物理信息,在标准单元放置和布线完成后通过自动调节单元的大小、插入缓冲器、逻辑单元重构等方式来达到时序的优化。使用复杂的全路径时序驱动布线、时钟树综合算法和通用的时序引擎来迅速地取得时序的收敛。作为 Apollo 的升级版,Astro 采用了特殊的构架,能使它在对最复杂的 IC 设计进行布局布线和优化的同时考虑各种物理效应,其快速周转的能力和分布式算法使其性能较之 Apollo 优越很多,完成设计的速度可以提高三倍。Astro 的最大特点就是在设计的每一个阶段都同时考虑时序、信号、功耗的完整性,面积的优化,布线的拥塞等问题。当物理层芯片形成以后,以上的各项也就同时取得了收敛,Astro 高效而精确地把物理层优化、提取、分析融入布局布线的各个阶段,是现阶段在布局布线领域最有效的解决方案。另外值得注意的是,在 Astro 中内嵌了相当的 Synopsys 的后端工具,如用于进行信号完整性分析和实现的工具 Astro-Xtalk,全面的功耗完整性分析和实现工具

Astro-Rail,版图验证工具 Hercules。由于这些工具都公用 Milkyway 的数据库,因此减小了数据转移的风险。在后面的实例设计中选用了 Astro 作为布局布线工具,有关它的使用流程,将在下面章节中作详细的论述。

2) 寄生参数提取工具

对于亚深微米的设计,寄生参数的影响变得非常重要。精确地对 Layout 的寄生参数进行提取,是保证设计正常工作的重要前提。提取的软件较多,一些验证工具如 Synopsys 的 Hercules,Mentor 的 Calibre 实际上都带有自身的寄生参数提取功能,但在业界使用最多的提取软件还是 Synopsys 的 Star-RC。它是针对深亚微米工艺所设计的,其最大的特点就是对 Layout 进行三维的寄生参数提取,从而提高了提取精度。另外,提取速度快也是它的一个特点,它能够在几个小时之内对一个数百万门的设计进行全芯片的参数提取。

3) 版图验证工具

要保证 Layout 的正确及其与网表信息的一致性,进行设计规则检查是物理实现中必不可少的步骤。现在市面上常见的验证工具包括:Cadence 公司的 Dracula、Synopsys 公司的 Hercules、Mentor 公司的 Calibre。总体来说,三者的性能相差无几,各大 Foundry 一般会同时提供这几种工具的 Rule 文件,因此,验证工具的选择灵活性较大。在实例设计中,采用的是 Calibre。

4) 静态时序分析工具

PrimeTime 是这类工具中的佼佼者,它是针对复杂的数百万门全芯片的分析工具,能进行精确的 RC 延时计算,具有先进的建模和时序收敛。更重要的是,它也是 Synopsys 的系列设计工具,因此使用同样的数据库,可无缝地融入整个设计流程。

3. 半定制数字集成电路版图设计常见问题

采用超深亚微米以下的工艺设计高性能 VLSI 芯片面临着诸多挑战,如芯片几何尺寸的缩小、设计规模的扩大、时钟频率的提高以及电压值的降低等因素,都使得 VLSI 设计的复杂度越来越高。大多数传统的设计流程和软件已不能应对这些新的变化,因为在传统的设计方法中,设计工程师很少介入物理设计,因而不得不采用反向追踪的方法来发现设计缺陷。这样就需要很多次的迭代和反复,而且不一定能彻底解决问题。针对这一问题,产生了很多新的设计软件和设计流程,它们基本上都考虑了逻辑与物理变量的交互设计方法,以及在物理设计中对逻辑和物理变量的综合考虑方法等。

当今工艺技术的飞速发展使百万门芯片设计工程师需要面对许多重要挑战,主要包括以下几个方面。

1) 时序收敛

时序收敛一直是设计工程师的设计目标,当今的时序收敛已变得非常复杂,只有对库单元、单元的物理布局以及互联电气特性的传输时延进行精确建模和评估才能确保正确的时序收敛。

2) 信号完整性

信号完整性不仅是决定时序的关键因素,还是影响芯片功能完整性的重要因素。随着串联耦合电容与内层电容比值的增加,由信号完整性问题引起的时序与功能问题越来越多。在整个芯片构建过程中还必须认真分析和控制其他一些物理因素,如天线效应(antenna effect)、电迁移(electromigration)、自热和压降(IR drop)。

3) 设计变量的相互依赖性

虽然还有许多设计变量的互依赖性有待解决,但最重要的也许是如何平衡可布线性、时序与功耗三者之间的关系,因为优化三者中的任何一个都可能使另外两个出现问题。为了满足这些复杂的互依赖性,需要使用一个可以同时处理多个目标的开放目标函数。

4) 时钟与电源布线

时钟与电源网络要消耗大量的布线资源,因此对它们的规划与分析必须及早进行,并需要满足每个特别芯片的具体要求。时钟树的插入通常在具体布局工作完成以后进行,而电源网络需要根据统计或经验估算值进行预先确定。然而,这些传统方法会增加时序不收敛的可能性,因此不能满足新的设计要求。

5) 设计验证

设计验证在20世纪90年代中期失去了其原有意义。对于上百万门的芯片,设计工程师不可能在完成逻辑设计后再进行网表验证并期望物理实现能满足所有的设计要求。在评估要求能否得到满足方面,物理设计与逻辑设计具有同等重要性。

6) 设计规模

现在许多设计的规模已大大超过门级设计工具的极限,因此不可能再将百万门芯片作为一个不可分割的整体来进行设计与实现。此时应该在高层规划芯片,并把它分割成多个可以用较低层工具实现的较小规模模块。

7.4.4 全定制模拟集成电路版图设计

全定制(full-custom)版图有着半定制版图不可替代的应用范围,对于模拟电路版图设计,目前主要是采用传统的人工设计方式。它的特点是:硅片面积利用率高,设计周期长,电路性能容易得到控制,对版图设计工程师的经验要求较高,相对而言设计成本也较高。为了保证物理电路性能的可靠性,并尽可能压缩芯片面积,模拟电路版图设计在很多方面必然要沿用传统人工设计的方式。

1. 全定制模拟集成电路版图设计流程

模拟集成电路的版图设计特别注重根据电路参数的要求,在一定的工艺条件下,按照版图设计的有关规则,设计具体电路中各个元件的图形和尺寸,然后进行排版和布线,从而设计出一套符合要求的芯片版图(图7.4.6)。

任何版图设计都是以一定的工艺条件为前提的,全定制版图设计也不例外,因此在设计之前必须对实际的工艺条件和工艺水平有清楚的了解,只有这样,才能按照具体的电路要求,选取适当的工艺条件作为版图设计的基础。

模拟集成电路中常见的器件除了晶体管外,还有电阻、电容、二极管等无源器件。而这些器件在目前常见的工艺类型中又有很多种物理实现方式。因此在版图设计前,还必须对电路从底层到顶层有充分的了解。因为构成集成电路各种元件的参数指标及这些元件之间的互联都是由电路本身决定的,只有对电路的工作原理及性能要求有充分的了解,才能合理地设计元件的结构图形和尺寸,从而设计出符合要求的版图(图7.4.6)。

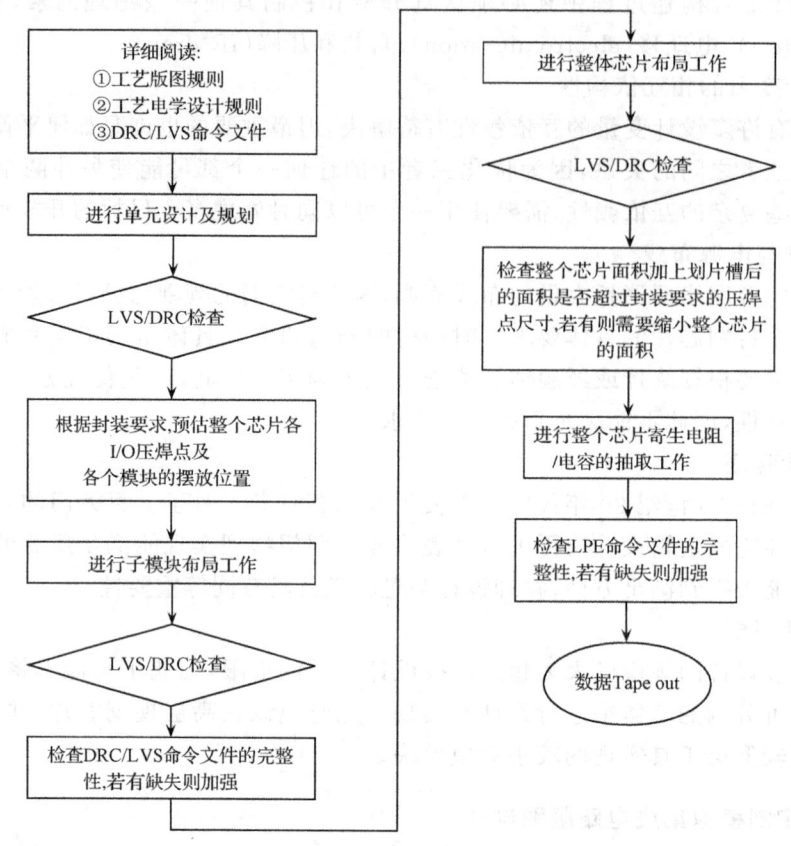

图 7.4.6 全定制版图设计流程图

无论是数字集成电路还是模拟集成电路,它们版图设计的一般原则和程序是相似的,诸如积木块设计方式(building-block)、分层设计方式(hierarchical layout)等思想也适用于全定制版图设计。然而,由于模拟集成电路的工作条件及各元件的工作状态与数字电路中的情况不同,对各元件的要求也不同,所以版图设计有其特殊之处。模拟集成电路版图设计的一般程序如下。

(1) 首先了解具体的工艺:包括总共要绘制多少层版图层,各版图层的设计规则,工艺参数(如方块电阻、单位面积电容等),电路中各元件的图形和尺寸,DRC 和 LVS 验证文件,等等。

(2) 按照前端的模块规划进行芯片的布局规划(floorplan),确定版图的大致布局:包括合理规划版面面积,PAD 排布的位置和角度,子模块的大致位置,并要求初步分配重要连线(如电源线和地线)从全局到局部模块的走向。

(3) 着手具体布版,按照 Cell→Block→Chip 次序来完成整个芯片的版图设计:对于重复出现的单元应建立子单元库,以便在绘制版图时可以重复调用;对于比较庞大的系统,最好将电路分为若干单元,按单元进行绘制,最后完成单元的合成(单元绘制时要考虑到总体的布局需要)。

(4) 布局调整及优化:保证整体版图疏密适当,根据模块重要性调整布局和走线,借鉴全定制版图设计经验进行修改以优化性能。

需要强调的是,各个底层子模块及整体模块在设计中必须检查是否满足工艺设计规则和电学连接关系,即 DRC、LVS 等验证工作将会贯穿于整个全定制版图的设计过程中,所以设计中还要编写或修改相应的 DRC、ERC 以及 LVS 文件。DRC、ERC 和 LVS 检查是保证设计正确的基础。另外,版图设计时需要对于主要的 I/O 口及信号线加上文字注释,以方便检查。图 7.4.6 给出了全定制版图设计流程图。

2. 全定制模拟集成电路版图设计规则

模拟集成电路的电路设计、版图设计、工艺设计这三方面的设计内容不是孤立的,而是互相渗透、互相关联的。版图设计既要根据电路提出的要求,又要根据工艺条件的许可来进行。而这里的工艺设计或工艺条件就是所谓的设计规则。设计规则规定了生产中可以接受的尺寸要求和可以达到的电学性能。对于设计和制造双方来说,设计规则既是工艺加工应该达到的规范,也是设计必须遵循的准则。虽然每个晶体管的宽度和长度是由电路设计决定的,但电路设计过程中必须考虑工艺所能实现器件的极限情况,版图设计中的大多数尺寸也要受"设计规则"的限制。设计规则就是不管制造工艺的每一步出现什么样的偏差,都能保证正确制造晶体管和各种连接的一套规则。本节将以和舰科技公司 $0.18\mu m$、1.8V/3.3V 1P6M Mixed Mode/RF CMOS Layout Rule 为参照来讨论全定制版图的设计过程。

下面从定义芯片中各个区域的顺序开始,讨论 PLL 电路的版图设计。所选工艺中主要的掩膜层次如表 7.4.1 所示。

表 7.4.1 掩膜层次表描述

层次名称	定义描述
N-Well	Define N-Well implant region
P-Well	Define P-Well implant region
P−	Define 3.3V PMOS device
N−	Define 3.3V NMOS device
TG	Define 3.3V device gate oxide formation
Poly1	Define poly gate
HR	Define high resistance poly region
N+	Define N+ implant region
P+	Define P+ implant region
SAB	Define salicide block region
Contact	Define poly and diffusion contact
Metal 1	Define 1st metal
Mvia 1	Define 1st and 2nd metal contacts
⋮	⋮
PAD_Window	Define pad window region

值得注意的是,各掩膜层都有各自的设计规则。例如,一条线的最小宽度 W,相邻多边形边至边的最小间距 S 等。但这些尺寸只是掩膜上的图形,并不代表实际制造出来的

尺寸,芯片上实际制造出来的结构将具有不同的尺寸。因此,常把版图尺寸称为"设计尺寸",在芯片上最终生产出来的尺寸称为有效的或最终尺寸。

下面以所选工艺为例介绍几种重要且常见的几何设计规则。

1) 最小宽度

掩膜板上定义的几何图形的宽度(和长度)必须大于一个最小值,该值由光刻和工艺的水平决定,当然也和操作人员的技术水平有关。例如,矩形多晶硅连线的宽度太窄,那么由于制造偏差的影响,可能会导致多晶硅断开,或者在局部出现一个大电阻,如图7.4.7所示。通常,连线层越厚,则该层最小允许的宽度也越大,这表明,随着工艺尺寸的减小,层厚度也必须按比例缩小。

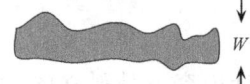

图 7.4.7 窄多晶硅连线中太大的宽度变化

下面是所选工艺设计规则中对 Poly1 层最小宽度的描述语句:

```
14A.    Minimum Poly width for NMOS
        a. 1.8V device    0.18μm
        b. 3.3V device    0.34μm
14B.    Minimum Poly width for PMOS
        a. 1.8V device    0.18μm
        b. 3.3V device    0.34μm
14C.    Minimum Poly width for Interconnect    0.18μm
```

关于 14A、14B、14C 的形象描述,请参考图 7.4.8。

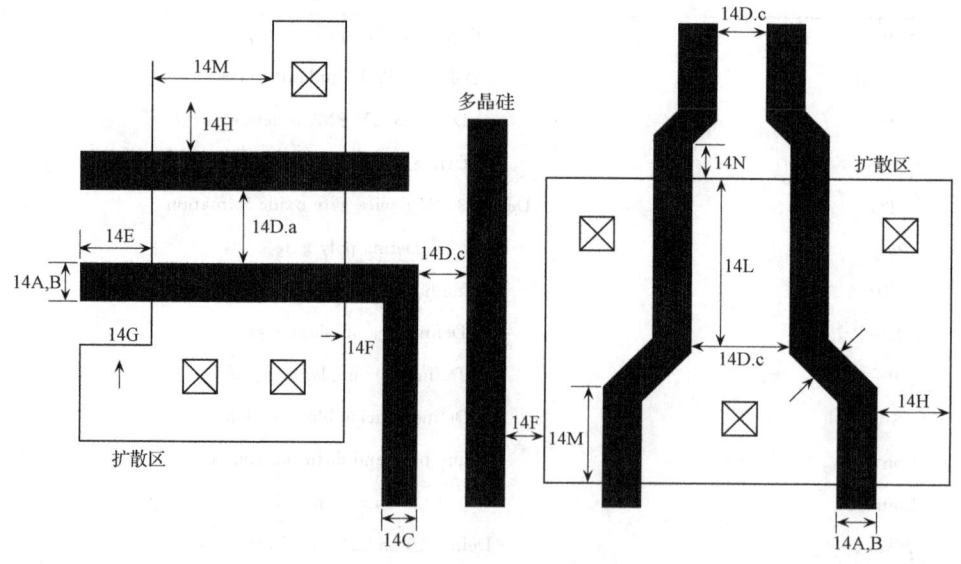

图 7.4.8 多晶硅层的设计规则

2) 最小间距

在同一层掩膜上,各图形之间的间隔必须大于最小间距,如图 7.4.9(a)所示。如果两条多晶硅(金属)连线之间间隔太小,就可能造成短路。在某些情况下,不同层的掩膜图形的间隔也必须大于最小间距,如图 7.4.9(b)所示,一条多晶硅连线靠近晶体管的源或漏区,此时必须要有一最小间距来保证包围晶体管的注入区与该多晶硅连线不会发生交叠。

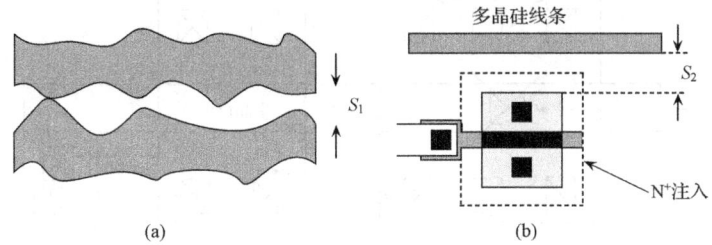

图 7.4.9
(a) 间距太小的两条多晶硅连线可能造成短路;(b) 有源区与多晶硅的最小间距

Poly1 Layer 最小间距的描述语句:

```
14D.  Minimum Poly to Poly spacing
      a. on diffusion region without contact in the spacing
         a-1. Poly width≤0.24μm         0.28μm
         a-2. Poly width＞0.24μm         0.32μm
      b. on diffusion region with contact in the spacing
         a-1. Poly width≤0.24μm         0.34μm
         a-2. Poly width＞0.24μm         0.34μm
      c. on field region
         c-1. Poly width≤0.24μm         0.24μm
         c-2. Poly width＞0.24μm
              c-2-1. Poly overlap length≤1.0μm      0.24μm
              c-2-2. Poly overlap length＞1.0μm      0.28μm
```

对 14D 的形象描述,可以参考图 7.4.8。

从以上设计规则的实例描叙可以看出,最小宽度并不是简单地给出一个具体值,而是要根据具体情况遵循不同要求。

3)最小包围

图 7.4.10 给出了一个多晶硅连线与第一层金属连线通过接触孔相连接的例子。为了保证接触孔位于多晶硅与第一层金属的正方形区域内,应使多晶硅与第一层金属均在接触孔周围留有足够的余量。

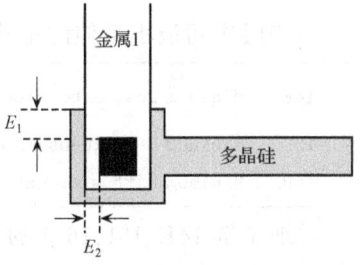

图 7.4.10 多晶硅和金属包围接触孔的规则

一些层次包围接触孔的描述语句举例如下:

```
19E.   Minimum Poly overlap Contact              0.1μm
19F.   Minimum P+ Diffusion overlap P+ Diffusion Contact    0.1μm
```

详细了解 19E、19F 的描述,请参考图 7.4.11。

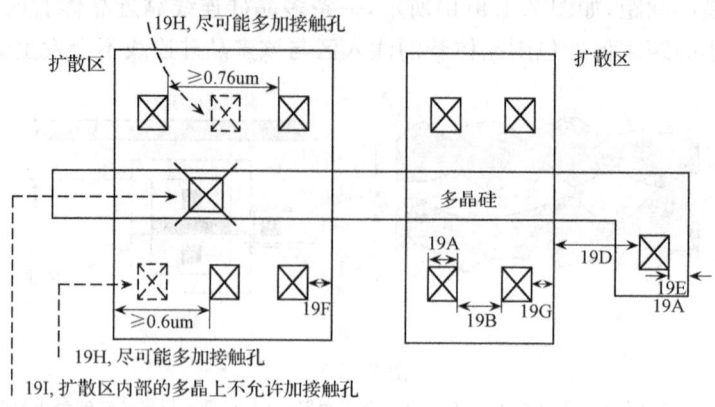

图 7.4.11 接触孔的设计规则

其他层次的包围规则在此不逐一列举。

4）最小延伸

有些图形在其他图形的边缘外还应至少延长一个最小长度。例如，如图 7.4.12 所示，为确保晶体管在有源区边缘能正常工作，多晶硅栅极必须在有源区以外具有最小延伸。

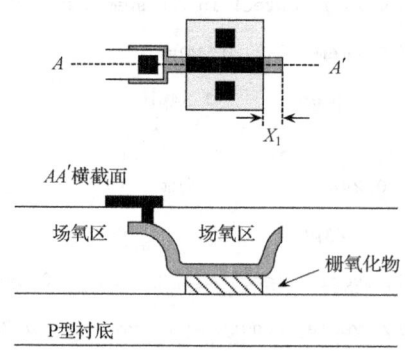

图 7.4.12 多晶硅超出栅区的延伸

一些层次间最小延伸的描述语句如下：

14E.	Minimum Poly extension onto field region(end cap)	0.22μm
15I.	Minimum SAB extension over HR Poly	0.1μm
16H.	Minimum Diffusion extension over N+ implant to form P+ region	0.24um

详细了解 14E、15I、16H 的描述，请分别参考图 7.4.8、图 7.4.13、图 7.4.14。

除了上面所讲的 4 种最小尺寸外，还要遵循一些最大允许尺寸以及一些特别尺寸要求。例如，为避免"起皮"(liftoff)问题，长金属线的最小宽度通常应大于短金属线的最小宽度，以及有关"天线效应"的规则等。

一般来说，设计规则表示了成品率和性能的最佳折中。规则越是保守，则电路越能完成其设计要求；规则越是临界，电路某方面性能提高的可能性就越大，但付出的代价也会越高。可见，性能的提高是以降低成品率为代价的。设计规则指定了版图的几何限制，使

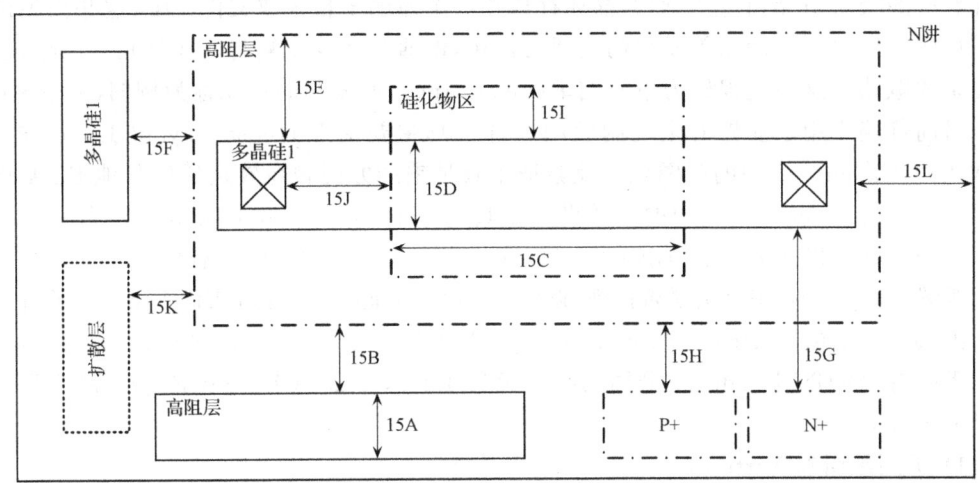

图 7.4.13 高阻层的最小延伸

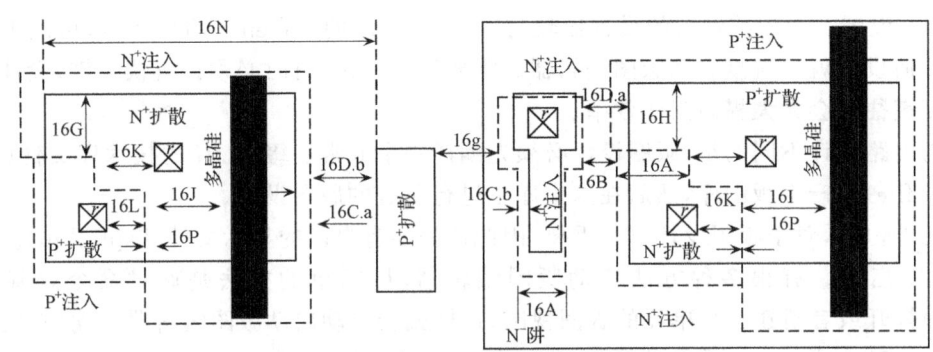

图 7.4.14 N^+/P^+ 拴扣规则

加工的芯片能保留设计的拓扑和几何形状,设计规则本身并不代表工艺中光刻、腐蚀、套准容差的极限尺寸,而只是表示一种宽容度规范,借以保证较高的成品率。按照此规范加工的芯片通常能符合设计要求,但也可能为了达到某些特定要求而不得不违反设计规则,在违反设计规则的情况下,芯片仍有可能正常工作,但是,过多背离设计规则必将导致设计失败。

总而言之,设计规则所定义的内容是基于工艺偏差(process variation)、电路可靠性(circuit reliability)等因素来考虑的,高性能的电路系统的设计是通过高质量的版图设计,再经芯片制造而最终实现的。全定制的版图设计必须最大限度地发挥设计规则中的优势和潜力,使其符合实际工艺能力,取得投片制造的最佳效果。

3. 全定制模拟集成电路版图设计与验证 EDA 工具

版图设计又称物理设计,是在硅片上产生电路的实际过程。物理设计基于 CAD 工具,它们能够简化设计步骤,帮助过程验证。

版图设计是运用称为版图编辑器的工具来完成的。这是一个绘图程序,设计者可以用它来说明芯片中每一层上每个多边形的形状、尺寸和位置。为了解决复杂问题,首先是设计底层的模块单元,且把它们的描述存放在一个库的子目录或文件夹中;这些预先设计的模块构成库单元。用库单元来构建顶层模块,即通过摆放或复制基本单元来构建较大、较复杂的电路。这一过程称为单元例举(instancing),而复制的单元称为例图(instance)。

目前普遍应用于业界的全定制版图设计工具主要由 Virtuoso Layout Editor 提供。通常认为,Cadence 公司的版图设计及验证工具带来的方便和高效是任何其他 EDA 软件所无法比拟的。Cadence 公司的版图设计工具是 Virtuoso Layout Editor,即为版图编辑器。版图编辑器操作方便、功能强大,可以完成全定制版图编辑的所有任务。

版图设计得好坏,其功能是否正确,必须通过验证才能确定。现在市面上常见的验证工具包括:Cadence 公司的 Dracula 和 Diva、Synopsys 公司的 Hercules、Mentor 公司的 Calibre 等。

下面将分别介绍 Cadence 公司的版图设计工具 Virtuoso Layout Editor 和版图验证工具 Dracula。

1) 版图编辑器 Virtuoso

Virtuoso 版图编辑器是 Cadence 提供给用户进行全定制版图设计的工具,其使用十分方便,下面进行简单介绍。

(1) 设置。版图编辑器的设置比较简单,对于一般的 Cadence 用户而言,可能不需要进行任何设置就可直接启动版图编辑器。需要注意的是,有时必须设置快捷键,设计中使用快捷键往往会大大提高工作效率。

与电路设计不同的是,版图设计必须先编译一个通常后缀为 .tf 的技术库文件(technology file)来产生版图库,然后在这个库里进行所有的版图设计。

此外,显示对于版图设计也很重要,因此还需要有自己的显示文件 display.drf。

(2) 启动。有很多种方法启动版图编辑器,最简单的办法是通过命令解释窗口(CIW)打开或者新建一个单元的版图视图,这样就会自动启动版图编辑器。此外,也可以用 layoutPlus 或 layout 命令启动。

(3) 用户界面及使用方法。通过上述方法启动版图编辑器后,就会出现如图 7.4.15 所示的用户界面及一个层次选择窗口(LSW),从 LSW 窗口中选择所需的层,然后在显示区画图。具体的操作可参考 Cadence 软件中的相关帮助文件。

(4) 使用示例。关于 Virtuoso Layout Editor 的具体使用,在此不再赘述,在 Cadence 的相关帮助文档(Openbook)中提供了一个很好的操作例子 cell_design 可供参考。该教程的访问顺序为:Main Menu→IC Tools→Tutorials and Flow Guides→Cell Design Tutorial。

Cadence 公司的版图设计工具中提供了在线帮助功能,如 Virtuoso Layout Editor help、Cell Design Tutorial 等。

常见的全定制版图验证工具有 Cadence 公司的 Dracula 或 Diva、Synopsys 公司的 Hercules、Mentor 公司的 Calibre 等。本章将介绍 Cadence 公司的 Dracula。

用 Virtuoso Layout Editor 编辑生成的版图是否符合设计规则、电学规则,其功能是否正确,必须通过版图验证系统来验证。Cadence 提供的版图验证系统有 Dracula 和 Diva。两者的主要区别是,Diva 是在线的验证工具,被集成在 Design Frame Work II 中,可直接点击版图编辑器上的菜单来启动。而 Dracula 是一个单独的验证工具,可以进行 DRC(设计规则检查)、ERC(电学规则检查)、LVS(版图和电路比较)、LPE(版图寄生参数提取)、PRE(寄生电阻提取),其运算速度快,功能强大,能验证和提取较大的电路。相比

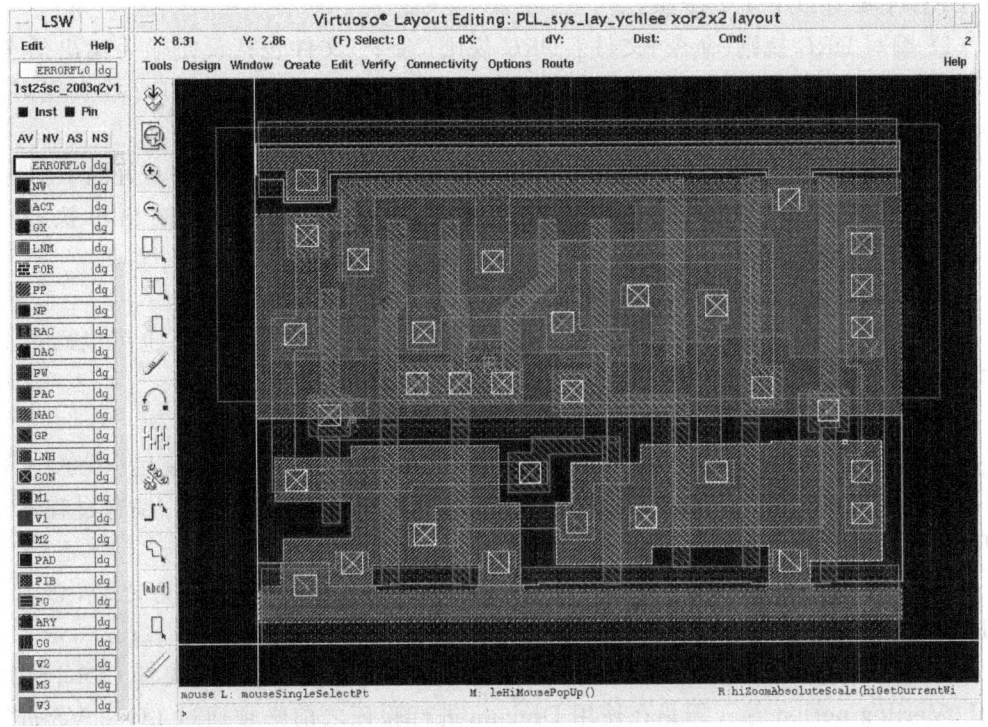

图 7.4.15　Virtuoso Layout Editor 用户界面

之下,Dracula 的功能比较强大,这里着重介绍 Dracula 的使用。

使用 Dracula 的第一步是编写与所使用工艺一致的命令文件,包括 DRC、ERC、LVS、LPE 甚至 PRE 文件。关于命令文件的编写,读者可参考相关帮助文件中的内容,本书不做详细介绍。现在很多芯片加工厂都会提供一套命令文件的模板,可供版图设计者参考。

Dracula 能完成 DRC、Device Extraction、ERC、LVS、LPE/PRE 等工作。由于篇幅关系,本章主要介绍 DRC、LVS 的有关内容。

DRC 和 LVS 的工作流程分别如图 7.4.16、图 7.4.17 所示。

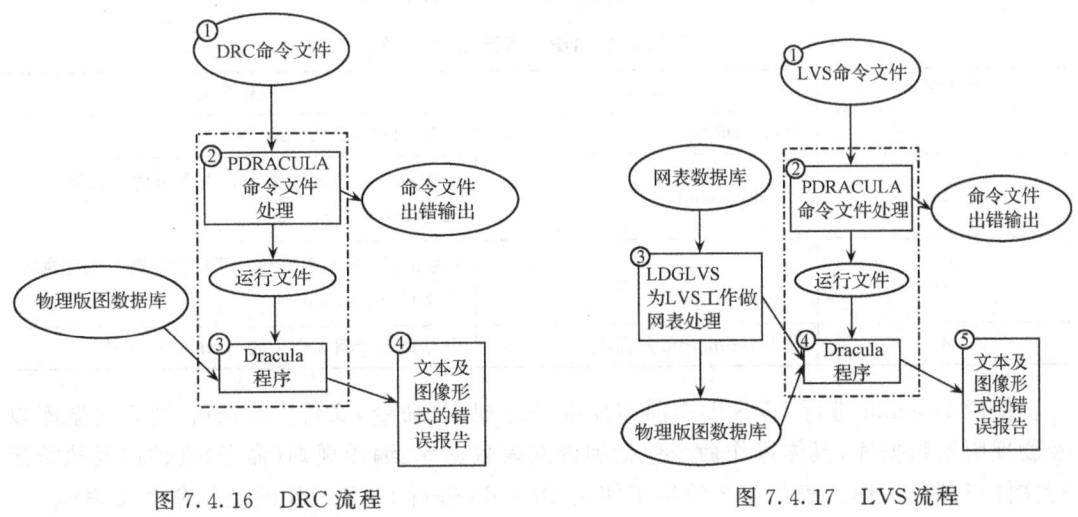

图 7.4.16　DRC 流程　　　　　　　　　图 7.4.17　LVS 流程

DRC 主要有以下 4 个步骤：

(1) 编写 DRC 规则(命令)文件。DRC 规则(命令)文件包括设定输入输出信息、运行模式、图层说明并运算、定义器件以及 DRC 检查规则(一般还包括 ERC 检查规则)等。具体编写过程本章不做详细介绍。

(2) DRC 规则(命令)文件编译。必须通过 PDRACULA 程序对编写好的 DRC 规则(命令)文件进行编译。编译过程中检测错误，如果没有错误会输出可执行文件 jxrun.com。

(3) 执行 Dracula。键入 jxrun.com 执行 Dracula。

(4) 输出结果。执行 Dracula 后的输出结果可以用文本方式显示，也可以通过 DFII 和 InQuery 图形界面显示。

LVS 主要有以下 5 个步骤：

(1) 编写规则(命令)文件。LVS 规则(命令)文件的结构与 DRC 规则(命令)文件类似，概括起来就是由主体说明部分、图层说明部分、主体操作部分组成。编写过程本章不展开详述。

(2) LVS 规则(命令)文件编译。同样，LVS 规则(命令)文件编写好之后，必须通过 PDRACULA 编译。编译也会检测错误，没有错误才会输出可执行文件 jxrun.com。

(3) 网表文件和版图文件。Dracula 可以接受的原理图文件格式有 CDL、SPICE、EDIF、Verilog netlist 等。但是在使用 Dracula 进行验证之前必须通过 LOGLVS 进行转换，变成 Dracula 可识别的 LVSLOGIC.DAT 文件。Dracula 可以接受的版图文件有 Cadence、GDSII 和 Applicon。不同类型的文件对应不同的运行系统环境。

(4) 执行 Dracula。键入 jxrun.com 执行 Dracula。

(5) 输出结果。执行 Dracula 后的输出结果可以用文本方式显示，也可以通过 DFII 和 InQuery 图形界面显示。

2) Dracula 运行具体命令

使用 Dracula 进行 DRC 工作前需要准备好规则(命令)文件 drc.com 以及物理版图数据库，具体操作命令包括编译规则(命令)文件和执行运行文件两部分工作。表 7.4.2 给出了使用 Dracula 进行 DRC 工作的操作命令及解释。

表 7.4.2 DRC 运行命令解释

步骤序号	具体命令	注释含义
1	键入 PDRACULA	启动 PDRACULA 编译器
2	:/g drc.com n	出现冒号后键入该命令，/为命令的前置字元，g 为 get，n 为 no echo
3	:/f	f 为 finish，执行后产生如果误错错误则产生可执行文件 jxrun.com
4	键入 jxrun.com 并回车	开始执行步骤 3 产生的 jxrun.com 文件

使用 Dracula 进行 LVS 工作前需要准备好规则(命令)文件 lvs.com、网表数据库以及物理版图数据库，具体操作命令包括编译网表数据库、编译规则(命令)文件以及执行运行文件三部分工作。表 7.4.3 给出了使用 Dracula 进行 LVS 工作的操作命令及解释。

表 7.4.3 LVS 运行命令解释

步骤序号	具体命令	注释含义
1	键入 LOGLVS	启动网表编译器准备编译网表
2	:cir netlist	出现冒号后键入该命令,准备调用网表文件 netlist
3	:con cell	编译 cell 模块转换为 DRACULA 识别的格式文件
4	:x	退出 LOGLVS
5	键入 PDRACULA	启动 PDRACULA 编译器
6	:/g lvs.com n	出现冒号后键入该命令,/为命令的前置字元,g 为 get,n 为 no echo
7	:/f	f 为 finish,执行后产生如果误错错误则产生可执行文件 jxrun.com
8	键入 jxrun.com 并回车	开始执行步骤 3 产生的 jxrun.com 文件

思 考 题 7

7.1 在数字时代的今天,模拟电路为什么不可或缺?
7.2 试描述模拟集成电路的设计流程。
7.3 试描述数字集成电路的设计流程。
7.4 模拟集成电路会用到哪几种 EDA 工具?
7.5 数字集成电路会用到哪几种 EDA 工具?
7.6 模拟集成电路的设计流程为什么会和数字集成电路的设计流程不同?
7.7 运算放大器的特点是什么?
7.8 initial 语句和 always 语句,哪一种可重复执行?
7.9 顺序语句块和并行语句块的区别是什么?举例说明。
7.10 顺序语句块能否出现在并行语句块中?
7.11 阻塞性赋值和非阻塞性赋值有何区别?
7.12 能否在 always 语句中为线网类型赋值?

习 题 7

7.1 试简述几种类型电阻各自的特点。
7.2 简述带隙基准电压源的工作原理。
7.3 画出 MOS 单级放大器的几种基本结构。
7.4 画出运算放大器电路的基本结构。
7.5 画出基本的 CMOS 反相器电路结构,并解释其工作原理。
7.6 描述 CMOS 反相器中器件工作状态随输入电平的变化。
7.7 简述 CMOS 反相器的直流特性和瞬态特性。
7.8 比较 NMOS、PMOS 和 CMOS 传输门的异同。
7.9 利用和舰 $0.18\mu m$、3.3V CMOS 工艺(见 7.2.3.节)设计一个有源电流镜作为负载,输入管为 NMOS 的差动输入到单端输出的放大器,要求尽可能满足下表所列性能。不要求设计偏置电流电路,可以用 $3\mu A$ 的恒流源替代。电路图如习题 7.9 图所示。

工艺	和舰 0.18μm 3.3V CMOS 工艺	AV	>140
VDD	3.3V	CMRR	>30dB
VSS	0V	PSRR	>30dB
功耗	越小越好	VODC	1.6V (VIDC=1.6V)
CL	5pF	Slew Rate	>1V/μs

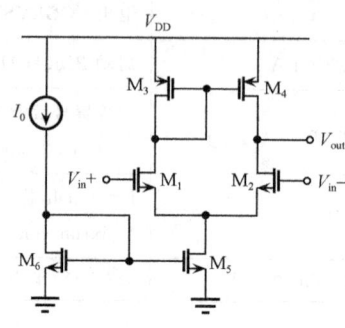

习题 7.9 图

7.10 对于习题 7.10 图所示电路：
(1) 计算差模小信号增益。
(2) 计算共模小信号增益(假设电路完全对称)。
(3) 计算电路的 CMRR。

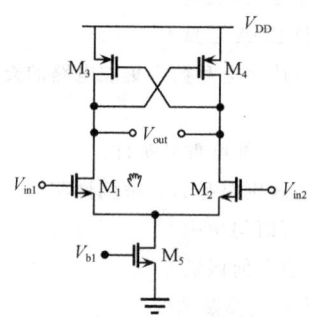

习题 7.10 图

7.11 编写参数化的格雷码(Gray)计数器,七缺省长度是 3,当变量 Reset 为 0 时,计数器被异步复位(计数器在每个时钟正沿计数)。

7.12 采用 Verilog 硬件描述语言完成 32 位 BOOTH 乘法器的设计与实现。

参 考 文 献

艾罗拉 N.1999.用于模拟的小尺寸器件模型理论与实践.北京:科学出版社
贝斯克.2000.Verilog HDL 硬件描述语言.徐振林等译.北京:机械工业出版社
滨川圭弘.2002.半导体器件.彭军译.北京:科学出版社
曹汉房.1999.脉冲与数字电路(第三版).武汉:华中科技大学出版社
曹培栋.2001.微电子技术基础——双极、场效应晶体管原理.北京:电子工业出版社
陈贵灿,邵志标等.2000.CMOS集成电路设计.西安:西安交通大学出版社
Gray P R,Hurst P J,Lewis S H,et al.2003.模拟集成电路的分析与设计.北京:高等教育出版社
Hastings A.2004.模拟电路版图的艺术.北京:清华大学出版社
荒井英辅.2000.集成电路 A.邵春林,蔡凤鸣译.北京:科学出版社
荒井英辅.2000.集成电路 B.邵春林,蔡凤鸣译.北京:科学出版社
黄昆,韩汝琦.1979.半导体物理基础.北京:科学出版社
贾松良.1987.双极集成电路分析与设计基础.北京:电子工业出版社
康华光.1998.电子技术基础——数字部分(第三版).北京:高等教育出版社
林昭炯,韩汝琦.1979.晶体管原理与设计.北京:科学出版社
刘恩科,朱秉升,罗晋生等.1994.半导体物理学.北京:国防工业出版社
刘永,张福海.2002.晶体管原理.北京:国防工业出版社
梅野正义.2001.电子器件.北京:科学出版社
上海科技大学半导体器件教研组.1978.晶体管原理与实践.上海:上海科学技术出版社
施敏(S M Sze).2001.现代半导体器件物理.刘晓彦,贾霖,康晋锋译.北京:科学出版社
施敏.1987.半导体器件物理.黄振岗译.北京:电子工业出版社
施敏.1992.半导体器件——物理与工艺.王阳元等译.北京:科学出版社
Thomas D E,Moorby P R.2001.硬件描述语言 Veriiog.第四版.刘明业,蒋敬旗,刁岗松等译.北京:清华大学出版社
Virtuoso Layout Editor.Cadence IC5.0.33 帮助文档.CDSDoc
王道宪.2004.CPLD/FPGA 可编程逻辑器件应用与开发.北京:国防工业出版社
王家骅,李长健,牛文成.1983.半导体器件物理.北京:科学出版社
王金明.2004.Verilog HDL 程序设计教程.北京:人民邮电出版社
武世香.1995.双极型和场效应晶体管.北京:电子工业出版社
谢孟贤,刘诺.2000.化合物半导体材料与器件.成都:电子科技大学出版社
杨之廉.2003.集成电路导论.北京:清华大学出版社
张建人.1992.MOS集成电路分析与设计基础.北京:电子工业出版社
张屏英,周佑漠.1985.晶体管原理.上海:上海科学技术出版社
张兴,黄如,刘晓彦.2000.微电子学概论.北京:北京大学出版社
张延庆,张开华,朱兆宋.1986.半导体集成电路.上海:上海科学技术出版社
浙江大学半导体器件教研组.1980.晶体管原理.北京:国防工业出版社
正田英介.2002.半导体器件.北京:科学出版社
Allen P E,Holberg D R.2002.CMOS Analog Circuit Design.Second Edition.Oxford:Oxford University Press,Inc.
Ankri D,Eastman L F.1982.GaAlAs/GaAs ballistic heterojunction bipolar transistor.Electron.Lett.,18:750
Chang C S,Day D Y.1989.Analytic theory for current-voltage characteristic and field distribution of GaAs MESFETs. IEEE ED,36(2):269~280
Donald A Neamen.2003.Semiconductor Physics and Devices:Basic Principles. Third Edition.北京:清华大学出版社
Gruhle A,Kibbel I, Konig U,et al. MBE-grown Si/SiGe HBTs with high Ft and Fmax. IEEE Electron, Devr. Lett.,

EDL-13:206

Haraime D L, Comfort J H, Cressler J D, et al. 1995. Si/SiGe epitaxlai-base transisters: PartI materials, physics and circuits. IEEE Trans. Electron DeV. , ED-42:455

Iyer S S, Patton G L, Stork J M C, et al. 1989. Heterojunction bipolar transistors using Si-Ge alloys. IEEE Trans. Electron Dev. , ED-36:2043

Katoh R, Kurata M. 1989. Self-consistent particle simulation for AlGaAs/GaAsH BTs under bias Conditions. IEEE Trans. Electron Der. , ED-36:2122

Kroemer H. 1957. Theory Of wide-gap emitter for transistors. Proc. IRE, 45:1535

Kroemer H. 1982. Heterostructure bipolar transistors and integrated circuits. Proc. IEEE, 70

Lee K Y 8, Lund B, Ytterdal T, et al. 1996. Enhanced CAD model for gate leakage current in heterostructure field effect transistors. IEEE Trans. Electron Dev. , 43(6):845

Marty A, Rey G E, Bailbe J P. 1979. Electrical behavior of an NPN GaAlAs/GaAs: heterojunction transistor. Solid-State Electron, 22, 549

Mentor Graphics Co. 2003. ModelSim Advanced Debugging

Mimura T, Hiyamizu S, Fujii T, et al. 1980. A new field effect transistor with selectively doped GaAs/n-Al$_x$Ga$_{1-x}$As heterostructure. Jpn. J. APPl. Phys. , 19:L225

Nottenburg R N, Temin H, Panish B, et al. 1986. InGaAs/InP double-heterostructure bipolar transistors with near-ideal beta versus IC characteristics. IEEE Electron Dev. Lett. , EDL-7:643

Peatman W C B, Crowe T W, Shur M S. 1992. A novel Schottky/2-DE G diode for millimeter and submillimeter wave multiplier applications. IEEE Electron Dev. Lett. , 13(1):11

Peatman W C B, Park H, Shur M. 1994. Two-dimensional metal-semiconductor field effect transistor for ultra low power circuit applications. IEEE Electron Dev. Lett. , 15(7):245

Razavi B. 2001. Design of Analog CMOS Integrated Circuits. Singapore: McGraw Hill Book Co.

Song J I, Chough K B, Palmstrom C J, et al. 1994. Garbon-doped base InP/InGaAs HBTs with ft=200GHz. IEEE Device Research Conf. , VI-4:278~286

Star-Hspice Manual. 2005. Synopsys Corporation

Sze S M. 1981. Physics of Semiconductor Device. 2nd Edition. New York: Wiley

Temkin H, Bean J C, Antreasyan A, et al. Ge$_x$Si$_{1-x}$ strained-layer heterostructure bipolar, transistors. Appl. Phys. Lett. , 52:1089

Warner R M, Grung B L. 2002. Semiconductor-Device Electronics. 北京:电子工业出版社

附 录

附录 A 硅电阻率与杂质浓度关系

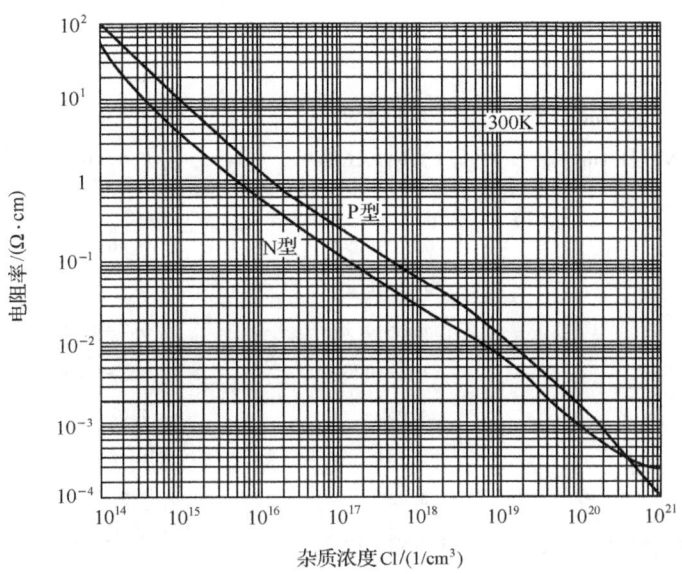

附录 B 硅中载流子迁移率与杂质浓度关系

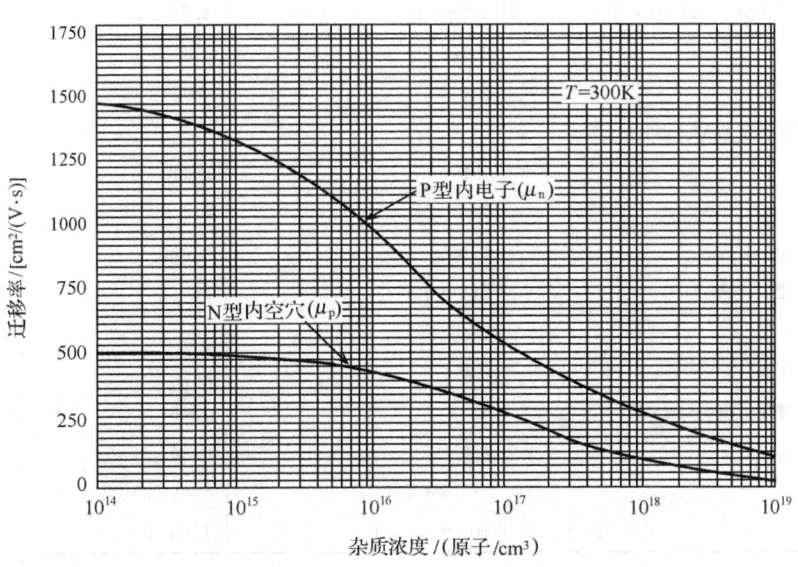

附录C Si 和 GaAs 在 300K 的性质

性　　质	Si	GaAs
原子/cm^3	5.02×10^{22}	4.42×10^{22}
原子量	28.09	144.63
击穿电场/(V/cm)	$\sim 3\times10^5$	$\sim 4\times10^5$
晶体结构	金刚石	闪锌矿
密度/(g/cm^3)	2.329	5.317
介电常数	11.9	12.4
导带的有效态密度 N_C/(1/cm^{-3})	2.8×10^{19}	4.7×10^{17}
价带的有效态密度 N_V/(1/cm^{-3})	1.04×10^{19}	7.0×10^{18}
有效质量,m^*/m_0		
电子	$m_l^*=0.92$	0.063
	$m_t^*=0.19$	
空穴	$m_{lh}^*=0.15$	$m_{lh}^*=0.076$
	$m_{hh}^*=0.54$	$m_{hh}^*=0.50$
电子亲和势 χ/V	4.05	4.07
300K 的能隙	1.124	1.424
折射率	3.42	3.3
本征载流子浓度/(1/cm^{-3})	1.02×10^{10}	2.1×10^6
本征德拜长度/μm	41	2 900
本征电阻率/($\Omega\cdot$cm)	3.16×10^5	3.1×10^8
晶格常数/Å	5.431 02	5.653 25
线性热膨胀系数($\Delta L/L\Delta T$)/(1/℃)	2.59×10^{-6}	5.75×10^{-6}
熔点/℃	1 412	1 240
少子寿命/s	3×10^{-2}	$\sim 10^{-8}$
迁移率(漂移)/[cm^2/(V·s)]		
μ_n(电子)	1 450	9 200
μ_p(空穴)	505	320
光-声子能量/eV	0.063	0.035
声子平均自由程 λ_0/Å	76(电子)	58
	55(空穴)	
比热/[J/(g·℃)]	0.7	0.35
在 300K 的热导率/[W/(cm·K)]	1.31	0.46
散热率/(cm^2/s)	0.9	0.44
蒸气压/Pa	1(1 650℃)	100(1 050℃)
	10^{-6}(900℃)	1(900℃)

附录 D 常用元素、二元及三元半导体性质

半导体	带隙 /eV		300K 的迁移率① /[cm²/(V·s)]		能带②	有效质量 m^*/m_0		介电常数 $\varepsilon_s/\varepsilon_0$
	300K	0K	电子	空穴		电子③	空穴④	
元素								
C	5.47	5.48	2000	2100	I	1.4/0.36	1.08/0.36	5.7
Ge	0.66	0.78	3900	1800	I	1.57/0.082	0.28/0.04	16.2
Si	1.124	1.17	1450	505	I	0.92/0.19	0.54/0.15	11.9
Sn	0	0.94	10^5@100K	10^4@100K	D	0.023	0.195	24
IV-VI								
6H-SiC	2.86	2.92	300	40	I	1.5/0.25	1.0	9.66
III-V								
AlAs	2.15	2.23	294	—	I	1.1/0.19	0.41/0.15	10
AlN	6.2	—	—	14	D	—	—	9.14
AlP	2.41	2.49	60	450	I	3.61/0.21	0.51/0.21	9.8
AlSb	1.61	1.68	200	400	I	1.8/0.26	0.33/0.12	12
BN	6.4	—	4	—	I	0.752	0.37/0.15	7.1
BP	2.4	—	120	500	I	—	—	11
GaAs	1.424	1.519	9200	320	D	0.063	0.50/0.076	12.4
GaN	3.44	3.50	440	130	D	0.22	0.96	10.4
GaP	2.27	2.35	160	135	I	4.8/0.25	0.67/0.17	11.1
GaSb	0.75	0.82	3750	680	D	0.0412	0.28/0.05	15.7
InAs	0.353	0.42	33000	450	D	0.021	0.35/0.026	15.1
InN	1.89	2.15	250	—	D	0.12	0.5/0.17	9.3
InP	1.34	1.42	5900	150	D	0.079	0.56/0.12	12.6
InSb	0.17	0.23	77000	850	D	0.0136	0.34/0.0158	16.8
II-VI								
CdS	2.42	2.56	340	50	D	0.21	0.80	5.4
CdSe	1.70	1.85	800	—	D	0.13	0.45	10.0
CdTe	1.56	—	1050	100	D	0.1	0.37	10.2
ZnO	3.35	3.42	200	180	D	0.27	1.8	9.0
ZnS	3.68	3.84	180	10	D	0.40	—	8.9
ZnSe	2.82	—	600	300	D	0.14	0.6	9.2
ZnTe	2.4	—	530	100	D	0.18	0.65	10.4
IV-VI								
PbS	0.41	0.286	800	1000	I	0.22	0.29	17.0
PbTe	0.31	0.19	6000	4000	I	0.17	0.20	30.0

注：① 在当前最纯和最理想材料中得到的漂移迁移率值。
② I：间接；D：直接。
③ 椭圆能量表面的纵/横有效质量。
④ 非简并价带的重空穴/轻空穴的有效质量。

镓铝砷($Al_xGa_{1-x}As$)

晶体结构	闪锌矿
能带隙/eV	$1.424+1.087x+0.438x^2$ ($x<0.43$)
	$1.905+0.10x+0.16x^2$ ($x>0.43$)
晶格常数/Å	$5.6653+0.0078x$
电子迁移率/[$cm^2/(V·s)$]	$9200-22000x+10000x^2$ ($x<0.43$)
	$-255+1160x-720x^2$ ($x>0.43$)
空穴迁移率/[$cm^2/(V·s)$]	$320-970x+740x^2$
电子有效质量(m_0)	$0.063+0.083x$ (Γ minimum,态密度)
	$0.85-0.14x$ (X minimum,态密度)
	$0.56+0.10x$ (L minimum,态密度)
空穴有效质量(m_0)	重空穴:$0.50+0.14x$(态密度)
	轻空穴:$0.076+0.063x$(态密度)
介电常数	$12.4-3.12x$

铝铟砷($Al_xIn_{1-x}As$)

晶体结构	闪锌矿
能带隙 Γ/eV	$0.37+1.91x+0.74x^2$
能带隙 X/eV	$1.8+0.4x$
带隙交叠 $Al_{0.48}In_{0.52}As$	$x=0.68, E_g=2.05eV$
	$E_g=1.45eV$,与InP晶格匹配

$x=0.47$ 的镓铟砷($Ga_{0.47}In_{0.53}As$)

晶体结构	闪锌矿
能带隙/eV	0.75
晶格常数/Å	5.8687,与InP晶格匹配
电子迁移率/[$cm^2/(V·s)$]	13800
电子有效质量(m_0)	0.041
空穴有效质量(m_0)	重空穴:0.465
	轻空穴:0.05

附录 E 常用物理常数

量	符号	值
埃	Å	$1Å=10^{-4}\mu m=10^{-8}cm=10^{-10}m$
阿伏伽德罗常量	N_{av}	$6.02214×10^{23}$
玻尔半径	a_B	$0.52917Å$
玻尔兹曼常量	k	$1.38066×10^{-23}J/K(R/N_{av})$
单位电荷	q	$1.60218×10^{-19}C$
电子静止质量	m_0	$0.91094×10^{-30}kg$
电子伏	eV	$1eV=1.60218×10^{-19}J=23.053kcal/mol$
气体常数	R	$1.98719cal/mol\text{-}K$
真空磁导率	μ_0	$1.25664×10^{-8}H/cm(4\pi×10^{-9})$
真空介电常数	ε_0	$8.85418×10^{-14}F/cm(1/\mu_0c^2)$
普朗克常量	h	$6.62607×10^{-34}J·s$
约化普朗克常量	$\hbar$	$1.05457×10^{-34}J·s(h/2\pi)$
质子静止质量	M_p	$1.67262×10^{-27}kg$
真空光速	c	$2.99792×10^{10}cm/s$
标准大气压		$1.01325×10^5Pa$
300K 的热电压	kT/q	$0.025852V$
1eV 量子波长	λ	$1.23984\mu m$

附录 F 国际单位制(SI 单位)

量的名称	单位名称	单位符号	量纲
长度①	米	m	—
质量	千克	kg	—
时间	秒	s	—
温度	开[尔文]	K	—
电流	安[培]	A	—
光强	堪[德拉]	Cd	—
角度	弧度	rad	—
频率	赫[兹]	Hz	1/s
力	牛[顿]	N	$kg \cdot m/s^2$
压力	帕[斯卡]	Pa	N/m^2
能量	焦[耳]	J	$N \cdot m$
功率	瓦[特]	W	J/s
电荷	库[仑]	C	$A \cdot s$
电势	伏[特]	V	J/C
电导	西[门子]	S	A/V
电阻	欧[姆]	Ω	V/A
电容	法[拉]	F	C/V
磁通量	韦[伯]	Wb	$V \cdot s$
磁感强度	特[斯拉]	T	Wb/m^2
电感	亨[利]	H	Wb/A
光通量	流[明]	Lm	$Cd \cdot rad$

注：①在半导体领域,用厘米表示长度,用电子伏表示能量单位更为常用,其中 1 厘米(cm)＝10^{-2}米(m),1 电子伏(eV)＝1.6×10^{-19}焦(J)。

附录 G 单位词头

所代表的因数	词头名称	词头符号①
10^{18}	艾[可萨]	E
10^{15}	拍[它]	P
10^{12}	太[拉]	T
10^{9}	吉[咖]	G
10^{6}	兆	M
10^{3}	千	k
10^{2}	百	h
10	十	da
10^{-1}	分	d
10^{-2}	厘	c
10^{-3}	毫	m
10^{-6}	微	μ
10^{-9}	纳[诺]	n
10^{-12}	皮[可]	p
10^{-15}	飞[母托]	f
10^{-18}	阿[托]	a

注：① 被国际重量和测量委员会采用(不能使用复合词头,如 10^{-12} 不能写为 $\mu\mu$,而是写作 p)。